高职高专计算机应用技能培养系列规划教材
安徽财贸职业学院“12315教学质量提升计划”——十大品牌专业(软件技术专业)建设成果

C♯面向对象设计教学做一体化教程

主　编　陈良敏
副主编　胡配祥　侯海平
参　编　王会颖　李　宁　房丙午
　　　　胡龙茂　陆金江　郑有庆
　　　　霍卓君

图书在版编目(CIP)数据

C♯面向对象设计教学做一体化教程/陈良敏主编. —合肥:安徽大学出版社，2016.11
高职高专计算机应用技能培养系列规划教材
ISBN 978-7-5664-1255-3

Ⅰ. ①C… Ⅱ. ①陈… Ⅲ. ①C语言—程序设计—高等职业教育—教材 Ⅳ. ①TP312.8

中国版本图书馆CIP数据核字(2016)第285004号

C♯面向对象设计教学做一体化教程

陈良敏 主 编

出版发行: 北京师范大学出版集团
安 徽 大 学 出 版 社
(安徽省合肥市肥西路3号 邮编230039)
www.bnupg.com.cn
www.ahupress.com.cn

印　　刷: 安徽昶颉包装印务有限责任公司
经　　销: 全国新华书店
开　　本: 184mm×260mm
印　　张: 28.25
字　　数: 694千字
版　　次: 2016年11月第1版
印　　次: 2016年11月第1次印刷
定　　价: 59.00元
ISBN 978-7-5664-1255-3

策划编辑: 李 梅 蒋 芳　　**装帧设计:** 李 军 金伶智
责任编辑: 王 智 蒋 芳　　**美术编辑:** 李 军
责任印制: 赵明炎

编写说明

为贯彻《国务院关于加快发展现代职业教育的决定》，落实《安徽省人民政府关于加快发展现代职业教育的实施意见》，推动我省职业教育的发展，安徽省高等学校计算机教育研究会和安徽大学出版社共同策划组织了这套“高职高专计算机应用技能培养系列规划教材”。

为了确保该系列教材的顺利出版，并发挥应有的价值，合作双方于2015年10月组织了“高职高专计算机应用技能培养系列规划教材建设研讨会”，邀请了来自省内十多所高职高专院校的二十多位教育领域的专家和资深教师、部分企业代表及本科院校代表参加。研讨会在分析高职高专人才培养的目标、已经取得的成绩、当前面临的问题以及未来可能的发展趋势的基础上，对教材建设进行了热烈的讨论，在系列教材建设的内容定位和框架、编写风格、重点关注的内容、配套的数字资源与平台建设等方面达成了共识，并进而成立了教材编写委员会，确定了主编负责制等管理模式，以保证教材的编写质量。

会议形成了如下的教材建设指导性原则：遵循职业教育规律和技术技能人才成长规律，适应各行业对计算机类人才培养的需要，以应用技能培养为核心，兼顾全国及安徽省高等学校计算机水平考试的要求。同时，会议确定了以下编写风格和工作建议：

(1)采用“教学做一体化+案例”的编写模式，深化教材的教学成效。

以教学做一体化实施教学，以适应高职高专学生的认知规律；以应用案例贯穿教学内容，以激发和引导学生学习兴趣，将零散的知识点和各类能力串接起来。案例的选择，既可以采用学生熟悉的案例来引导教学内容，也可以引入实际应用领域中的案例作为后续实习使用，以拓展视野，激发学生的好奇心。

(2)以“学以致用”促进专业能力的提升。

鼓励各教材中采取合适的措施促进从课程到专业能力的提升。例如，通过建设创新平台，采用真实的课题为载体，以兴趣组为单位，实现对全体学生教学质量的提高，以及对适应未来潜在工作岗位所需能力的锻炼。也可结合特定的专业，增加针对性案例。例如，在C语言程序设计教材中，应兼顾偏硬件或者其他相关专业的需求。通过计算机设计赛、程序设计赛、单片机赛、机器人赛等竞赛或者特定的应用案例来实施创新教育引导。

(3)构建共享资源和平台，推动教学内容的与时俱进。

结合教材建设构筑相应的教学资源与使用平台，例如，MOOC、实验网站、配套案例、教学示范等，以便为教学的实施提供支撑，为实验教学提供资源，为新技术等内容的及时更新提供支持等。

通过系列教材的建设，我们希望能够共享全省高职高专院校教育教学改革的经验与成果，共同探讨新形势下职业教育实现更好发展的路径，为安徽省高职高专院校计算机类专业人才的培养做出贡献。

真诚地欢迎有共同志向的高校、企业专家参与我们的工作，共同打造一套高水平的安徽省高职高专院校计算机系列“十三五”规划教材。

胡学钢

2016年1月

编委会名单

前　言

Visual C＃.NET(以下简称 C＃)是微软公司推出开发各种应用程序(包括桌面程序、大型网站、手机游戏)的利器,从其诞生以来就受到广大程序开发人员的追捧。

目前通常使用的面向对象的程序设计语言主要有 Visual C＋＋,Visual Basic,Java,C＃等。其中 C＃是在 C 和 C＋＋基础上发展起来的,具有简单、现代和类型安全的特点,也是微软的全平台集成开发工具 Visual Studio 的首选语言。

目前市面上关于 C＃的书非常多,但能让读者零基础入门,并能开发出项目的书很少。为此我们编写了本书,让读者从零开始学习 C＃编程,引导读者快速高效地进入 Visual C＃.NET 编程世界,开发出自己的项目。

编者在近 20 年的教学实践中深刻体会到《C＃面向对象设计》是一门实践性很强的课程,是软件开发的前提和基础。经过调查发现:多数学生的体会是"入门吃力、面向对象分析设计困难、应用开发不知如何入手",主要原因体现在"入门时多数教材不能由浅入深,面向对象分析设计脱离具体的项目、应用开发缺少积累和过渡"。针对这些问题,本书打破市场上多数教材的编写原则,采用全新的"教学做一体化"思路构架内容体系,通过"项目贯穿"的技能体系,将"理论＋实训"高度融合实现了"教一学一做"的有机结合,通过具体项目激发学生学习的积极性。

本书的作者有多年从事程序设计教学的一线教学经验,对程序设计的教学把握较为独到,能够预料到学生在学习中可能遇到的困难并加以解决,编写的教材有助于提高学生的学习效率。

本书的总体编写思路如下。

1.全书分 20 章,共分为三个阶段,全面讲解 C＃程序设计语言的各个部分。全书第一阶段重点讲解 C＃语言的基础,主要包括 C＃基本语句、数据类型与表达式、程序结构和数组等内容。第二阶段重点讲解数据库访问、界面设计和 Windows 应用程序开发。第三阶段重点讲解和剖析面向对象设计、文件操作和高级事件等需要深入理解的内容。

2.每章均分三个部分进行编写:"理论知识""技能训练"和"课后练习"。其中"理论知识"部分结合大量示例分析;"技能训练"部分对示例加以剖析并给出部分程序代码,引导学生在上机练习中提高应用能力;"课后练习"部分设计了基础理论题和上机实训题,方便学生进行巩固和提高。

3.实例引导。本书的每一章都有实例,有的实例具有较强的趣味性,易引起学生的兴趣，激发学生对程序设计的喜好。每个阶段结束都提供一个综合项目来巩固已经学习的知识和技能，整个课程又通过两个贯穿案例联系起来。

与现有的教材相比，本教材具有以下特色。

➢ 教学做一体化。突破传统的以知识结构体系为架构的思维，不追求完整的知识体系结构，按照“教学做一体化”的思维模式重构内容体系，为“理实一体”的职业教育理念提供教材和资源支撑。强调通过实例学编程。通过精选有趣的实例，讲解实例的实现过程，激发学生的编程兴趣，引导学生一步一步地步入程序设计的大门。

➢ 案例贯穿。按照“互联网＋”的思维模式：“实用主义永远比完美主义更完美”，实用才能体现一门课程的价值。“C＃面向对象设计”是计算机相关专业的专业核心课，按照“项目经验”培养的核心任务，以及“螺旋形”的提升模式；本教材共设计了六个项目：分别是：课内“教学做”贯穿项目两个、阶段项目两个和课程项目两个。按照“基本技能项目练习—阶段项目技能练习—课程项目技能练习”的练习过程，快速提升学生的专业技能和项目经验。

➢ 教学资源库充足。为了更好的保障教师的课程规划、课堂演示和学生的课内训练、课外训练、过程化考核等，该教材配套了完整的“教学资源库”，每章的教学资源包括教学 PPT、教师演示、学生练习、参考资料、补充案例和作业答案等。

➢ 重点难点突出。本书没有罗列大量的语言成分，不介绍较琐碎或不太常用的属性、事件和方法，而是针对 C＃程序的特点较详细地介绍了 C＃语言的主要成分，重点讲述 C＃面向对象程序设计的概念和方法。

➢ 不为写 C＃而写教材。始终贯彻为写程序设计教材而写教材的思路，C＃只是作为选择的一门工具语言。因此，本书将重点放在程序设计的基础和程序设计教材的共性上，而不是仅着重于C＃的强大功能和使用技巧。本书力争达到这样的目标：通过本书的学习使学生能够掌握程序设计的概貌，加深程序设计的认识。

本书由陈良敏主编，胡配祥和侯海平任副主编，第 1～2 章由胡配祥编写，第 3～5 章由侯海平编写，第 6～18 章由陈良敏编写，第 19 章由霍卓群编写，第 20 章由李宁编写，附录 A 和附录 C 由王会颖编写，项目案例和教材配套资源库由胡龙茂、王会颖、胡配祥、房丙午、郑有庆、陈良敏、侯海平、陆金江共同开发完成，全书由陈良敏统稿和定稿。

本书所配教学资源请联系出版社或直接与编者联系：QQ：270376690，E－mail：NECLM@163. COM。

本书可作为高职高专层次学校“C＃面向对象设计”课程的教材，也适合作为计算机爱好者们学习程序设计的参考书。

本书的出版是安徽财贸职业学院“12315 教学质量提升计划”中“十大品牌专业”软件技术专业建设项目之一，得到了该项目建设资金的支持。

虽然我们力求完美，力创精品，但由于水平有限，书中难免有疏漏和错误等不尽人意之处，还请广大读者批评指正。

编　者

2016 年 9 月

目 录

第 4 章 循环结构 66

第 5 章 数组与集合 88

第 15 章 课程项目:小型 HR 管理系统 295

第 16 章 深入理解类与对象 315

第 17 章 深入理解 C# 数据类型 346

第 18 章　理解继承与多态　359

第 19 章 文件操作 403

第 20 章 项目实例:制作简单通讯录软件 421

附 录 430

参考文献 434

第1章
C＃语言概述

本章工作任务

- 使用 Visual Studio 2013 编辑和运行程序
- 控制台程序的输入和输出

本章知识目标

- 认识一个 C＃语言程序
- 了解.NET 平台和 C＃语言的概念
- 掌握 C＃语言的基本数据类型
- 掌握控制台程序的开发过程

本章技能目标

- 掌握 Visual Studio 2013 软件的安装
- 掌握 Visual Studio 2013 环境的使用
- 掌握在 C＃中变量类型及命名规则
- 掌握在 Visual Studio 2013 环境下编辑、调试和执行 C＃程序的步骤

本章重点难点

- 控制台输入输出
- 类和对象的定义和使用
- Visual Studio 2013 环境下编辑、调试和运行 C＃程序

熟练的编程技能是在知识与经验不断积累的基础上培养出来的。初学者一开始由于缺乏语言知识和编程经验,不知如何下手编程。本书建议读者从一开始就要试着编写程序,模仿教材中的例题和项目,试着改写并循序渐进,直到会独立编写程序解决实际问题。

为了使读者能逐步从简单的模仿中体会程序设计的基本方法,而不是拘泥于具体的语法细节,本章作为教材的引言,简单介绍了C#语言的语法要素和功能特点以及求解一个具体问题的实现过程,会使用 Visual Studio 2013 编辑、编译和执行C#语言程序。

1.1 .NET与C#概述

1.1.1 .NET概述

.NET(读作 Dot Net)是微软公司为开发应用程序并运行应用程序而创建的一个富有革命性的新平台。包含的内容非常丰富,可以用来开发多种形式的应用程序。

.NET平台主要包含的内容有.NET Framework(.NET框架)、基于.NET的编程语言以及集成开发工具 Visual Studio 等,其结构如图1-1所示。.NET平台的基础和核心是.NET Framework,.NET平台的各种优秀特性都要依赖其来实现。

.NET Framework 是微软公司为开发应用程序而创建的一个平台。使用.NET Framework 可以创建桌面应用程序、Web应用程序、移动应用程序、Web服务和其他各种类型的应用程序。

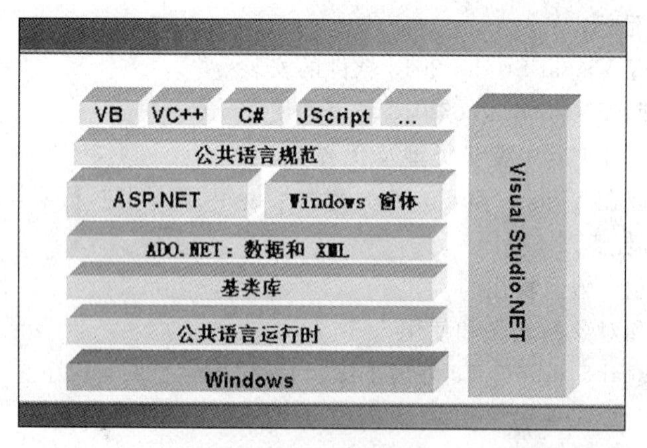

图1-1 .NET体系结构

从图1-1可以看出,.NET Framework 位于操作系统与应用程序之间,负责管理在.NET Framework 上运行各种应用程序。也就是说.NET应用程序不依赖于操作系统,只依赖于.NET Framework。.NET Framework 包括两部分内容:底层是公共语言运行时(Common Language Runtime,CLR),可以支持多种编程语言;CLR的上一层是框架类库(Framework Class Library,FCL),提供了.NET程序开发中常用的类库。.NET Framework 之上是 Windows 窗体、ASP.NET、ADO.NET 等模块,用于开发各种各样的应用程序。

通过前面的讲解,初学者对.NET Framework 有了简单的了解,接下来将对.NET Framework 中的核心内容进一步解析。

1. 公共语言运行时(CLR)

.NET Framework 的核心是执行环境，该环境称之为公共语言运行时(CLR)或.NET 运行时。公共语言运行时(CLR)主要负责管理.NET 应用程序的编译、运行以及一些基础服务，为.NET 应用程序提供了一个虚拟的运行环境。同时 CLR 还负责为应用程序提供内存分配、线程管理以及垃圾回收等服务，并且负责对代码实施安全检查，以保证代码的正常运行。

通常将在 CLR 控制下运行的代码称为托管代码(Managed Code)，体现了.NET Framework 优点。如开发 C/C++程序时，需要手动管理和释放内存，而在开发 C#程序时，.NET Framework 会自动管理和释放内存。

2. 通用类型系统(CTS)

CLR 有一个重要的组成部分，即通用类型系统(Common Type System，CTS)。各种主流语言都有自己的类型库，但类型体系大体相似，.NET 将各种不同编程语言的数据类型进行抽象，就有了 CTS。CTS 为.NET Framework 上的各种编程语言提供了支持，.NET Framework 上不同的编程语言通过编译后都转换为 CTS 类型。例如 C#语言中定义的 int 类型会被转换成 System. Int32 数据类型，Visual Basic.NET 语言中定义的 Integer 数据类型也转换成了 System. Int32 数据类型。这样，不同语言的变量就可以相互交换信息了，这就是.NET Framework 支持混合语言编程的基本原理。

3. 公共语言规范(CLS)

公共语言规范(Common Language Specification，CLS)是 CTS 的子集，目的是让.NET 平台上编写的对象可以互相调用，实现语言的互操作性，例如用 Visual Basic.NET 编写的代码可以对 C#程序中的对象进行操作。公共语言规范是一个标准集，.NET 的编译器都必须支持，CLS 和 CTS 在一起确保语言的互操作性。

4. 中间语言(CIL)

中间语言(Common Intermediate Language，CIL)是 C#程序第一次编译后生成的托管代码，与处理器的指令集非常相似，事实上所有.NET 平台上的编程语言都会被编译成 CIL，中间语言为.NET 的语言互操作性提供了支持。

1.1.2　C#语言

C#是专门为.NET 的应用而开发的程序设计语言。C#语言是一种现代、面向对象的语言，简化了 C++语言在类、命名空间、方法重载和异常处理等方面的操作，摒弃了 C++的复杂性，更易使用，更少出错。使用组件编程，和 VB 一样容易使用。C#语法和 C++和 JAVA 语法非常相似，如果读者用过 C++和 JAVA，学习 C#语言应是比较轻松的。

用 C#语言编写的源程序，必须用 C#语言编译器将 C#源程序编译为中间语言(MicroSoft Intermediate Language，MSIL)代码，形成扩展名为 exe 或 dll 文件。中间语言代码不是 CPU 可执行的机器码，在程序运行时，必须由通用语言运行环境中的即时编译器(JUST-IN-Time Compiler)将中间语言代码翻译为 CPU 可执行的机器码，由 CPU 执行。CLR 为 C#语言中间语言代码运行提供了一种运行时环境，C#语言的 CLR 和 JAVA 语言的虚拟机类似。这种执行方法使运行速度变慢，但带来其他一些好处，主要有：

• CLS：.NET 系统包括如下语言：C#、C++、VB、J#，都遵守通用语言规范。任何遵守通用语言规范的语言源程序，都可编译为相同的中间语言代码，由 CLR 负责执行。只要为其他操作系统编制相应的 CLR，中间语言代码也可在其他系统中运行。

• 自动内存管理：CLR 内建垃圾收集器，当变量实例的生命周期结束时，垃圾收集器负责收回不被使用的实例所占用的内存空间。不必像 C 和 C++语言，用语句在堆中建立的实例，必须用语句释放实例占用的内存空间。也就是说，CLR 具有自动内存管理功能。

• 交叉语言处理：由于任何遵守通用语言规范的语言源程序，都可编译为相同的中间语言代码，不同语言设计的组件，可以互相通用，从其他语言定义的类派生出本语言的新类。由于中间语言代码由 CLR 负责执行，因此异常处理的方法是一致的，这在调试一种语言调用另一种语言的子程序时，显得特别方便。

• 增加安全：C#语言不支持指针，一切对内存的访问都必须通过对象的引用变量来实现，只允许访问内存中允许访问的部分。这就防止病毒程序使用非法指针访问私有成员，也避免指针的误操作产生的错误。CLR 执行中间语言代码前，要对中间语言代码的安全性、完整性进行验证，防止病毒对中间语言代码的修改。

• 版本支持：系统中的组件或动态联接库可能要升级，由于这些组件或动态联接库都要在注册表中注册，由此可能带来一系列问题，例如，安装新程序时自动安装新组件替换旧组件，有可能使某些必须使用旧组件才可以运行的程序，使用新组件运行不了。在.NET 中这些组件或动态联接库不必在注册表中注册，每个程序都可以使用自带的组件或动态联接库，只要把这些组件或动态联接库放到运行程序所在文件夹的子文件夹 bin 中，运行程序就自动使用在 bin 文件夹中的组件或动态联接库。由于不需要在注册表中注册，软件的安装也变得容易，一般将运行程序及库文件拷贝到指定文件夹中就可以了。

• 完全面向对象：C#不像 C++语言，既支持面向过程程序设计，又支持面向对象程序设计。C#语言是完全面向对象的，在 C#中不再存在全局函数、全局变量，所有的函数、变量和常量都必须定义在类中，避免了命名冲突。C#语言不支持多重继承。

1.2 第一个 C#语言程序

1.2.1 新建一个控制台程序

1. 启动 Visual Studio 2013

启动 Visual Studio 2013，选择“开始”→“程序”→Microsoft Visual Studio 2013→Microsoft Visual Studio 2013。

如果第一次运行 Visual Studio 2013，程序要配置环境，需要花费一些时间。程序启动后，需要选择最常用的开发活动类型，这里选择“Visual C#开发设置”，以便于 Visual Studio 2013 将环境配置为最方便使用的环境。

2. 新建项目

(1)在 Visual Studio 菜单栏中选择“文件”→“新建”→“项目”选项，打开“新建项目”对话框，如图 1-2 所示。

(2)在左侧的项目类型中选择“Visual C#”，在右侧的模板列表中选择“控制台应用程序”。

(3)在“名称”中输入“HelloWorld”。

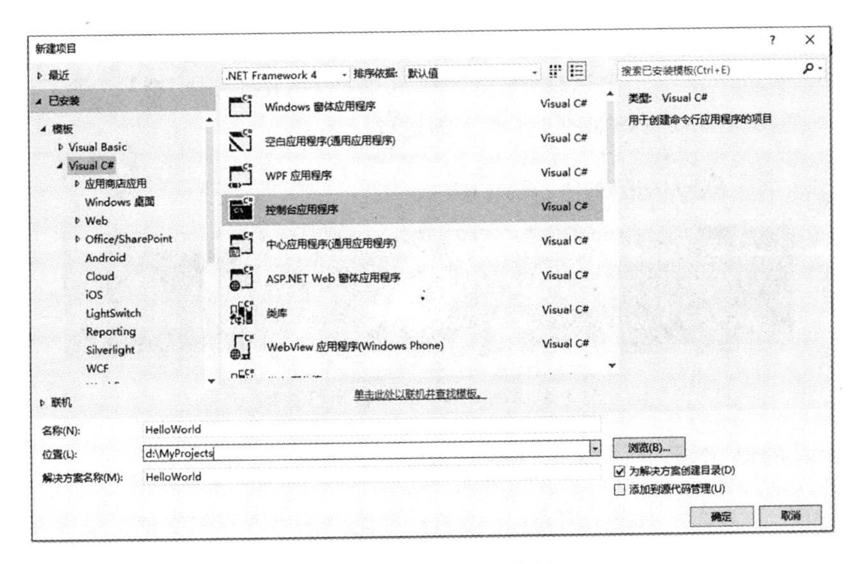

图 1-2 “新建项目”对话框

(4)为项目选择一个保存位置,例如,D:\MyProjects。

单击“确定”按钮后,就创建了一个 C# 代码模板,如图 1-3 所示。

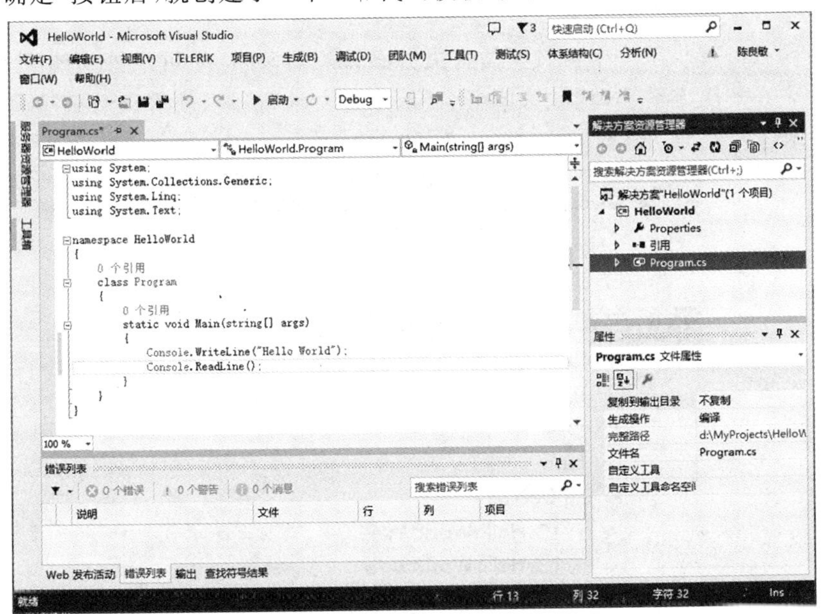

图 1-3 C# 代码模板

(5)在 Main()方法中添加如下代码。

```
Console.WriteLine("Hello World");
Console.ReadLine();
```

3. 生成可执行文件

在 Visual Studio 菜单栏中选择“生成”→“生成解决方案”选项(或者使用快捷键“Ctrl+Shift+B”)。如果错误列表中没有显示错误和警告,并且在 Visual Studio 的状态栏中显示“生成成功”,就表示代码没有编译错误,程序可以运行。

4. 生成可执行文件

在 Visual Studio 菜单栏中选择“调试”→“开始执行(不调试)”选项(或者使用快捷键“Ctrl+F5”),这时候可以看到如图 1-4 所示的运行结果。

图 1-4　Hello World 项目运行结果

1.2.2　认识控制台应用程序文件夹结构

前面建立一个 C# 应用程序项目,下面来看看该项目是怎样组织的。前面建立项目时,在 D:\MyProjects 下创建了一个与“Hello World”项目同名的文件夹,叫做“解决方案文件夹”。解决方案和项目都是 Visual Studio 提供的有效管理应用程序的容器。一个解决方案可以包含一个或多个项目,而每个项目都能够解决一个独立的问题。在本书的第一阶段解决方案仅包含一个项目。

Visual Studio 提供了一个窗口叫做解决方案管理器,在这里可以管理解决方案中包含的各类文件。在解决方案管理器中,单击“显示所有文件”按钮,就可以看到项目的结构了,如图 1-5 所示。

图 1-5　解决方案管理器

观察解决方案资源管理器,首先需要了解下面的两个文件。

- Program. cs:该文件是默认的项目启动文件,在该文件中定义项目的启动入口,即 Main()方法。在 C# 中,源程序文件以“. cs”作为文件扩展名。
- HelloWorld. exe:这个文件位于 bin\Debug 目录下,是项目编译生成的可执行文件,可以直接运行。

1.2.3　初识C#语言程序

在解决方案资源管理器中，双击 Program. cs 文件可以打开 Program. cs 文件内容，代码如例 1-1 所示。

【例 1-1】 向屏幕输出“Hello World”字符串。

程序代码

```
using System;
using System.Collections.Generic;
using System.Linq;
using System.Text;

namespace HelloWorld
{
    class Program
    {
        static void Main(string[] args)
        {
            Console.WriteLine("Hello World");
            Console.ReadLine();
        }
    }
}
```

下面从外向里一层一层来看代码的各个组成部分。

1. Namespace 关键字

Namespace(命名空间)是 C# 中组织代码的方式，可以把紧密相关的一些代码放在同一个命名空间中，大大提高管理和使用的效率。在示例 1-1 这段代码中，Visual Studio 自动以项目的名称 HelloWorld 作为这段程序命名空间的名称。

2. using 关键字

在 C# 中，使用 using 关键字来引用其他命名空间。在示例 1-1 这段代码模板生成时，Visual studio 就已经自动添加了四条 using 语句。

3. class 关键字

C# 是一种面向对象的语言，使用 class 关键字表示类。编写代码都应该包含在一个类里面，类要包含在一个命名空间中。在程序模板生成时，Visual studio 自动创建了一个类，名为 program。如果不喜欢，可以改掉。

4. Main( )方法

C# 中的 Main()方法是程序运行的入口，应用程序从这里开始运行。但要注意的是，C# 中的 Main()方法首字母必须大写，Main( )方法的返回值可以是 void 或者 int 类型，Main()方法可以没有命令行参数。因此这样组合一下，C# 中的 Main()方法有四种形式。

```
static void Main(string [] args){ }
```

```
static int Main(string[] args){ }
static void Main( ) { }
static int Main( ){ }
```

这四种Main()方法都是对的,可以根据需要自主选择,而代码模板自动生成的是第一种。

5. 关键代码

Main()方法中添加的两行代码就是这个小程序的关键代码,是用来输入输出的。

```
Console.WriteLine ("Hello world"); // 从控制台输出内容
Console.ReadLine () ; //从控制台输入内容
```

1.2.4 技能训练

【例1-2】 创建一个C#控制台程序,该程序的功能是显示一行欢迎词:"欢迎您进入C#编程世界!"。

问题分析

控制台输出语句有Console.WriteLine()语句和Console.Write()语句,区别是前者输出后换行,后者输出后不换行。

程序代码

```
using System;
using System.Collections.Generic;
using System.Linq;
using System.Text;

namespace ex1_2 //命名空间
{
    class Program //类名
    {
        static void Main(string[] args) //入口主方法
        {
            Console.WriteLine("欢迎您进入 C#编程世界!");  //输出
            Console.Readkey(); //等待读取键盘输入行,起暂停作用
        }
    }
}
```

1.3　解析第一个C♯程序

1.3.1　C♯程序的组成要素

1. 关键字

关键字在 Visual Studio 环境的代码视图中默认以蓝色显示。

在 C♯语言中，某些英文单词系统已给赋予了一定的含义，不能再作他用，称关键字或保留字。关键字主要用于构成语句、进行数据类型和存储类型的说明等。C♯语言的关键字请参考附录 B。

2. C♯的标识符

在程序中会用到各种对象，如符号常量、变量、数组、函数和类型等，为了识别这些对象，必须给每一个对象一个名称，这样的名称就是标识符。标识符是用户定义的一种字符序列。

在 Visual C♯.NET 中定义标识符时，必须符合以下命名规则。

(1)标识符必须是由字母、数字、下划线组成的一串符号，且必须以字母或下划线开头。

(2)由于标识符代表对象的名称，所以用户在选取标识符时应选取有意义的字符序列，以便在程序中从标识符看出所标识的对象，从而便于阅读和记忆。例如，在程序中用来表示人的年龄可以用 age 作为标识符，表示学生的成绩可用 score 或 cj 作为标识符。

(3)用户定义的标识符不能与 C♯语言的关键字同名。

3. 命名空间

命名空间既是 Visual Studio 提供系统资源的分层组织方式，也是分层组织程序的方式。因此，命名空间有两种：一种是系统命名空间；一种是用户自定义命名空间。

系统命名空间使用 using 关键字导入，System 是 Visual Studio.NET 中最基本的命名空间。在创建项目时，Visual Studio 平台会自动生成并导入该命名空间，并且放在程序代码的起始处。

4. 类和方法

在 C♯中，必须用类来组织程序，类里一般包含有常量、变量和方法。

C♯要求每个程序必须且只能有一个 Main 方法。

5. 语句

语句就是 C♯应用程序中执行操作的指令。C♯中的语句必须用分号“;”结束。既可以在一行中写多条语句，又可以将一条语句写在多行上。

另外，C♯程序对大小写是区分的，如 Console 不能写成 console，WriteLine 不能写成 Writeline，否则均会出错。

6. 大括号

在 C♯中，大括号“{”和“}”是一种范围标识，是组织代码的一种方式，用于标识应用程序中逻辑上有紧密联系的一段代码的开始与结束。

1.3.2　C♯语言中数据类型

每一种编程语言都有数据类型，这里仅仅列举最常用的简单数据类型。C♯完整的数据类型列表参见书后附录 A。

Visual C#.NET 的简单数据类型包括整型类型、字符类型、布尔类型、实数类型、枚举类型、结构体类型、小数类型(又称金融类型)。

1. 整型数据类型

C# 中一共有八个整型数据类型,分别为有符号字节型(sbyte)、无符号字节型(byte)、短整型(short)、无符号短整型(ushort)、整型(int)、无符号整型(uint)、长整型(long)和无符号长整型(ulong)。这些整型数据类型占用的内存和所表示的数据范围如表 1-1 所示。

表 1-1　整型类型说明符及其含义

类型名	数据类型符	占用的字节数	数值范围
有符号字节型	sbyte	1	−128～127
无符号字节型	byte	1	0～255
短整型	short	2	−32 768～32 767
无符号短整型	ushort	2	0～65 535
整型	int	4	−2 147 483 648～2 147 483 647
无符号整型	uint	4	0～4 294 967 295
长整型	long	8	-2^{63}～$2^{63}-1$
无符号长整型	ulong	8	0～$2^{64}-1$

2. 字符数据类型

字符型数据用来表示单个字符,类型说明符为 char。C# 的字符型数据也是用单引号引起来的单个字符,如'A''1'等都是字符型数据。C# 的字符类型有以下特点:

• 每个字符占 2 个字节。

• 可以将一个整型数显式地转换为一个字符数据类型,然后赋值给字符变量。例如:char c=(char)13。

• 在 C# 中依旧可以使用转义字符来表示特殊的控制字符,转义字符如表 1-2 所示。

表 1-2　转义字符表

转义字符	含义	转义字符	含义
\n	回车换行符	\a	警示键(感叹号)
\t	Tab 符号	\"	双引号
\v	垂直制表符	\'	单引号
\b	退格符	\\	反斜杠
\r	回车符	\xhhhh	1～4 位十六进制换码序列表示的字符
\f	换页符	\uhhhh	1～4 位 Unicode 码表示的字符
\0	空字符		

3. 布尔类型

布尔类型(bool)只含有两个数值:true 和 false。

值得注意的是 C# 语言规定,布尔型数据不是一个整型数,整型数也不能赋值给布尔型变量。

4. 实数类型

实数类型又称浮点型,C＃中的浮点型包含单精度浮点型(float)和双精度浮点型(double)两种。

单精度型:取值范围为$\pm 1.5\times 10^{-45}\sim\pm 3.4\times 10^{-38}$之间,精度为 7 位数。

双精度型:取值范围为$\pm 5.0\times 10^{-324}\sim\pm 1.7\times 10^{-308}$之间,精度可达 15 到 16 位。

注意:此处所讲的精度(或精确度)并不是指其小数点后的精确位数,而是整个数值的数字总位数。

5. 小数类型

小数类型又称十进制类型,其类型说明符为 decimal,主要用于金融领域,因此又称金融类型,其表示的值的范围大约是$1.0\times 10^{-28}\sim 7.9\times 10^{28}$,比 float 类型小,但是其精确度却可以达到 28~29 位。

在十进制类型的数据的后面加上“m”,表示该数据是小数类型,如 0.1m、123.9m 等。

1.3.3　Console 类

在示例 1-1 中,在程序中添加了如下的两行代码。

```
Console.WriteLine("Hello World");
Console.ReadLine();
```

这里面的 Console 是 C＃中的控制台类,能方便地进行控制台的输入输出。常用的输出方法有两个:Console. WriteLine()和 Console.Write()。唯一区别是前者在输出后换行,后者输出后不换行。常用的输入方法有 Console.ReadLine()和 Console.Read,该方法返回 string 类型。

1. C＃向控制台输出

利用 Console. WriteLine()方法输出有三种方式:

方式一:Console. WriteLine();

方式二:Console. WriteLine (要输出的值);

方式三:Console. WriteLine(“格式字符串”,变量列表);

【例 1-3】　创建一个 C＃控制台程序,输出:“我的班级名称是:软件二班”。

问题分析

控制台输出语句有 Console.WriteLine()输出内容分别用“+”号和占位符方式实现。

程序代码

```
using System;
using System.Collections.Generic;
using System.Linq;
using System.Text;

namespace ex1_3
{
    class Program
    {
        static void Main(string[] args)
```

```
        {
            string className = "软件二班";
            Console.WriteLine("我的班级名称是:" + className); //用 + 号输出
            Console.WriteLine("我的班级名称是:{0}",className);//用占位符输出
            Console.Readkey();
        }
    }
}
```

例 1-3 的运行输出结果如图 1-6 所示。

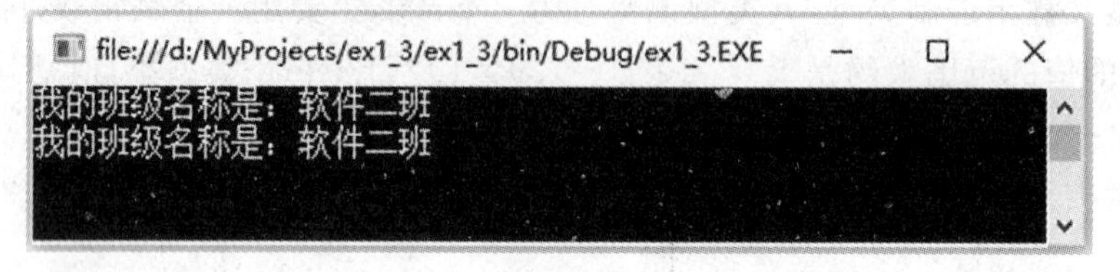

图 1-6　例 1-3 运行结果

在示例代码的输出使用了方式三，在这种方式中，WriteLine()的参数由两部分组成："格式字符串"和变量列表。这里面的"我的班级名称是:{0}"就是格式字符串，{0}叫做占位符，占的就是后面的 className 变量的位置。在格式字符串中依次使用{0}、{1}、{2}……代表要输出的变量，然后将变量依次排列在变量列表中，{0}对应变量列表的第 1 个变量，{1}对应变量列表的第 2 个变量，{2}就对应变量列表的第 3 个变量，以此类推。这种方式要比用加号连接方便多了，在后面的代码开发中慢慢体会。

2. C＃从控制台读入

与 Console.WriteLine()对应，从控制台输入可以使用 Console.ReadLine()方法。Write 是写的意思，Read 是读的意思。

```
Console.ReadLine();
```

这句话返回一个字符串，可以直接赋给一个字符串变量，比如：

```
string name = Console.ReadLine();
```

如果要输入整型数据，只需一个简单的转换就可以了，如：

```
int age = int.Parse (Console.ReadLine());
```

int.Parse()方法的作用是把字符串转换为整数。

【例 1-4】 从控制台输入一名学员的信息，包括姓名和年龄，然后输出到控制台。为了比较使用加号(＋)连接输出和格式字符串输出的不同效果，要求：使用加号连接输出与这名学员打招呼的信息，使用格式字符串输出这名学员的姓名和年龄等信息。

问题分析

使用 Console. ReadLine()语句从控制台读取数据，使用 Console.WriteLine()语句输出内容，分别用＋号和占位符方式实现。

程序代码

```
using System;
using System.Collections.Generic;
using System.Linq;
```

```
using System.Text;

namespace ex1_4
{
    class Program
    {
        static void Main(string[] args)
        {
            Console.WriteLine("请输入姓名:");
            string name = Console.ReadLine();
            Console.WriteLine(name + "您好!");
            Console.WriteLine("请输入年龄:");
            int age = int.Parse(Console.ReadLine());
            Console.WriteLine("学员姓名:{0},年龄:{1}",name,age);
            Console.ReadLine();
        }
    }
}
```

例 1-4 的运行结果如图 1-7 所示。

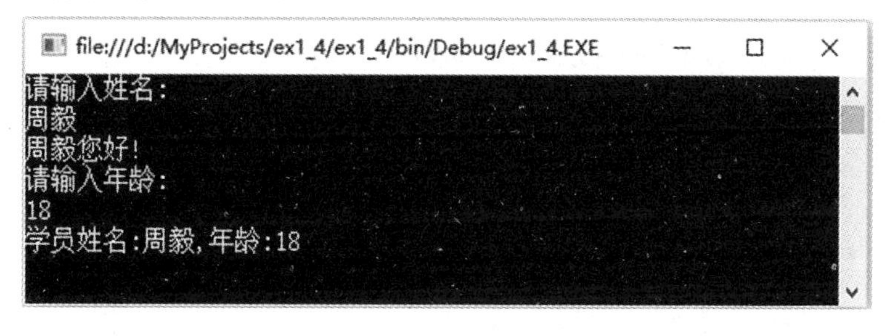

图 1-7　例 1-4 运行结果

1.3.4　类与对象

类是创建对象的模板，对象是类的一个具体实例，这就是类和对象之间的关系。必须先有类，才能有对象。在每个人身边，能够看到或触摸到的“东西”，都可以称之为对象。例如可以把类和对象比作月饼模子和月饼的关系。使用月饼模子可以生产出同样形状不同口味的月饼，因此，可以将月饼模子称为类，制作出的不同的月饼就是对象。作为一个软件开发者，软件意义上的对象又是什么呢？在面向对象的世界中，不同类型的事和物都称为对象，也就是一切皆对象。面向对象的编程思想符合人们的思维习惯。

C＃语言中，定义类的语法如下。

```
访问修饰符 class 类名
{
    //类的主体
}
```

C＃语言里，在类中可以包含属性和方法。属性用来描述类的特征，方法用来描述类的行为，每个类可以使用访问修饰符来设置该类的访问权限。相关内容将在本章后面部分或本课程以后的章节做详细介绍。

示例 1-5 的代码定义了 Student 类，以描述学员所具有的特征和行为。

【例 1-5】 定义一个 Student 类，包含姓名、年龄字段以及一个显示学员信息的方法。

问题分析

在解决方案中选择项目，添加 Student 类，添加 name、age 字段和 Show()方法。在 Main()方法里实例化 Student 对象，完成输入和显示操作。

程序代码

```
using System;
using System.Collections.Generic;
using System.Linq;
using System.Text;

namespace ex1_5
{
    class Program
    {
        static void Main(string[] args)
        {
            Student student = new Student();
            //接收学员的姓名、年龄
            Console.WriteLine("请输入姓名:");
            student.name = Console.ReadLine();
            Console.WriteLine("请输入年龄:");
            student.age = int.Parse(Console.ReadLine());

            //输出学员的姓名、年龄
            student.Show();
        }
    }
}
//Student 类关键代码
public  class Student
    {
        //学员姓名
        public string name;
        //学员年龄
        public int age;

        #region 显示学员姓名和年龄信息
        /// <summary>
```

```
    ///输出学员姓名和年龄
    /// </summary>
    public void Show()
    {
        Console.WriteLine("学员姓名:{0},年龄:{1}",name,age);
        Console.ReadLine();
    }
    #endregion
}
```

在 Main()方法中实例化 Student 类的一个对象 Student。Student 类中的 age、name、Show()方法都叫做类的成员，其中 age 和 name 是成员变量，Show()则是这个类的方法。而属性在 C# 中有特殊的表示方式，将在后面的章节中介绍。

字段用来表示与类和对象相关联的数据。当需要保存类的特征时，需要在类中添加字段。方法用来标识类的行为。当想要类的对象实现某个功能的时候，需要在类中添加相关的方法。

1.3.5　关于方法

除了使用.NET 提供的类的方法(例如 Main()方法)，也可以在类中添加自定义的方法。自定义方法的语法如下。

```
访问修饰符 返回类型 方法名(参数列表)
{
    //方法的主体
}
```

1. 访问修饰符

访问修饰符有两个：一个是 public (公有的)，一个是 private(私有的)。这两个修饰符的具体应用将在后面的章节详细讲解。

2. 方法的返回类型

编写的方法是实现专门功能处理的模块，供他人调用，且在调用后可以返回一个值，这个值的数据类型就是方法的返回类型，可以是 int、float、double、bool、string 等。如果方法不返回任何值，需要使用 void 关键字。

3. 方法名

每个自定义的方法都要有一个名称，方法的名称应该有明确的含义，这样别人在使用的时候，就能清楚地知道这个方法能实现什么功能。比如，WriteLine( )方法，从名称上就知道是输出一行信息的意思。

4. 参数列表

调用方法时，可以向方法中传递参数，这些参数构成了参数列表。如果没有参数，就不用 参数列表。参数列表中的每个参数都是通过“类型参数名”形式进行声明的，各个参数之间用逗号分开。

5. 方法的主体

方法的主体部分就是这个方法实现某一特定功能的代码。自定义方法时，应该先写方法的声明，包括访问修饰符、返回类型、方法名和参数列表，然后再写方法的主体。

规范方法命名规范如下。

• 方法名要有实际的含义，最好表示能完成什么任务。

• 方法名使用 Pascal 命名法，就是组成方法名的单词直接相连，每个单词首字母大写，如 WriteLine()、ReadLine( )。

1.4 使用 Visual Studio 编辑和运行程序

1.4.1 IDE 开发环境

1. Visual Studio 介绍

在使用 C# 语言开发应用程序之前，首先要在系统中搭建开发环境，本书将使用 Visual Studio 开发工具来作为基本的开发环境。

Microsoft Visual Studio(简称 VS)是美国微软公司的开发工具包系列产品。VS 是一个基本完整的开发工具集，包括了整个软件生命周期中所需要的大部分工具，如 UML 工具、代码托管工具、集成开发工具、测试工具等，使用 VS 编写的代码适用于微软支持的所有平台。

Visual Studio 是目前最流行的 Windows 平台应用程序的集成开发环境，最新版本为 Visual Studio 2016。接下来简单介绍 Visual Studio 集成开发环境。

Visual Studio 2010，集成了 ASP.NET MVC4，全面支持 HTML5，并且支持期待已久的工作流开发，设计器支持 C# 表达式。

Visual Studio 2012，支持.NET 4.5，与.NET 4.0 相比，.NET 4.5 更多的是完善和改进。.NET 4.5 也是 Windows RT 被提出来的首个框架库，.NET 获得了和 Windows API 同等的待遇。Visual Studio 2012 需要 Windows 7/8/10 的支持。

Visual Studio 2013，新增了代码信息指示(Code Information Indicators)、团队工作室(Team Room)、身份识别、.NET 内存转储分析仪、敏捷开发项目模板、Git 支持以及更强力的单元测试支持、改进了与 Windows 应用商店的集成。

Visual Studio 2015，能够创建跨平台运行的 APS.NET 5 网站(包括 Windows、Linux 和 Mac)、集成了对构建跨设备运行的应用的支持、连接服务(Connected Services)体验更加轻松(可方便地在 app 中集成 Office 365、Sales Force 和 Azure 平台服务)、智能单元测试(Smart Unit Testing)等持续的改进和革新。

2. Visual Studio 2013 的安装

前面介绍了 VS 的开发环境和版本，本书以 Visual Studio 2013 为例讲解如何安装 VS 开发环境。

从微软的官网下载 VS2013_RTM_ULT_CHS.iso 镜像文件，在本地直接解压或通过虚拟光驱来进行安装，解压后以管理员身份运行安装程序，此时显示安装界面，然后选择安装路径和安装组件，等待安装完成。

3. Visual Studio 2013 的主界面

使用 Visual Studio 工具进行程序开发，主要是在 Visual Studio 的主界面进行的。主界面有标题栏、菜单栏、工具栏、代码编辑窗口、解决方案资源管理器、输出窗口、属性窗口等组成，具体如图 1-8 所示。

图 1-8 所示主界面中，有四个部分比较重要，具体说明如下。

• 代码编辑窗口：用于显示和编写代码。

• 解决方案资源管理器：用来显示项目文件的组成结构，如 Hello 项目中有 Properties、引用、Program. cs 等。

• 输出窗口：用于显示。

• 属性窗口：用于显示或改变所选项目、窗体或控件的属性。

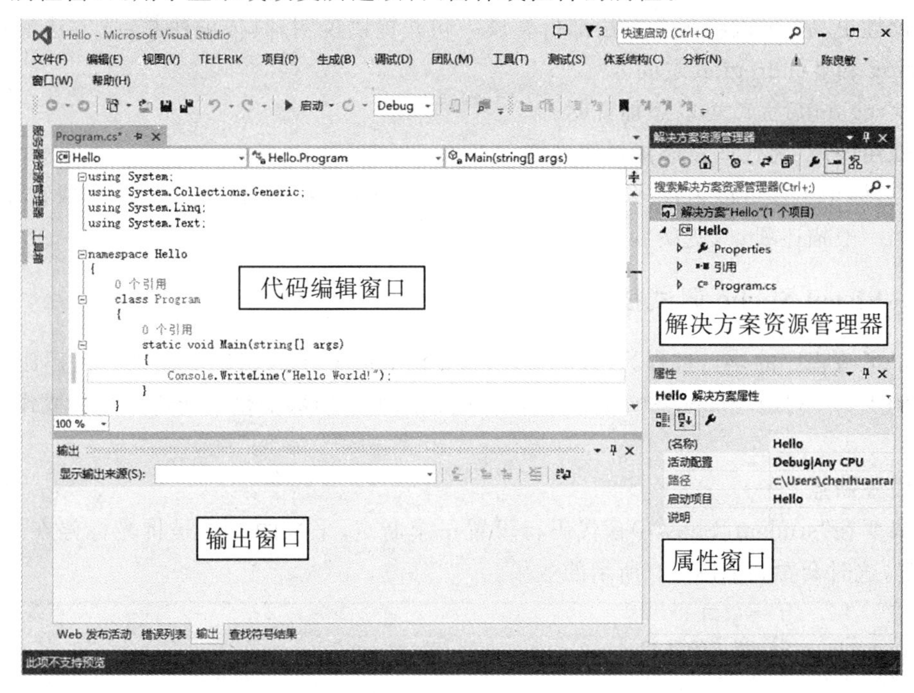

图 1-8　Visual Studio 2013 的主界面

1.4.2　注释

编写代码中非常重要的一项工作是为代码写注释。如果今天编写了 100 行代码却没有写注释，恐怕过一个月后再回头看，自己都不知道这个代码是做什么用的了。C＃也提供了多种注释类型。C＃的行注释和块注释分别使用//和/＊…＊/，文档注释的每一行都以“///”开头。

注释规范的具体内容如下。

• 关键性的语句要使用注释，如变量声明、条件判断、循环等。

• 类名前应使用文档注释，说明类的简单功能和使用方法。

• 方法前应使用注释，说明方法的功能、参数的含义、返回值等。

1.4.3 Visual Studio 的一些编辑技巧

1. 显示行号

改正错误时，往往从最前面的那条错误信息开始。为了方便定位，需要 Visual Studio 显示行号，方法为：选择 Visual Studio 的菜单“工具”→“选项”→ “文本编辑器”→ “C#” ，选中右边“显示” 下面的“行号”。

2. 折叠显示代码

随着类的定义不断完善，其代码也越来越多，如何很快地找到需要查看的代码？如何使代码可读性更高？可以将每个方法都折叠成一句并提供说明，具体做法是：把方法的代码写在#region 和#endregion 之间。

在#region 后面就可以添加说明。

3. 使用“///”为代码段添加说明

“///”标记不仅可以为代码段添加说明，还有一项重要的工作，就是用于生成自动文档。自动文档一般描述项目，使项目更加清晰直观。

1.4.4 Visual Studio 调试技巧

为了了解程序的执行过程，可以利用 Visual Studio 提供的调试功能进行代码跟踪和观察。在例 1-5 中利用 Visual Studio 的调试功能跟踪观察局部变量的变化。具体操作步骤介绍如下。

1. 设置断点

如果要在“student. Show();”代码行设置一个断点，采取的方法是将光标停在这一行，按 F9 键，这时会看到如图 1-9 所示的效果。

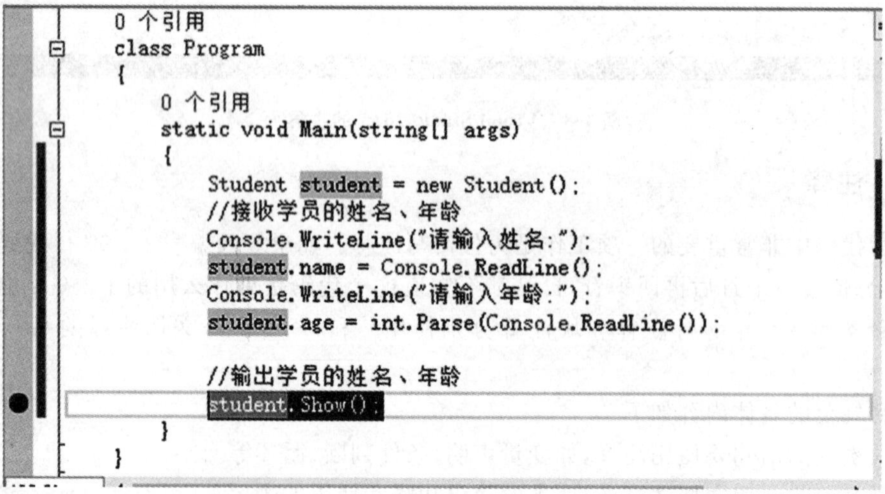

```
0 个引用
class Program
{
    0 个引用
    static void Main(string[] args)
    {
        Student student = new Student();
        //接收学员的姓名、年龄
        Console.WriteLine("请输入姓名:");
        student.name = Console.ReadLine();
        Console.WriteLine("请输入年龄:");
        student.age = int.Parse(Console.ReadLine());

        //输出学员的姓名、年龄
        student.Show();
    }
}
```

图 1-9　设置断点

程序调试时常用快捷键如下。

- F5：开始调试。
- Shift+F5：停止调试。

- F9：设置或删除断点。
- Ctrl+F9：取消断点。
- F10：单步执行。
- F2：转到所调用过程或变量的定义。
- Ctrl+F2：将焦点转移到类的下拉框。

调试功能对分析和理解程序的执行过程、找出程序中存在的错误非常有用，是进行程序开发的得力助手，在调试代码时经常需要使用。

2. 监视变量值

按 F5 键开始执行程序调试后，在代码编译器窗口下方可以看到一个监视（Watch）窗口，如图 1-10 所示。

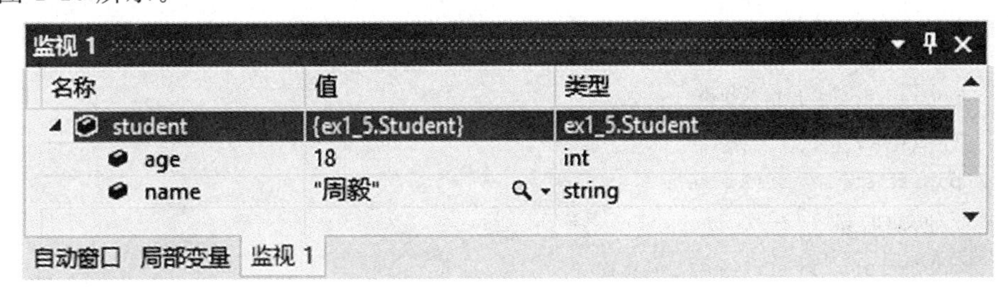

图 1-10　监视 student 对象

当程序执行到预先设置的断点行时，在监视窗口，可以查看变量或者计算表达式的值。

下面就利用监视窗口来观察对象 student 的成员变量的变化。将变量添加到监视窗口的方法有以下两种。

方法一：选中并右击需要关注的变量，如对象 student 的成员，选择快捷菜单中的“添加监视”命令。

方法二：在监视 1 窗口中单击名称下的空白单元格，输入 student，按“Enter”键。此时，在监视窗口中将会看到 student 对象的成员变量 name 和 age 当前值分别为“周毅”和“18”，如图 1-10 所示。

如果在 Visual Studio 中没有出现监视窗口或者不小心关闭了，可以在 Visual Studio 的菜单栏中通过选择“调试”→“窗口”→“监视”→“ 监视 1”选项，打开一个监视窗口，通过这种方式也可以打开多个监视窗口。

1.4.5　技能训练（创建 MyCollege 项目）

【例 1-6】　①定义一个 Student 类，包含姓名、年龄、性别、班级、联系电话、通讯地址、所属院系字段以及一个显示学员信息的方法。

②定义一个 CollegeManager 类，提供一个 CreateStudent()方法，用于创建一个具体的学员对象并显示学员相关信息。

③在 Main()方法里创建 CollegeManager 对象，并调用 CollegeManager 对象的 CreateStudent()方法。

程序代码

```
/// <summary>
///学生类定义
```

```
/// </summary>
public  class Student
{
    //学员姓名
    public string name;
    //学员年龄
    public int age;
    //学员性别
    public string sex;
    //学员班级
    public string strClass;
    //联系电话
    public string strPhone;
    //通讯地址
    public string strAddress;
    //所属院系
    public string strDepartment;
    #region 显示学员姓名和年龄信息
    /// <summary>
    ///输出学员姓名和年龄
    /// </summary>
    public void Show()
    {
        Console.Write("学员姓名:{0},年龄:{1},性别:{2},班级:{3},",name,age,sex,
strClass);
        Console.WriteLine("院系:{0},联系电话:{1},通讯地址:{2}",strDepartment,
strPhone,strAddress);
        Console.ReadLine();
    }
    #endregion
}

/// <summary>
/// CollegeManager 类定义
/// </summary>
public  class CollegeManager
{
    /// <summary>
    ///创建一个学员对象并显示学员信息的方法
    /// </summary>
    public void CreateStudent()
```

```
        {
            Student student = new Student();
            //接收学员的姓名、年龄
            Console.WriteLine("请输入姓名:");
            student.name = Console.ReadLine();
            Console.WriteLine("请输入年龄:");
            student.age = int.Parse(Console.ReadLine());
            Console.WriteLine("请输入性别:");
            student.sex = Console.ReadLine();
            Console.WriteLine("请输入班级:");
            student.strClass = Console.ReadLine();
            Console.WriteLine("请输入联系电话:");
            student.strPhone = Console.ReadLine();
            Console.WriteLine("请输入通讯地址:");
            student.strAddress = Console.ReadLine();
            Console.WriteLine("请输入所属院系:");
            student.strDepartment = Console.ReadLine();
            //输出学员的姓名、年龄
            student.Show();
        }
    }

using System;
using System.Collections.Generic;
using System.Linq;
using System.Text;

namespace MyCollege
{
    class Program
    {
        /// <summary>
        ///应用程序入口
        /// </summary>
        /// <param name = "args"></param>
        static void Main(string[] args)
        {
            CollegeManager collegeManager = new CollegeManager();
            collegeManager.CreateStudent();
        }
    }
```

```
}
```

例 1-6 的运行结果如图 1-11 所示。

图 1-11　例 1-6 运行结果

本章小结

➢ C#是微软公司为.NET 开发平台设计的一种简单、现代、通用、高效、面向对象的编程语言。C#语法简单,Visual Studio 开发工具强大高效。

➢ 使用 Visual Studio 创建和运行 C#程序的步骤如下。

(1)启动 Visual Studio 2013 。

(2)新建项目。

(3)生成可执行文件。

(4)开始运行。

➢ C#采用命名空间组织程序,引入其他命名空间用 using 关键字。

➢ C#中使用控制台类 Console 的 ReadLine()和 WriteLine()方法输入和输出信息.

➢ C#中 Main()方法的首字母大写,根据返回值和参数的不同,Main()方法有四种形式。

➢ C#中布尔类型使用 bool 关键字。

➢ C#中有三种注释类型,其中文档注释使用///表示。

➢ 类是创建对象的模板,对象是类的一个具体实例。

➢ 调试程序的步骤如下。

(1)设置断点:按 F9 快捷键。

(2)启动调试:按 F5 快捷键。

(3)在监视窗口中查看变量的当前值。

习题1

一、单项选择题

1. 假设变量 x 的值为 25,要输出 x 的值,下列正确的语句是( )。

A. Console. writeline("x")　　B. Console. WriteLine("x")

C. Console. WriteLine("x={0}",x)　　D. Console. WriteLine("x={x}")

2. 关于 C# 程序的书写,下列不正确的说法是( )。

A. 区分大小写

B. 一行可以写多条语句

C. 一条语句可以写成多行

D. 一个类中只能有一个 Main()方法,因此多个类中可以有多个 Main()方法

3. 在 C# 语言中,下列能够作为变量名的是( )。

A. if　　B. 3ab　　C. a_3b　　D. a_bc

4. C# 程序的执行总是从( )开始。

A. main()方法　　B. 第一行　　C. using system　　D. 类名

5. 在 Visual Studio.NET 窗口中,在( )窗口中可以察看当前项目的类和类型的层次信息。

A. 解决方案资源管理器　　B. 类视图

C. 资源视图　　D. 属性

6. C# 中每个 byte 类型的变量占用( )个字节的内存。

A. 1　　B. 2　　C. 4　　D. 8

7. ( )不是访问修饰符。

A. public　　B. private　　C. protected　　D. length

8. 在以下标识符中,正确的是( )。

A. _nName4　　B. typeof()　　C. 8tip　　D. pri5#

9. 在 C# 中,表示一个字符串的变量应使用( )语句定义。

A. CString str;　　B. string str;

C. Dim str as string　　D. char * str;

10. C# 源程序文件的扩展名为( )。

A. . vb　　B. . c　　C. . cpp　　D. . cs

11. 在以下标识符中,正确的是( )。

A. _list　　B. typeof()　　C. 58tom　　D. jx@shi. com

二、问答和编程题

1. 试列举三个利用 C# 可以创建的应用程序类型。

2. 编写一个程序,从键盘上输入 3 个数,输出这 3 个数的和。要求编写成控制台应用程序。

第2章
编写简单的C＃控制台程序

本章工作任务

- 编写简单的C＃控制台程序
- 使用方法调用,完成简单的数据处理

本章知识目标

- 了解基本的算术运算与赋值运算
- 了解常量、变量基本概念及使用
- 了解简单的分支结构
- 掌握字符串格式化输出的方式
- 掌握简单方法的定义与调用

本章技能目标

- 掌握简单的分支结构的程序编写
- 掌握格式化输出屏幕信息
- 掌握格式化字符串Format()方法的使用
- 掌握调用C＃自定义方法的步骤

本章重点难点

- 方法的概念
- 方法的定义
- 自定义方法的调用
- 字符串的格式化输出Format()方法的使用

2.1　实现字符串格式化输出

2.1.1　格式化输出

程序员常常会使用格式化字符串和参数列表的形式输出程序的数据，如：

```
string name = "王强";
Console.WriteLine("我的名字是{0}，我的年龄是{1}。",name,18);
```

这段代码中，Console. WriteLine()方法的参数“我的名字是{0}，我的年龄是{1}”叫做格式字符串。格式字符串后面 name、18 是参数列表，格式字符串中的{x}叫做占位符。

2.1.2　Format 格式化

通常，客户大都需要按照特定的格式在屏幕或报表中输出程序数据。为了满足客户这方面的需求，往往需要用到 C# 的 String 类提供的一个 Format()方法对输出的字符串进行格式化。Format()方法允许把字符串、数字或布尔型的变量插入到格式字符串当中，语法和 Console. WriteLine()方法很相似。

其语法格式如下。

```
String myString = String.Format ("格式字符串",参数列表);
```

其中格式字符串中包含固定文本和格式项。格式项的形式如下所示。

{索引[,对齐][:格式字符串]}

其中索引从 0 开始，与变量列表对应；对齐部分设置显示的宽度和对齐的方式是一个带符号的整数，整数的大小表示数据的宽度，正数为右对齐，负数为左对齐；格式字符串部分包含格式说明符。

```
String myString = String.Format ("{0}乘以 {1}等于 {2}",2,3,2 * 3) ;
```

"{0}乘以{1}等于{2}"就是一个格式字符串，占位符中{0}、{1}、{2}分别对应于后面的参数列表中的第 1、2、3 个参数，这和 Console. WriteLine()方法中的使用方式是一样的。这条语句的结果就是字符串 myString 的值为“2 乘以 3 等于 6”。表 2-1 列出了 Format()方法的格式化字符串中各种格式化定义字符和示例。

表 2-1　格式化数值结果表

字符	说明	示例	输出
C	货币	String. Format("{0:C3}",2)	$ 2.000
D	十进制	String. Format("{0:D3}",2)	002
E	科学计数法	1.20E+001	1.20E+001
G	常规	String. Format("{0:G}",2)	2
N	用分号隔开的数字	String. Format("{0:N}",250000)	250,000.00
X	十六进制	String. Format("{0:X000}",12)	C
		String. Format("{0:000.000}",12.2)	012.200

例如：

```
String.Format ("{0,8:C2}",23);
```

显示结果为“￥23.00”，即以右对齐、宽度为8、显示货币符号、保留两位小数的方式输出数值23。

现在来看看怎样使用Format()方法。

【例2-1】 制作银行活期储蓄利息计算器。假设活期人民币存款年利率为0.36%，活期存款计息的计算公式是。

应获利息＝存款金额＊天数＊年利率/360

本息合计＝存款金额＋应获利息

输入姓名、存款金额、存款天数，按照利息计算公式计算，输出利息计算结果。要求：

各项数据显示宽度为20。

用户姓名以右对齐方式显示，其余各项数据以左对齐方式显示。

存款金额、利息总额和本息合计以货币形式输出，保留两位小数。

问题分析

调用String类的Format()方法设置各项数据的输出格式，实现的代码如下所示。

程序代码

```
static void Main(string[] args)
{
    const double RATE = 0.0036;                         //年利率
    double balance;                                     //存款金额
    int days;                                           //存款天数
    String name;                                        //姓名
    double account;                                     //利息总额
    double total;                                       //本息合计

    Console.WriteLine("\t银行活期储蓄存款计算器");
    Console.WriteLine("------------------------------------------");
    Console.WriteLine("请输入姓名");
    name = Console.ReadLine();
    Console.WriteLine("请输入存款金额(格式:元.角分):");
    balance = double.Parse(Console.ReadLine());
    Console.WriteLine("请输入存款天数:");
    days = int.Parse(Console.ReadLine());

    account = balance * days * RATE / 360;
    total = balance + account;

    Console.WriteLine("\n\t银行活期储蓄存款本息计算结果:");
    Console.WriteLine(" ========================== ");
    Console.WriteLine("姓    名:" + String.Format("{0,-20}",name));
```

```
        Console.WriteLine("存款金额：" + String.Format("{0,20:C2}",balance));
        Console.WriteLine("存款天数：" + String.Format("{0,20:D}",days));
        Console.WriteLine("存款年利率：" + String.Format("{0,20:P}",RATE));
        Console.WriteLine("利息总额：" + String.Format("{0,20:C2}",account));
        Console.WriteLine("本息合计：" + String.Format("{0,20:C2}",total));
        Console.WriteLine(" ========================= ");
        Console.Read();
    }
```

运行程序，输入数值，结果如图 2-1 所示。

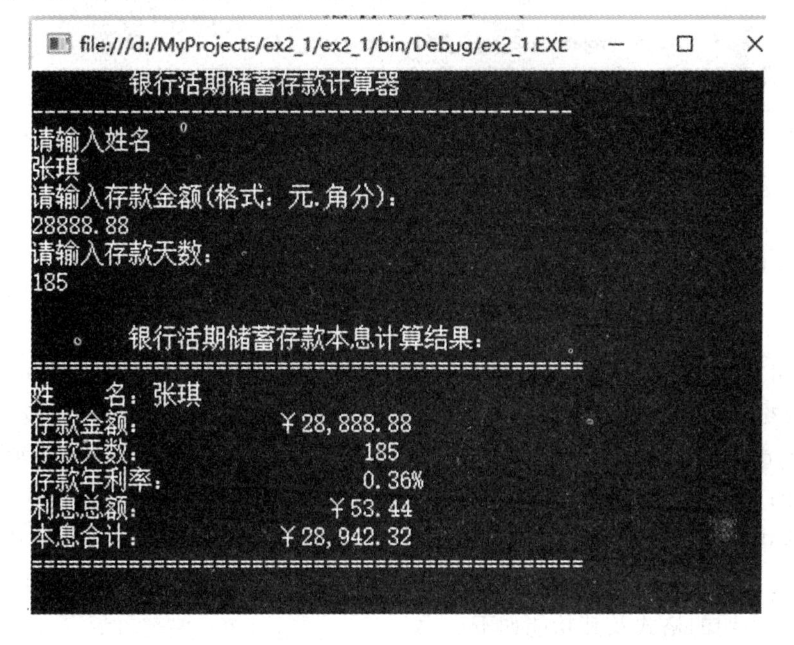

图 2-1　例 2-1 运行结果

该程序不要求读者完全理解，只希望读者对 C# 语言程序有一个初步的了解，程序中许多内容在后续章节中逐步学习。

2.2　交换数字问题

2.2.1　程序解析

【例 2-2】　设 a=5，b=9，要求将两个变量的数值进行交换。

程序代码

```
/// <summary>
///设 a = 5,b = 9,要求将两个变量的数值进行交换
/// </summary>
/// <param name = "args"></param>
static void Main(string[] args)
{
```

```
        int a,b,temp;
        a = 5; b = 7;
        Console.WriteLine("交换前 a = {0},b = {1}",a,b);
        temp = a;
        a = b;
        b = temp;
        Console.WriteLine("交换后 a = {0},b = {1}",a,b);
        Console.Read();
    }
```

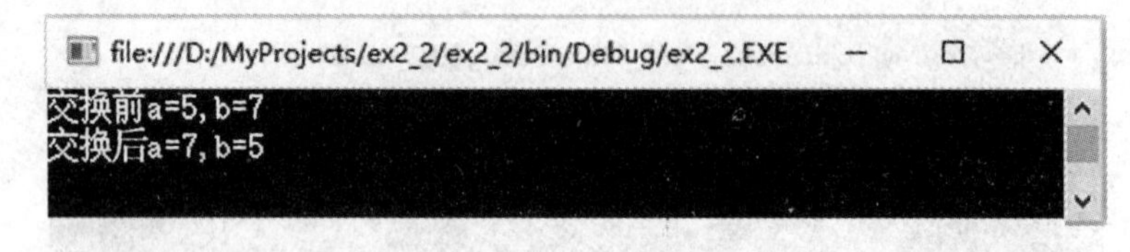

图 2-2　例 2-2 运行结果

2.2.2　C#中的常量与变量

1. 常量

常量又叫常数，是在程序运行过程中其值不改变的量。常量也有数据类型，在 C#语言中，常量的数据类型有多种，分别是：sbyte、byte、short、ushort、int、uint、long、ulong、char、float、double、decimal、bool、string 等。常量不需要事先定义，只要在程序中需要的地方直接写出该常量即可。常量的类型也不需要事先说明，类型是由书写方法自动默认的。

C#语言中还可以声明一个或多个给定类型的常量，称为符号常量，符号常量在使用之前必须先定义。

符号常量声明的格式及其功能如下。

[格式]：

[常量修饰符] const　类型说明符　常量名 = 常量表达式;

[功能]：声明一个名为"常量名"的常量，该常量名与"常量表达式"是等价的。

[说明]：常量通常定义在类的里面，作为类的成员，"常量修饰符"用来控制常量的可访问性，常用的有 private、public、protected、internal 等，若缺省"常量修饰符"则默认为 private。"常量修饰符"的具体含义将在后面课程中进一步进行讲解。

例如：public const int　A=1,B=3;

2. 变量

(1)变量的含义及其定义

变量是指在程序运行过程中其值可以发生变化的量。变量通常用来保存程序运行过程中的输入数据、计算获得的中间结果和最终结果。变量的命名规则必须符合标识符的命名规则，并且变量名尽量要有意思，以便于阅读。为便于和 C#语言系统使用的变量进行区别，用户自己定义的变量尽量不要用"_"开头。

C#语言中的变量是存在于内存中的，当程序运行时，每个变量都要占用连续的若干个字节，变量所占用的字节数由变量的数据类型决定，如 char 型变量占 2 个字节，int 型变量占

4 个字节等。在内存中每个字节均有地址,无论变量占几个字节,都把第 1 个字节的地址称为变量的地址。在计算机中,变量名代表存储地址,变量的类型决定了存储在变量中的数据的类型。C# 是类型安全的语言,C# 的编译器能够保证每个变量之中都存储了正确类型的数据。每个变量的值都可以通过赋值改变,或者使用一元运算符"++"和"--"来改变。

定义变量的一般格式及其功能如下。

[格式]:

[变量修饰符] 类型说明符 变量名 1 = 初值 1,变量名 2 = 初值 2,……;

[功能]:定义若干个变量,变量名由"变量名 1""变量名 2"等指定,变量的数据类型由"类型说明符"指定,简单变量的类型说明符有 sbyte、byte、short、ushort、int、uint、long、ulong、char、float、double、decimal、bool、string 等。在定义变量的时候,可以给变量赋初值。

[说明]:"变量修饰符"用来描述变量的访问级别和是否是静态变量等,有 private、public、protected、internal、static 等类型,若缺省"变量修饰符",则默认为 private。

例如,有以下变量定义语句。

```
private static intage = 65;
public double jj = 76.8;
```

(2)静态变量和实例变量

声明变量时,使用 static 关键字声明的变量为静态变量。静态变量只需创建一次,在后面的程序中就可以多次引用。如果一个类中的成员变量被定义为静态的,那么类的所有实例都可以共享这个变量。静态变量的初始值就是该变量类型的默认值。根据限定赋值的要求,静态变量最好在定义时赋值。

实例变量是指在声明变量时没有使用 static 变量说明符的变量,也称普通变量。实例对象在指定的对象中被声明并分配空间,如果实例变量所在的对象被撤销了,该变量也就从内存中清除。

注意:静态变量只能通过类名引用,实例变量通过类的实例引用。

关于静态变量和实例变量的使用将在后面的章节进一步说明。

(3)局部变量

局部变量是临时变量,只是在定义的块内起作用。所谓块是指大括号"{"和"}"之间的所有内容。块内可以是单条语句,也可以是多条语句或者空语句。局部变量从被声明的位置开始起作用,当块结束时,局部变量也会随着消失。

使用局部变量需注意初始化问题,局部变量需要人工赋值后才能使用。

【例 2-3】 分析下列程序的运行结果。

程序代码

```
class Program
{
        public static void LocalExample()
        {
            int i = 210,k = i * 2;//定义局部变量 i 和 k 并给局部变量 i 和 k 赋值
            Console.WriteLine("i = {0},k = {1}",i,k); //输出 i 和 k 的值
        }
```

```
        static void Main(string[] args)
        {
            LocalExample();//调用函数
            Console.WriteLine("i = {0},k = {0}",i,k);//此语句将产生错误
        }
    }
```

本例在 LocalExample 方法中定义的变量 i 和 k 是局部变量，只能在该方法中使用。在 Main()方法中试图使用 i 和 k，将会出现错误。

程序编译时将出现如图 2-3 所示的错误提示信息。

图 2-3 编译错误

2.2.3 算术运算符与算术表达式

算术运算符对数值型运算对象进行运算，运算结果也是数值型。用算术运算符把数值量连接在一起的符合 C#语法的表达式称为算术表达式。算术运算符可分成基本算术运算符和增 1 减 1 运算符两类。

(1)基本算术运算符

基本算术运算符对数据进行简单的算术运算。基本的算术运算符的运算对象、运算规则及运算结果如表 2-2 所示。

表 2-2 基本算术运算符

对象数	运算符	名称	运算规则	运算对象	运算结果	实例	说明
单目	+	正	取原值	整型或实型	整型或实型	+a	求 a 的原值
	−	负	取负值			−a	求 a 的负值
双目	+	加	加法			a+b	求 a 与 b 的和
	−	减	减法			a−b	求 a 与 b 的差
	*	乘	乘法			a*b	求 a 与 b 的积
	/	除	除法			a/b	求 a 除以 b 的商
	%	模	整除取余数	整型	整型	a%b	求 a 除以 b 的余数

使用基本算术运算符时，需注意以下几点。

对于"/"运算符，不同的运算对象的运算结果是不一样的。若运算对象中有实数，则运算结果是双精度数；如果运算对象均是整数，则运算结果是整数，例如：3.0/2 的值为 1.5，

3/2的值为 1。因此，当有两个整数相除时，应特别小心，否则容易出错。

求余运算符“%”要求参与运算的运算对象必须都是整数型。求余运算的结果符号与被除数相同（这一点请务必注意），其值等于两数相除后的余数。

例如：10%3 的值是 1，10%－3 的值是 1，－10%3 的值是－1，4%6 的值是 4，而 10.0%3 是错误的，因为运算对象只能是整型。

正（＋）、负（－）运算符是单目运算符，其优先级高于任何双目运算符和三目运算符，其结合性是自右向左的。

双目基本算术运算符中：*、/和%是同一优先级，＋和－是同一优先级，*、/和%优于＋和－。结合性都是自左向右的。

（2）增 1（＋＋）减 1（－－）运算符

增 1（＋＋）减 1（－－）运算符的作用是使变量的值加 1 或减 1，运算对象可以是基本数据类型的变量或数组元素，运算结果是原类型。使用增 1 减 1 运算符时，要注意作为前缀运算符（在变量的前面，如：＋＋a）和作为后缀运算符的区别（在变量的后面，如：a－－）。增 1 减 1 运算符的运算对象、运算规则、运算结果及说明如表 2-3 所示。

增 1 减 1 运算符作为前缀时，将先对变量的值加 1 或减 1，再使用加 1 或减 1 后的变量值。增 1 减 1 运算符作为后缀时，将先使用变量的值，再对变量的值加 1 或减 1。

表 2-3　增 1 减 1 运算符

名称	运算符	运算规则	运算对象	结果	实例(a=3)	说明
增 1(前缀)	＋＋	先加 1 后再使用	基本数据类型的变量或数组元素	同运算对象的类型	＋＋a	式子值=4，a=4
减 1(前缀)	－－	先减 1 后再使用			－－a	式子值=2，a=2
增 1(后缀)	＋＋	先使用后再加 1			a＋＋	式子值=3，a=4
减 1(后缀)	－－	先使用后再减 1			a－－	式子值=3，a=2

【例 2-4】 分析下列程序的运行结果。

程序代码

```
class Program
{
    /// <summary>
    ///算术运算
    /// </summary>
    /// <param name = "args"></param>
    static void Main(string[] args)
    {
        int n = 10,m = 3; float f = 5.0F,g = 10.0F; double d = 5.0,e = 10.0;
        Console.WriteLine("n + m = {0},n-m = {1},n * m = {2},n/m = {3},
        n % m = {4}",n + m,n-m,n * m,n/m,n % m);
        Console.WriteLine("d + e = {0},d-e = {1},d * e = {2},d/e = {3}",d + e,d-e,d * e,d/e);
        Console.WriteLine("n + m-f * g/d = {0}",n + m-f * g/d);
        Console.WriteLine("n % m * f * d = {0}",n % m * f * d);
        Console.ReadLine();
```

```
        }
    }
```

程序中,第一个 WriteLine()方法输出表达式中的 n/m 是两个整型相除,结果为整数,值为 3,n%m 是 10 除以 3 的余数,值为 1。第二个 WriteLine()方法输出的表达式均是实数运算,和日常生活中的算术运算完全一致。第三个 WriteLine()方法输出的表达式“n+m−f * g/d”的运算次序为:* →/→+→−,最后的结果是 3.0。最后一个 WriteLine()方法中表达式中的运算符优先级一样,结合性是自左向右,故运行次序为:%→ * → * ,结果为 25.0。

程序运行结果如图 2-4 所示。

```
file:///d:/MyProjects/ex2_4/ex2_4/bin/Debug/ex2_4.EXE
n+m=13, n-m=7, n*m=30, n/m=3, n%m=1
d+e=15, d-e=-5, d*e=50, d/e=0.5
n+m-f*g/d=3
n%m*f*d=25
```

图 2-4　例 2-4 程序运行结果

【例 2-5】 分析下列程序的运行结果。

程序代码

```
static void Main(string[] args)
{
    int a = 4,b = 5,m,n;//①
    m = a+++ b++ ;//②
    n = a + b;//③
    Console.WriteLine("m = {0}   n = {1}",m,n);//④
    m =  ++ a + ( ++ b);//⑤
    n = a + b;//⑥
    Console.WriteLine("m = {0}   n = {1}",m,n);//⑦
    Console.ReadLine();
}
```

本例变量 a 和 b 的初值为 4 和 5,语句②相当于“m=(a++)+(b++);”,后缀运算符的运算规则是先使用变量的值,然后变量的值再加 1,所以该语句执行后,m 的值为 9,a 的值为 5,b 的值为 6,故执行语句③后,n 的值为 11。语句⑤相当于“m=(++a)+(++b);”,前缀运算符的运算规则是给变量的值先加 1,然后再使用变量的值,所以该语句执行后,a 的值为 6,b 的值为 7,m 的值为 13,故执行语句⑥后,n 的值为 13。

程序运行结果如图 2-5 所示。

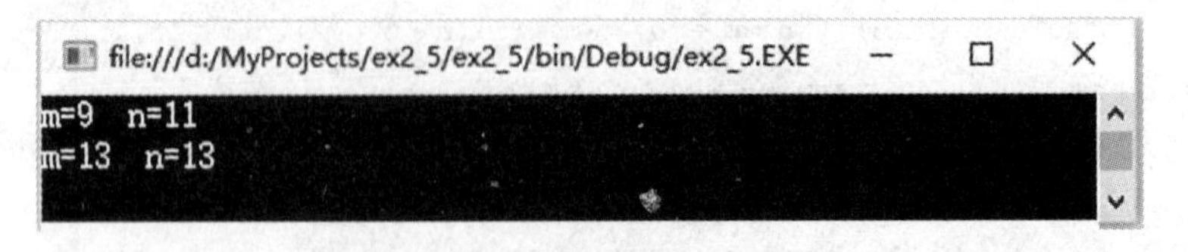

图 2-5　例 2-5 程序运行结果

2.2.4　赋值运算符与赋值表达式

所谓赋值是指把一个表达式的值赋给变量，赋值运算符分为三类，分别是：基本赋值运算符、算术自反赋值运算符和位自反赋值运算符。

赋值运算符用来给变量赋值，是双目运算符，左边为一个变量，右边是一个常量、变量或表达式。赋值运算符的作用是先计算出赋值运算符右边的表达式的值，再把值赋值左边的变量。给变量赋值的式子也是一个表达式，称为赋值表达式，赋值表达式的值就是给变量赋的值。

赋值运算符的运算对象、运算规则及运算结果如表 2-4 所示。

表 2-4　赋值运算符的运算规则

<table>
<tr><th>名称</th><th>运算符</th><th>运算规则</th><th>运算对象</th><th>运算结果</th><th>实例
(x=7,y=3)</th><th>结果
(x 的值)</th></tr>
<tr><td>赋值</td><td>=</td><td>将表达式赋值给变量</td><td>任意类型</td><td>任意类型</td><td>x=y+5</td><td>8</td></tr>
<tr><td>加赋值</td><td>+=</td><td>a+=b(相当于 a=a+(b))</td><td rowspan="4">数值型(整型、实数型等)</td><td rowspan="4">数值型(整型、实数型等)</td><td>x+=y+5</td><td>15</td></tr>
<tr><td>减赋值</td><td>-=</td><td>a-=b(相当于 a=a-(b))</td><td>x-=y+5</td><td>-1</td></tr>
<tr><td>除赋值</td><td>/=</td><td>a/=b(相当于 a=a/(b))</td><td>x/=y+5</td><td>0</td></tr>
<tr><td>乘赋值</td><td>*=</td><td>a*=b(相当于 a=a*(b))</td><td>x*=y+5</td><td>56</td></tr>
<tr><td>模赋值</td><td>%=</td><td>a%=b(相当于 a=a%(b))</td><td>整型</td><td>整型</td><td>x%=y+5</td><td>7</td></tr>
<tr><td>位与赋值</td><td>&=</td><td>a&=b(相当于 a=a&b)</td><td rowspan="2">整型或字符型</td><td rowspan="2">整型或字符型</td><td>x&=y+5</td><td>0</td></tr>
<tr><td>位或赋值</td><td>|=</td><td>a|=b(相当于 a=a|b)</td><td>x|=y+5</td><td>15</td></tr>
<tr><td>右移赋值</td><td>>>=</td><td>a>>=b(相当于 a=a>>b)</td><td rowspan="3"></td><td rowspan="3"></td><td>x>>=2</td><td>1</td></tr>
<tr><td>左移赋值</td><td><<=</td><td>a<<=b(相当于 a=<<b)</td><td>x<<=2</td><td>28</td></tr>
<tr><td>异或赋值</td><td>^=</td><td>a^=b(相当于 a=a^b)</td><td>x^=y+5</td><td>15</td></tr>
</table>

在 C# 语言中，所有的赋值和自反赋值运算符的优先级都是一样的，比所有的其他运算符的优先级都低，是优先级最低的运算符。在 C# 语言中，赋值和自反赋值运算符的结合性是自右向左。

2.2.5　技能训练(计算两个数乘积)

【例 2-6】　接收从键盘上输入的两个数，计算两个数的乘积。

程序代码

```
static void Main(string[] args)
{
    float m,n,product;
    Console.WriteLine("请输入乘数的值:");
    m = float.Parse(Console.ReadLine());
    Console.WriteLine("请输入被乘数的值:");
    n = float.Parse(Console.ReadLine());
    product = m * n;
```

```
        Console.WriteLine("计算结果:{0}×{1} = {2}",m,n,product);
        Console.ReadLine();
    }
```

程序运行结果如图 2-6 所示。

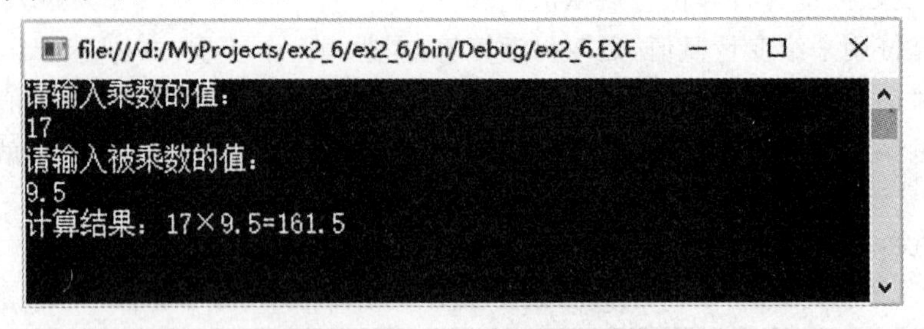

图 2-6 例 2-6 程序运行结果

2.3 判断一个数是奇数还是偶数

2.3.1 程序解析

【例 2-7】 从键盘上接收一个整数,判断该数是奇数还是偶数。

程序代码

```
namespace ex2_7
{
    class Program
    {
        /// <summary>
        ///从键盘上接收一个整数,判断该数是奇数还是偶数
        /// </summary>
        /// <param name = "args"></param>
        static void Main(string[] args)
        {
            int a;                                      //定义一个整型变量
            Console.Write("请输入一个整数:");           //输入提示
            a = int.Parse( Console.ReadLine());         //接收键盘输入
            if(a % 2 == 0)
            {
                Console.WriteLine("{0}是一个偶数。",a);
            }
            if(a % 2! = 0)
            {
                Console.WriteLine("{0}是一个奇数。",a);
            }
            Console.ReadLine();
```

```
            }
        }
    }
```

程序运行结果如图 2-7 所示。

图 2-7　例 2-7 运行结果

2.3.2　关系运算

在 C＃中，用关系运算符来比较数据的大小关系，用关系运算符把运算量连接起来的符合 C＃语法的式子称为关系表达式。关系表达式相当于一个“命题”，这个“命题”要么成立，要么不成立，如果成立，命题为“真”，如果不成立，命题为“假”。在 C＃中“真”和“假”为逻辑量，分别用 true 和 false 表示。关系运算符的运算对象、运算规则与运算结果如表 2-5 所示。

表 2-5　关系运算符

名称	运算符	运算规则	运算对象	运算结果	实例(x=3,y=4)	说明
大于	＞	满足则为真，结果为 true；不满足为假，结果为 false	整数型、实数型、字符型等	逻辑值	x＞y	值为 false
小于	＜				x＜y	值为 true
小于等于	＜＝				x＜＝y	值为 true
大于等于	＞＝				x＞＝y	值为 false
等于	＝＝				x＝＝y	值为 false
不等于	！＝				x！＝y	值为 true

关系运算符均是双目运算符，在优先级上，算术运算符优于关系运算符；＜，＜＝，＞，＞＝优于＝＝，！＝。

在结合性上：＜，＜＝，＞，＞＝等运算符同级，结合性自左向右。＝＝、！＝等运算符同级，结合性自左向右。

【例 2-8】 分析下列程序的运行结果。

程序代码。

```
static void Main(string[] args)
{
    int i = 1,j = 7;
    char c1 = 'A',c2 = 'a';
    Console.WriteLine("{0},{1},{2}",i > j,i >= j,i <= j);
    Console.WriteLine("{0},{1},{2}",c1 > c2,c1 >= c2,c1 <= c2);
    Console.ReadLine();
}
```

注意字符比较，相当于比较 unicode 代码(普通字符相当于比较 ASCII 码)，实际上也是数值比较。

程序运行结果如图 2-8 所示。

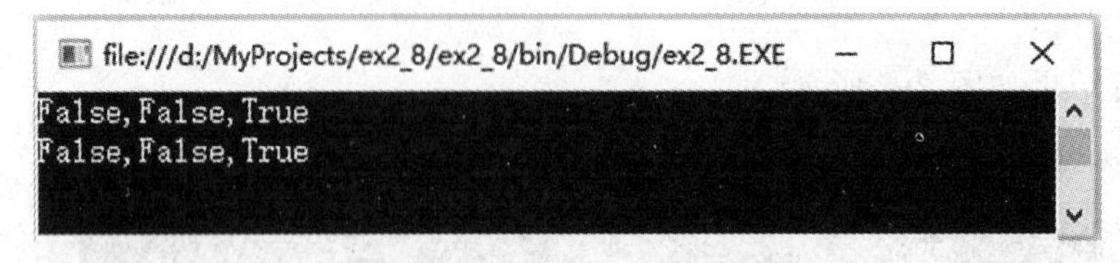

图 2-8　例 2-8 程序运行结果

2.3.3　简单分支结构

在日常生活中,常会遇到很多需要判断的情况。当这种情况发生时,需要根据一些条件做出选择和决定。例如:某人生病时,需要判断病情怎么样,当病情严重时,需要上医院;起床穿衣服时,根据天气的情况判断穿多穿少,等等。前面看到的程序都是只要从第一句执行到最后一句程序就结束的,这种程序的流程叫做“顺序流程”。其实不可能所有的程序都会按照顺序的方式执行,在程序中经常需要根据不同的情况做出判断,然后执行不同的操作。这种程序的流程称为“条件分支流程”,其结构也称为“分支结构”,或“条件结构”。C＃语言提供了 if 语句结构来实现条件结构。本节只讨论最简单的条件语句:if 语句。在例 2-7 中,就用到了 if 语句用来判断用户的输入是否符合条件。

if 语句的基本形式为: if(条件)语句;

其中,条件为一个表达式,此表达式的值可以为真或假。条件必须括在一对圆括号中。语句是一个或多个 C＃语言有效语句的集合。如果条件为真,则执行此语句;如果条件为假,则执行该语句后面的语句。

在默认情况下,语句只有 1 条,如果语句中需要多条,则需要用大括号“{}”将其括起来,称为 1 条复合语句或语句块,表明在条件为真时,需要同时处理多条语句。基本 if 语句的控制流程如图 2-9 所示。

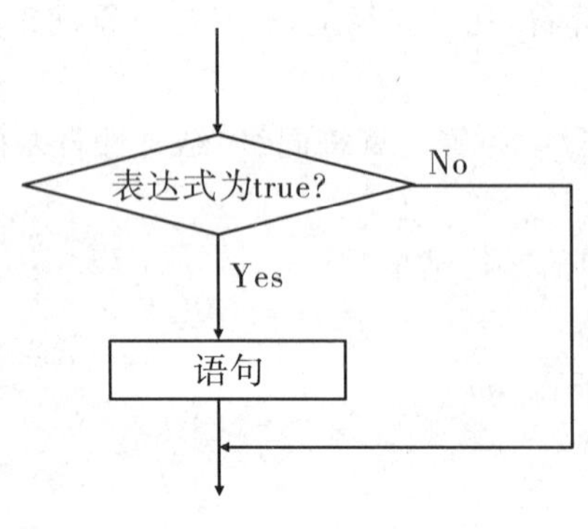

图 2-9　基本 if 语句流程

这样,已经了解了 C 语言中 if 结构的基本语法,关于分支结构的多种形式和用法将在第 3 章进一步介绍。

2.3.4　技能训练(根据年龄输出信息)

【例 2-9】　创建一个控制台程序,通过 if 语句,根据用户输入的年龄,输出相应的字符串。

问题分析

针对输入用 if 语句判断，if 语句的判断条件是关系运算。为了判断年龄区间还用到了逻辑“与”运算符“&&”，表示“&&”运算符两端的表达式结果都为 true 时，整个表达式结果才为 true，例如 if (i < YourAge && YourAge <=j)表示年龄在 i 和 j 之间。

程序代码

```
static void Main(string[] args)
{
    const int i = 18;                  //声明一个 int 类型的常量 i,值为 18
    const int j = 30;                  //声明一个 int 类型的常量 j,值为 30
    const int k = 50;                  //声明一个 int 类型的常量 k,值为 50
    int YourAge = 0;                   //声明一个 int 类型的变量 YourAge,值为 0
    Console.WriteLine("请输入您的年龄:");      //输出提示信息
    YourAge = int.Parse(Console.ReadLine());//获取用户输入的数据
    //调用 if 语句判断输入的数据是否小于等于 18
    if (YourAge < = i)
    {
        //如果小于等于 18 则输出提示信息
        Console.WriteLine("您的年龄还小,要努力奋斗哦!");
    }
    //判断是否大于 18 岁小于 30 岁
    if (i < YourAge && YourAge < = j)
    {
        //如果输入的年龄大于 18 岁并且小于 30 岁则输出提示信息
        Console.WriteLine("您现在的阶段正是努力奋斗的黄金阶段!");
    }
    //判断输入的年龄是否大于 30 岁小于等于 50 岁
    if (j < YourAge && YourAge < = k)
    {
        //如果输入的年龄大于 30 岁而小于等于 50 岁则输出提示信息
        Console.WriteLine("您现在的阶段正是人生的黄金阶段!");
    }
    if (YourAge > k)
    {
        //输出提示信息
        Console.WriteLine("最美不过夕阳红!");
    }
    Console.ReadLine();
}
```

程序运行结果如图 2-10 所示。

图 2-10　例 2-9 程序运行结果

2.4　计算圆的面积

2.4.1　程序解析

【例 2-10】 输入圆的半径，求圆的面积。

问题分析

根据圆的半径求面积这一功能，单独设计一个方法供主程序调用。

程序代码

```
class Program
{
    static void Main(string[] args)
    {
        double r;
        Console.WriteLine("请输入圆的半径：");
        r = double.Parse(Console.ReadLine());
        CircleArea(r);
        Console.ReadKey();
    }
    static void CircleArea(double r)
    {
        const double PI = 3.1415927;
        double area = PI * r * r;
        Console.WriteLine("你输入的圆的半径是{0}，根据半径所求的圆面积为{1}",r,area);
    }
}
```

程序运行结果如图 2-11 所示。

图 2-11　例 2-10 程序运行结果

2.4.2 自定义方法

面向对象程序设计方法出现之前，普遍采用的是面向过程的结构化设计。结构化程序设计是一种自顶向下、逐步细化的过程，即把一个大的任务分成许多小的模块，小的模块再分成小的模块……直到分成的小的模块能够用几条简单的语句就可以实现。在面向对象编程中每个模块就是一个方法，在前面经常使用的 Main()其实就是一个方法。方法或成员函数的出现是结构化、模块化编程的需要。使用方法的第二个原因是为了解决代码的重复。

根据不同的标准，C#中的方法可以分成不同的种类：如从使用的角度来看，可以把方法分成用户自定义方法和系统方法(如 Math.Sin())；根据定义时有无参数可分为有参方法和无参方法；根据方法调用时是否有返回值可分为有返回值的方法和无返回值的方法；根据方法的调用关系可分为主调方法(调用其他方法的方法)和被调方法(被其他方法调用的方法)等。

方法在使用之前必须先定义。需注意的是定义方法只是对方法的功能进行描述，方法并没有执行，要执行方法必须要调用。

方法定义的一般格式与功能如下。

[格式]：

```
方法修饰符  数据类型说明符  方法名([形式参数说明列表]) /*定义方法头*/
{
    变量、数组的定义语句；
    其他可执行部分
}
```

[功能]：定义一个由“方法名”指定的方法。

[说明]：

(1)方法定义的第一行称方法头，“方法名”必须是一个有效的标识符，“数据类型说明符”说明方法的返回值类型。

(2)“形式参数说明列表”是一个由逗号分隔开的列表，在其中定义了方法的每个参数的类型和名字。方法调用时必须为该方法定义的每个参数指明一个参数值，并且这些参数值出现的顺序也必须和该方法所定义的参数顺序相同，同时调用方法给出的这些参数值的类型也必须和被调用方法的对应参数类型相一致。

例如，一个 double 类型的参数可以接收值 73.56、22 或－0.1203545 等数据，但是却不能接收“Hi”，因为 double 型变量不能保存一个字符串值。如果方法不需要接受任何数据，则参数列表为空，即在方法名后面紧跟着一个空置的圆括号。

方法参数列表中的每个参数必须有一个数据类型说明符。

(3)如果方法需要返回一个值，则方法中必须有一条“return(表达式)；”，语句中的表达式就是要返回的值，如果缺少该语句，将会出现编译错误。

(4)如果方法不返回任何值，应在定义方法时把数据类型说明符定义成“void”。

(5)方法头不是一条语句，其后不能跟分号“；”。

【例 2-11】 编写一个方法，用来求任意两个整数之间的所有数的平方和。

问题分析

要求“任意两个整数之间的所有数的平方和”，显然要给定这两个整数，作为方法的参数，方法对这两个参数进行加工，最后得到加工的结果，作为方法的返回值返回。显然加工的结果也是整数，故方法的返回值的类型是整型。

程序代码

```
class Program
{
    static void Main(string[] args)
    {
        Console.WriteLine("请依次输入两个整数:");
        int x = int.Parse(Console.ReadLine());
        int y = int.Parse(Console.ReadLine());
        Console.WriteLine("{0}和{1}之间所有整数的平方和为{2}",x,y,pfh(x,y));
        Console.ReadKey();
    }
    private static int pfh(int x,int y)  //方法头
    {
        int i,sum = 0; //方法中变量的定义
        //循环求两个整数之间的所有整数的平方和
        for (i = x; i <= y; i ++ )
            sum = sum + i * i;
        return (sum);//返回求得的结果
    }
}
```

程序运行结果如图 2-12 所示。

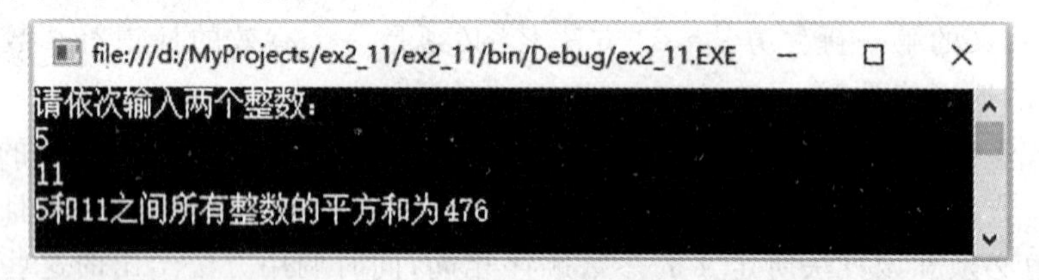

图 2-12　例 2-11 程序运行结果

【例 2-12】　编写一个实现如下功能的方法：要求用户输入姓名，然后输出五行如下信息："欢迎您，* * * 同志。这里是 C# 编程世界！"

问题分析

本例编写的方法需完成两个操作：一个是输入姓名，另一个是输出欢迎信息。显然这两个操作不需要外界给定的任何数据来约束，因此可用无参过程来实现。显然过程也不需要返回值，应定义成无返回值的过程。

程序代码

```
class Program
{
    static void Main(string[] args)
    {
```

```
            Welcome();
            Console.ReadKey();
        }
        private static void Welcome()           //方法头
        {
            int i;                              //方法中变量的定义
            string xm;                          //存放输入的姓名
            Console.Write("请输入您的姓名:");
            xm = Console.ReadLine();            //输入姓名
            for (i = 1; i <= 5; i++)            //循环输出欢迎信息
                Console.WriteLine("欢迎您,{0}同志,这里是C#编程世界!",xm);
        }
    }
```

程序运行结果如图 2-13 所示。

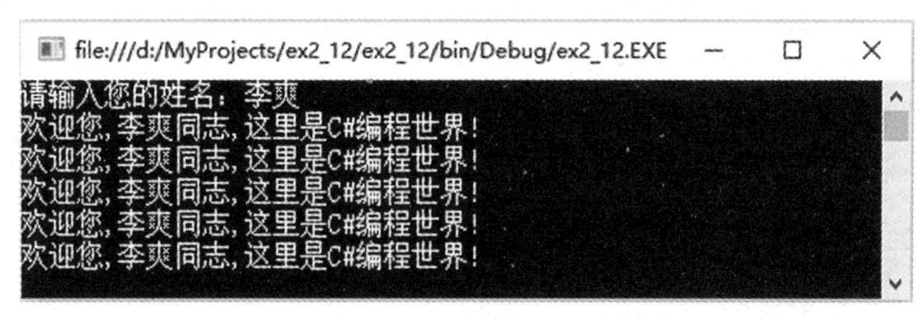

图 2-13　例 2-12 程序运行结果

2.4.3　方法的调用

方法具有一定的功能，方法定义好后，在程序中要完成与方法相同的功能，不需要再编写相应的程序段，而只需调用相应的方法就可以了。在 C# 中，方法的调用有以下三种格式。

[格式 1]：

方法名([实际参数列表])

[功能]：在类中的某个方法中调用本类中由“方法名”指定的方法。

[格式 2]：

对象名.方法名([实际参数列表])

[功能]：调用由“对象名”指定对象的由“方法名”指定的方法。例如，第 3 章编程中使用的语句“randomObj. Next();”就是调用对象 randomObj 的 Next()方法。

[格式 3]：

类名.方法名([实际参数列表])

[功能]：只能调用非本类的另一个类的静态方法。

[说明]：

(1)调用方法时，如果方法有形式参数，在调用时应在“()”中使用实际参数。

(2)如果方法是没有返回值的方法，方法的调用只能作为一条语句；如果方法有返回值，方法的调用相当于一个同类型的数据,可以作为表达式或表达式的一部分参与运算。

(3)在形式上可以这样来理解形式参数和实际参数:定义函数时使用的参数是形式参数,调用函数时使用的参数是实际参数。

2.4.4 参数传递中的类型转换

调用方法时,当实际参数与形式参数的类型不一致时,或当类型符合一定的规则时,实参将强制转换成与形参一致的类型并传给形参,这种转换是一种隐式转换。实参数据类型可转换为形参的数据类型如表 2-2 所示。

表 2-2 实参类型可转换为相应的形参类型

实参类型	相应的形参类型
bool	object
byte	decimal,double,float,int,uint,long,ulong,object,short,ushort
sbyte	decimal,double,float,int,long,object,short
char	decimal,double,float,int,uint,long,ulong,object,ushort
decimal	object
double	object
float	double,object
int	decimal,double,float,long,object
uint	decimal,double,float,long,ulong,object
long	decimal,double,float,object
ulong	decimal,double,float,object
short	decimal,double,float,int,long,object
ushort	decimal,double,float,int,uint,long,ulong,object

【例 2-13】 分析下列程序的执行结果。

程序代码

```
namespace ex2_13
{
    class Program
    {
        static float Sqr(float k)//参数为 float 型
        {
            return (k * k);
        }
        static void Main(string[] args)
        {
            int y; float yy; y = 6;
            yy = Sqr(y); //调用 Sqr 方法
            Console.WriteLine("{0}的平方是{1}",y,yy);//输出
```

```
                Console.ReadKey();
            }
        }
    }
```

程序分析

本例定义了一个方法 Sqr()，该方法的作用是求一个 float 型数据的平方，其参数是 float 型的。在调用该函数时，传给参数的值是整型，符合隐式类型转换的规则。

程序运行结果如图 2-14 所示。

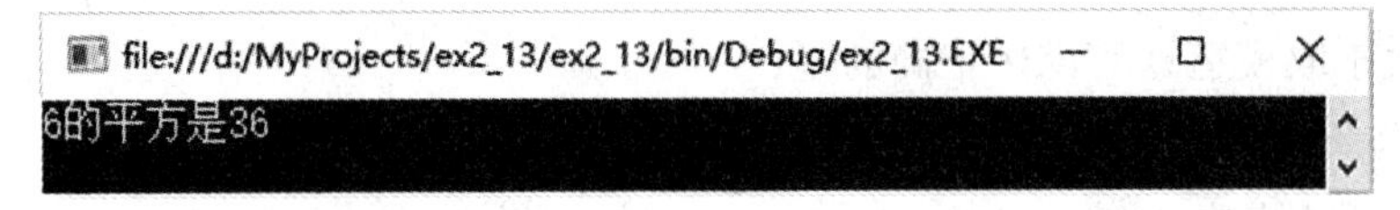

图 2-14　例 2-13 程序运行结果

本章小结

➤ C＃中使用 const 关键字声明常量。

➤ 变量的命名规则必须符合标识符的命名规则，并且变量名尽量要有意思，以便于阅读。

➤ 静态变量通过类名引用，实例变量通过类的实例引用。

➤ 所有的赋值和自反赋值运算符的优先级都是一样的，比所有的其他运算符的优先级都低。

➤ 赋值和自反赋值运算符的结合性是自右向左。

➤ 在 C＃中，方法的调用有三种格式。

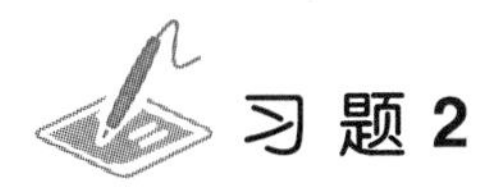

习题 2

一、单项选择题

1. 在以下所列的各方法头部中，正确的是(　　)。

   A. void play(var a:Intcgcr,var b:Intcgcr)

   B. void play(int a,b)

   C. void play(int a,int b)

   D. Sub play(a as integer,b as integer)

2. C＃中每个 int 类型的变量占用(　　)个字节的内存。

   A. 1　　B. 2　　C. 4　　D. 8

3. 在 C＃语言中，以(　　)作为字符串连接符。

   A. ＋　　B. 分号　　C. &　　D. 逗号

4. 运行下面这段代码的结果为(　　)。

```
string number1="20";
int number2=1314;
Console.WriteLine(number1+number2);
```

A. 20+1314　　B. 1234　　C. 201314　　D. 编译出错

5. 假设有以下声明，则合法的赋值语句是（　　）。

```
int i1,i2,i3;
bool b1,b2;
```

A. i3=i1/i2　　B. b1=i1&&i2　　C. b2=i1<i2　　D. i1=i2/b2

6. 下面关于取模运算的说法正确的是（　　）。

A. -28%3 等于-1　　B. -28%3 等于 2

C. -28%3 等于-2　　D. -28%3 等于 1

7. 表达式 25/3%3*2 的值为（　）。

A. 4　　B. 4.0　　C. 6　　D. 8

二、问答和编程题

1. 编写一个应用程序，将输入的摄氏温度 C 转换为华氏温度 F。摄氏温度与华氏温度的换算公式为：$F=1.8*C+32$。

2. 将 P 元存入银行，年利率为 r，n 年后的总额为 $P(1+r)^n$。写一个程序，输入本金 P 和利率 r，计算 10 年后的存款总额。

第3章
分支结构

本章工作任务

- 掌握 if 语句的格式和功能
- 掌握单分支、双分支、多分支的常用算法
- 掌握使用分支结构解决实际问题的能力

本章知识目标

- 了解分支结构以及使用分支结构
- 理解分支结构的格式和分支结构的流程图
- 掌握多重分支结构的配对问题
- 掌握 switch 结构的使用方法
- 理解多重分支结构和 switch 结构的异同

本章技能目标

- 熟练掌握多重 if 结构的使用
- 掌握 if 语句中的嵌套关系和匹配原则

本章重点难点

- switch 语句的作用及其使用
- 多重 if 结构的使用
- 嵌套 if 结构的使用
- 使用多重条件结构解决实际问题

结构化程序由三种基本结构组成:顺序结构、选择结构(也称分支结构)和循环结构。顺序结构是指程序执行过程中程序流程不发生转移的程序结构,主要用来实现赋值、计算和输入输出,第1、2章所讲述的程序基本上都是顺序结构。

选择结构体现了程序的判断能力,在程序执行中能根据某些条件是否成立,确定某些语句是执行还是不执行,或者根据某个变量或表达式的取值,从若干条语句或语句组中选择一条或一组来执行。

本章重点介绍选择结构。

3.1 简单的猜数游戏

3.1.1 程序解析

【例3-1】 输入所猜的整数(假定1~100以内),与计算机产生的被猜数比较,若相等,显示猜中;若不等,显示与被猜数的大小关系。

问题分析

按照结构化程序设计的观点,任何程序都可以使用三种基本的控制结构来实现,即顺序结构、分支结构和循环结构。其中分支结构就是根据条件选择所要执行的语句,一般分为双分支和多分支两种结构。

例3-1采用了第二章提到的if-else语句来实现,所不同的是在else部分又使用了一个if-else语句,称之为if语句的嵌套。显然程序中三个输出语句将根据条件执行其中的一条。

程序代码

```
/// <summary>
///简单的猜数游戏
/// </summary>
/// <param name="args"></param>
static void Main(string[] args)
{
    int myNumber = 38;
    int yourNumber;
    Console.WriteLine("请输入你猜的数字:");
    yourNumber = int.Parse(Console.ReadLine());
    if(yourNumber == myNumber)
    {
        Console.WriteLine("OK! You are right!");
    }
    else if(yourNumber>myNumber)
    {
      Console.WriteLine("Sorry! Your number is bigger than my number!");
    }
    else
```

```
        {
          Console.WriteLine("Sorry! Your number is smaller than my number!");
        }
          Console.ReadLine();
    }
```

运行程序,输入 8,结果如图 3-1 所示。

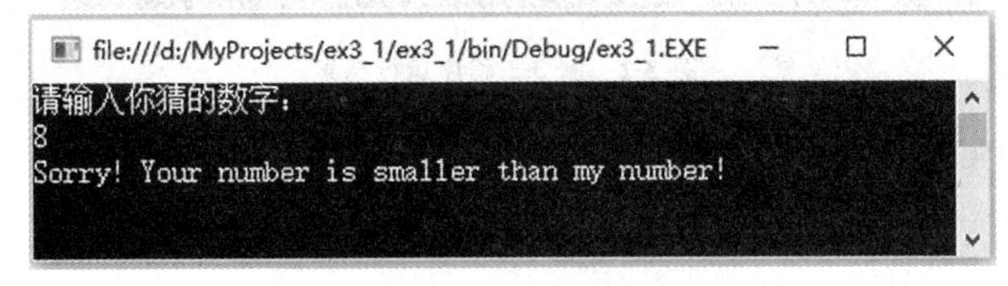

图 3-1　例 3-1 运行结果

3.1.2　if 结构

if 语句是实现选择结构的重要语句,可以实现单分支、双分支和多分支选择结构。

在 C#语言中,用 if 语句实现单分支选择结构的语句格式及功能如下。

[格式]:

```
if (表达式) 语句;
```

[功能]:首先计算表达式的值,如果表达式的值为 true,则执行后面的语句;如果表达式的值为 false,则不执行后面的语句。语句执行如图 3-1 所示。

语句中的表达式通常用来表示条件,应为关系表达式或逻辑表达式;

注意语句只是一条语句,如果在条件满足的时候要执行多条语句,应用"{"和"}"号把其括起来,使之成为语句块;

"(表达式)"中的括号不能省略。

【例 3-2】 编写一个程序实现如下功能:输入一个成绩,如果成绩大于等于 60,则输出"恭喜您,您通过了这次考试!",否则不输出任何信息。要求编写为控制台应用程序。

问题分析

要求输入一个成绩,成绩可用实数,然后进行判断,若成绩≥60,则输出一个字符串"恭喜您,您通过了这次考试!"。输入可用 ReadLine()方法实现,输出可用 WriteLine()方法来实现,对成绩的判断可用 if 语句来实现。

程序代码

```
static void Main(string[] args)
{
    double cj;
    Console.Write("请输入考试成绩:");
    cj = Convert.ToSingle(Console.ReadLine());//输入成绩
    if (cj>=60)//如果成绩大于等于 60
    Console.WriteLine("恭喜您,您通过了这次考试!"); //输出恭喜信息
    Console.ReadLine();
```

```
}
```

程序运行结果如图 3-2 所示。

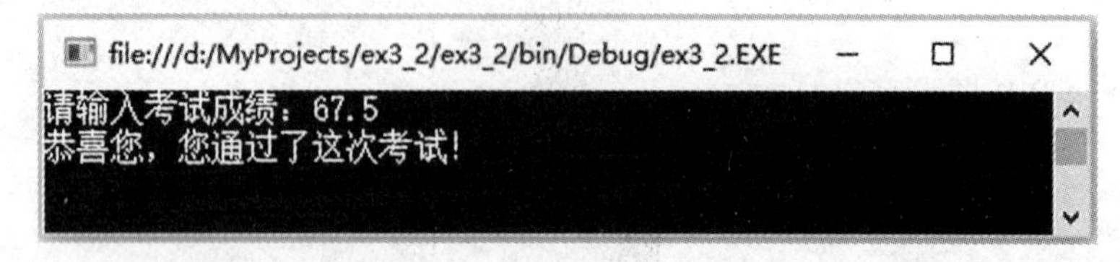

图 3-2　例 3-2 程序运行结果

3.1.3　if-else 结构

在 C#语言中，用 if 语句实现双分支选择结构的语句格式及功能如下。

[格式]：

```
if (表达式) 语句 1;
else 语句 2;
```

[功能]：首先计算表达式的值，如果表达式的值为 true，则执行“语句 1”，如果表达式的值为 false，则执行“语句 2”。语句执行如图 3-3 所示。

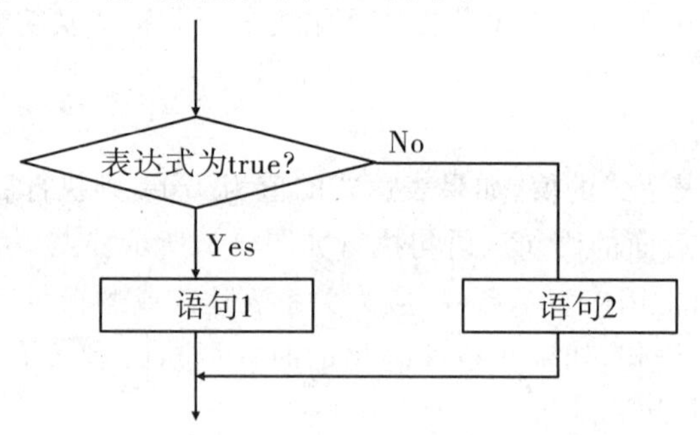

图 3-3　双分支选择结构执行流程图

在 C#语言中，用 if 语句可以实现多分支选择结构，语句格式及功能如下。

[格式]：

```
if (表达式 1) 语句 1;
else if(表达式 2) 语句 2;    else if(表达式 3) 语句 3;
……
else
语句 n;
```

[功能]：这种形式的 if 语句增加了一种选择方式“else if(表达式 i)”。首先判断表达式 1 的值是否为 true，如果为 true，就执行语句 1，如果为 false，则继续判断表达式 2 的值是否为 true。如果表达式 2 的值为 true，就执行语句 2，否则继续判断表达式 3 的值……依此类推，直到找到一个表达式的值为 true 并执行后面的语句。如果所有表达式的值都为 false，则执行 else 后面的语句 n。

【例 3-3】　编写一个控制台应用程序，通过使用 if-else 语句，根据用户输入的年龄，输出相应的字符串。

程序代码

```
using System;
using System.Collections.Generic;
using System.Linq;
using System.Text;

namespace ex3_3
{
    class Program
    {
        static void Main(string[] args)
        {
            //声明一个 int 类型的常量 i,值为 18
            const int i = 18;
            //声明一个 int 类型的常量 j,值为 30
            const int j = 30;
            //声明一个 int 类型的常量 k,值为 50
            const int k = 50;
            //声明一个 int 类型的变量 YourAge,值为 0
            int YourAge = 0;
            //输出提示信息
            Console.WriteLine("请输入您的年龄:");
            //获取用户输入的数据
            YourAge = int.Parse(Console.ReadLine());
            //调用 if 语句判断输入的数据是否小于等于 18
            if (YourAge < = i)
            {
                //如果小于等于 18 则输出提示信息
                Console.WriteLine("您的年龄还小,要努力奋斗哦!");
            }
            else
            {
                //判断是否大于 18 岁小于等于 30 岁
                if (i < YourAge && YourAge < = j)
                {
                    //如果输入的年龄大于 18 岁并且小于等于 30 岁则输出提示信息
                    Console.WriteLine("您现在的阶段正是努力奋斗的黄金阶段!");
                }
                else
                {
                    //判断输入的年龄是否大于 30 岁小于等于 50 岁
```

```
                if (j < YourAge && YourAge < = k)
                {
                    //如果输入的年龄大于 30 岁而小于等于 50 岁
                    //则输出提示信息
                    Console.WriteLine("您现在的阶段正是人生的黄金阶段!");
                }
                else                    //否则
                {
                    //输出提示信息
                    Console.WriteLine("最美不过夕阳红!");
                }
            }
        }
        Console.ReadLine();
    }
  }
}
```

如果输入的年龄为 19,则程序运行结果如图 3-4 所示。

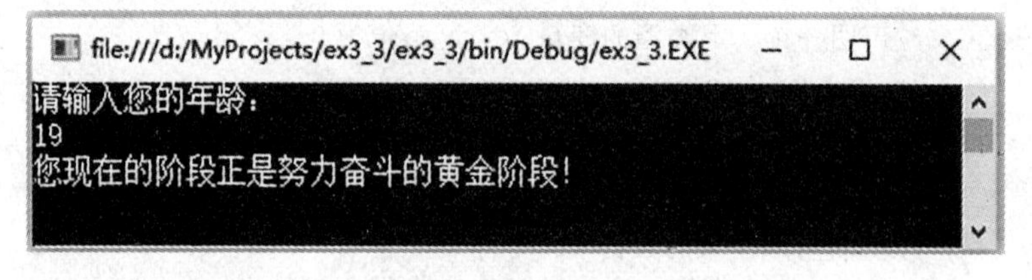

图 3-4　例 3-3 程序运行结果

3.1.4　随机数的产生方法

在程序设计中,经常需要产生随机数。在 C# 中要产生随机数需要使用 Random 类,该类位于命名空间 System 中。要使用 Random 类,应首先生成该类的一个对象,如:

```
Random randomObj = new Random()
```

生成随机数对象后,可以调用随机数对象的 Next()方法得到一个随机整数。该方法的语法格式有如下三种。

[格式 1]:

```
randomObj.Next()
```

[功能]:产生一个从 0 到常量 Int32.MaxValue 之间的一个随机整数。注意,由 Next 方法产生的数值事实上都是伪随机数——由一个复杂的算术计算产生的序列。在该算术运算中,要有一个种子值。当创建随机数(Random)对象时,把当前的时间值作为种子。由于用同一个种子总会产生同一个随机数序列,但时间每秒钟都在变化,所以用时间作为随机数种子,程序每次执行时都会产生不同的随机数序列。

[格式 2]:

```
randomObj.Next(N)
```

[功能]:产生 0～N－1 之间的随机整数。

例如:

```
Random randomObj = new Random();
i = randomObj.Next(10);
```

其作用是产生一个 0～9 之间的随机整数并赋值给变量 i。

[格式 3]:

```
randomObj.Next(N,M)
```

[功能]:产生 N～M－1 之间的随机整数。

例如:

```
Random randomObj = new Random();
i = randomObj.Next(5,10);
```

其作用是产生一个 5～9 之间的随机整数并赋值给变量 i。

【例 3-4】 改进的猜数游戏,在例 3-1 中,被猜的数字是固定不变的,这里改用随机产生的值。

问题分析

使用 Random 类,生成该类的一个对象 randObj,然后用格式 3 的方式 randObj.Next(1,100)产生一个 1～99 之间的随机数并赋值给变量 myNumber。

程序代码

```
/// <summary>
///改进的猜数游戏
/// </summary>
/// <param name = "args"></param>
static void Main(string[] args)
{
    Random randObj = new Random();
    int myNumber = randObj.Next(1,100);
    int yourNumber;
    Console.WriteLine("请输入你猜的数字:");
    yourNumber = int.Parse(Console.ReadLine());
    if (yourNumber == myNumber)
    {
        Console.WriteLine("OK! You are right!");
    }
    else if (yourNumber > myNumber)
    {
        Console.WriteLine("Sorry! Your number is bigger than my number!");
    }
    else
    {
        Console.WriteLine("Sorry! Your number is smaller than my number!");
```

```
        }
        Console.ReadLine();
    }
```

3.1.5 技能训练(求三个整数中最大值)

【例 3-5】 输入三个整数,求出它们中的最大数。

程序代码

```
static void Main(string[] args)
{
    int a,b,c,max;
    Console.WriteLine("请输入三个整数");
    a = Convert.ToInt16(Console.ReadLine());
    b = Convert.ToInt16(Console.ReadLine());
    c = Convert.ToInt16(Console.ReadLine());
    if (a > b)
        max = a;
    else
        max = b;
    if (c > max)
        max = c;
    Console.WriteLine("这三个数中{0}最大",max);
    Console.ReadKey();
}
```

运行程序,结果如图 3-5 所示。

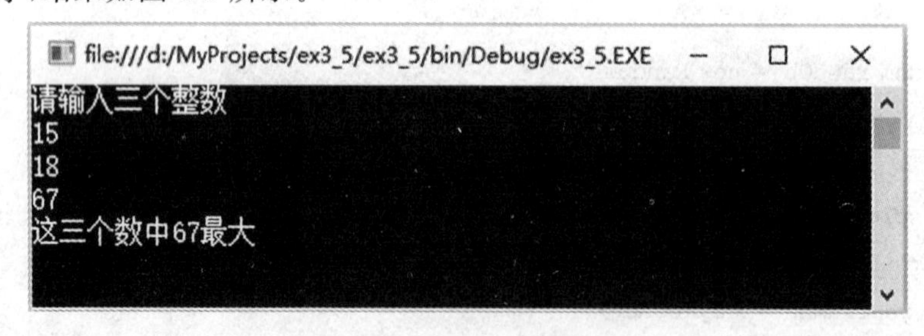

图 3-5 例 3-5 程序运行结果

3.2 特价菜查询问题

3.2.1 程序解析

【例 3-6】 编写程序实现根据星期几(一～日),输出特价菜的功能。"一""二""三"输出"干煸扁豆 6 元";"四""五"输出"蒜蓉油麦菜 4 元";"六""日"输出"口水鸡 8 元";其他值输出"您输入的星期数不正确"。

程序代码

```
using System;
using System.Collections.Generic;
using System.Linq;
using System.Text;
namespace ex3_6
{
    /// <summary>
    ///根据星期几,判断特价菜
    /// </summary>
    class Week
    {
        /// <summary>
        ///从控制台得到输入星期几输出特价菜
        /// </summary>
        public void PrintWeek()
        {
            Console.WriteLine("请输入星期几:");
            string week = Console.ReadLine();         //得到星期几
            switch (week)
            {
                case "一":
                case "二":
                case "三":
                    Console.WriteLine("干煸扁豆 6 元");
                    break;
                case "四":
                case "五":
                    Console.WriteLine("蒜蓉油麦菜 4 元");
                    break;
                case "六":
                case "日":
                    Console.WriteLine("口水鸡 8 元");
                    break;
                default:
                    Console.WriteLine("您输入的星期数不正确");
                    break;
            }
            Console.ReadLine();
        }
    }
```

```
    class Program
    {
        //Main()方法
        static void Main(string[] args)
        {
            Week week = new Week();
            week.PrintWeek();
        }
    }
}
```

运行程序,结果如图 3-6 所示。

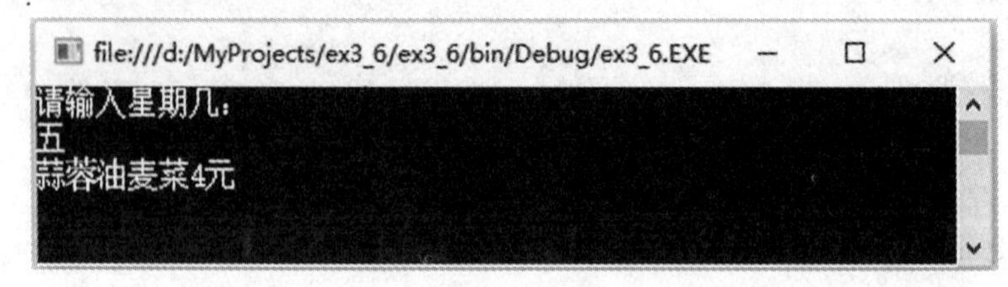

图 3-6 例 3-6 程序运行结果

3.2.2 多分支与 switch 结构

在判断过程中,有时候要判断多个条件,需要使用多个 else 语句嵌套,这样便会导致程序冗长乏味,而且还会影响程序的可读性。例如,在例 3-7 中,使用 if-else 语句来判断商品折扣。

【例 3-7】 某商场打折促销商品。购买某种商品根据购买数量(x)给予不同折扣,根据用户输入的购买数量及该商品的单价,输出用户应付的金额。折扣信息见下表:

表 3-1 商品折扣信息表

数量	折扣
x<5	无
5<=x<10	1%
10<=x<20	2%
20<=x<30	5%
x>30	10%

问题分析

本程序是一个非常经典的分段函数计算问题,在计算时一定要把分段区间划分清楚,不能漏判任何一种情况,按规律来计算。

程序代码

```
/// <summary>
///计算商品折扣
/// </summary>
/// <param name = "args"></param>
static void Main(string[] args)
```

```
{
    int x;
    float price,discount,total;
    Console.WriteLine("请输入用户购买的数量:");
    x = int.Parse( Console.ReadLine());
    Console.WriteLine("请输入商品的单价:");
    price = float.Parse(Console.ReadLine());
    if (x < 5)
        discount = 0;
    else if (x < 10)
        discount = 0.01f;
    else if (x < 20)
        discount = 0.02f;
    else if (x < 30)
        discount = 0.05f;
    else
        discount = 0.1f;
    total = x * price - x * price * discount;
    Console.WriteLine("用户应付金额为{0}",total);
    Console.ReadLine();
}
```

运行程序,结果如图 3-7 所示。

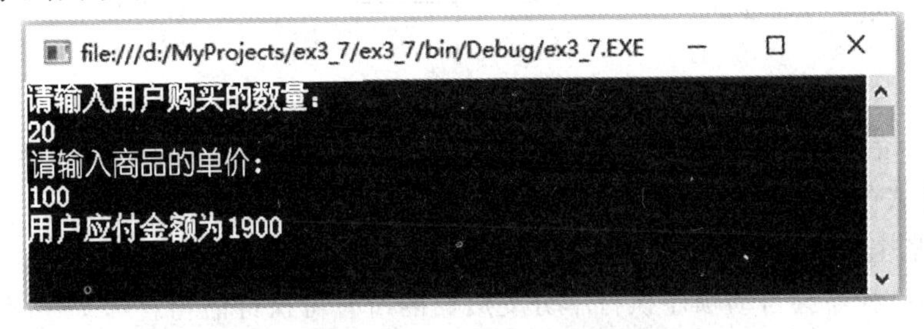

图 3-7 例 3-7 程序运行结果

其实在 C#语言中要实现多分支,还可以通过 switch 语句来实现。在例 3-6 中,就使用了 switch 语句来实现。switch 语句的格式与功能如下。

[格式]:

```
switch(表达式)
    {
        case 常量表达式 1: 语句 1;
              break;
        case 常量表达式 2: 语句 2;
              break;
        ……
        case 常量表达式 n: 语句 n;
```

```
            break;
        [default:语句 n+1;break;]
    }
```

[功能]:根据“表达式”的值,决定执行不同的分支。

[说明]:

(1)switch 后面括号中的表达式通常是一个整型或字符型的表达式,程序执行时首先计算表达式的值,然后依次与 case 后面的常量表达式 1、常量表达式 2、……常量表达式 n 比较,若表达式的值与某个 case 后面的常量表达式值相等,就执行此 case 后面的语句,然后执行 break 语句来退出该 switch 语句。若表达式的值与所有 case 后面的常量表达式的值都不相同,则执行 default 后面的“语句 n+1”,执行后退出 switch 语句,退出后程序流程转向 switch 语句后的下一个语句。程序执行流程如图 3-8 所示。

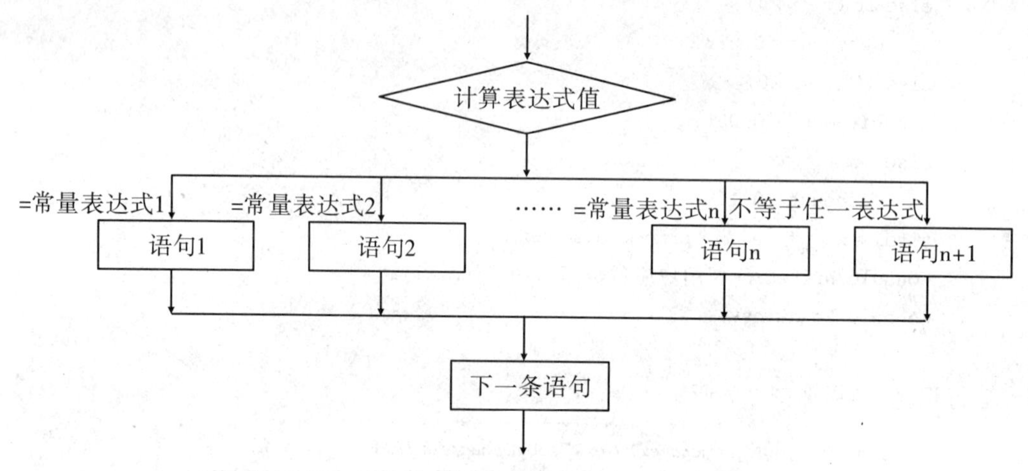

图 3-8 switch 语句执行流程

(2)switch 语句中各个 case 后面的常量表达式不一定要按值的大小顺序来排列,但要求各常量表达式的值必须是不同的,从而保证分支选择的惟一性。

(3)如果某个分支有多条语句,可以用大括号括起来,也可以不加大括号。因为进入某个 case 分支后,程序会自动顺序执行本分支后面的所有可执行语句。

(4)default 总是放在最后。default 语句也可以缺省,当 default 语句缺省后,如果 switch 后面的表达式值与任一常量表达式值都不相等时,将不执行任何语句,直接退出 switch 语句。

(5)各分支语句中的 break 不可以省略,否则将会出现错误,这和 C/C++是不同的。

3.2.3 技能训练(简称查询问题)

【例 3-8】 现有三家银行的简称和全称对照表,根据输入的简称输出对应银行的全称。

表 3-2 银行信息表

银行简称	银行全称
ICBC	中国工商银行
CBC	中国建设银行
ABC	中国农业银行

问题分析

根据选择输出信息，可以使用 switch 结构实现判断。

程序代码

```
using System;
using System.Collections.Generic;
using System.Linq;
using System.Text;

namespace ex3_8
{   /// <summary>
    ///通过输入银行简称来输出银行全称
    /// </summary>
    class FullBankName
    {
        /// <summary>
        ///得到控制台输入简称输出银行全称
        /// </summary>
        public void BankNameOutPut()
        {
            Console.WriteLine("请输入银行简称:");
            //将输入的银行简称转换为大写英文字母
            string bank = Console.ReadLine().ToUpper();
            switch (bank)
            {
                case "ICBC":
                    Console.WriteLine("中国工商银行");
                    break;
                case "CBC":
                    Console.WriteLine("中国建设银行");
                    break;
                case "ABC":
                    Console.WriteLine("中国农业银行");
                    break;
                default:
                    Console.WriteLine("输入银行简称错误!");
                    break;
            }
            Console.ReadLine();
        }
    }
}
```

运行程序,结果如图 3-9 所示。

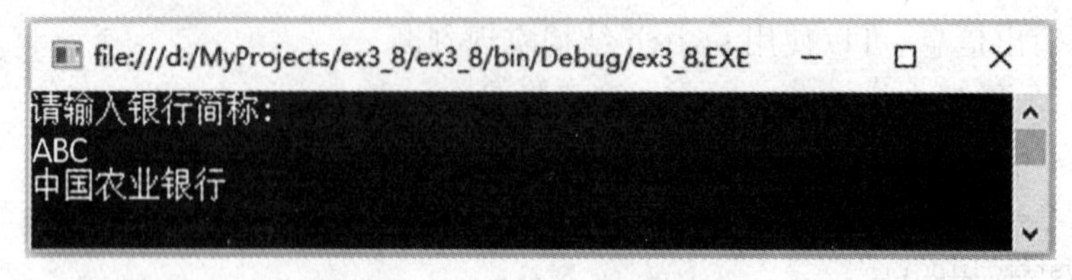

图 3-9　例 3-8 程序运行结果

3.3　考试成绩等级判定问题

3.3.1　程序解析

【例 3-9】 编写一个求成绩等级的程序。要求输入一个学生的考试成绩,输出其分数和对应的等级。共分五个等级:小于 60 分为“E”;60～69 分为“D”;70～79 分为“C”;80～89 分为“B”;90 分以上为“A”。要求编写为控制台应用程序。

问题分析

根据题意应设两个变量 cj 和 dj,其中 cj 用来存放输入的成绩,dj 用来存放根据 cj 求得的等级。可以看出成绩共分成五个等级,即程序应有五个分支。

程序代码

```
public static void Main()
{
    int cj; char dj;
    Console.Write("请输入您的成绩:");                //输出提示信息
    cj = Convert.ToInt32(Console.ReadLine());        //读取成绩
    if (cj >= 90) dj = 'A';                          //优秀
    else if (cj >= 80) dj = 'B';                     //良好
    else if (cj >= 70) dj = 'C';                     //中等
    else if (cj >= 60) dj = 'D';                     //及格
    else dj = 'E';                                   //不及格
    Console.WriteLine("您的成绩等级为:{0}",dj);      //输出
    Console.ReadLine();
}
```

如果输入的成绩为 88,则程序运行结果如图 3-10 所示。

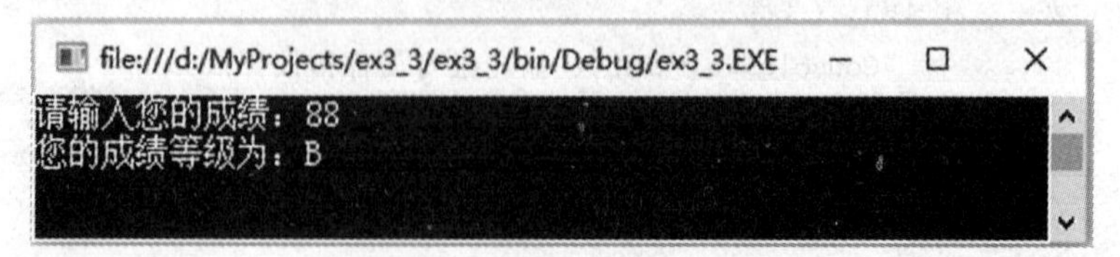

图 3-10　例 3-9 程序运行结果

【例 3-10】 将例 3-9 改用 switch 结构完成。

问题分析

switch 结构需要完全匹配上才会选择相应的分路。成绩的可能性有 100 种，所以不可能写 100 条 case 语句。因此要考虑将各种情况归类，能否将 case 情况减为最少，同时又不会失去任何一种可能性呢？仔细分析 score 为 90 及 90 分以上的分数，有一个共同点，那就是和 10 整除都等于 9，其他各分数段也有此特点，所以 score/10 是本题的关键点。

程序代码

```
using System;
using System.Collections.Generic;
using System.Linq;
using System.Text;

namespace ex3_10
{
    class Program
    {
        static void Main(string[] args)
        {
            double score;
            char class1;
            int i;
            //输出信息提示
            Console.WriteLine("请输入你的成绩:");
            //声明一个 Double 类型变量用于获取用户输入的数据
            score = Convert.ToDouble(Console.ReadLine());
            i = (int)score/10;
            switch (i)
            {
                case 10:
                //如果输入 90 以上输出 A
                case 9: class1 = 'A'; break;
                //如果输入 80-90 之间输出 B
                case 8: class1 = 'B'; break;
                //如果输入 70-80 之间输出 C
                case 7: class1 = 'C'; break;
                //如果输入 60-70 之间输出 D
                case 6: class1 = 'D'; break;
                //如果输入的数据不满足以上内容则执行 default 语句
                default: class1 = 'E'; break;
            }
            //输出成绩等级
            Console.WriteLine("你的成绩等级为:{0}",class1);
```

```
            Console.ReadLine();
        }
    }
}
```

例 3-9 和例 3-10 分别用 if-else 和 switch 实现,最终实现的结果都是一致的,本例中如果输入的成绩为 65,则程序运行结果如图 3-11 所示。

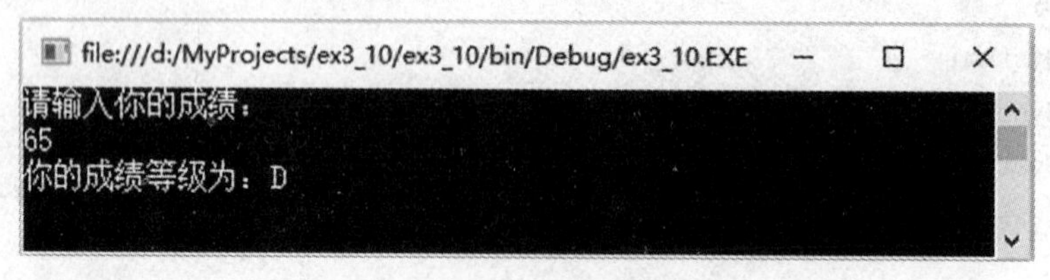

图 3-11 例 3-10 程序运行结果

3.3.2 if-else 嵌套和 switch 结构的比较

多重 if 结构和 switch 结构都可以用来实现多路分支。多重 if 结构用来实现两路、三路分支比较方便,而 switch 结构实现三路以上分支比较方便。在使用 switch 结构时,应注意分支条件要求是整型、字符型和字符串型表达式,而且 case 语句后面必须是常量表达式,很多问题如果不能直接满足这一条件,需要对其进行转换。而有些问题只能使用多重 if 结构来实现,例如要判断一个值是否处在某个区间的情况。

【例 3-11】 编写一个程序,根据条件确定职工是否参保。

如果职工满足下列条件之一,公司则为他们投保:

(1)职工已婚

(2)职工为 30 岁以上未婚男性

(3)职工为 25 岁以上未婚女性

如果以上条件一个也不满足,则公司不为该职工投保。

问题分析

根据用户输入的职工婚姻状况、性别、年龄,利用 if-else 嵌套结构检查每一个条件,逐步得到需要的结果,判断该职工是否投保。

程序代码

```
static void Main(string[] args)
{
    string gender,ms;
    int age;
    Console.WriteLine("请输入职工的婚姻状况(y/n):");
    ms = Console.ReadLine();
    Console.WriteLine("请输入职工的性别(f/m):");
    gender = Console.ReadLine();
    Console.WriteLine("请输入职工的年龄:");
    age = int.Parse(Console.ReadLine());
    if(ms == "y")
```

```
        Console.WriteLine("该职工已投保。");
    else if((gender == "m")&&(age>30))
        Console.WriteLine("该职工已投保。");
    else  if((gender == "f")&&(age>25))
        Console.WriteLine("该职工已投保。");
    else
        Console.WriteLine("该职工未投保。");
    Console.ReadLine();
}
```

运行程序，结果如图 3-12 所示。

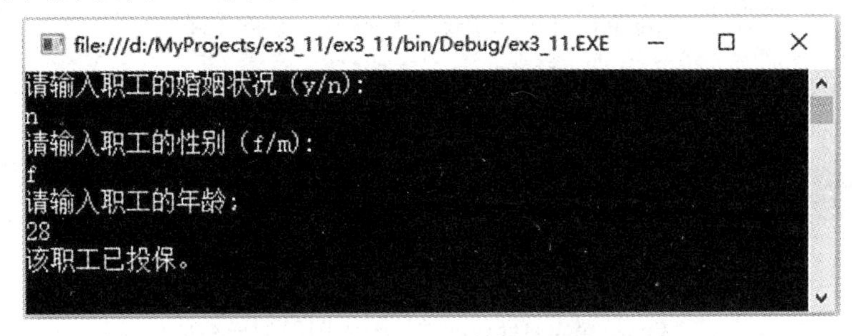

图 3-12　例 3-11 程序运行结果

3.3.3　技能训练(求几何图形的面积)

【例 3-12】　编写一个程序，用于计算长方形、圆形和三角形的面积。根据用户的选择要能计算相应形状的面积。

问题分析

考虑用 switch 结构来实现。

(1)标识形状的类型：长方形、圆形和三角形分别用 1、2、3 表示。

(2)接收用户输入表示形状的数字。

(3)根据用户选择的形状，提示用户输入该形状的详细信息：长方形要求输入长和宽的值；圆形要求输入半径的值；三角形要求输入底和高的值。

(4)计算相应形状的面积。

程序代码

```
namespace ex3_12
{
    class Program
    {
        static void Main(string[] args)
        {
            const float PI = 3.14f;
            float radius,length,width,height,bottom;
            double area;
            string choice;
```

```
            Console.WriteLine("请选择形状类型:");
            Console.WriteLine("1.长方形");
            Console.WriteLine("2.圆形");
            Console.WriteLine("3.三角形");
            choice = Console.ReadLine();
            switch (choice)
            {
                case "1":
                    Console.WriteLine("请输入长方形的详细信息");
                    Console.WriteLine("长为:");
                    length = float.Parse(Console.ReadLine());
                    Console.WriteLine("宽为:");
                    width = float.Parse(Console.ReadLine());
                    area = length * width;
                    Console.WriteLine("长方形的面积为{0}",area);
                    break;
                case "2":
                    Console.WriteLine("请输入圆形的详细信息");
                    Console.WriteLine("半径为:");
                    radius = float.Parse(Console.ReadLine());
                    area = PI * radius * radius;
                    Console.WriteLine("圆形的面积为{0}",area);
                    break;
                case "3":
                    Console.WriteLine("请输入三角形的详细信息");
                    Console.WriteLine("高为:");
                    height = float.Parse(Console.ReadLine());
                    Console.WriteLine("底边为:");
                    bottom = float.Parse(Console.ReadLine());
                    area = 0.5 * height * bottom;
                    Console.WriteLine("三角形的面积为{0}",area);
                    break;
                default:
                    Console.WriteLine("你输入的选项错误!");
                    break;
            }
            Console.ReadLine();
        }
    }
}
```

运行程序,选择长方形,输入长方形的长和宽的值,结果如图 3-12 所示。

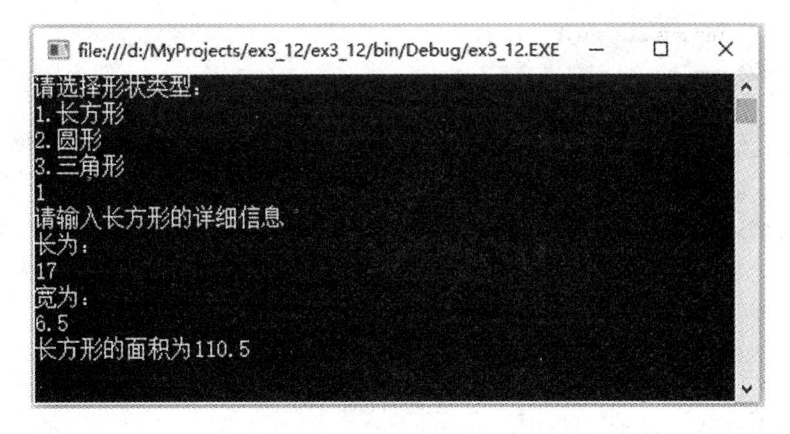

图 3-13　例 3-12 程序运行结果

本章小结

➢ 多重 if 结构就是在主 if 块的 else 部分中还包含其他 if 块。

➢ 嵌套 if 结构是在主 if 块或 else 部分中包含另一个 if 语句。

➢ C＃语言规定，嵌套 if 结构中每个 else 部分总是和它前面的、最近的那个缺少对应的 else 部分的 if 语句配对。

➢ 在使用嵌套 if 和多重 if 结构时，建议在适当的位置使用大括号，以便提高程序的可读性。

➢ switch 结构也可以用于多分支选择结构。用于分支条件的可以是整型、字符型和字符串型表达式，并判断该表达式的值是否等于某些值（这些值必须是可以罗列的），然后根据不同的情况，执行不同的操作。

➢ switch 结构的执行过程：先计算关键字 switch 后的表达式的值，然后在各个 case 语句里查找哪个值和这个变量相等，如果相等，程序执行相应的分支，直到碰上 break 或者 switch 结构结束。

习题 3

一、单项选择题

1. if 语句后面的表达式应该是（　　）。

A. 逻辑表达式　　B. 条件表达式　　C. 算术表达式　　D. 任意表达式

2. 有如下程序：

```
using System;
class Da
{
    public static void Main()
    {
```

```
            int x = 1,a = 0,b = 0;
    switch(x)
            {
    case 0:b ++ ;break;
    case 1:a ++ ;break;
    case 2:a ++ ;b ++ ;break;
            }
      Console.WriteLine("a = {0},b = {1}",a,b);
          }
    }
```

该程序的输出结果是(　　)。

A. a=2,b=1　　B. a=1,b=1　　C. a=1,b=0　　D. a=2,b=2

3. 结构化程序设计的三种基本结构是(　　)。

A. 顺序结构、if 结构、for 结构

B. if 结构、if-else 结构、else if 结构

C. while 结构、do-while 结构、foreach 结构

D. 顺序结构、分支结构、循环结构

4. (　　)不是判断语句。

A. if-else 语句　　B. if 语句　　C. foreach 语句　　D. switch 语句

5. 下面代码的输出结果是(　　)。

```
int year = 2016;
if(year % 2 == 0)
{
    Console.WriteLine("进入了 if 语句块");
}
else if(year % 3 == 0)
{
    Console.WriteLine("进入了 else if 语句块");
}
else
{
    Console.WriteLine("进入了 else 语句块");
}
```

A. 进入了 if 语句块

B. 进入了 if 语句块
   进入了 else 语句块

C. 进入了 else 语句块

D. 进入了 if 语句块
   进入了 else if 语句块
   进入了 else 语句块

6. 下面代码的运行结果是(　　)。

```
string day = "星期一";
switch (day)
{
    case "星期一":
    case "星期三":
    case "星期五":
      Console.WriteLine("上班");
    case "星期六":
      Console.WriteLine("登山");
    case "星期日":
      Console.WriteLine("聚餐");
    default:
      Console.WriteLine("睡觉");
      break;
}
```

A. 上班

B. 上班
登山
聚餐
睡觉

C. 什么都不输出

D. 编译出错

二、问答和编程题

1. 多分支语句中的控制表达式可以是哪几种数据类型?

2. 编写一个进行加、减、乘、除四则运算的程序,要求:输入两个单精度数,然后输入一个运算符号,输出两个单精度数进行该运算后的结果。要求编写为控制台程序。

3. 检验年龄,项目内容与要求:

提示用户输入年龄,如果大于等于 18,则告知用户可以查看,如果小于 10 岁,则告知不允许查看,如果大于等于 10 岁,则提示用户是否继续查看(yes 或 no),如果输入的是 yes 则提示用户可以查看,否则提示不可以查看。

第4章
循环结构

本章工作任务

- 熟练掌握 while、do-while 和 for 语句的基本格式
- 在不同情况下选择使用 break 语句和 continue 语句
- 如何选择三种不同的循环结构
- 完成使用循环解决实际相关问题的任务

本章知识目标

- 理解什么是循环以及如何实现循环
- 理解实现循环时，如何确定循环条件和循环体
- 理解怎样使用 while 和 do-while 语句实现次数不确定的循环
- 理解 while 和 do-while 语句有什么不同
- 理解如何使用 for 语句解决循环问题
- 理解如何使用 break 语句处理多循环条件
- 理解如何实现多重循环

本章技能目标

- 熟练掌握三种循环语句的使用
- 学会使用循环的嵌套结构
- 使用 break 语句和 continue 语句
- 了解几种循环的异同

本章重点难点

- while、do- while 和 for 等循环语句的作用及其使用
- continue 和 break 语句的作用及其使用
- 多重循环结构解决实际向题

结构化程序由三种基本结构组成:顺序结构、选择结构和循环结构。顺序结构是指程序执行过程中程序流程不发生转移的程序结构,主要用来实现赋值、计算和输入输出。第1、2章所讲述的程序基本上都是顺序结构;第3章介绍了选择结构。

在程序设计中,通常某些程序段需要重复执行若干次,这样的程序结构称为循环结构,用计算机解决许多问题都必须通过循环,可以说没有循环就没有程序设计。

本章重点介绍循环结构。

4.1　1＋2＋3＋…＋100的计算问题

4.1.1　程序解析

【例4-1】 计算s＝1＋2＋3＋…＋100。

问题分析

这是一个有规律的式子的计算问题。先找出规律,要加的数字每次递增1,这是循环体,总共要加100次,这是循环条件,找到这两个规律,问题就容易解决了。

程序代码

```
static void Main(string[] args)
{
    int i,s;
    i = 1; s = 0;
    while (i < = 100)
    {
        s = s + i;
        i = i + 1;
    }
    Console.WriteLine("1 + 2 + 3 + … + 100 = {0}",s);
    Console.ReadLine();
}
```

运行程序,输入5,结果如图4-1所示。

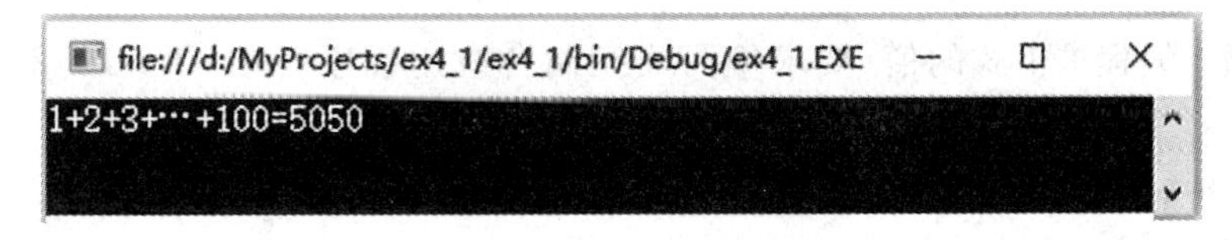

图4-1　例4-1运行结果

程序分析

while后面是循环条件,大括号里面是反复执行的内容,即循环体。

4.1.2　while语句

while语句实现的循环是当型循环,该类循环先测试循环条件再执行循环体。while语句的格式和功能如下。

[格式]：

```
while (表达式)
{
    语句;
}
```

[功能]：首先计算 while 后面圆括号内的表达式，如果其值为 true，则执行循环语句部分，然后再次计算 while 后面圆括号内的表达式，不断重复上述过程。当某一次计算表达式的值时发现表达式的值为 false，将退出循环，转入下一条语句去执行。while 语句执行流程如图 4-2 所示。

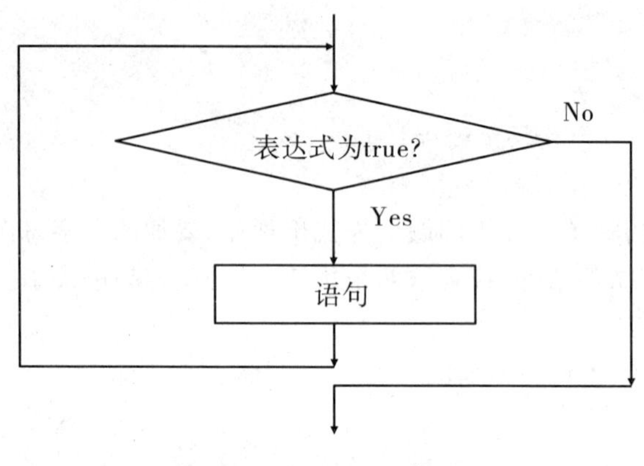

图 4-2 循环结构执行流程

[说明]：

(1)循环体如果包含一条以上的语句，应该用大括号将 while 语句执行流程括起来作为复合语句。

(2)通常进入循环时，括号内部的表达式值为 true，但循环最终都要退出，因此在循环体中应有使循环趋于结束的语句，即能够使表达式的值由 true 变为 false 的语句。

(3)由于先判断条件，也许第一次测试条件时，表达式的值就为 false，在这种情况下循环体将一次也不执行。因此，当型循环又称“允许 0 次循环”。

4.1.3 技能训练

【例 4-2】 编程求下式的值(要求编写成控制台应用程序)：s＝1＊1＋2＊2＋…＋10＊10。

【实现分析】

本例是一种循环求解的典型题型——连加。对于这类题，可想像成这样的一个债主收债的模型：债主放一个盒子 SUM；若干个欠钱的人排成队，给欠钱的人按序编一个号 i(项的号)，第一个人的号为 1；每个欠钱的人手里拿着要还的钱 T(该项的值)，准备把钱放到盒子里去；一开始盒子里无钱，故 SUM 的值为 0，第一个人准备还钱，i 的值为 1；然后算出该人手中拿着的钱 t，该人把钱放到盒子中，此时盒子里的钱为原来盒子里的钱加上刚放进去的这个人手上拿的钱；该人离开，下一个人准备还钱，序号 i 的值应加 1；再算出第 i 个人手上拿着的钱；把钱放到盒子中；盒子里的钱为前面 i 个人手上拿的钱的和；序号 i 的值再加 1；……

如此循环，直到所有欠钱的人都把手中的钱放到盒子里，此时盒子里的钱就是应收的总账（总和）。

【程序代码】

```
static void Main(string[] args)
{
    //sum 代表和,i 代表加到了第几项,t 代表加到的项的值
    int sum,i = 1,t;
    sum = 0;                        //和赋初值 0
    while (i < = 10)                //循环,循环条件为"i< = 10"
    {
        t = i * i;                  //求第 i 项的值放在 t 中
        sum = sum + t;              //把该项的值加到和 sum 中
        i = i + 1;                  //i 的值加 1 准备加下一项
    }
    //输出结果
    Console.WriteLine("1 * 1 + 2 * 2 + … + 10 * 10 = {0}",sum);
    Console.ReadKey();
}
```

程序运行结果如图 4-3 所示。

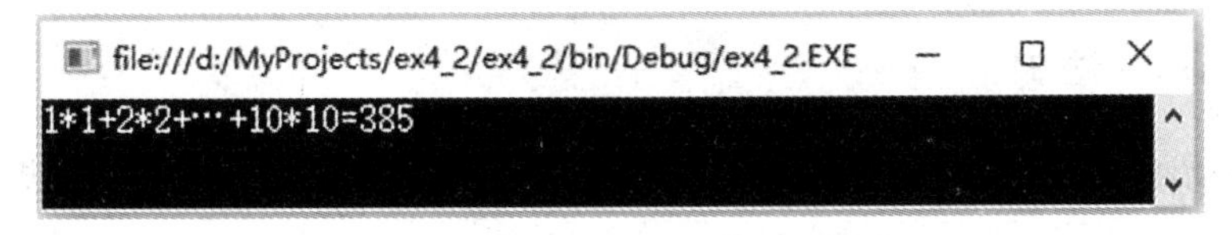

图 4-3　例 4-2 程序运行结果

4.2　统计整数的位数

4.2.1 程序解析

【例 4-3】 从键盘输入一个整数，统计该数的位数。例如，输入 12534，输出 5；输入 −99，输出 2；输入 0，输出 1。

问题分析

一个整数由多位数字组成，统计过程需要逐位地计算，因此这是个循环过程，循环次数由整数的位数决定。由于需要处理的数据有待输入，故无法事先确定循环次数。程序中引入了第二种循环语句 do-while。

程序代码

```
static void Main(string[] args)
{
    int count,number; //count 记录整数 number 的位数
    count = 0;
```

```
        Console.WriteLine("Enter a number:");
        number = int.Parse(Console.ReadLine());
        if (number < 0)
            number = -number; //将输入的负数转换为正数
        do
        {
            number = number / 10;
            count ++ ;
        } while (number ! = 0); //判断循环条件
        Console.WriteLine("It contains {0} digits.",count);
        Console.ReadLine();
    }
```

运行程序,输入-12345,运行结果如图 4-4 所示。

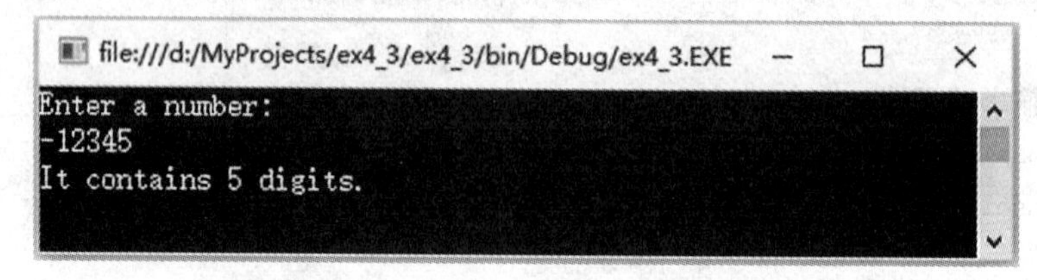

图 4-4　例 4-3 程序运行结果

4.2.2　do-while 语句

do-while 语句实现的循环是直到型循环,该类循环先执行循环体再测试循环条件。do-while 语句的格式和功能如下。

[格式]:

```
do
{
    循环体语句;
}
while (表达式);
```

[功能]:执行循环体中的语句,然后计算表达式的值,若表达式的值为 true,则再执行循环体中的语句,……如此循环,直到某次计算表达式值时,发现表达式的值为 false,此时将不再执行循环体而是转到循环体后面的语句执行。do-while 语句执行流程如图 4-5 所示。

[说明]:

(1)do-while 语句的特点是:先执行语句,后判断表达式。所以,无论一开始表达式的值是 true 还是 false,循环体中的语句至少执行一次,因此直到型循环又称“不允许 0 次循环”。

(2)如果 do-while 语句的循环体部分是由多个语句组成的,则必须用大括号括起来,作为复合语句。

【例 4-4】　从键盘输入若干字符,以“#”结束,统计其中字符 A 或 a(包括大写字母和小写字母)的个数。

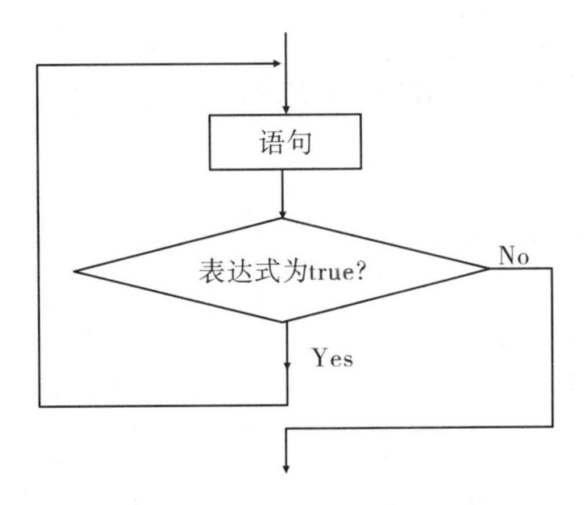

图 4-5　do-while 语句的执行流程

问题分析

统计字符 A 或 a 的个数,只需 ch=='A'|| ch=='a'表达式即可,以#号结束,即为循环的终止条件。

程序代码

```
static void Main(string[] args)
{
    char ch;
    int count = 0;
    Console.WriteLine("请输入若干字符并以#结束:");
    ch = Convert.ToChar( Console.Read());
    do
    {
        if (ch == 'A' || ch == 'a')
            count ++ ;
    } while ((ch = Convert.ToChar( Console.Read())) != '#');
    Console.WriteLine("大写字母 A 或小写字母 a 的个数为{0}个。",count);
    Console.ReadLine();
}
```

程序运行结果如图 4-6 所示。

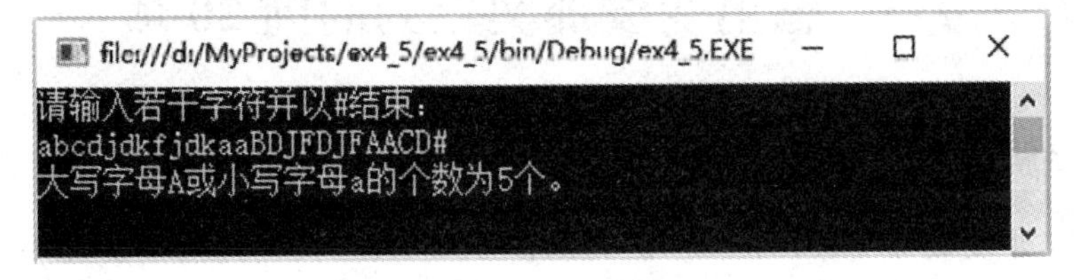

图 4-6　例 4-4 程序运行结果

4.2.3　技能训练(求平均花费)

【例 4-5】　每个苹果 0.8 元,第一天买两个苹果,第二天开始买前一天的 2 倍,直至购买的苹果个数达到不超过 100 个苹果的最大值。编程求每天平均花费多少钱?

问题分析

本题苹果个数不超过 100 即为循环结束的条件。要将天数、苹果数的初始值定义好,变化的过程记录好。

程序代码

```
static void Main(string[] args)
{
    int day = 1,apple = 2;
    double sum = 0,ave;
    do
    {
        sum = sum + 0.8 * apple;
        Console.WriteLine("第{0}天买{1}个苹果",day,apple);
        day ++ ;
        apple = apple * 2;
    } while (apple < = 100);
    ave = sum / day;
    Console.WriteLine("平均每天花{0}元买苹果",ave);
    Console.ReadLine();
}
```

程序运行结果如图 4-7 所示。

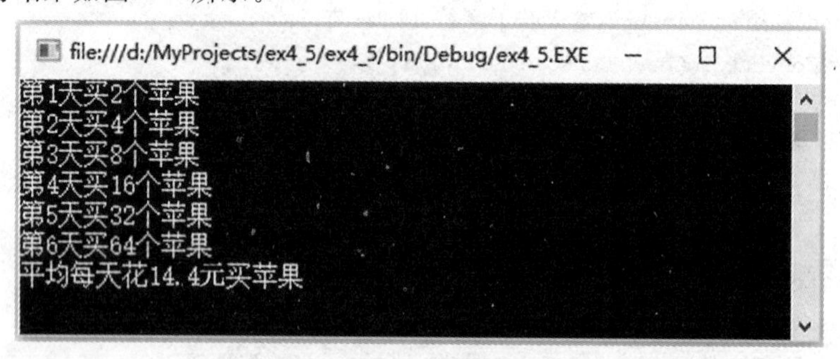

图 4-7　例 4-5 程序运行结果

4.3　输出斐波那契数列的前 20 项

4.3.1　程序解析

【例 4-6】 求斐波那契(Fibonacci)数列的前 20 个数。该数列的生成方法为:$F_1=1$,$F_2=1$,$F_n=F_{n-1}+F_{n-2}$(n>=3),即从第 3 个数开始,每个数等于前 2 个数之和。

问题分析

斐波那契序列的头两项均为 1,后面任一项都是其前两项之和。程序在计算中需要用两个变量存储最近产生的两个序列值,且产生了新数据后,两个变量要更新。题目要求输出前 20 项,循环次数确定,可采用 for 语句。

假定头两项分别用 f1＝1 和 f2＝1 表示，则新项 f＝f1＋f2，然后更新 f1 和 f2，f1＝f2 及 f2＝f，为计算下一个新项作准备。

程序代码

```
static void Main(string[] args)
{
    long f,f1 = 1,f2 = 1;                        //定义并初始化数列的前 2 个数
    int i;
    Console.Write("{0,10}{1,10}",f1,f2);         //右对齐，先输出前两项
    for (i = 3; i < = 20; i ++ )                 //循环输出后 18 个数
    {
        f = f1 + f2;                             //计算新项
        Console.Write("{0,10}",f);
        if(i % 5 == 0)
            Console.WriteLine();                 //每输出 5 个换行
        f1 = f2;                                 //更新 f1 和 f2，为下一次计算新项作准备
        f2 = f;
    }
    Console.ReadLine();
}
```

程序运行结果如图 4-8 所示。

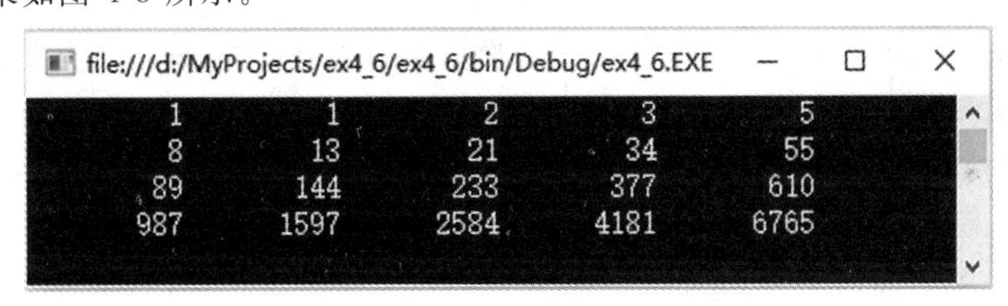

图 4-8　例 4-6 程序运行结果

4.3.2　for 语句

在循环次数已知的情况下，用 for 语句来实现循环比较容易，故 for 语句有时也称计数循环语句。该语句的格式和功能如下所示。

[格式]：

```
for(表达式 1;表达式 2;表达式 3)
{
    语句;
}
```

[功能]：首先计算表达式 1，然后计算表达式 2。若表达式 2 的值为 true，则执行 for 语句中的循环体（语句），循环体执行后，计算表达式 3，然后再计算表达式 2，若表达式 2 的值为 true，再执行 for 语句中的循环体（语句），……如此循环，当某一次计算表达式 2 的值时发现为 false，将退出 for 循环，执行 for 后面的语句。

for 语句的执行流程如图 4-9 所示。

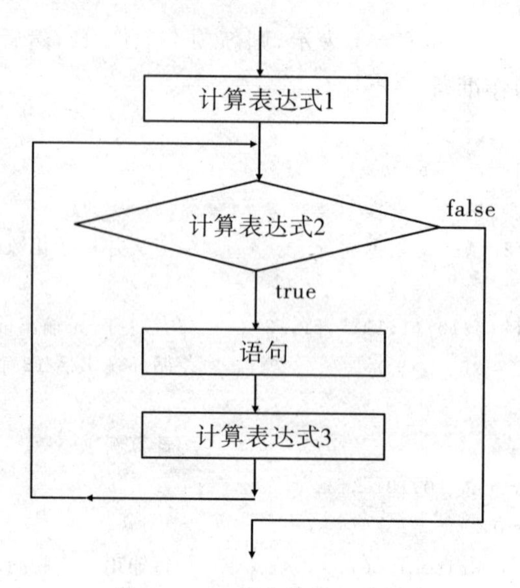

图 4-9 for 语句的执行流程

[说明]:

(1)for 语句中的表达式 1 可省略,此时应在 for 语句之前给循环变量赋值。例如:

```
for ( ;k< = 100; k ++ )
    sum += k;
```

循环执行时,无"计算表达式 1"这一步,其他不变。

(2)"表达式 2"应是逻辑表达式或关系表达式,也可省略,省略时相当于表达式 2 的值为 true,此时要退出循环需使用后面介绍的 break 语句。

(3)"表达式 3"也可以省略,但此时程序设计者应保证循环能正常结束。例如:

```
for ( s = 0,k = 1;k< = 100; )
{
    s += k;k ++ ;
}
```

本例中的 k++不是放在 for 语句的表达式 3 的位置处,而是作为循环体的一部分,效果是一样的,都能使循环正常结束。

(4)可以省略表达式 1 和表达式 3,只有表达式 2,即只给循环条件。例如:

```
for(; i< = 100; )
{
    sum += i;i ++ ;
}
```

此语句相当于:

```
while(i< = 100)
{
    sum += i;i ++ ;
}
```

(5)表达式 1、表达式 2 和表达式 3 均可省略,例如:

```
for (  ;  ;  )
{
    语句;
}
```

该语句相当于:

```
while(true)
{
    语句;
}
```

【例 4-7】 一张单据上有一个 5 位数的号码为“6 ** 42”,其中百位数和千位数已模糊不清,但知道该数能被 57 和 67 除尽。设计一个算法,找出该单据所有可能的号码。

问题分析

对于本例,由于百位数和千位数模糊不清,故每位数字都可能是 0~9,可根据此规则形成该数。已知该数能被 57 和 67 整除,故对于形成的每一个可能的数,判断是否均能被 57 和 67 整除,若能整除则该数就是可能的号码之一。

程序代码

```
static void Main(string[] args)
{
    int hm,i,j;                   //hm 代表要求的号码,i 代表千位数,j 代表百位数
    for (i = 0;i <= 9;i ++ )   //千位数从 0~9
        for(j = 0;j<= 9;j ++ )//百位数从 0~9
    {
        hm = 6 * 10000 + i * 1000 + j * 100 + 42;      //根据规律形成可能的号码
        if(hm % 57 == 0 && hm % 67 == 0)      //是要求的号码吗?
            Console.WriteLine("号码 = {0}",hm); //输出结果
    }
    Console.ReadLine();
}
```

程序运行结果如图 4-10 所示。

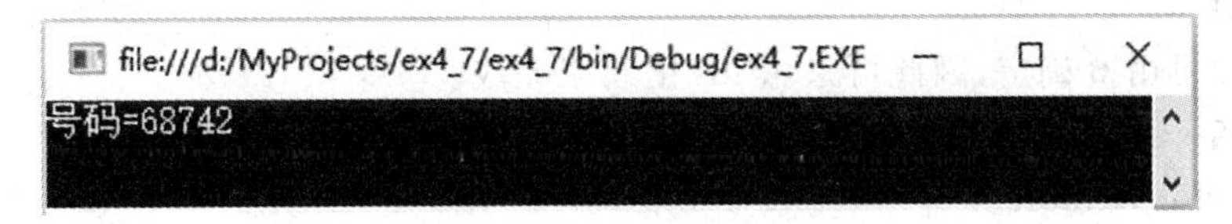

图 4-10 例 4-7 程序运行结果

【例 4-8】 设计一个程序完成这样的功能:产生 100 个两位随机正整数,求这些数中所有能被 3 整除的数的和,以及所有不能被 3 整除的数的各位数字和。

问题分析

本例的循环次数为 100 次,在循环中要做以下几件事:产生 1 个两位随机正整数;判断该数是否能够被 3 整除,若能被 3 整除,则加到 sum1 中,开始下一次循环;若该数不能被 3 整除,则求出各位数字并且把各位数字加到变量 sum2 中(sum1 代表能被 3 整除的数的和,

sum2 代表不能被 3 整除的数的各位数字和)。

程序代码

```
static void Main(string[] args)
{
    float sum1 = 0,sum2 = 0;int i,num;
    Random randObj = new Random();//产生随机数对象,同时初始化随机数发生器
    for (i = 1; i <= 100; i++)
    {
        num = randObj.Next(10,100);   /*产生两位随机数*/
        /*把能被 3 整除的数加到 sum1 中*/
        if (num % 3 == 0) { sum1 = sum1 + num; continue; }
        /*把不能被 3 整除的数的个位数加到 sum2 中去*/
        sum2 = sum2 + num % 10;
        sum2 = sum2 + num/10;/*把不能被 3 整除的数的十位数加到 sum2 中去*/
    }
    Console.WriteLine("能被 3 整除的数的和为:{0}",sum1);
    Console.WriteLine("不能被 3 整除的所有数的各位数字和为:{0}",sum2);
    Console.ReadLine();
}
```

程序运行结果如图 4-11 所示。

图 4-11　例 4-8 程序运行结果

4.3.3　技能训练(用 for 循环求 n!)

【例 4-9】 用 for 循环求 n!,其中 n 的值由用户输入。

问题分析

循环次数可由 n 确定,因此可采用 for 语句来完成。

程序代码

```
static void Main(string[] args)
{
    int n;
    int i,m = 1;
    Console.Write("请输入 n 的值:");
    n = Convert.ToInt16(Console.ReadLine());
    for (i = 1; i <= n; i++)
        m * = i;
    Console.WriteLine("{0}!是:{1}",n,m);
```

```
        Console.ReadKey();
    }
```

程序运行结果如图 4-12 所示。

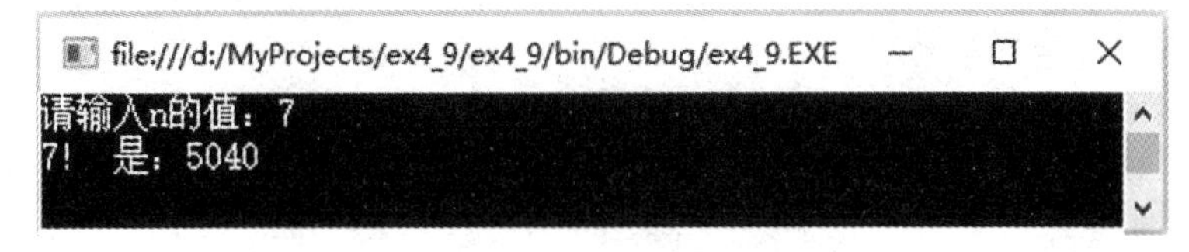

图 4-12　例 4-9 程序运行结果

【例 4-10】 用 while 循环求 n!，其中 n 的值由用户输入。

问题分析

循环次数可由 n 确定，因此 while 循环的终止条件可根据 n 的值判断。

程序代码

```
static void Main(string[] args)
{
    int n;
    int i = 1,m = 1;
    Console.Write("请输入 n 的值:");
    n = Convert.ToInt16(Console.ReadLine());
    while (i<= n)
    {
        m *= i;
        i ++ ;
    }
    Console.WriteLine("{0}! 是:{1}",n,m);
    Console.ReadKey();
}
```

运行程序，输入 7，与用 for 循环对比结果是一致的。结果如图 4-13 所示。

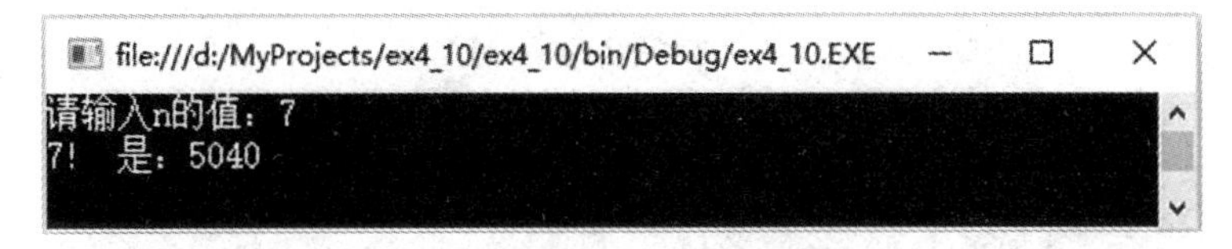

图 4-13　例 4-10 程序运行结果

4.4　判断素数

4.4.1　程序解析

【例 4-11】 输入一个正整数，判断是否为素数。所谓素数 n 是指只能被 1 和自身整除的正整数，1 不是素数，2 是素数。

问题分析

判断一个数 m 是否为素数，需要检查该数是否能被除 1 和自身以外的其他数整除，即判断 m 是否能被 2～m－1 之间的整数整除。用求余运算％来判断整除，余数为 0 表示能被整除，否则就意味着不能被整除。

设 i 取值[2,m－1]，如果 m 不能被该区间上的任何一个数整除，即对每个 i，m％i 都不为 0，则 m 是素数；但是只要 m 能被该区间上的某个数整除，即只要找到一个 i，使得 m％i 为 0，则 m 肯定不是素数。

由于 m 不可能被大于 m/2 的数整除，所以上述 i 的取值区间可缩小为[2,m/2]，数学上能证明，该区间还可以是[2,sqrt(m)]。

程序代码

```
static void Main(string[] args)
{
    int i,m;
    Console.WriteLine("请输入一个正整数:");
    m = int.Parse(Console.ReadLine());
    for (i = 2; i <= m/2; i++)
    {
        if (m % i == 0)
            break;
    }
    if(i>m/2&&m!=1)
        Console.WriteLine("该数是一个素数!");
    else
        Console.WriteLine("该数不是一个素数!");
    Console.ReadLine();
}
```

程序的运行结果如图 4-14 和 4-15 所示。

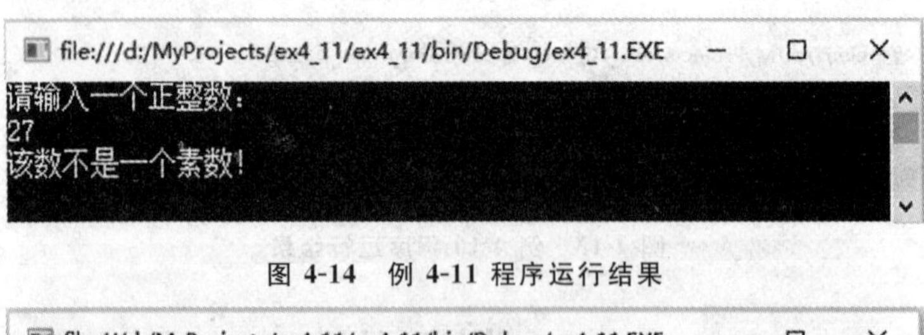

图 4-14　例 4-11 程序运行结果

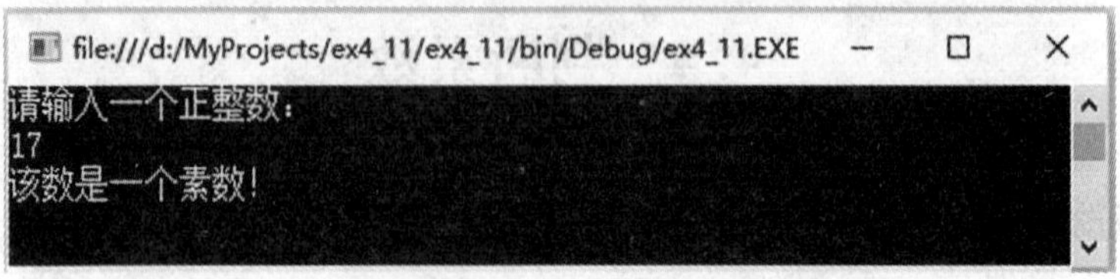

图 4-15　例 4-11 程序运行结果

4.4.2　break 和 continue 语句

当在循环执行过程中，希望使循环强制结束，可使用 break 语句，若希望使本次循环结束并开始下一次循环可使用 continue 语句。

1. break 语句

[格式]：break；

[功能]：终止对循环的执行，流程直接跳转到当前循环语句的下一语句执行。

[说明]：

(1)break 语句只可用在 switch 语句和三种循环语句中。

(2)一般在循环体中并不直接使用 break 语句，而是和一个 if 语句进行配合使用，在循环体中测试某个条件是否满足，若满足则执行 break 语句退出循环。break 语句提供了退出循环的另一种方法，含有 break 语句的循环的一般执行流程通常如图 4-16 所示。图中的表达式 1 通常是循环条件，表达式 2 通常是一个 if 语句中的条件。

(3)在循环嵌套中，break 语句只能终止一层循环。

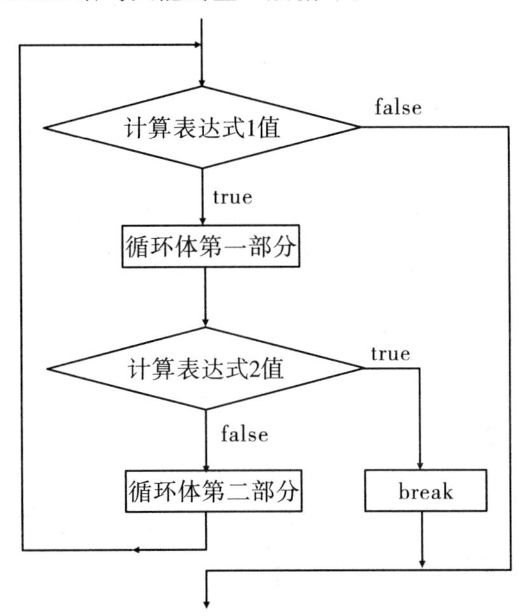

图 4-16　带有 break 语句的执行流程

2. continue 语句

[格式]：

```
continue;
```

[功能]：结束本次循环，即跳过本次循环体中余下的尚未执行的语句，接着再一次进行循环条件判断，以便执行下一次循环。

[说明]：

(1)执行 continue 语句并没有使整个循环终止，只是结束本次循环的执行。

(2)一般在循环体中也不直接使用 continue 语句，而是和一个 if 语句进行配合使用，在循环体中测试某个条件是否满足，若满足则执行 continue 语句退出本次循环，以便开始下一次循环。含有 continue 语句的循环的一般执行流程通常如图 4-17 所示，表达式 1 通常是循环条件，表达式 2 通常是一个 if 语句中的条件。

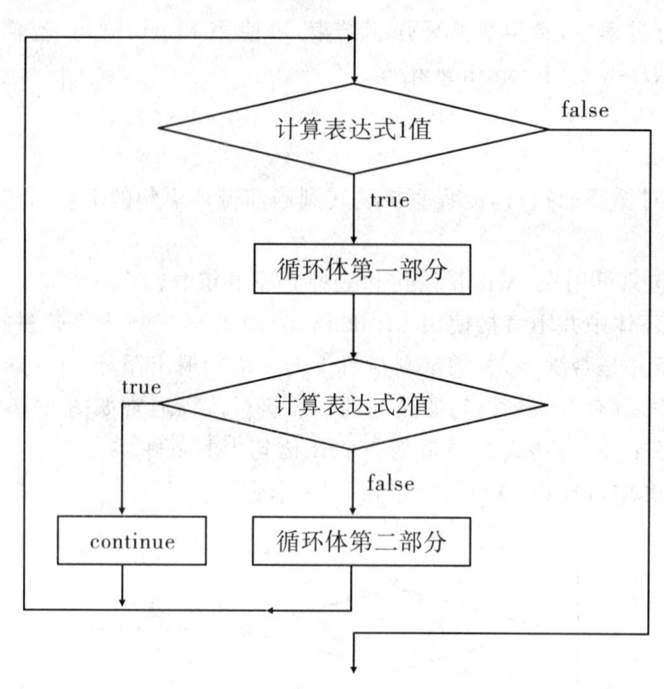

图 4-17　带有 continue 语句的执行流程

(3)在 while 和 do-while 循环中，continue 语句使得流程直接跳到循环控制条件的测试部分，然后决定循环是否继续进行。在 for 循环中，图 4-17 含有 continue 语句循环的一般执行流程遇到 continue 后，跳过循环体中余下的语句，去计算“表达式 3”，然后再计算“表达式 2”以决定是否开始下一次循环。

【例 4-12】 求 1 到 n 之间的偶数之和，其中 n 由用户键盘输入。

程序代码

```
static void Main(string[] args)
{
    int i,n;
    int sum = 0;
    Console.Write("请输入 n 的值:");
    n = Convert.ToInt16(Console.ReadLine());
    for (i = 1;i< = n;i ++ )
    {
        if (i % 2! = 0)
            continue;
        sum += i;
    }
    Console.WriteLine("1 到{0}之间的偶数之和为{1}",n,sum);
    Console.ReadKey();
```

```
}
```

程序的运行结果如图 4-18 所示。

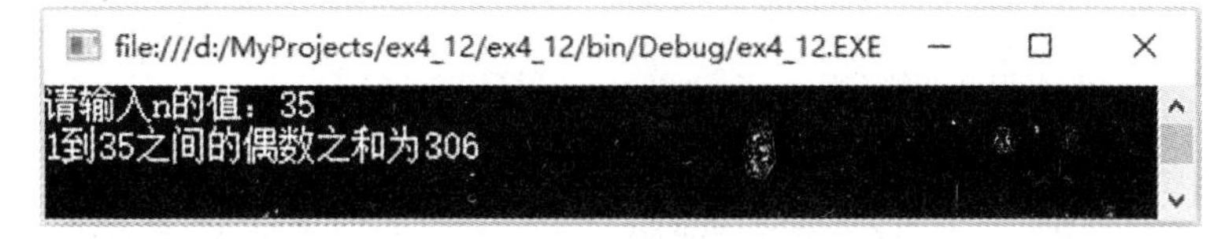

图 4-18 例 4-12 程序运行结果

程序分析

在本例中，当遇到奇数时通过执行 continue 语句跳过，而当遇到偶数时进行累加求和。

请注意 break 和 continue 语句的区别，前者是终止循环后执行循环后面的语句，即循环不再执行，而后者是中断循环的本次执行，然后开始下一轮循环，即循环仍会执行。

4.4.3 技能训练

【例 4-13】 根据两个正整数的最大公约数与最小公倍数编写一个方法，该方法的功能是用辗转除余法求两个数的最大公约数和最小公倍数。

问题分析

求两个非负整数 m 和 n(m>n)的最大公约数可以使用辗转相除法。其算法可以描述为：

(1)m 除以 n 得到余数 r(0≤ r<n)。

(2)若 r=0 则算法结束，n 为最大公约数；否则做(3)。

(3)m=n，n=r，转回到(1)。

当已知两个非负整数 m 和 n 的最大公约数后，求其最小公倍数的算法可以简单描述为：两个正整数之积除以最大公约数。

程序代码

```
using System;
using System.Collections.Generic;
using System.Linq;
using System.Text;

namespace ex4_13
{
    class Program
    {
        static int GCD(int m,int n) //该方法是用辗转除余法求最大公约数
        {
            int r,t;
            if (m < n) { t = m; m = n; n = t; } //让 m 的值为两个数中的较大者
            while (n! = 0)      //如果 n 不为 0,则循环
            { r = m % n;m = n;n = r;}
            return (m);
```

```
        }
        static void Main(string[] args)
        {
            int num1,num2,mm;
            Console.WriteLine("请输入第一个数");
            num1 = Convert.ToInt32(Console.ReadLine());   //输入第一个正整数
            Console.WriteLine("请输入第二个数");
            num2 = Convert.ToInt32(Console.ReadLine());   //输入第二个正整数
            mm = GCD(num1,num2); //调用方法求两个数的最大公约数
            Console.WriteLine("最大公约数为:{0}",mm); //输出最大公约数
            //输出最小公倍数
            Console.WriteLine("最小公倍数为:{0}",num1 * num2 / mm);
            Console.ReadLine();
        }
    }
}
```

程序运行结果如图 4-19 所示。

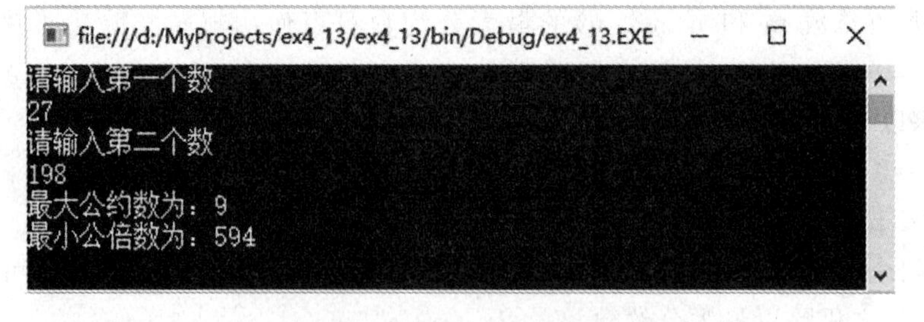

图 4-19　例 4-13 程序运行结果

4.5　九九乘法表

4.5.1　程序解析

【例 4-14】 打印如图 4-20 所示九九乘法表。

问题分析

本题是一个有规律的输出问题,以前学过的单重循环解决不了,必须要用循环的嵌套来解决。

程序代码

```
static void Main(string[] args)
{
    int i,j;
    for(i = 1;i< = 9;i ++ )
    {
        for(j = 1;j< = i;j ++ )
```

```
            Console.Write("{0}×{1}={2,2} ",i,j,i*j);
        Console.WriteLine();
    }
    Console.ReadLine();
}
```

程序运行结果如图 4-20 所示。

```
file:///d:/MyProjects/ex4_14/ex4_14/bin/Debug/ex4_14.EXE
1×1= 1
2×1= 2 2×2= 4
3×1= 3 3×2= 6 3×3= 9
4×1= 4 4×2= 8 4×3=12 4×4=16
5×1= 5 5×2=10 5×3=15 5×4=20 5×5=25
6×1= 6 6×2=12 6×3=18 6×4=24 6×5=30 6×6=36
7×1= 7 7×2=14 7×3=21 7×4=28 7×5=35 7×6=42 7×7=49
8×1= 8 8×2=16 8×3=24 8×4=32 8×5=40 8×6=48 8×7=56 8×8=64
9×1= 9 9×2=18 9×3=27 9×4=36 9×5=45 9×6=54 9×7=63 9×8=72 9×9=81
```

图 4-20 例 4-14 程序运行结果

程序分析

(1)表体共 9 行,所以首先考虑一个打印 9 行的算法。

```
for(i=1;i<=9;i++)
{ 打印第 i 行}
```

(2)考虑如何"打印第 i 行"。每行都有 i 个表达式?×?=积,可以写为:

```
for(j=1;j<=i;j++)
{打印第 j 个表达式}
```

(3)打印第 j 个表达式,可写为:

```
Console.Write("{0}×{1}={2,2}",i,j,i*j);
```

(4)在写这个语句时,不写换行,只能在第 j 个表达式输出后写一个句子使之换行。

```
Console.WriteLine();
```

4.5.2 循环的嵌套结构

在一个循环内又完整地包含另一个循环,称为循环的嵌套,即循环体自身包含循环语句。前面介绍了三种类型的循环,本身可以嵌套,如在 for 循环中包含另一个 for 循环,也可以互相嵌套,例如可以 for 循环中包含一个 while 循环或者 do-while 循环等。

下面通过几个例子来介绍循环嵌套的概念和运用。

【例 4-15】 (百钱买百鸡)我国古代数学家在《算经》中出了一道题:"鸡翁一,值钱五;鸡母一,值钱三;鸡雏三,值钱一。百钱买百鸡,问鸡翁、母、雏各几何?"意为:公鸡每只 5 元,母鸡每只 3 元,小鸡 3 只 1 元。用 100 元买 100 只鸡,问公鸡、母鸡、小鸡各多少? 要求编写为控制台应用程序。

问题分析

可用"穷举法"来解此问题。所谓穷举法就是将各种组合的可能性全部测试一遍,对每一组合检查它是否符合给定的条件,将符合条件的解全部输出即可。

假设公鸡有 x 只,母鸡 y 只,小鸡 z 只。根据题意有这样的等式:

z=100－x－y ①

5x＋3y＋(1/3)z=100 ②

根据题意可知:公鸡每只 5 元,因此最多只能买 19 只;同样,母鸡每只 3 元,100 元最多买 33 只。用 x 代表公鸡数,y 代表母鸡数,对于 x 的值在 1～19 之间的每种可能,y 在 1～33 之间的每种可能,测试条件是否满足,如果满足则是一种可能。可采用双重循环来解决该问题,小鸡数 z 可用 100－x－y 得到,并且 z 要能被 3 整除。

程序代码

```
static void Main(string[] args)
{
    int Cock,Hen,Chicken; //分别用来存放公鸡数、母鸡数和小鸡数
    for (Cock = 1; Cock <= 19; Cock ++ ) //公鸡数从 1 到 19
        for (Hen = 1; Hen <= 33; Hen ++ ) //母鸡数从 1 到 33
        {
            Chicken = 100 - Cock - Hen; //小鸡数为 100 减去公鸡数和母鸡数
            if (Chicken % 3 == 0)  //小鸡数应能被 3 整除
            {  //刚好是 100 元钱,则是一种方案,输出
                if (Cock * 5 + Hen * 3 + Chicken/3 == 100)
                    Console.WriteLine("公鸡 = {0},母鸡 = {1},小鸡 = {2}",Cock,Hen,
Chicken);
            }
        }
    Console.ReadLine();
}
```

程序运行结果如图 4-21 所示。

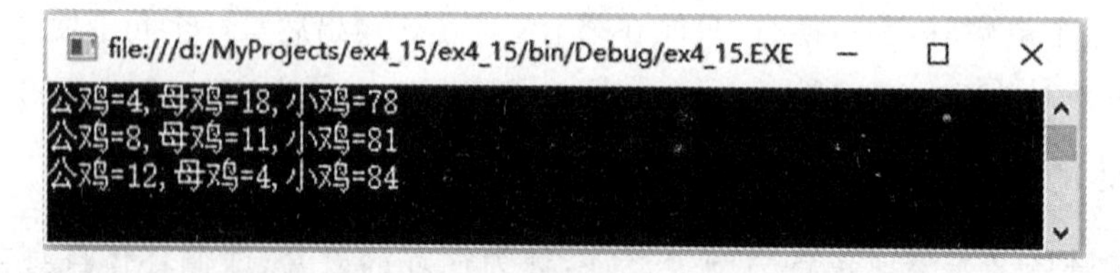

图 4-21 例 4-15 程序运行结果

4.5.3 技能训练(实现一个简易计算器)

【例 4-16】 实现一个简易计算器,该计算器能实现基本的加、减、乘、除四则运算,要求输入数据和运算符,输出计算结果,并可以继续进行下一次运算,按 Q 键退出计算。

问题分析

使用 switch 语句对输入的加、减、乘、除运算符选择,执行相应的计算。计算可以多次反复执行,故使用循环语句来实现,这里使用 do-while 循环比较合适。

程序代码

```
static void Main(string[] args)
{
```

```
        double num1,num2,answer = 0;
        char opt,quit;
        do
        {
            Console.WriteLine("请输入算式");
            num1 = Convert.ToDouble(Console.ReadLine());
            opt = Convert.ToChar(Console.ReadLine());
            num2 = Convert.ToDouble(Console.ReadLine());
            switch (opt)
            {
                case '+': answer = num1 + num2; break;
                case '-': answer = num1 - num2; break;
                case '*': answer = num1 * num2; break;
                case '/': if (num2 == 0)
                              Console.WriteLine("除数不能为 0,请重新输入算式!");
                              else
                              answer = num1/num2;
                    break;
                default: Console.WriteLine("输入错误!"); break;
            }
            Console.WriteLine("{0}{1}{2} = {3}",num1,opt,num2,answer);
            Console.WriteLine("是否还需要继续计算,按任意键继续,按 Q 键结束!");
            quit = Convert.ToChar(Console.ReadLine());
        } while (quit != 'Q' && quit != 'q');
        Console.WriteLine("计算完毕,再见!");
        Console.ReadKey();
    }
```

程序运行结果如图 4-22 所示。

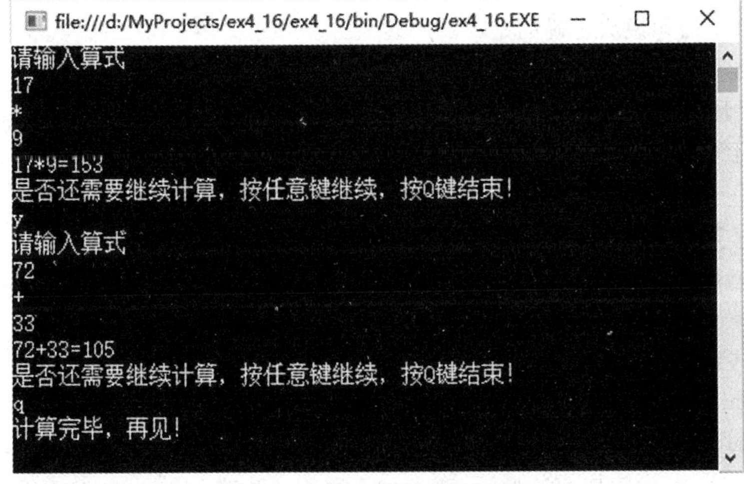

图 4-22 例 4-16 程序运行结果

本章小结

➢ while 语句和 for 语句是属于先测试终止条件的循环语句，故循环体有可能一次也不执行。

➢ do-while 语句是后测试终止条件的循环语句，循环体至少执行一次。

➢ for 语句与 while 语句本质上相近，很容易互换。所有循环语句都是在循环条件为真时才能执行循环体。

➢ 如果循环次数可以在进入循环语句之前确定，使用 for 语句较好；在循环次数难以确定时使用 while 和 do-while 语句较好。

➢ 二重循环就是在一个循环中嵌套另一个循环，必须将内层循环完整地包含在外层循环的循环体内。

➢ break 和 continue 语句用在内层循环时，只对内层循环的执行有影响，并不影响外层循环。

➢ 使用二重循环可以实现冒泡排序算法，排序的过程是比较相邻的两个数并交换直到所有的数都比较过并排好顺序。

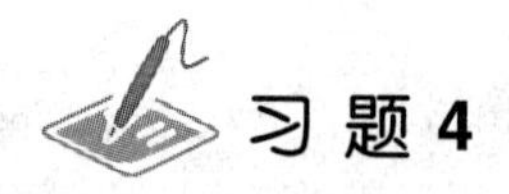

习题 4

一、单项选择题

1. while 语句和 do-while 语句的区别是(　　)。
   A. while 语句的执行效率高
   B. do-while 语句编写的程序较复杂
   C. do-while 语句循环体至少执行一次，表达式为假，while 语句一次都不执行
   D. while 语句循环体至少执行一次，表达式为假，do-while 语句一次都不执行
2. 下面对 for 语句说法正确的是(　　)。
   A. for 语句的循环条件不能缺少　　B. for(;;)是无限循环
   C. for 循环无法嵌套　　D. for 语句是跳转语句
3. 以下关于 while 循环的说法不正确的是(　　)。
   A. while 循环只能用于循环次数不确定的情况
   B. while 循环是先判定表达式，后执行循环体语句
   C. while 循环中，可以用 break 语句跳出循环体
   D. while 循环体语句中，可以包含多条语句，但要用大括号括起来
4. 以下叙述正确的是(　　)。
   A. do-while 语句构成的循环不能用其他语句构成的循环来代替
   B. do-while 语句构成的循环只能用 break 语句退出
   C. 用 do-while 语句构成的循环，在 while 后的表达式为 true 时结束循环

D. 用 do-while 语句构成的循环，在 while 后的表达式应为关系表达式或逻辑表达式

5. 下列关于 do-while 语句描述错误的是(　　)。

A. do-while 循环语句和 while 循环语句功能不相同

B. do-while 循环语句将循环条件放在循环体的后面

C. do-while 循环语句中可以省略 do 语句

D. do-while 循环中无论循环条件是否成立循环体都会被执行一次

6. 以下关于 for 循环的说法不正确的是(　　)。

A. for 循环只能用于循环次数已经确定的情况

B. for 循环是先判定表达式，后执行循环体语句

C. for 循环中，可以用 break 语句跳出循环体

D. for 循环体语句中，可以包含多条语句，但要用花大括号括起来

二、问答和编程题

1. 试说明 break 和 continue 语句的区别。

2. 使用 * 打印直角三角形。

3. 兔子繁殖问题。设有一对新生的兔子，从第三个月开始它们每个月都生一对兔子，新生的兔子从第三个月开始又每个月生一对兔子。按此规律，并假定兔子没有死亡，20 个月后共有多少兔子？要求编写为控制台应用程序。

第5章 数组与集合

本章工作任务

- 完成使用数组解决相关问题的任务
- 掌握使用数组实现常用的算法
- 掌握泛型集合使用方法

本章知识目标

- 理解什么是数组以及为什么使用数组
- 理解如何定义数组以及如何引用数组元素
- 理解二维数组的元素在内存中如何存放

本章技能目标

- 学会一维数组以及二维数组的定义与初始化方法
- 掌握使用数组元素的引用方法

本章重点难点

- 数组的概念
- 一维数组的定义、分配与初始化
- 二维数组的定义、分配与初始化
- 使用数组解决实际问题
- foreach 语句的使用方法
- 利用数组实现常用算法

前面几章，学习了 C# 语言的一些基本数据类型，如整型、实型和字符型等。但是仅仅这些基本类型，很难满足较复杂情况下的编程需要，故 C# 语言还提供了一些更为复杂的数据类型，称为构造类型，由基本数据类型按一定的规则组合而成。

数组是最基本的构造类型。数组是把具有相同数据类型的若干变量按有序的形式组织起来形成的集合。数组中的元素在内存中连续存放，每个元素都属于同一种数据类型，用数组名和下标可以唯一的确定数组元素。

5.1　投票情况统计

5.1.1　程序解析

【例 5-1】 统计电视节目受欢迎程度。某电视台要统计观众对该台 8 个节目(假设节目编号为 1～8)的受欢迎情况共调查了 20 位观众，现要求编写程序，输入每一位观众的投票情况，统计输出各个节目的得票情况。注意：每一位观众只能选择一个最喜欢的节目投票。

问题分析

这是一个分类统计的问题，要累计并保存各节目的得票数，按照以前的学习，需要设置 8 个 int 型变量，这显然不是最好的方法。本题采用一维数组编写程序。

参考步骤

(1)定义一个整型数组接收各个节目得票数，开始时即初始化每一个数组元素值为零，即计数器清零。

(2)for 循环结合 if-else 语句，处理每一位观众的投票，判断是否有效并把相应的数组元素值加 1，即计数器累加。

(3)投票结束后，使用 for 循环输出所有节目的投票结果，即按顺序输出每一个数组元素值。

程序代码

```
static void Main(string[] args)
{
    int[] count = new int[9];
    int i,response;      //统计各个节目得票数
    for (i = 1; i < = 8; i ++ )
        count[i] = 0;  //各节目计数器清零
    for(i = 1;i< = 20;i ++ )
    {
        Console.Write("Please input your response:");
        response = int.Parse(Console.ReadLine());

        if (response < 1 || response > 8)//检查投票是否有效
            Console.WriteLine("This is a error response:{0}",response);
        else
            count[response] ++ ; //有效票,对应节目得票数加 1
```

```
        }
        Console.WriteLine("The result is:");
        for(i = 1;i< = 8;i ++ ) //输出每个节目得票情况
            Console.WriteLine("{0}:{1}",i,count[i]);
        Console.ReadLine();
    }
```

运行程序,输入 5,结果如图 5-1 所示。

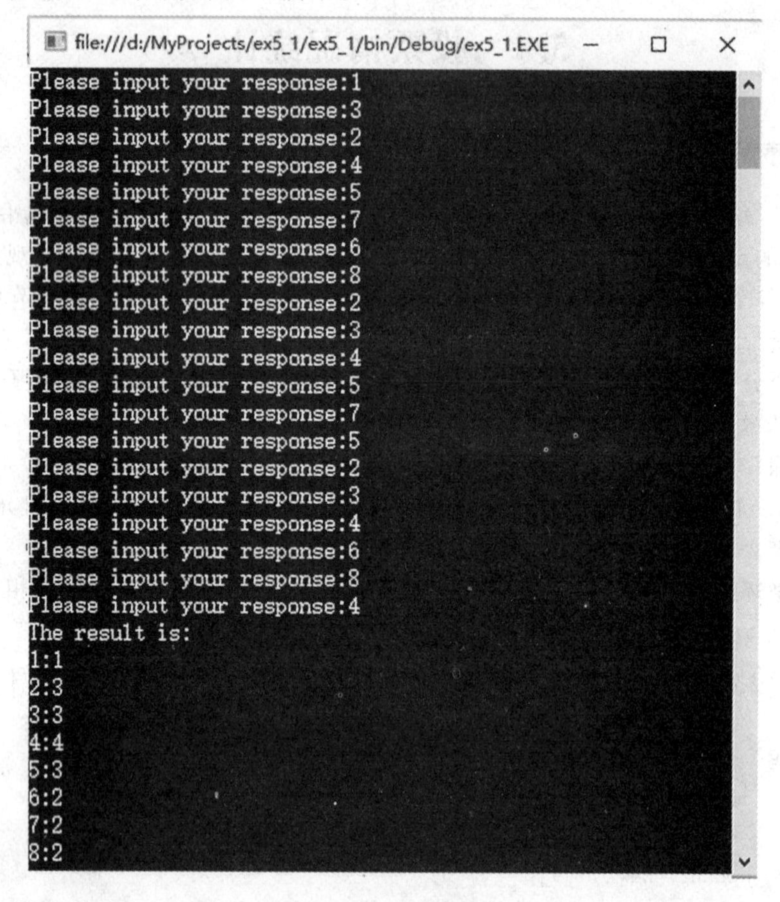

图 5-1 例 5-1 运行结果

程序分析

程序功能简单明了,输入一批整数(即选票信息),统计各节目得票数后输出结果。这就要求保存每个节目的当前得票数并进行处理,程序中用一个整型数组 count,而不是若干个整型变量来存放。

程序中定义一个整型数组 count 后,在内存中分配了 9 个连续单元,分别是元素 count[0]-count[8],共 9 个元素,这些元素的数据类型都是整型,由数组名 count 和下标惟一地确定每一个数组元素。在上例中,节目的编号被设计成与数组下标一致,即编号为 i 的节目,其得票数存放于 count[i]数组元素中,这样,当一个观众投票为 i 时只需要做 count[i]++即可,故本例中 count[0]数组元素没有使用。

在程序中使用数组,可以让一批相同数据类型的变量使用同一个数组变量名,用下标来相互区分。优点是表达简洁，可读性好，元素之间既相互独立，又一脉相承，便于使用循环结构。

5.1.2　一维数组的定义

1. 数组的概念

要存放一个数据，需要声明一个变量，这在程序中只使用很少数据的场合下是可以的，但若在程序中使用很多个同类数据，使用变量将极不方便，甚至不可能完成需要的功能。

其实要处理多个相同类型的数据，可以使用 C# 提供的一种重要的数据结构——数组。可以把数组看成是很多个具有相同类型的变量的集合，在内存中是连续存放的，这些变量均具有相同的名称，每一个这样的变量称为数组元素。由于在程序中数组元素是通过下标相互区分的，而下标又可以用变量或表达式来表示，所以为程序员循环处理数据带来了方便。

例如，假设存放 300 个学生数学成绩的数组名为 cj，要求出所有学生的数学的平均分，可使用下列语句。

```
aver = 0.0;
for(i = 0;i<300;i ++ )
    aver = aver + cj[i];
aver = aver/300;
```

不妨考虑一下使用变量来求数学平均分，程序应怎样编。可见使用数组在处理多个同类数据时其优点是十分明显的。

2. 一维数组的定义与分配

一维数组是指只有一个下标的数组。数组在使用之前必须先定义(或声明)和分配空间，然后才能使用数组元素。

数组占用连续的内存空间，在使用数组之前必须指定数组元素的类型并用 new 运算符给数组动态地分配存储空间。一维数组的声明与分配语句的格式与功能如下。

[格式]：

```
数据类型符[] 数组名 = new 数据类型符[长度];
```

[功能]：定义一个名为“数组名”的数组，该数组的元素个数由“长度”指定，数组元素的数据类型由“数据类型符”确定。

例如：

```
int [] a = new int [10];
```

定义了一个数组 a，该数组的数据类型是 int，具有 10 个元素。

其实，数组的声明与分配可以写成两条语句，上述语句也可以写成：

```
int [] a;                //定义数组
a = new int [10];              //给数组分配存储空间
```

数组分配好后，数组元素被初始化，简单数值数据类型被初始化为 0，逻辑型被初始化为 false，引用类型被初始化为 null。

数组定义后，将占用连续的存储空间，其占用存储空间大小为“长度 * 数据类型所占用的字节数”。例如，对于上面定义的数组 a，在程序运行时，系统将为该数组分配一个连续的 40 字节的存储单元，用来存放该数组的每一个元素，该数组占用存储空间的情况如图 5-2 所示。

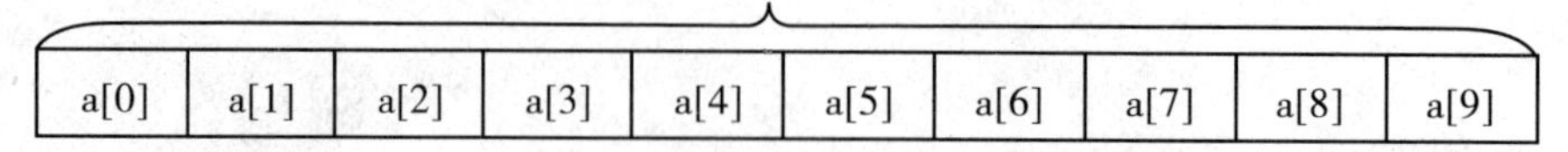

图 5-2 数组在内存中的存储情况

与C和C++语言不同的是，C#中的数组的大小可以动态确定，如：

```
int AL = 6;
int a[] = new int[AL];
```

这两条语句定义了一个长度为6的数组a。

5.1.3 一维数组的初始化与引用

1. 定义数组时对数组元素进行初始化

其实在定义数组的时候，还可以通过给数组元素赋初值来给数组分配存储空间，并确定数组元素个数及各元素的值。给数组元素赋初值的格式与功能如下。

[格式]：

```
数据类型符 [] 数组名 = {初值列表};
```

[功能]：定义一个名为“数组名”的数组，数组元素的数据类型由“数据类型符”确定。该数组的元素个数由“初值列表”中的值的个数指定，“初值列表”是由逗号分隔开来的若干个值，作为初值依次赋值给相应的数组元素。例如：

```
int [] x = {1,2,3,4};
```

该语句定义了具有4个元素的数组x，并依次给x[0]、x[1]、x[2]和x[3]赋初值1、2、3和4。上述语句也可以写成：

```
int [] x = new int []{1,2,3,4};
```

2. 数组元素的引用

在C#中通常并不把数组作为一个整体进行处理，参与运算和数据处理的一般都是数组元素。定义了一个数组后就可以引用数组元素了。引用一维数组元素的一般形式如下。

数组名[下标]

C#规定，数组元素的下标从0开始，因此具有N个元素的数组，其下标范围为0～N−1。例如：

```
int [] a = new int [5] ;
```

那么，数组a具有元素a[0]、a[1]、a[2]、a[3]和a[4]。

值得注意的是，在C#中不允许下标越界，也就是说C#对下标越界进行检查，在上述的数组a定义后，a[5]、a[6]均是不可用的。C#在编译时并不检查数组元素是否越界，而是在运行时检查。

其实，数组元素就是一种特殊的变量，在程序中作为变量来使用。凡是能够使用变量的地方均可以使用与变量数据类型相同的数组元素。一个数组元素可以像同类型的普通变量一样参加赋值、运算、输入和输出等操作。

【例5-2】 找最大数游戏。有一批数，请快速地找出最大数及其位置。

问题分析

使用一个数组来存放一批随机产生的数，再设两个变量，一个用来记下最大数，一个用来记下最大数的位置。首先认为第一个数最大，记下值和位置；然后用记下的最大数和后面的数比较，如果后面的数大，则用记最大数的变量记下该数，用记最大数位置的变量记下该数的位置；用记下的最大数再和后面的数比较，……直到所有的数都比较完毕，记最大数变量中的值就是最大数，记最大数下标的变量中的值就是最大数的下标。

程序代码

```
static void Main(string[] args)
{
    const int N = 10;              //定义一个常量用来表示数组元素个数
    int[] a = new int[N];          //定义具有 N 个元素的数组 a
    int i,max,max_i;   //max 变量用来记最大值,max_i 变量用来记最大值的下标
    Random randObj = new Random();      //生成随机数变量
    for (i = 0; i < N; i ++ )
        a[i] = randObj.Next(10,99);      /* 产生随机数并赋值给数组元素 */
    max = a[0]; max_i = 0;               /* 首先认为最大值为第一个元素 */
    for (i = 1; i < N; i ++ )            /* 该循环求最大值与最大值的位置 */
        if (max < a[i]) { max = a[i]; max_i = i; }
    for (i = 0; i < N; i ++ )      //输出整个数组
        Console.Write("{0}   ",a[i]);
    Console.WriteLine();
    /* 输出最大值与最大值的位置 */
    Console.WriteLine("最大值为:{0},最大值位置为:{1}",max,max_i + 1);
    Console.ReadLine();
}
```

假设生成的一批数为："89 19 72 60 70 32 53 78 85 47"，程序运行结果如图 5-3 所示。

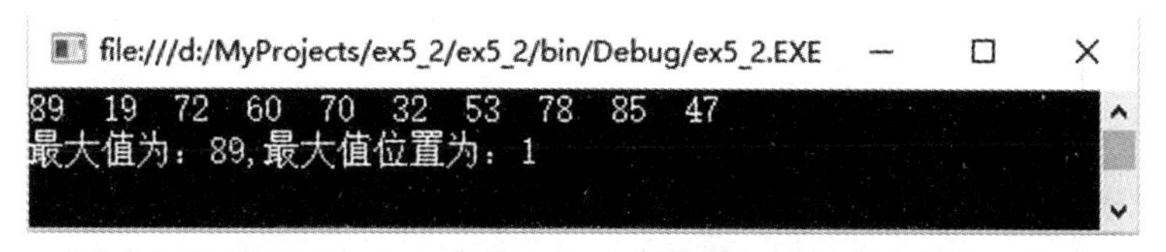

图 5-3　例 5-2 运行结果

【例 5-3】 随机产生 10 个两位数，然后利用选择法把它们从小到大排序。

问题分析

可用选择法把具有 N 个数的一维数组按从小到大排列，排序过程可分为 N－1 轮，如下所示。

第一轮：从第 1～N 个数中找出最小的数和第一个数交换，第一个数排好；第二轮：从第 2～N 个数中找出最小的数和第二个数交换，第二个数排好；……

第 i 轮：从第 i～N 个数中找出最小的数和第 i 个数交换，第 i 个数排好；……

第 N－1 轮：从第 N－1～N 个数中找出最小的数和第 N－1 个数交换，排序结束。因此，为实现选择法排序，应使用二层循环。

【程序代码】

```
static void Main(string[] args)
```

```
{
    const int N = 10;                    //定义一个常量用来表示数组元素个数
    int[] a = new int[N];                //定义具有 N 个元素的数组 a
    int i,j,min,min_i,t;
    Random randObj = new Random();       //生成随机数变量
    for (i = 0; i < N; i ++ )
        a[i] = randObj.Next(10,99);      /* 产生随机数并赋值给数组元素 */
    Console.WriteLine("排序之前:");
    for (i = 0; i < N; i ++ )            //输出排序前的整个数组
        Console.Write("{0}  ",a[i]);
    Console.WriteLine();
    for (i = 0; i < N - 1; i ++ )        /* 外层循环用来控制轮次 */
    {
        min = a[i]; min_i = i;           /* 每轮首先认为该轮的第一个元素为最小值 */
        for (j = i + 1; j < N; j ++ )
            if (min > a[j]) { min = a[j]; min_i = j; }
    /* 最小值与后面的元素比较,若后面的元素值小,则记下它的值和它的下标 */
        if (min_i ! = i)                 /* 如果最小值不是该轮的第一个元素,则交换 */
        { t = a[min_i]; a[min_i] = a[i]; a[i] = t; }
    }
    Console.WriteLine("排序之后:");
    for (i = 0; i < N; i ++ ) //输出排序后的整个数组
        Console.Write("{0}  ",a[i]);
    Console.WriteLine();
    Console.ReadLine();
}
```

程序运行结果如图 5-4 所示。

```
file:///d:/MyProjects/ex5_3/ex5_3/bin/Debug/ex5_3.EXE
排序之前:
91  57  62  32  67  79  89  39  65  53
排序之后:
32  39  53  57  62  65  67  79  89  91
```

图 5-4　例 5-3 程序运行结果

5.1.4　技能训练(遍历数组与查找数组最值)

【例 5-4】　使用 for 循环遍历数组元素并输出元素的值。

问题分析

在操作数组时,经常需要依次访问数组中的每个元素,这种操作称为数组的遍历。本例中,定义一个长度为 5 的数组 arr,数组的下标为 0～4,由于 for 循环中定义的变量 i 的值在循环过程中为 0～4,因此可以作为索引依次去访问数组中的元素,并将元素的值打印出来。

程序代码

```
static void Main(string[] args)
{
    int[] arr = { 1,2,3,4,5 };  //定义数组
    //使用 for 循环遍历数组的元素
    for (int i = 0; i < arr.Length; i ++ )
    {
        Console.WriteLine(arr[i]);  //通过索引访问元素
    }
    Console.ReadKey();
}
```

程序运行结果如图 5-5 所示。

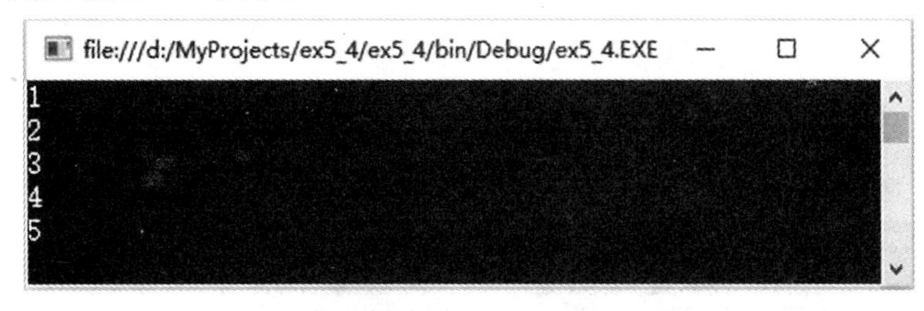

图 5-5　例 5-4 程序运行结果

【例 5-5】 查找数组中元素的最大值。

问题分析

在操作数组时,经常需要获取数组中元素的最值,这种操作称为求数组的最值。

程序代码

```
using System;
using System.Collections.Generic;
using System.Linq;
using System.Text;

namespace ex5_5
{
    class Program
    {
        static void Main(string[] args)
        {
            int[] arr = { 7,1,16,3,9,8 };  //定义一个数组
            int max = GetMax(arr);              //调用获取元素最大值的方法
            Console.WriteLine("max = " + max);  //打印最大值
            Console.ReadKey();
        }
        static int GetMax(int[] arr)
        {
```

```
            //定义变量 max 用于记住最大数,首先假设第一个元素为最大值
            int max = arr[0];
            //下面通过一个 for 循环遍历数组中的元素
            for (int x = 1; x < arr.Length; x ++ )
            {
                if (arr[x] > max)  //比较 arr[x]的值是否大于 max
                {
                    max = arr[x];      //条件成立,将 arr[x]的值赋给 max
                }
            }
            return max;                    //返回最大值 max
        }
    }
}
```

程序运行结果如图 5-6 所示。

图 5-6　例 5-5 程序运行结果

程序分析

在例 5-5 中,GetMax()方法用于求数组中的最大值,该方法中定义了一个临时变量 max,用于记住数组的最大值。首先假设数组中第一个元素 arr[0]为最大值,然后使用 for 循环对数组进行遍历,在遍历的过程中只要遇到比 max 值还大的元素,就将该元素赋值给 max。这样一来,变量 max 就能够在循环结束时记住数组中的最大值。

需要注意的是,在 for 循环中的变量 i 是从 1 开始的,这样写的原因是程序已经假设第一个元素为最大值,for 循环中只需要从第二个元素开始比较,从而提高程序的运行效率。

5.2　找出矩阵中最大值所在的位置

5.2.1　程序解析

【例 5-6】 将 1 个 3×2 的矩阵存入 1 个 3×2 的二维数组中,找出最大值以及行下标和列下标,并输出该矩阵。

$$\begin{bmatrix} 3 & 5 \\ 14 & 30 \\ 8 & 19 \end{bmatrix}$$

问题分析

二维数组求最值问题,和前面章节中的一维数组求最大值和最小值,算法思路基本一致,唯一不同的是要了解二维数组的元素在内存中的存储规律,熟悉二维数组元素的访问方

法即可。如果用变量 row 和 col 分别记录最大值的行下标和列下标，其最大值就是 a[row, col]。

程序代码

```
static void Main(string[] args)
{
    int col,i,j,row;
    int[,] a = new int[3,2];
    //提示输入 6 个数
    Console.WriteLine("Enter 6 integers:");
    //将输入的数存入二维数组
    for (i = 0; i < 3; i ++ )
        for (j = 0; j < 2; j ++ )
            a[i,j] = int.Parse(Console.ReadLine());
    /* 按矩阵的形式输出二维数组 a */
    for (i = 0; i < 3; i ++ ) //外循环控制行数
    {
        for (j = 0; j < 2; j ++ ) //内循环控制一行内不同的值

            Console.Write("{0,4}",a[i,j]);
        Console.WriteLine(); //换行
    }
    /* 遍历二维数组,找出最大值 a[row,col] */
    row = col = 0;      //先假定 a[0,0]是最大值
    for (i = 0; i < 3; i ++ )

        for (j = 0; j < 2; j ++ )
        {
            if (a[i,j]> a[row,col]) //如果 a[i,j]比假设值大
            {
                row = i;
                col = j;
            }

        }
    Console.WriteLine("max = a[{0},{1}] = {2}",row,col,a[row,col]);
    Console.ReadLine();
}
```

程序运行结果如图 5-7 所示。

程序分析

程序中将输入的矩阵存入二维数组 a 中，先按矩阵的形式输出数组 a，然后遍历该数组元素，找出最大值的行下标和列下标，并输出最大值及其行、列下标。

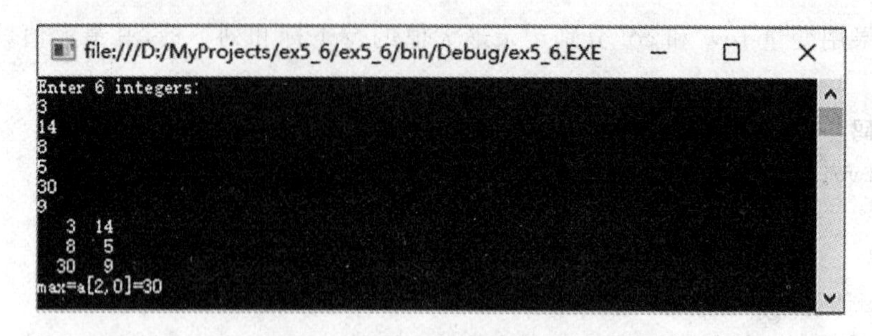

图 5-7　例 5-6 程序运行结果

5.2.2　二维数组的定义、分配与使用

一维数组只有一个下标，多维数组具有多个下标，要引用多维数组的数组元素，需要使用多个下标。多维数组中最常用的是二维数组，即有两个下标的数组，适合处理如成绩报告表、矩阵等具有行列结构的数据。与 C 和 C++不同的是，C#的二维数组的每一行的数组元素个数可以相等，也可以不相等。每行数组元素个数相等的二维数组称为方形二维数组，各行数组元素个数不同的称为参差数组。

1. 方形二维数组

(1)定义与分配

[格式]：

```
数据类型符 [ ,] 数组名 = new 数据类型符[长度 1,长度 2];
```

[功能]：定义一个名为“数组名”的二维数组，该数组的元素个数由“长度 1×长度 2”指定，数组元素的数据类型由“数据类型符”确定。

例如：

```
//定义了一个数组 a,该数组的数据类型是 int,具有 12 个元素
int [,] a = new int [3,4];
```

其实上述数组的声明与分配可以写成两条语句，如：

```
int [ ,] a;              //定义数组
a = new int [3,4];       //给数组分配存储空间
```

从逻辑上看，方形二维数组是一种“行列”结构，由若干行和若干列组成，如本例定义的数组 a 有 3 行，每行有 4 列(4 个元素)，可以形象地用图 5-8 来描述。

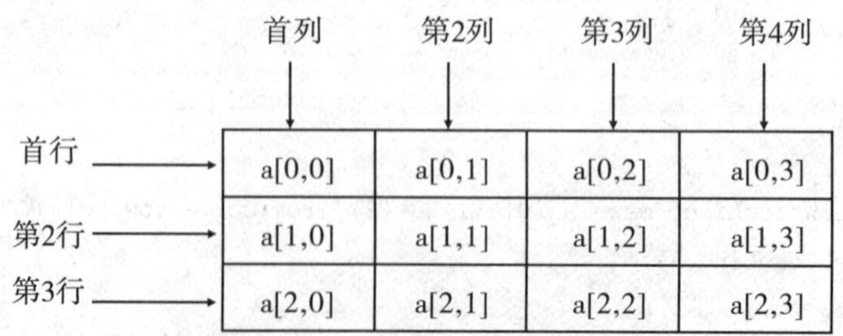

图 5-8　二维数组的逻辑结构

方形二维数组定义好后就可以引用二维数组中的元素了。

(2)赋初值

[格式]:

数据类型符 [,] 数组名 = {{初值列表 1},{初值列表 2},… ,{初值列表 n}};

[功能]:定义名为“数组名”的二维数组,同时给各行赋初值。如果各初值列表中的初值个数相等,则创建的是方形二维数组。二维数组的行数由{}分组的个数确定。例如:

```
int [,] b = {{1,2,3,4},{5,6,7,8},{9,10,11,12}};
```

该语句定义了具有 12 个元素的二维数组 b,并依次赋初值,初值情况为:b[0,0]=1,b[0,1]=2,b[0,2]=3,b[0,3]=4,b[1,0]=5,b[1,1]=6,b[1,2]=7,b[1,3]=8,b[2,0]=9,b[2,1]=10,b[2,2]=11,b[2,3]=12。

上述语句也可以写成:

```
int [,] a = new int [3,4]{{1,2,3,4},{5,6,7,8},{9,10,11,12}};
```

(3)元素引用

引用方形二维数组元素的一般格式如下。

数组名[下标 1,下标 2]

需要注意的是,各维的下标是从 0 开始的。二维数组元素也相当于同类型的一个变量,凡是能够使用变量的地方均可以使用同类型的数组元素。

【例 5-7】 某班有 M 名同学,本学期开了 N 门课,期末考试后,要统计每个学生的平均分。请编写一个程序实现该功能。要求:对于每个学生要输入学号和 N 门课的成绩。

问题分析

为记录学生的学号和成绩,可定义一个具有 M 行 N+1 列的二维数组,其中第 1 列用来存放学生的学号,其他列用来存放学生的成绩。由于每个学生要求出一个平均分,M 个同学就要求出 M 个平均分,因此可定义一个具有 M 个元素的一维数组用来存放 M 个学生的平均分。本例求解的二维数组的模型可用图 5-9 表示。图中的 cj 数组用来存放学号和成绩,aver 数组用来存放每个学生的平均分。

通过图 5-9 可以看出,第 i 个人的平均成绩可用下式求得。

```
aver[i] = (cj[i,1] + cj[i,2] + … + cj[i,N])/N
```

该式子是一个求和的式子,可以用一个循环来实现。

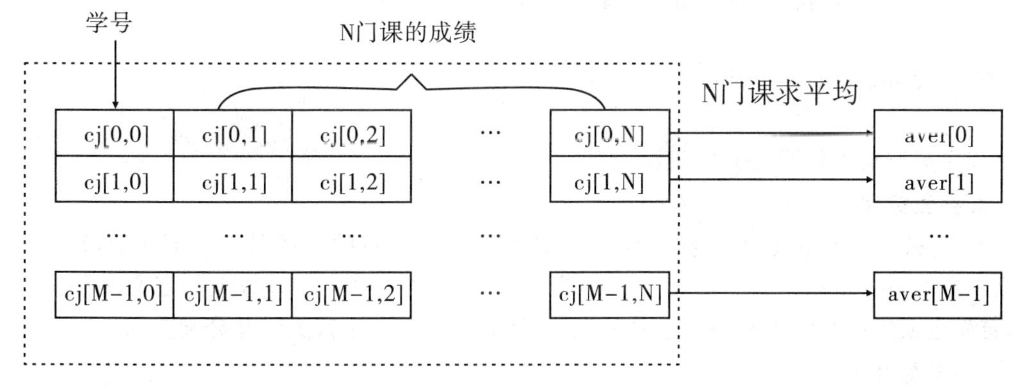

图 5-9 求 M 个同学的 N 门课平均成绩示意图

程序代码

```
static void Main(string[] args)
```

```
{
    const int M = 2;    //定义一个常量 M 用来表示人数
    const int N = 2;    //定义一个常量 N 用来表示课程数
    //该数组用来存放 M 个人的学号和每个人的 N 门课的成绩
    int[,] cj = new int[M,N + 1];
    int i,j;
    double[] aver = new double[M];
    /* 此循环用来输入学号和成绩 */
    for (i = 0; i < M; i ++)
    {
        Console.WriteLine("请输入第{0}个人的学号和成绩:",i + 1);
        cj[i,0] = Convert.ToInt32(Console.ReadLine());
        for (j = 1; j < = N; j ++)
            cj[i,j] = Convert.ToInt32(Console.ReadLine());
    }
    /* 此循环用来求出每个学生的平均分存放在一维数组 aver 中 */
    for (i = 0; i < M; i ++)
    {
        aver[i] = 0;
        for (j = 1; j < = N; j ++)
            aver[i] = aver[i] + cj[i,j];
        aver[i] = aver[i]/N;
    }
   /* 此循环用来输出每个学生的学号、各门课的成绩和平均分 */
    for (i = 0; i < M; i ++)
    {
        Console.WriteLine(); for (j = 0; j < = N; j ++)
            Console.Write("{0}  ",cj[i,j]);
        Console.Write("{0}  ",aver[i]);
    }
    Console.ReadLine();
}
```

程序运行结果如图 5-10 所示。

2. 参差数组

与 C 和 C++不同的是,在 C#中,二维数组的每一行的长度可以是不同的,每一行的元素个数均可以由用户指定。每一行相当于一个一维数组。参差数组的定义一般分为两步,首先定义二维数组占有的行数并分配行,然后定义每一个行数组并分配空间。

(1)分配行

[格式]:

数据类型符 [][] 数组名 = new 数据类型符[行数][];

[功能]:定义一个名为“数组名”的参差数组,数组的行数由“行数”确定。例如:

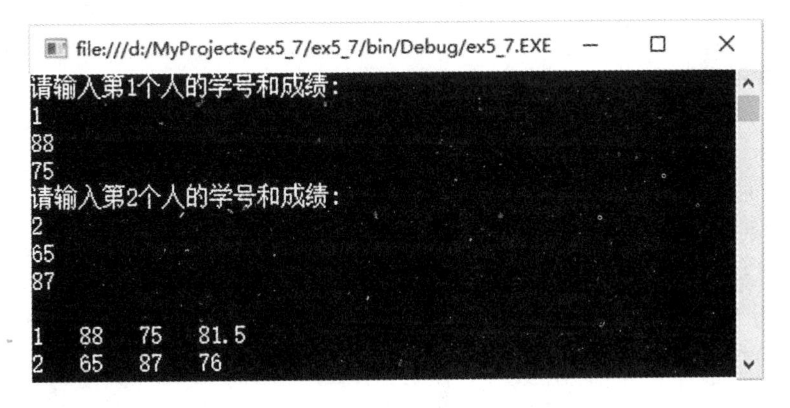

图 5-10 例 5-7 程序运行结果

```
int [][] b = new int[3][];
```

该语句定义了一个参差数组 b,数组的行数为 3。

(2)各行数组元素个数的分配

分配了参差数组占有的行后,应为每一行(一维数组)分配数组元素个数,i 行的数组元素个数分配的一般格式及功能如下。

[格式]:

数组名[i] = new 数据类型符[长度];

[功能]:为参差数组的 i 行分配数组元素个数,元素个数由“长度”指定。例如:

```
int [][] b = new int[3][]; //定义具有 3 行的参差数组 b
  b[0] = new int [2];        //首行具有 2 个元素
  b[1] = new int [3];        //第二行具有 3 个元素
  b[2] = new int [4];        //第三行具有 4 个元素
```

给各行分配数组元素时,可以给元素赋初值,赋初值的方法同一维数组,此处不再赘述。

(3)元素引用

引用参差二维数组元素的一般格式如下。

数组名[下标 1][下标 2]

需要注意的是,各维的下标是从 0 开始的。参差二维数组元素也相当于同类型的一个变量,凡是能够使用变量的地方均可以使用同类型的数组元素。

【例 5-8】 编程输出杨辉三角的前五行。杨辉三角的前五行值如下所示。

```
1
1    1
1    2    1
1    3    3    1
1    4    6    4    1
```

问题分析

杨辉三角的每一行的元素个数不一样,因此可通过参差数组来存放杨辉三角的各元素值。通过分析可知,杨辉三角首列和对角线上的元素值为 1,其他元素值为前一行的前一列元素值和前一行的当前列元素值之和。

程序代码

```
static void Main(string[] args)
{
    const int M = 5;                        //定义一个常量 M 用来表示行数
    int[][] yhsj = new int[M][];            //该数组用来存放杨辉三角
    int i,j;
    for (i = 0; i < 5; i ++ )               //该循环为每行分配存储空间
        yhsj[i] = new int[i + 1];
    for (i = 0; i < M; i ++ )               //首列和对角线赋值 1
    {
        yhsj[i][0] = 1;
        yhsj[i][i] = 1;
    }
    for (i = 2; i < 5; i ++ )
        for (j = 1; j < i; j ++ )
            //其他元素是前一行的前一列和前一行的当前列的和
            yhsj[i][j] = yhsj[i - 1][j - 1] + yhsj[i - 1][j];
    for (i = 0; i < M; i ++ )
    {
        Console.WriteLine();//换行
        for (j = 0; j <= i; j ++ )
            Console.Write("{0}   ",yhsj[i][j]);
    }/ * 此循环用来输出杨辉三角 * /
    Console.ReadLine();
}
```

程序运行结果如图 5-11 所示。

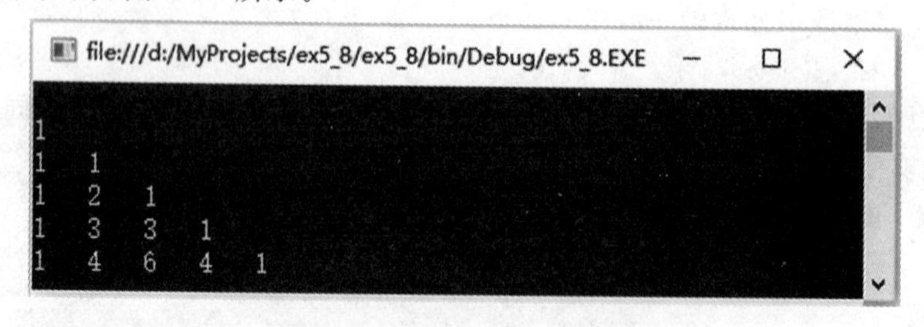

图 5-11　例 5-8 程序运行结果

5.2.3 技能训练(矩阵转置)

将二维数组的行下标和列下标分别作为循环变量，通过二重循环，就可以遍历二维数组，即访问二维数组的所有元素。由于二维数组的元素在内存中按优先方式存放将行下标作为外循环的循环变量，列下标作为内循环的循环变量，可以提高程序的执行效率。

【例 5-9】 输入一个 m×n 的矩阵，将该矩阵转置(行列互换)存储到一个 n×m 矩阵中，然后输出转置后的矩阵。

```
1
1        1
1        2        1
1        3        3        1
1        4        6        4        1
```

问题分析

矩阵转置(行列互换)就是交换 a[i,j]和 a[j,i]。

程序代码

```
static void Main(string[] args)
{
    const int M = 3;
    const int N = 2;

    int i,j;
    int[,] a = new int[M,N];
    int[,] b = new int[N,M];
    Console.WriteLine("请输入的矩阵各元素的值:");
    for(i = 0;i<M;i ++ )            //行下标是外循环的循环变量
        for(j = 0;j<N;j ++ )        //列下标是内循环的循环变量
            a[i,j] = int.Parse(Console.ReadLine());//给数组元素赋值
    //完成转置后矩阵 b
    for (i = 0; i < M; i ++ )
        for (j = 0; j < N; j ++ )
            b[j,i] = a[i,j];
    Console.WriteLine("你输入的矩阵为:");
    //输出转置前的矩阵 a
    for (i = 0; i < M; i ++ )
    {
        for (j = 0; j < N; j ++ )
            Console.Write("{0,4}",a[i,j]);
        Console.WriteLine();
    }
    Console.WriteLine("转置后的矩阵为:");
    //输出转置后的矩阵 b
    for (i = 0; i < N; i ++ )
    {
        for (j = 0; j <M; j ++ )
            Console.Write("{0,4}",b[i,j]);
        Console.WriteLine();
    }
    Console.ReadLine();
```

```
}
```

程序运行结果如图 5-12 所示。

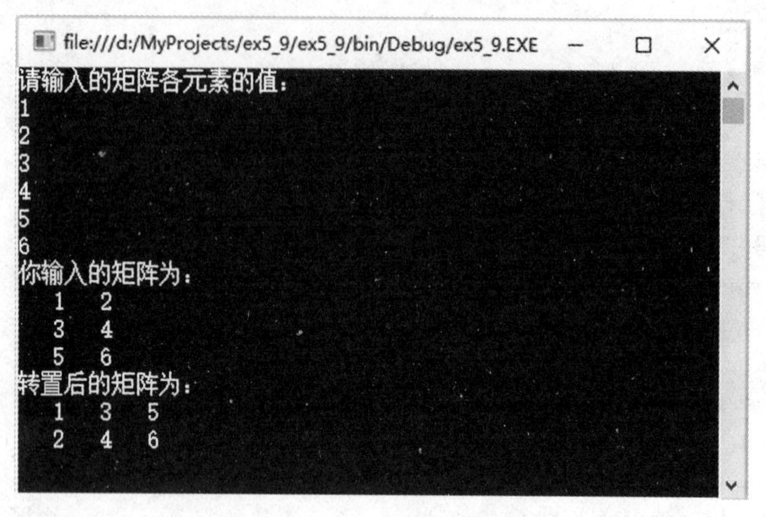

图 5-12　例 5-9 程序运行结果

5.3　冒泡排序

5.3.1　冒泡排序算法

冒泡排序法是一维数组的一个典型算法,其基本思想是大数向下沉,小数向上漂。下面通过一个例子来说明冒泡法的步骤。

假设数组 a[5]中已经存入如下 5 个数。

9　6　8　2　4

第 1 轮:第一个数 a[0]与第二个数 a[1]比较,若后面的数 a[1]比前面的数 a[0]小,则交换,然后第二个数 a[1]与第三个数 a[2]比较,若后面的数 a[2]比前面的数 a[1]小,则交换,……一直到 a[3]和 a[4]比较。第 1 轮比较结束后,数组中的元素值分别为:

6　8　2　4　9

可见,第 1 轮比较了 4 次,比较的起始下标为 0,每比较一次下标加 1。结果是把最大的元素放到了最后一个位置 a[4]。

第 2 轮:比较方法同第 1 轮,一直到 a[2]和 a[3]比较。第 2 轮比较结束后,数组中的元素值分别为:

6　2　4　8　9

第 2 轮比较了 3 次,比较的起始下标为 0,每比较一次下标加 1。结果是把次大的元素放到了倒数第二个位置 a[3]。

第 3 轮:比较方法同第 1 轮,由于 a[3]和 a[4]已排好顺序,故不再参加比较,第 3 轮比较结束后,数组中的元素值分别为:

2　4　6　8　9

第 3 轮比较了 2 次,比较的起始下标为 0,每比较一次下标加 1。结果是把第三大的元素放到了倒数第三个位置 a[2]。

第 4 轮:比较方法同第 1 轮,由于 a[2]、a[3]和 a[4]已排好顺序,故不再参加比较,排序进行完毕。第 4 轮比较结束后,数组中的元素值分别为:

2　4　6　8　9

第 4 轮比较了 1 次。

通过上述分析,可以得到下列结论。

(1)N 个元素进行冒泡法排序,要进行 N－1 轮比较。

(2)第 i 轮比较,比较 N－i 次。

(3)每轮比较总是从第一个元素开始,其起始下标为 0,每比较一次,下标加 1。

(4)比较的规则是若后面的元素值小,则交换值。

5.3.2　程序解析

【例 5-10】　冒泡法排序用冒泡法把随机产生的 10 个整数从小到大排列。

程序代码

```
static void Main(string[] args)
{
    const int N = 10;                       //定义一个常量用来表示数组元素个数
    int[] a = new int[N];                   //定义具有 N 个元素的数组 a
    int i,j,t;                              //定义循环变量和交换用的临时变量
    Random randObj = new Random();          //生成随机数变量
    for (i = 0; i < N; i ++ )
        a[i] = randObj.Next(10,99);         /* 产生随机数并赋值给数组元素 */
    Console.WriteLine("排序前");
    for (i = 0; i < N; i ++ )               //输出整个数组
        Console.Write("{0}  ",a[i]);
    for (i = 1; i < N; i ++ )                   /* i 表示轮次 */
        for (j = 0; j < N - i; j ++ )          /* j 表示每轮比较的次数 */
            if (a[j] > a[j + 1])              /* 如果后面的元素值小,则交换 */
            {
                t = a[j];
                a[j] = a[j + 1];
                a[j + 1] = t;
            }
    Console.WriteLine("\n 排序后:");
    for (i = 0; i < N; i ++ )               //输出整个数组
        Console.Write("{0}  ",a[i]);
    Console.ReadKey();
}
```

程序运行结果如图 5-13 所示。

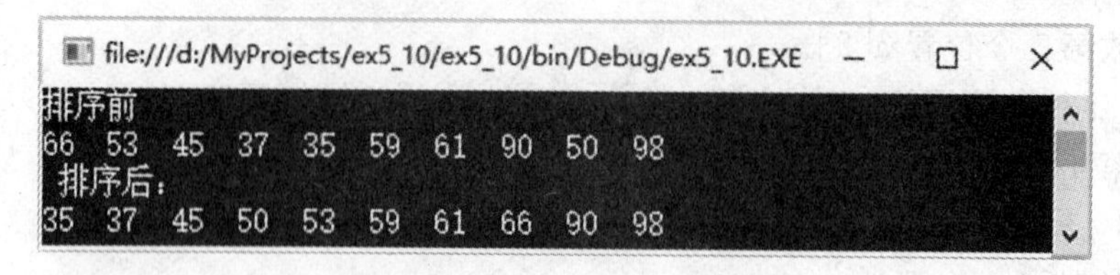

图 5-13 例 5-10 程序运行结果

5.3.3 foreach 语句

foreach 语句是专用于对数组、集合等数据结构中的每一个元素进行循环操作的语句，通过其可以列举数组、集合中的每一个元素，并且通过执行循环体对每一个元素进行需要的操作。

foreach 语句的格式和功能如下。

[格式]:

```
Foreach (数据类型符 变量名 in  数组或集合)
循环体;
```

[功能]:对数组或集合中的每一个元素(用"变量名"表示)，执行循环体中的语句。

【例 5-11】 使用 foreach 语句求二维数组的最小值。

问题分析

可用一个变量(设为 min)记下最小值，首先认为第一个元素值最小，用 min 记下值，通过 foreach 循环用 min 值和数组中的每个元素值比较，如果元素值比 min 小，则用 min 记下值。当数组中的所有元素均比较完毕后，min 中的值就是二维数组的最小值。

程序代码

```
static void Main(string[] args)
{
    //定义数组并初始化
    int[,] score = { { 98,54,23,89 },{ 87,76,18,43 },{ 87,65,78,56 } };
    int min,i;                  //min 是用来存放最小值的变量
    min = score[0,0];           //首先认为第一个元素值最小
    foreach (int k in score)  //foreach 循环求最小值
        if (min > k) min = k;
    Console.WriteLine("数组为:");
    i = 0;
    foreach (int k in score) //foreach 循环,以每行五个元素输出数组的各元素值
    {
        Console.Write("{0}      ",k);
        i = i + 1;
        if (i % 6 == 0)
            Console.WriteLine();
    }
    Console.WriteLine("最小值为:{0}",min);//输出最小值
```

```
        Console.ReadKey();
    }
```

程序运行结果如图 5-14 所示。

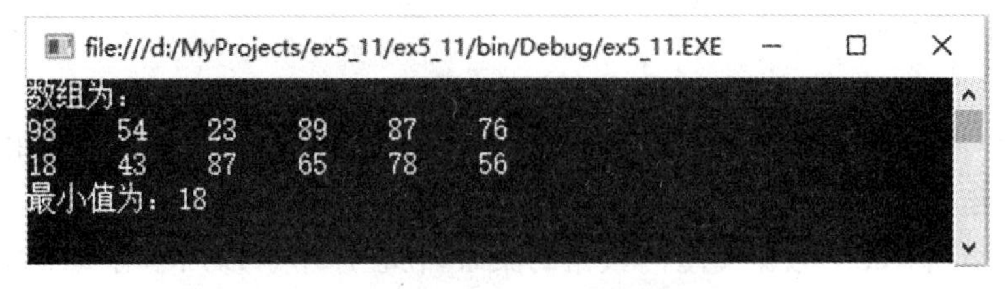

图 5-14　例 5-11 程序运行结果

5.3.4　技能训练(遍历字符串中每个字符)

【例 5-12】　从控制台输入一个字符串,依次输出其中每个字符串。

问题分析

把字符串看作是字符的集合,用 foreach 结构来实现。

程序代码

```
static void Main(string[] args)
{
    Console.WriteLine("请输入一个字符串:"); // 输入提示
    //从控制台读入字符串
    string line = Console.ReadLine();
    //循环输出字符串中的字符
    foreach (char c in line)
    {
        Console.WriteLine(c);
    }
    Console.ReadLine();
}
```

程序运行结果如图 5-15 所示。

图 5-15　例 5-12 程序运行结果

5.4 泛型集合

5.4.1 泛型概述

用于存储一组具有相同类型的数据集合，除了之前学过的数组，C＃还提供了数组列表和泛型等多种集合对象。

数组是一组具有相同数据类型的数据的集合，在程序中可以用于存储数据。但是数组有一个缺点，即当其中的元素完成初始化后，要在程序中动态地给数组添加、删除某个元素是很困难的。那么如何解决这个问题呢?.NET 提供了各种集合对象，比如泛型和数组列表，都可以很好地进行元素的动态添加、删除操作。这里重点介绍泛型。泛型集合将在日后的开发工作中发挥巨大的作用。

在 MyCollege 项目中，用一个 Students 对象数组来存储公司的程序员信息，初始化代码如下。

```
Student[] students = new Student[3];
students[0] = new Student();
students[1] = new Student();
```

这个时候很容易发现一个向题:即数组的大小是固定的。但是学院的学生数量很显然是会变化的。如果学院来了新生，那么以现有的知识，这个数组只能重新定义。特别是遇到程序运行时才能确定学生人数，那就更麻烦了。那么能否建立一个动态的“集合”进行动态的添加、删除等操作呢？泛型集合可以直观地动态维护，容量可以根据需要自动扩充，索引会根据程序的扩展而重新进行分配和调整。泛型提供一系列方法对其中的元素进行访问、新增和删除元素的操作。泛型类属于 System.Collections 命名空间。

5.4.2 List<T>泛型

泛型是 C＃2.0 中之后增加的一个新特性。通过泛型可以定义类型安全的数据类型，最常见应用就是创建集合类，可以约束集合类中的元素类型。比较典型的泛型集合是 List<T> 和 Dictionary<K,v>。下面对这两种泛型集合进行详细的说明。泛型集合 List <T> 在 System.Collections.Generic 命名空间中定义了许多泛型集合类，这些类可以用于代替前面学习的数组，但是用起来又比数组灵活方便。

定义一个 List<T>泛型集合的方法如下。

```
List<T>对象名 = new List<T>();
```

“<T>”中的 T 可以对集合中的元素类型进行约束，T 表明集合中管理的元素类型。

泛型提供了一系列的方法用于泛型元素的添加、删除等操作。

- 通过 Add 方法添加元素。
- 通过 Remove 方法和 RemoveAt 方法删除元素。
- 通过 Clear 方法移除集合中所有元素。

【例 5-13】 在 MyCollege 项目中，创建 List<T>泛型 students 用于存储学生对象。同时向 students 添加 1 个学生对象。

问题分析

把字符串看作是字符的集合，用 foreach 结构来实现。

程序代码

```
using System;
using System.Collections.Generic;
using System.Linq;
using System.Text;
namespace MyCollege
{
  /// <summary>
  /// CollegeManager 类定义
  /// </summary>
  public  class CollegeManager
    {
      List<Student> students = new List<Student>();
      public void InitialStudents()
      {
          Student stu1 = new Student();
          stu1.name = "邓辉";
          stu1.age = 19;
          stu1.sex = "男";
          stu1.strClass = "软件 1 班";
          stu1.strAddress = "安徽财贸职业学院";
          stu1.strDepartment = "电子信息";
          stu1.strPhone = "18956005555";
          students.Add(stu1);  //将学生对象添加到 students 泛型中
      }
    }
}
```

5.4.3 Dictionary<K,V>泛型

前面已经学习了 List<T>的用法，在 C# 中还有一种泛型集合 Dictionary<K,v>，具有泛型的全部特性，编译时检查类型约束，获取元素时无须类型转换，并且存储数据的方式是通过 Key/Value（键/值对）保存元素的。

定义一个 Dictionary<K,V>泛型集合的方法如下所示。

```
Dictionary<K,V>对象名 = new Dictionary<K,V> () ;
```

例如

```
Dictionary<String,Student> engineers = new Dictionary<String,Student>();
```

<K,V>中的 K 表示集合中 Key 的类型，V 表示 Value 的类型。含义和 List<T>是相同的。上面这个集合的 Key 类型是字符串型，Value 是 Student 类型。

泛型有以下优点。

• 性能高。泛型无须类型的转换操作。

• 类型安全。泛型集合对所存储的对象做了类型的约束,不是所允许存储的类型是无法添加到泛型集合中的。

• 实现代码的重用。泛型就相当于模板,由于支持任意的数据类型,使得开发人员 不必花力气为每种特定的数据类型编写一套方法,因此具有极大的可重用性。所以泛型编程是集合处理的主流技术。

5.4.4 技能训练

【例 5-14】 在 MyCollege 项目中,创建 Dictionary<K,V>泛型 students 用于存储学生对象;设计初始化方法向 students 添加 2 个学生对象;设计显示所有学生的方法用于遍历 students 集合,并输出学生基本信息。

问题分析

把字符串看作是字符的集合,用 foreach 结构来实现。

程序代码

①定义 Student 类

```
using System;
using System.Collections.Generic;
using System.Linq;
using System.Text;
namespace MyCollege
{
    /// <summary>
    ///学生类定义
    /// </summary>
    public class Student
    {

        public string number;//学员学号
        public string name;//学员姓名
        public int age;//学员年龄
        public string sex; //学员性别
        public string strClass; //学员班级
        public string strPhone;//联系电话
        public string strAddress;//通讯地址
        public string strDepartment;//所属院系
        #region 显示学员姓名和年龄信息
        /// <summary>
        ///输出学员姓名和年龄
        /// </summary>
```

```
        public void Show()
        {
            Console.Write("学员姓名:{0},年龄:{1},性别:{2},班级:{3},",name,
                age,sex,strClass);
            Console.WriteLine("院系:{0},联系电话:{1},通讯地址:{2}",
                strDepartment,strPhone,strAddress);
        }
        #endregion
    }
```

②添加 CollegeManager 类，创建 Dictionary<K,V>泛型 students 用于存储学生对象；设计 InitialStudents()方法，用于向 students 添加 2 个学生对象；设计显示所有学生的方法 ShowAllStudent()输出学生基本信息。

```
using System;
using System.Collections.Generic;
using System.Linq;
using System.Text;

namespace MyCollege
{
  /// <summary>
  /// CollegeManager 类定义
  /// </summary>
  public  class CollegeManager
    {

      Dictionary<string,Student> students = new Dictionary<string,Student>();
      /// <summary>
      ///初始化泛型 students
      /// </summary>
      public void InitialStudents()
      {
          Student stu1 = new Student();
          stu1.number = "1501";
          stu1.name = "邓辉";
          stu1.age = 19;
          stu1.sex = "男";
          stu1.strClass = "软件 1 班";
          stu1.strAddress = "安徽财贸职业学院";
          stu1.strDepartment = "电子信息";
          stu1.strPhone = "18956005555";
          Student stu2 = new Student();
```

```
            stu2.number = "1562";
            stu2.name = "张琪";
            stu2.age = 20;
            stu2.sex = "女";
            stu2.strClass = "软件 2 班";
            stu2.strAddress = "安徽财贸职业学院";
            stu2.strDepartment = "电子信息";
            stu2.strPhone = "18956008888";
            students.Add(stu1.number,stu1);
            students.Add(stu2.number,stu2);
        }
        /// <summary>
        ///显示所有学员信息
        /// </summary>
        public void ShowAllStudent()
        {
            foreach(Student stu in students.Values)
            {
                stu.Show();
            }
        }
    }
}
```

③在 Main 方法里完成创建 CollegeManager 类实例对象，调用对象的 InitialStudents() 方法和 ShowAllStudent()。

```
using System;
using System.Collections.Generic;
using System.Linq;
using System.Text;

namespace MyCollege
{
    class Program
    {
        /// <summary>
        ///应用程序入口
        /// </summary>
        /// <param name = "args"></param>
        static void Main(string[] args)
        {
            CollegeManager collegeManager = new CollegeManager();
```

```
                collegeManager.InitialStudents();
                collegeManager.ShowAllStudent();
                Console.ReadKey();
            }
        }
    }
```

程序运行结果如图 5-16 所示。

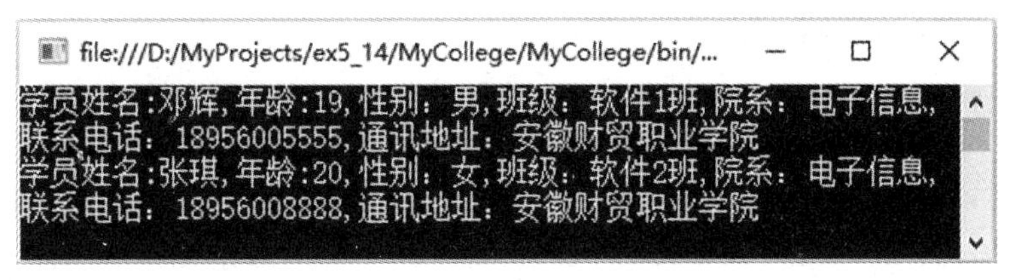

图 5-16 例 5-14 程序运行结果

本章小结

➢ 集合可以动态维护,访问元素时需要类型转换。

➢ 泛型集合可以约束所存储的对象的类型,访问集合中的元素无须进行类型转换。List <T>访问元素无须进行类型转换。Dictionary <K,v>访问元素无须类型转换

➢ 泛型集合可以作为类的一个属性,使用泛型集合必须实例化。

➢ C#一维数组的声明和初始化与 Java 略有不同,声明时不能将数组名放在数据类型和方括号之间。

➢ C#中有四种循环结构:while、do-while、for 和 foreach,其中 foreach 用来遍历集合或者数组中的每个元素。

➢ 数组是把具有相同数据类型的若干变量按有序的形式组织起来形成的集合。数组必须先声明,然后才能使用。声明一个数组只是为该数组留出相应的存储空间,并不会为其赋任何值。数组的元素通过数组下标访问。

➢ 一维数组可用一个循环动态初始化,而二维数组可用嵌套循环动态初始化,

➢ 二维数组可以看作是由一维数组的嵌套而构成的。

➢ 使用泛型可以最大限度地重用代码、保护类型的安全以及提高性能。

➢ 对于一些常常处理不同类型数据转换的类,可以使用泛型定义。

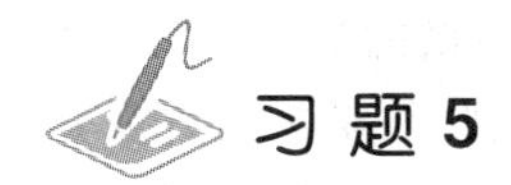

习题 5

一、单项选择题

1. 假定 int 类型变量占用两个字节,若有定义:int []x=new int [10]{0,2,4,4,5,6,7,8,9,10};,则数组 x 在内存中所占字节数是(　　)。

A. 6　　B. 20　　C. 40　　D. 80

2. 以下程序的输出结果是(　　)。

```
Class temp
{
  public static void Main()
  {  int i; int []a = new int [10];
    for(i = 9;i> = 0;i--) a[i] = 10 - i;
        Console.WriteLine("{0}{1}{2}",a[2],a[5],a[8]);
  }
}
```

A. 258　　B. 741　　C. 852　　D. 369

3. 有定义语句:int [,]a=new int [5,6];,则下列正确的数组元素的引用是(　　)。

A. a(3,4)　　B. a(3)(4)　　C. a[3][4]　　D. a[3,4]

4. 在下列的数组定义语句中,不正确的是(　　)。

A. int a[]=new int [5]{1,2,3,4,5};　　B. int [,]a=new int a[3][4];

C. int [][]a=new int [3][];　　D. int []a={1,2,3,4};

5. 下列语句创建了(　　)个 string 对象。

```
string[,] strArray = new string[3][4];
```

A. 0　　B. 3　　C. 4　　D. 12

6. 下面有关数组的说法正确的是(　　)。

A. 数组中元素必须是同一种类型

B. 字符数组和字符串是一样的,只是叫法不同

C. 字符串变量可以用与字符数组类似的方法读取字符串中字符

D. 数组元素如果是值类型,则该数组就为值类型

7. 执行该语句:int []a={1,2,3,4,5};,则 a[2]的值是(　　)。

A. 1　　B. 2　　C. 3　　D. 4

8. 定义语句:int [,]a=new int[4,6]; 则下列正确的数组元素的引用是(　　)。

A. a(2,3)　　B. a(2)(3)　　C. a[2][3]　　D. a[2,3]

9. 下列数组初始化语句不正确的是(　　)。

A. int[] num1=new int[]{0,1,2};

B. int[] num2={0,1,2,3};

C. int[][] num3={new int[]{0,1},new int[]{0,1,2},new int[]{0,1,2,3}};

D. int[][] num4={{0,1},{0,1,2},{0,1,2,3}};

10. 在 C# 中,关于数组的描述错误的是(　　)。

A. 数组元素可以是任何类型,甚至包括数组类型

B. 语句 int[ ] array=new int[4]; 执行后,arr[4]的初始值为 0

C. 数组可以是一维的,也可以是二维的

D. 数组的长度指的是数组元素的个数

11. 在"int[,] A={{9,8,7},{6,5,4},{3,2,1}};"中,A[1,1]的值是(　　)。

A. 7　　　　B. 3　　　　C. 5　　　　D. 9

二、问答和编程题

1. 编写程序,把由 10 个元素组成的一维数组逆序存放再输出。

2. 编写程序,统计 4×5 二维数组中奇数的个数和偶数的个数。

3. 从键盘上输入若干个实数,按从大到小的顺序输出。要求先从键盘上输入实数的具体个数,再逐个输入要排序的实数。

4. 某次集会时,学生排成了 M 行 N 列的方阵。编写一个程序,把每个人的身高录入到计算机中,然后找出每行的最高身高和该同学在该行中的位置。

5. 定义一个联系人类(类名为 Contact,有姓名,年龄,手机号码三个字段),再定义一个一维数组,使数组元素为 Contact 类对象,在数组中存入 3 个联系人数据,然后依次输出,要求使用 for 循环语句进行输入输出操作。

第6章
数据类型与表达式进阶

本章工作任务

- 在案例项目中灵活使用多种数据类型
- 用 StringBuilder 对象追加字符串

本章知识目标

- 了解值类型和引用类型
- 理解不同数据类型的转换
- 理解 String 与 StringBuilder 的不同用法
- 枚举类型的定义与使用

本章技能目标

- 掌握 String 类的常用方法
- 掌握数据类型转换方法
- 掌握 StringBuilder 类的常用方法
- 能正确使用 C#.NET 的运算符与表达式

本章重点难点

- 不同数据类型的转换
- C#.NET 的运算符与表达式
- 字符串类型的定义与使用
- 枚举类型的定义与使用
- 不同运算符的结合方式与优先级

6.1　C#数据类型

6.1.1　C#数据类型概述

C#语言是一种强类型语言，在程序中用到变量、表达式、数值等必须有类型，编译器检查所有数据类型的合法性，不正确的数据类型不会被编译。C#语言的类型划分为两大类：值类型（Value type）和引用类型（reference type）。

1. 值类型

各种值类型总是含有相应该类型的一个值。C#迫使初始化变量才能使用并进行计算。变量没有初始化时，当企图使用时，编译器会告诉用户。每当把一个值赋给一个值类型时，该值实际上被拷贝了。相比，对于引用类型，仅是引用被拷贝了，而实际的值仍然保留在相同的内存位置，但现在有两个对象指向(引用)。C#的值类型可以归类如下。

- 简单类型(Simple types)
- 结构类型(Struct types)
- 枚举类型(Enumeration types)

在第1章介绍了常见的简单类型，包括整型、布尔型、字符型（整型的一种特殊情况）、浮点型和小数型等数据类型。

2. 引用类型

和值类型相比，引用类型不存储所代表的实际数据，但存储实际数据的引用。在C#中提供以下引用类型。

- 对象类型
- 类类型
- 接口
- 代表元
- 字符串类型
- 数组
- 泛型

在之前的章节里，初步接触到数组、字符串等引用类型，关于多种引用类型将在后面的课程进一步介绍。

6.1.2　结构类型

一个结构类型可以声明构造函数、常数、字段、方法、属性、索引、操作符和嵌套类型。尽管列出来的功能看起来象一个成熟的类，但在C#中，结构和类的区别在于结构是一个值类型，而类是一个引用类型。

使用结构类型的主要思想是用于创建小型的对象，如Point和FileInfo等等。可以节省内存，因为没有如类对象所需的那样有额外的引用产生。例如，当声明含有成千上万个对象的数组时，这会引起极大的差异。

【例6-1】 定义一个命名为IP的简单结构体，表示一个使用byte类型的4个字段的IP

地址。

程序代码

```
using System;
using System.Collections.Generic;
using System.Linq;
using System.Text;
namespace ex6_1
{
    struct IP  //定义一个简单的结构
    {
        public byte b1,b2,b3,b4;
    }
    class Program
    {
        static void Main(string[] args)
        {
            IP myIP;
            myIP.b1 = 192;
            myIP.b2 = 168;
            myIP.b3 = 1;
            myIP.b4 = 101;
            Console.Write("{0}.{1}.",myIP.b1,myIP.b2);
            Console.Write("{0}.{1}",myIP.b3,myIP.b4);
            Console.ReadKey();
        }
    }
}
```

程序运行结果如图 6-1 所示。

图 6-1　例 6-1 程序运行结果

6.1.3　枚举类型

日常生活中的工作日只能有 7 天，月份只有 12 个月，对于这种只能取有限值的情况，可定义一种新的数据类型：枚举型。

枚举类型的定义格式与功能如下。

[格式]：

[枚举修饰符] enum 枚举类型名 {枚举常量 1,枚举常量 2,… ,枚举常量 n};

[功能]：定义一个名为“枚举类型名”的枚举类型。

[说明]：

(1)"枚举类型名"是用户取的标识符,"枚举常量"也是标识符,均应符合标识符的取名规则。枚举常量的值依次为 0、1、… 、n－1。

例如,有以下枚举类型定义。

```
enum weekday{sun,mon,tue,wed,thu,fri,sat};
```

则 sun 对应整数 0,mon 对应整数 1,tue 对应整数 2,wed 对应整数 3,thu 对应整数 4,fri 对应整数 5,sat 对应整数 6。

(2)枚举修饰符有五类,分别是 new、public、protected、internal 和 private,修饰符的含义将在后面的章节详细介绍,此处不再赘述。

(3)C＃还规定,在定义枚举型的同时可以给枚举常量赋初值,如：

```
enum weekday{sun,mon,tue = 8,wed,thu = 13,fri,sat};
```

则枚举常量的初值为:sun 的值为 0,mon 的值为 1,tue 的值为 8,wed 的值为 9,thu 的值为 13,fri 的值为 14,sat 的值为 15。

同样,一般在程序中使用的是枚举变量,定义枚举变量的语句格式如下。

枚举类型名　变量名;

(4)定义了枚举型变量后,可以给枚举型变量赋值,需要注意一点:只能给枚举型变量赋枚举常量,或把相应的整数强制转换为枚举类型再赋值。同样,也不可把一个枚举常量不加转换地再赋给一个整型变量,必须强制转换为整型后才能赋值,如：

```
enum weekday{sun,mon,tue = 4,wed,thu = 15,fri,sat};
weekday w1,w2; int x;
w1 = weekday.thu;            //正确
w1 = (weekday)16;            //正确
w1 = 16;                     //错误
x = (int)weekday.thu;        //正确
x = weekday.thu;             //错误
```

默认情况下,枚举型中的每一个常量值都是一个 int 型的整型数,如果希望使枚举型常量的值是其他类型的,可在定义枚举型时指定,定义格式与功能如下。

[格式]：

[枚举修饰符] enum 枚举类型名:类型说明符{枚举常量 1,枚举常量 2,… ,枚举常量 n};

[功能]:定义枚举类型的同时指定枚举常量的类型。此处的"类型说明符"可以是 long、ulong、int、uint、short、ushort、byte 和 sbyte 中的一种。

例如：

```
enum weekday:long {sun,mon,tue,wed,thu,fri,sat};
```

则每个枚举常量均是长整型的。

【例 6-2】 定义一个职称枚举类型,输出枚举类型中所有枚举常量的值。

问题分析

定义一个职称枚举型,有四个枚举常量 JiaoShou(教授)、FuJiaoShou(副教授)、JiangShi(讲师)和 ZhuJiao(助教)。再定义一个方法,该方法有一个参数用来接收该枚举型的一个变量或一个枚举常量值,然后返回枚举常量值及其对应的整型值,以字符串的形式返回。为了根据枚举常量得到相应的整型值,可通过一个 switch 语句来实现。

【程序代码】

```
using System;
using System.Collections.Generic;
using System.Linq;
using System.Text;
namespace ex6_2
{
    class Program
    {
        enum ZC { JiaoShou = 5,FuJiaoShou,JiangShi = 1,ZhuJiao };
        static string ZCAndValue(ZC z)
        {
            string result;
            switch (z)
            {
                case ZC.JiaoShou:
                    result = String.Format("JiaoShou = {0}",(int)z);
                    break;
                case ZC.FuJiaoShou:
                    result = String.Format("FuJiaoShou = {0}",(int)z);
                    break;
                case ZC.JiangShi:
                    result = String.Format("JiangShi = {0}",(int)z);
                    break;
                case ZC.ZhuJiao:
                    result = String.Format("ZhuJiao = {0}",(int)z);
                    break;
                default: result = "非法的职称。";
                    break;
            }
            return result;
        }
        static void Main(string[] args)
        {
            Console.WriteLine(ZCAndValue(ZC.JiaoShou));
            Console.WriteLine(ZCAndValue(ZC.FuJiaoShou));
            Console.WriteLine(ZCAndValue(ZC.JiangShi));
            Console.WriteLine(ZCAndValue(ZC.ZhuJiao));
            Console.ReadKey();
        }
```

```
        }
    }
```

程序运行结果如图 6-2 所示。

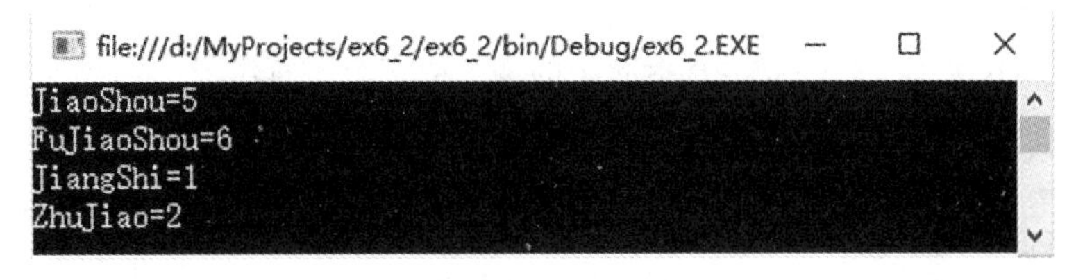

图 6-2　例 6-2 程序运行结果

6.2　C#中的字符串类

6.2.1　C#中的字符串的类及其定义

字符串主要用于保存和显示文本信息。C#提供了一个直接从 object 类派生的 string（字符串）类型，该类型用于处理字符串。该类型封装了很多有关字符串的操作，如求字符串的长度、字符串的插入等。在 C#中，使用 string 类产生的实例是一个 Unicode 字符串。String 类型其实就是预定义的 System.String 类的别名，在程序中使用 string 或 System.String 作用是一样的。C#将字符串封装成一个类，这样做的好处是可以避免字符串越界的危险，也加强了程序的安全性和可移植性。

与 C 和 C++一样，字符串是用双引号括起来的字符序列，并且一个字符串必须放在一行中，中间不能分行。在 C#中，字符串分成两类：规则字符串和逐字字符串。

(1)规则字符串

规则字符串由双引号括起来的零个或多个字符组成，并且在字符串中可以包含某些转义字符（如\t、\u15、\x32）等。规则字符串的定义格式及功能如下。

[格式]：

```
string 字符串变量名[ = 字符串初值];
```

[功能]：定义一个名为“字符串变量名”的规则字符串变量，并给该变量赋一个由“字符串初值”确定的初值。

[说明]：规则字符串可以包含如表 6-1 所示的转义字符序列，除了这些字符串序列外的其他转义字符均不能使用。

表 6-1　规则字符串中可以使用的转义字符

转义字符	含义	转义字符	含义
\'	单引号(')	\n	LF(换行)
\"	双引号(")	\r	CR(回车)
\\	反斜杠本身(\)	\t	HT(横向跳格，相当于 Tab 键)
\0	空字符	\u	表示后面跟八进制数
\a	警示符	\U	同\u

\b	退格键	\x	表示后面跟十六进制数
\f	FF(换页键)	\v	VT(纵向跳格)

(2)逐字字符串

逐字字符串由@字符后跟双引号括起来的零个或多个字符组成。

逐字字符串的定义格式与功能如下。

[格式]:

string 字符串变量名[=@字符串初值];

[功能]:定义一个名为“字符串变量名”的逐字字符串变量,并给该变量赋一个由“字符串初值”确定的初值。

[说明]:逐字字符串只对字符串中的双引号转义字符作为转义字符进行解释,其他转义字符一律作为单个字符进行处理,即用户定义成什么样,结果就是什么样。

【例 6-3】 观察下列程序的执行结果。

程序代码

```
static void Main(string[] args)
{
    string str1 = "你是\"王三\"?";     //“\\"”是转义字符
    string str2 = "星期一\\星期二\\星期三";     //“\\”是转义字符
    string str3 = "你好!\t 王三。";  //“\t”是转义字符
    //\t 并不看成转义字符,而是看成两个字符
    string str4 = @"你好\t 王三\?";
    // \\也不是转义字符,而是看成两个“\”
    string str5 = @"星期一\\星期二\\星期三";
    Console.WriteLine("str1 = {0}",str1);
    Console.WriteLine("str2 = {0}",str2);
    Console.WriteLine("str3 = {0}",str3);
    Console.WriteLine("str4 = {0}",str4);
    Console.WriteLine("str5 = {0}",str5);
    Console.ReadKey();
}
```

程序运行结果如图 6-3 所示。

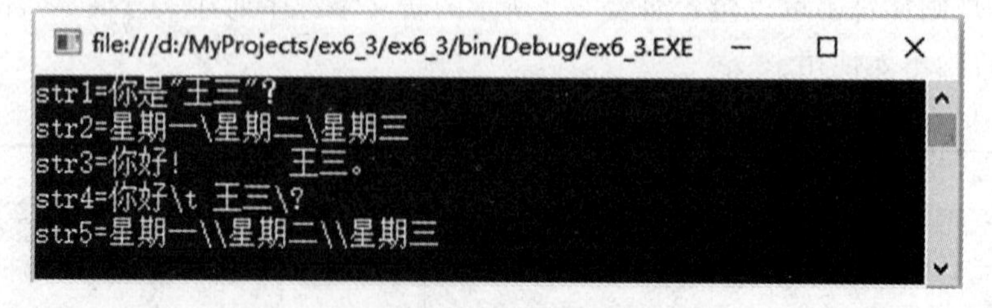

图 6-3　例 6-3 程序运行结果

6.2.2　常用的字符串处理方法

利用C#提供的string类型可以对字符串数据进行操作，string类是一个密封类(不能再派生出其他类)。表6-2列出了string类的常用属性、重载运算符和方法及其作用。

表6-2　string类的常用属性、重载运算符和方法及其作用

名称	使用形式	作用
Length属性	str1.Length	求str1字符串的长度
==运算符	str1 == str2	比较str1和str2两个字符串是否相等
! =运算符	str1! = str2	比较str1和str2两个字符串是否不相等
+运算符	str1+str2	把字符串str2连接到字符串str1的后面
Insert方法	str1.Insert(N,str2)	把字符串str2插入到str1中，插入位置为N(从0开始)
Repalce方法	str1.Replace(s1,s2)	把str1中的子字符串s1替换成s2
Substring方法	str1.Substring(N1,N2)	从str1字符串的N1位置开始截取N2个字符形成子串
ToUpper方法	str1.ToUpper()	把str1中的所有字母字符转换成大写
ToLower方法	str1.ToLower()	把str1中的所有字母字符转换成小写
Trim方法	str1.Trim()	把str1字符串的首尾空格去除

【例6-4】 观察下列程序的执行结果。

程序代码

```
static void Main(string[] args)
{
    string str1 = "Hello",str2 = "  Jet Li.";
    string str3 = "HELLO.",str4 = "小李  。",strt;
    //求长度
    Console.WriteLine("Length(\"{0}\") = {1}",str1,str1.Length);
    //求长度,一个汉字长度为 1
    Console.WriteLine("Length(\"{0}\") = {1}",str4,str4.Length);
    Console.WriteLine("\"{0}\" = = \"{1}\" is {2}",str1,str3,str1 = = str3);
    //判断两个字符串是否相同
    Console.WriteLine("\"{0}\"!  =\"{1}\" is {2}",str1,str3,str1! = str3);
    //字符串连接
    Console.WriteLine("str1 连接 str3 = {0}",str1 + str3);
    //字符串插入
    Console.WriteLine("把 str4 插入到 str2 的第 1 位为:\"{0}\"",str2.Insert(1,str4));
    //字符串替换
    strt = str2.Replace("Li","小李");
    //输出替换结果
    Console.WriteLine("把 str2 中的\"Li\"替换为\"小李\"结果为:\"{0}\".",strt);
    //取子串
    Console.WriteLine("从 str1 第三个位置取两字符为:\"{0}\"",str1.Substring(2,2));
```

```
        //把字符串中的字符全部改为大写
        Console.WriteLine("把 str1 全部变为大写为:\"{0}\"",str1.ToUpper());
        //把字符串中的字符全部改为小写
        Console.WriteLine("把 str2 全部变为小写为:\"{0}\"",str1.ToLower());
        strt = "中国科学技术大学";
        //去除字符串的首尾空格
        Console.WriteLine("把 strt 的首尾空格字符去掉为:\"{0}\"",strt.Trim());
        Console.ReadKey();
    }
```

程序运行结果如图 6-4 所示。

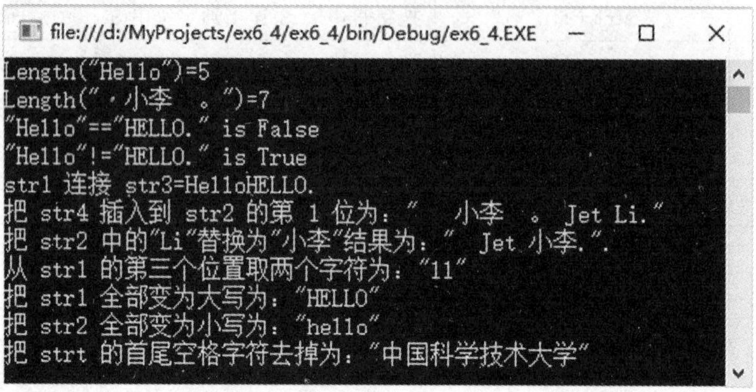

```
file:///d:/MyProjects/ex6_4/ex6_4/bin/Debug/ex6_4.EXE
Length("Hello")=5
Length("，小李  。")=7
"Hello"=="HELLO." is False
"Hello"!="HELLO." is True
str1 连接 str3=HelloHELLO.
把 str4 插入到 str2 的第 1 位为："  小李  。Jet Li."
把 str2 中的"Li"替换为"小李"结果为：" Jet 小李.".
从 str1 的第三个位置取两个字符为："ll"
把 str1 全部变为大写为："HELLO"
把 str2 全部变为小写为："hello"
把 strt 的首尾空格字符去掉为："中国科学技术大学"
```

图 6-4 例 6-4 程序运行结果

6.2.3 String 和 StringBuilder

String 类有很多实用的处理字符串的方法,但是在使用 String 类时常常存在这样一个问题:当每次为同一个字符串重新赋值时,都会在内存中创建一个新的字符串对象,需要为该新对象分配新的空间,这样会加大系统的开销。因为 System. String 类是一个不可变的数据类型,一旦对一个字符串对象进行初始化后,该字符串对象的值就不能改变了。当对该字符串的值做修改时,实际上是又创建了一个新的字符串对象。现在分析由三个语句组成的这段代码的输出结果。

```
String strText = "Hello";
strText += "World";
Console.WriteLine(strText) ;
```

不难看出上面这段代码的输出结果是"HelloWorld"。但是,这段代码创建了几个对象呢?在执行第一个语句时,首先创建了一个 String 类对象,值为"Hello",然后通过赋值运算符将该对象的引用赋给 strText。执行第二个语句时,从表面上看 strText 更新了值。但实际上内存中又新创建了两个新的对象,其值分别是"world"和"HelloWorld"。此时,内存中存在三个对象,分别是 Hello、world 和 HelloWorld。而 strText 所引用的是 HelloWorld 对象。如果程序中出现这种反复多次修改内容的 String 对象,系统开销耗费很大,可能会造成应用程序运行性能的降低。如何避免这种情况呢?有没有一个类既能重复修改又不必创建新的对象呢?有,这就是 C# 中的 StringBuilder 类。

接下来介绍 StringBuilder 类对象的定义及处理方法。为了解决上面的问题 Microsoft 提供了 SYStem. Text. StringBuilder 类，表示可变字符串。虽然 StringBuilder 类不像 String 类具有很多字符串处理的方法，但是在替换、添加或删除字符串时，StringBuilder 类对象的执行速度要比 String 类对象快得多。现在来看下 StringBuilder 类对象如何定义。

//声明一个空的 StringBuilder 对象

```
StringBuilder 对象名称 = new StringBuilder () ;
```

//声明一个 StringBuilder 对象，值为"字符串初始值"

```
StringBuilder 对象名称 = new StringBuilder("字符串初始值");
```

例如：

```
System.Text.StringBuilder sbTest = new StringBuilder ();
sbTest.Append("Hello");
sbTest.Append("HelloWorld");
```

在上面的这段代码中，使用 StringBuilder 类时先要引用 System. Text 命名空间，然后创建 StringBuilder 对象 sbTest。当 sbTest 对象调用 Append()方法时，在 sbText 对象的原字符串后面追加新的字符串，而不是创建一个新对象。StringBuilder 类是动态分配空间的，允许扩充所封装的字符串中的字符数。如果需要，可以使用 ToString()方法把 sbTest 对象的值转换为 String 类型输出。

表 6-3 中列出了 StringBuilder 类常用的属性和方法。

表 6-3　StringBuilder 常用的属性和方法

属性	说明
Capacity	获取或设置可包含在当前对象所分配的内存中的最大字符个数
Length	获取或设置当前对象的长度
方法	**说明**
Append()	在结尾追加
AppendLine()	将默认的行终止符追加到当前对象的末尾
AppendFormat()	添加特定格式的字符串
Insert()	在指定位置插入指定字符串
Remove()	移除指定字符串

6.3　类型转换

6.3.1　数值类型的转换

在 C# 中，编译器在任何时候都需要确切地知道数据类型，正因为不同数据类型之间有明确的区别，所以就需要进行类型转换。

在 C# 中数值类型通常有隐式类型转换和显式类型转换。

1. 隐式类型转换

还记得在什么条件下进行隐式类型转换吗？其实规则很简单：对于任何数值类型 A，只要其取值范围完全包含在类型B的取值范围内,就可以隐式转换为类型B。也就是说,int类型可以隐式转换为float类型或double类型,float类型可以隐式转换为double类型。

2. 显式类型转换

那么,在什么情况下要进行显式类型转换呢?与隐式类型转换相反,当要把取值范围大的类型转换为取值范围小的类型时,就需要执行显式类型转换,如下面的代码。

```
/// <summary>
///此示例演示显式类型转换
/// </summary>
class Program
{
    static void Main(string[] args)
    {
        double score = 58.5;//原始成绩
        int bonus = 2;// 加分
        int sum; //总分
        sum = score + bonus;
        Console.WriteLine("原分数:{0}",score);
        Console.WriteLine("加分后分数:{0}",sum);
    }
}
```

执行程序编译时,会出现编译错误。编译器会提示上面的代码缺少强制转换,应该将代码修改为:

Sum=(int)score+bonues;

再次编译时就会编译成功,从运行结果中会发现以下两点。

• 变量score的值仍然是58.5,但sum的值却变成了60。这是因为在计算加法的时候,将score的值转换为整数58进行计算,丢失了精度。

• 尽管对变量score执行了强制类型转换,但实际上score的值并没有改变,只是在计算时临时转换成整数参与表达式的计算。

6.3.2 数值类型与字符串之间的转换

数值类型隐式类型转换和显式类型转换,一般都用在数值类型数据之间,并不适用于数值类型和字符串之间的转换。如何实现数值类型和字符串之间的转换?其实,在前面几章的练习中,已经接触过。

1. 字符串转换为数值型

还记得如何从控制台接收整数的代码吗?

int.Parse(Console.ReadLine());

当要把字符串转换为数值类型时,可以调用不同的数值类型的Parse()方法(parse中文意思是解析)。如将字符串转换为整型的代码是:

int.Parse(String);

将字符串转换为单精度浮点型的代码是:

float.Parse(String);

将字符串转换为双精度浮点型的代码是：

double.Parse(String);

注意，要转换的字符串必须是数字的有效表示形式。简单地讲就是表面上看起来是对应的数字，比如可以把"32"转换为整数，因为是由数字构成的，但是不能把"name"转换为整数，因为其不是整数的有效表示形式。

2.数值型转换为字符串

字符串可以转换为数值，怎样将数值类型的数据转换为字符串呢？C#只要调用ToString()方法就可以。比如：

```
int age = 18;
string myage = age.ToString();
```

6.3.3　使用 Convert 类进行转换

Parse()方法是将字符串类型转换为数值型的，其实C#中还有一个更全能的类——Convert类，可以在各种基本类型之间执行数据类型的互相转换。Convert类为每种类型转换都提供了一个对应的方法，Convert类常用的方法见表6-3。

表6-3　常用 Convert 类的类型转换

方法	说明
Convert.ToInt32()	转换为整型(int)
Convert.ToChar()	转换为字符型(char)
Convert.ToString()	转换为字符串型(string)
Convert.ToDateTime()	转换为日期型(datetime)
Convert.ToDouble()	转换为双精度浮点型(double)
Conert.ToSingle()	转换为单精度浮点型(float)

【例6-5】 使用Convert类将double类型的69.74分别转换为int、float、string。

程序代码

```
/// <summary>
///此示例演示使用 Convert 进行不同类型之间的转换
/// </summary>
class Program
{
    static void Main(string[] args)
    {
        double myDouble = 69.74; //原始数值
        int myInt;  //转换后的整型
        float myFloat;  //转换后的浮点型
        string myString;  //转换后的字符串
        Console.WriteLine("原始数值为 double 类型:{0}",myDouble);
        //开始转换
```

```
            myInt = Convert.ToInt32(myDouble); //转换为整型
            myFloat = Convert.ToSingle(myDouble);  //转换为浮点型
            myString = Convert.ToString(myDouble); //转换为字符串
            //输出
            Console.WriteLine("转换后:");
            Console.WriteLine("int\tfloat\tstring");
            Console.WriteLine("{0}\t{1}\t{2}",myInt,myFloat,myString);
            Console.ReadLine();
        }
    }
```

程序运行结果如图 6-5 所示。

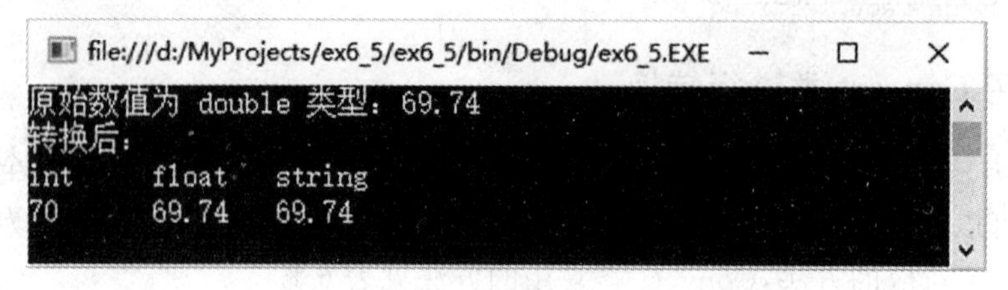

图 6-5　例 6-5 程序运行结果

6.4　运算符与表达式

6.4.1　运算符与表达式

1. 运算符和表达式的概念

C#中各种运算用符号来表示,用来表示运算的符号称运算符。用运算符把运算对象连接起来的有意义的式子称为表达式,每个表达式的运算结果是一个值。根据运算符的运算对象和运算结果的特点,可把运算符分成算术运算符、关系运算符、逻辑运算符、位运算符、赋值运算符、条件运算符和其他运算符等若干类,表达式也相应地分成若干类。

在第 2 章介绍了赋值运算、算术运算和关系运算,这里进一步介绍条件运算和逻辑运算。

2. 运算对象和运算符的"目"

运算符必须有运算对象,根据运算对象的多少可以把运算符分成单目运算符、双目运算符和三目运算符。

只有一个运算对象的运算符称单目运算符。有两个运算对象的运算符称双目运算符。有三个运算对象的运算符称三目运算符。

C#语言中的三目运算符只有一个,是条件运算符(? :),其基本形式为:

表达式 1?表达式 2:表达式 3

3. 运算符的优先级和结合性

当表达式中出现多个运算符,在计算表达式值时,必须决定运算符的运算次序,把这个问题称为运算符的优先级。计算表达式值时,优先级高的运算符要先进行运算。需要注意的是,在复杂的表达式中,用圆括号括住的部分要先算,其优先级别高于任何运算符。如:

b＊(a－c)；

该表达式应先算括号内的"a－c"，然后再用 b 乘上"a－c"的运算结果。当在一个表达式中出现多个同级别的运算符时，就涉及运算符的结合性。如：

a＋b＋c；

该表达式有两个"＋"运算符，先算前面的"＋"号再算后面的"＋"号，这种结合性称为自左向右。又如：

x＝y＝3；

该表达式有两个"＝"运算符，先算后面的"＝"号再算前面的"＝"号，这种结合性称为自右向左。

6.4.2　条件运算符与条件表达式

条件运算符是 C# 语言中惟一的一个三目运算符，由"?"和"："两个符号组成，三个对象都是表达式。其一般形式如：

表达式 1?表达式 2：表达式 3

用条件运算符构成的表达式称为条件表达式，该表达式的运算规则是：先计算表达式 1 的值，如果其值为 true，则条件表达式的值为表达式 2 的值，如果表达式 1 的值为 false，则条件表达式的值为表达式 3 的值。

条件运算符在优先级上仅优于赋值运算符，在结合性上为自右向左。

例如：

x＝5；y＝8；

m＝x＞y?x：y；

由于 x＞y 的值为 false，故条件表达式的值为 y，即 8，把 8 赋给 m，m 的值为 8。

6.4.3　逻辑运算符与逻辑表达式

在 C# 中，用逻辑运算符来表示复合条件，用逻辑运算符把运算对象连接起来的符合C# 语法的式子称为逻辑表达式。在 C# 语言中，逻辑运算符的运算对象是逻辑量(true 或 false)。

逻辑运算符的运算对象、运算规则与运算结果如表 6-4 所示。

表 6-4　逻辑运算符

名称	运算符	运算对象	运算结果	实例(x＝5，y＝'a')	说明
逻辑非	!	逻辑量	逻辑值(true 或 false)	!true	false
逻辑与	&&			x＞5&&y＜'A'	false
逻辑或	||			x＞4||y＜'A'	true

逻辑运算符的运算规则如表 6-5 所示。

表 6-5　逻辑运算符的运算规则

<table>
<tr><th>对象 1(A)</th><th>对象 2(B)</th><th>逻辑与运算
(A&&B)</th><th>逻辑或运算
(A||B)</th><th>逻辑非(!A)</th></tr>
<tr><td>false</td><td>false</td><td>false</td><td>false</td><td rowspan="2">true</td></tr>
<tr><td>false</td><td>true</td><td>false</td><td>true</td></tr>
<tr><td>true</td><td>false</td><td>false</td><td>true</td><td rowspan="2">false</td></tr>
<tr><td>true</td><td>true</td><td>true</td><td>true</td></tr>
</table>

逻辑运算符在优先级上:逻辑非(!)是单目运算符,优于双目运算符;逻辑与(&&)和逻辑或(||)是双目运算符,双目算术运算符优于关系运算符优于 && 优于||。

在结合性上:逻辑非(!)和单目算术运算符是同级的,结合性自右向左;逻辑与(&&)和逻辑或(||)是双目运算符,其结合性是自左向右。

【例 6-6】　分析下列程序的运行结果。

程序代码

```
static void Main(string[] args)
{
     int x = 3,y = 5,a = 2,b = -3;
     Console.WriteLine("a>b && x<y = {0}",a > b && x < y);  //①
     Console.WriteLine("!(a>b)&&!(x>y) = {0}",!(a>b)&&!(x>y));  //②
     Console.WriteLine("!(a>x)||!(b<y) = {0}",!(a>x)||!(b<y));//③
     Console.ReadKey();
}
```

程序分析

语句①中,a>b 的值为 true,x<y 的值为 true,true && true 的结果是 true。语句②中,a>b 的值为 true,!(a>b)为 false,false 与任何逻辑量相与均为 false,故语句②的结果为 false。语句③中,a>x 的值为 false,!(a>x)的值为 true,true 与任意逻辑型数据相或,结果为 true,故语句③的结果是 true。

程序运行结果如图 6-6 所示。

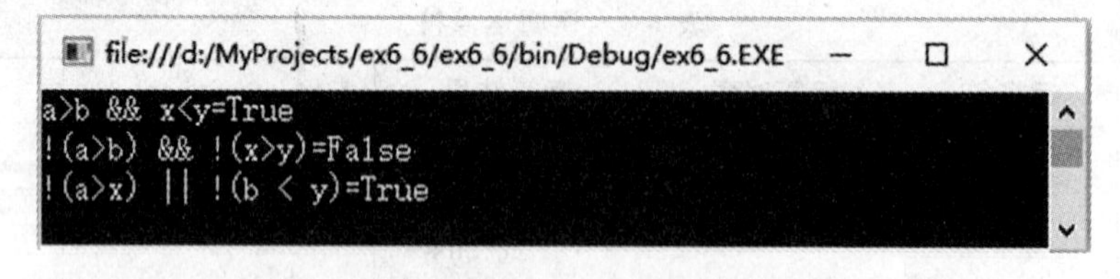

图 6-6　例 6-6 程序运行结果

6.4.4　运算符的优先级

当一个表达式中包含多个运算符时,就需考虑运算符的优先级和结合性。先执行优先级高的运算符,然后执行优先级低的运算符。如果若干个运算符优先级相同,应根据结合性来确定运算次序,最后得出表达式结果。需注意的是:如果有括号,先算括号里面的表达式。

运算符的优先级和结合性如表 6-6 所示。

表 6-6 C#语言中运算符的优先级与结合性

<table>
<tr><th>类别</th><th>运算符</th><th>优先级</th><th>结合性</th></tr>
<tr><td>基本</td><td>(),.,f(),[],new,checked,unchecked,typeof,sizeof,++,--</td><td>1</td><td></td></tr>
<tr><td>单目</td><td>+(正),-(负),!,~,++,--,(T)x(类型转换)</td><td>2</td><td>自右向左</td></tr>
<tr><td>乘除</td><td>*,/,%</td><td>3</td><td>自左向右</td></tr>
<tr><td>加减</td><td>+,-</td><td>4</td><td>自左向右</td></tr>
<tr><td>移位</td><td><<,>></td><td>5</td><td>自左向右</td></tr>
<tr><td>比较</td><td>>,>=,<,<=</td><td>6</td><td>自左向右</td></tr>
<tr><td>相等</td><td>==,!=</td><td>7</td><td>自左向右</td></tr>
<tr><td>位与</td><td>&</td><td>8</td><td>自左向右</td></tr>
<tr><td>位异或</td><td>^</td><td>9</td><td>自左向右</td></tr>
<tr><td>位或</td><td>|</td><td>10</td><td>自左向右</td></tr>
<tr><td>逻辑与</td><td>&&</td><td>11</td><td>自左向右</td></tr>
<tr><td>逻辑或</td><td>||</td><td>12</td><td>自左向右</td></tr>
<tr><td>条件</td><td>?:</td><td>13</td><td>自右向左</td></tr>
<tr><td>赋值</td><td>=,*=,/=,%=,+=,-=,<<=,>>=,&=,^=,|=</td><td>14</td><td>自右向左</td></tr>
</table>

本章小结

➢ 基本数据类型如整型、浮点型、字符型、bool 型,结构、数组和类类型属于引用类型。

➢ 只能取有限值的情况,可定义一种新的数据类型:枚举型。

➢ 在替换、添加或删除字符串时,StringBuilder 类对象的执行速度要比 String 类对象快得多。

➢ Convert 类可以在各种基本类型之间执行数据类型的互相转换。

➢ 在复杂的表达式中,用圆括号括住的部分要先算,其优先级别高于任何运算符。

➢ 逻辑运算符的运算对象是逻辑量(true 或 false)。

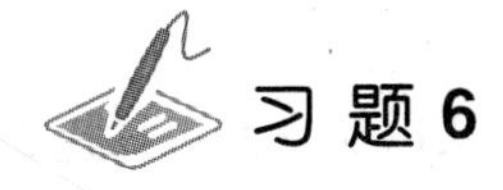

习 题 6

一、单项选择题

1. 在 C#语言中,下面的运算符中,优先级最高的是( )。

A. % B. ++ C. /= D. >>

2. 能正确表示逻辑关系“a≥ 10 或 a≤ 0”的 C#语言表达式是( )。

A. a>=10 or a<=0　　B. a>=10|a<=0

C. a>=10&&a<=0　　D. a>=10||a<=0

3. 以下程序的输出结果是(　　)。

```
using System; class Exer1
{  public static void Main()
   {
       int a = 5,b = 4,c = 6,d;
       Console.WriteLine("{0}",d = a>b? (a>c?a : c) : b);
   }
}
```

A. 5　　B. 4　　C. 6　　D. 不确定

4. 下列程序的执行结果是(　　)。

```
using System; class Temp
{
    enum team{my,your = 4,his,her = his + 10};
    public static void Main()
    {
        Console.WriteLine("{0},{1},{2},{3}",
            (int)team.my,(int)team.your,(int)team.his,(int)team.her);


}
```

A. 0,1,2,3　　B. 0,4,0,10　　C. 0,4,5,15　　D. 1,4,5,15

5. 以下对枚举型的定义,正确的是(　　)。

A. enum a={one,two,three};　　B. enum a {a1,a2,a3};

C. enum a={'1','2','3'};　　D. enum a {"one","two","three"};

6. 枚举型常量的值不可以是(　　)类型。

A. int　　B. long　　C. ushort　　D. double

7. 不能成为枚举类型的元素所赋的值类型是(　　)。

A. long　　B. float　　C. int　　D. byte

8. 下面语句合法的是(　　)。

A. int a=Convert. ToInt32("8.5")

B. int a=Convert. ToInt32("abc")

C. int a=Convert. ToInt32("2147483648")

D. int a=Convert. ToInt32("1235")

9. 下面关于C#的逻辑运算符||、&&、!的运算优先级说法正确的是(　　)。

A. ||的优先级最高,然后是!,优先级最低的是&&

B. &&的优先级最高,然后是!,优先级最低的是||

C. !的优先级最高,然后是&&,优先级最低的是||

D. !的优先级最高,然后是||,优先级最低的是&&

10. 经过表达式 a=3+1>5?0:1 运算后,变量a的值是(　　)。

A. 3　　　　B. 1　　　　C. 0　　　　D. 4

11. 下面这段程序输出的结果是(　　)。

```
StringBuilder sbText = new StringBuilder();
sbText.AppendLine("Hello");
sbText.Append("World");
Console.WriteLine(sbText);
```

A. HelloWorld

B. Hello
World

C. Hello World

D. 程序有错误

二、问答和编程题

1. 设计程序,从控制台输入一个浮点数,分别转化为整数和字符串输出。

2. 设计程序,在控制台输入"* * * * * * * * * * * * * * * *",转换后显示输出如下。

```
   *
  * * *
 * * * * *
* * * * * * *
```

第7章
项目实例:商品库存管理

本章工作任务

- 初始化货品信息
- 显示系统菜单
- 实现根据货品名称取得货品位置
- 获取客户满意度最高的货品以及货品信息

本章知识目标

- 理解面向对象编程思想
- 学会定义类和使用对象
- 理解变量的作用域和生存期
- 学会使用属性和构造函数

本章技能目标

- 使用类和属性封装货品信息
- 使用对象数组存储货品信息
- 使用输入输出语句获取、显示货品信息
- 使用类型转换获取用户输入的货品信息
- 使用条件结构实现菜单管理
- 使用循环结构遍历所有货品信息
- 使用自定义方法完成特定的功能
- 使用 string 类方法实现字符串处理

本章重点难点

- 面向对象的基本概念
- 类的定义与对象的声明
- 类的属性的实现

7.1 面向对象编程进阶

7.1.1 面向对象程序设计概述

1. 面向对象程序设计的由来

高级语言刚出现不久,就出现了面向过程的程序设计方法。面向过程的程序设计方法的基本策略是把大的任务划分成许多小的模块,每个模块由过程来实现,每个过程都是基于某种特定的算法,并且数据和代码是分离开的。但随着程序的规模不断扩大,这种程序设计模式的弊端也渐渐地暴露出来:程序开发的周期延长、大程序开发前开发工作量难以预测、软件开发后维护成本成指数级增长、软件代码的重用性差。为了解决这些弊端,出现了面向对象的程序设计方法(Object Oriented Programming,OOP)。

面向对象程序设计是一种基于结构分析的、以数据为中心的程序设计方法。面向对象程序设计方法的总体思路是:将数据及处理这些数据的操作都封装到一个称为类的数据结构中,在程序中使用的是类的实例——对象。对象是代码与数据的集合,是封装好的一个整体。对象具有一定的功能,也就是说对象是具有一定功能的程序实体。程序是由一个个对象构成的,对象之间通过一定的"相互操作"传递消息,在消息的作用下,完成特定的功能。

"面向对象"的概念是对"面向过程"的一次革命,随之出现了许多面向对象的程序设计语言,Visual Studio.NET 支持的每种编程语言均是面向对象的程序设计语言且具有可视化编程的工具。

2. 面向对象程序设计的基本概念

面向对象的程序设计方法提出了一系列全新的概念,主要有:类、对象、属性、方法、事件、封装、继承、重载、多态性等。下面一一介绍这些概念的含义。

(1)类和对象

通常把具有同样性质和功能的东西所构成的集合叫做类。在 C# 语言中,也可以把具有相同内部存储结构和相同一组操作的对象看成是同一类。在指定一个类后,往往把属于这个类的对象称为类的实例。可以把类看成是对象的模板,把对象看成是类的实例。

在 C# 程序中,类与对象的关系就类似于整数类型 int 与整型变量的关系。类和整数类型 int 代表的是一般的概念,对象和整型变量代表的是具体的实例。

(2)属性、方法与事件

属性是对象的状态和特点。例如,对于学生来说,有学号和姓名等特征。方法是对象能够执行的一些操作,体现了对象的功能,如铅笔有写字的功能等。

事件是对象能够识别和响应的某些操作,在大多数情况下,事件是由用户的操作引起的,例如用户单击某个对象就发生了该对象的 Click 事件。事件也可以由系统触发,如窗体加载时将发生窗体的 Load 事件。用户可以编写事件代码来响应特定的事件,这样的代码称为事件过程,当一个事件发生时,将调用相应的事件过程。

(3)封装

所谓"封装",就是将用来描述客观事物的一组数据和操作组装在一起,形成一个类。也就是说,类是对客观事物的一种高度抽象,是具有一组相同的属性和操作的对象的综合。不管是张三还是李四都拥有姓名、性别、年龄、年级和各课程成绩等相同的属性(数据),都具备注册、选课、考试等相同的行为,因此可以从张三和李四的身上抽象出学生类。

类实际上也是一种自定义的数据类型。已经存在的数据类型,如整型、浮点型等,只是为了描述内存的存储单元,而类则是为了与具体问题相适应,程序员可以通过增添需要的类来扩展程序设计语言的数据结构。

被封装的数据和操作必须通过所提供的公开接口才能够被外界所访问,具有私有访问权限的数据和操作是无法从外界直接访问的,只有通过封装体内的方法(或函数)才可以被访问,这就是隐藏性。隐藏性增加了数据的安全性。

(4)继承

类之间除了有相互交流或访问的关系以外,还可能存在继承关系。当一个新类继承了原来类所有的属性和操作,并且增加了新属性和新操作,那么称这个新类为派生类(或子类),原来的类是新类的基类,派生类和基类之间存在着继承关系。程序员可以通过继承关系建立类的层次结构,并在这个层次结构中表达需要解决的问题。

继承概念来源于生活,如儿子长得像父亲,继承了父亲的外貌,但与生活中继承概念不同的是,类的继承是100%的继承,派生类必须继承基类所有的属性和操作,基类中具有的任何属性和操作在派生类中就不需要描述,如果描述则就有另一层含义。在 Visual C# 中只支持单继承,即一个派生类只能有一个基类。

(5)重载

重载指的是方法名称一样,但如果参数不同,就会有不同的具体实现。而在实际调用时,可以根据调用时传入的参数类型和个数来判断最终需要调用的函数。

重载主要有两类:方法重载及运算符重载。

(6)多态性

在类的层次结构中可以将具有相同属性和操作的对象封装成基类,然后派生出新的特殊的类型,这样就可以编写出通用代码,并且添加新的类型也不会影响到原来的代码。例如,不论是圆、正方形还是三角形,都可以抽象成形体基类,如果需要再增加一个五边形,派生出一个五边形的子类即可。所有的形体都能够被绘制、填充、擦除、移动和计算面积等,这些操作均可以用方法来实现。形体基类有一个计算面积的方法,正方形、三角形、圆子类等也具有计算面积的方法,这些子类的计算面积的方法从基类继承而来,而正方形、三角形、圆等子类的计算面积的方法是不同的,该如何实现呢?为解决该问题,面向对象的程序设计方法中提出了一个虚函数的概念,即在基类中只定义抽象的方法,例如“计算面积”,而具体的操作过程在派生类中实现。在派生类中利用覆盖(Override)可以对基类中已声明的函数进行重新实现。对于圆和正方形这两个派生类来说,都可以利用覆盖实现各自不同的“计算面积”的方法。这样,对圆和正方形这两个派生类来说,都有一个同样名称的“计算面积”方法,而具体实现并不相同。

此处就引出了面向对象另一个重要的概念——多态性。所谓多态性就是在程序运行时,面向对象的语言会自动判断对象的派生类型,并调用相应的方法。例如,某个属于“形体”基类的对象,在调用“计算面积”方法时,程序会自动判断出具体类型,如果是圆,则将调用圆对应的“计算面积”方法;如果是正方形,则调用正方形对应的“计算面积”方法。这种在运行情况下的动态识别派生类,并根据对象所属的派生类自动调用相应方法的特性就是“多态性”。另外,方法的重载也是一种多态性。

以上关于面向对象编程的基本概念和设计思想将在后面的课程进一步说明。

7.1.2　类和对象的声明

在 C# 中,使用类之前应定义类,再根据类生成一个个实例——对象。对象是一个动态的概念,Visual C#.NET 的程序一般是由若干个对象组成。

1. 类的声明

定义类的一般格式如下。

[格式]:

```
[类修饰符] class 类名[:基类类名]
    {
        成员定义列表;
    }
```

[功能]:定义一个由“类名”指定的类。

[说明]:

C# 支持的类修饰符有:new、public、protected、internal、private、abstract 和 sealed,其含义分别如下。

- new:新建类,表明隐藏了由基类中继承而来的、与基类中同名的成员。
- public:公有类,表示外界可以不受限制地访问该类。
- protected:保护类,表示可以访问该类或从该类派生的类型。
- internal:内部类,表明仅有本程序能够访问该类。
- private:私有类,一般该类定义在一个类中,在定义类中才能访问。
- abstract:抽象类,说明该类是一个不完整的类,只有声明而没有具体的实现。一般只能用来做其他类的基类,而不能单独使用。
- sealed:密封类,说明该类不能做其他类的基类,不能再派生新的类。

如果缺省类修饰符,默认为 private。

“基类类名”用来定义派生该类的基类,如果该类没有从任何类继承,则不需要该选项。

“成员定义列表”声明该类包含的成员,如字段、属性、方法、事件等。

【例 7-1】 定义一个 Student 类,用来对学生的信息和功能进行描述。假设学生具有学号、姓名、年龄、性别、平均成绩等特征,并且具有设置学生特征和显示学生特征的功能。在 Main()方法里创建一个具体的 Student 对象,并设置学生信息和显示学生信息。

问题分析

学生的学号、姓名特征可在类中定义成字符串型成员变量,学生的年龄可在类中定义成整型成员变量,学生的性别可在类中定义成字符型成员变量,学生的平均成绩可在类中定义成实型成员变量。设置学生特征和显示学生特征的功能可用方法来实现,方法也可以作为类的一个成员。

程序代码

```
/// <summary>
///定义学生类
```

```
/// </summary>
public class Student
{
    private string No; //学号
    private string Name;//姓名
    private int Age; //年龄
    private char Sex; //性别
    private double Aver;//平均成绩
    //给学生特征赋值
    public void SetStudent(string s1,string s2,int i,char c,double d)
    {
        No = s1; Name = s2; Age = i;
        Sex = c; Aver = d;
    }
    //显示学生的特征
    public void DispStudent()
    {
        Console.Write("No:{0}   Name:{1}   Age:{2}   ",No,Name,Age);
        Console.WriteLine("Sex:{0}   Aver:{1}",Sex,Aver);
    }
}
class Program
{
    static void Main(string[] args)
    {
        Student student = new Student();
        student.SetStudent("1402","钱嫣然",19,'女',90);
        student.DispStudent();
        Console.ReadKey();
    }
}
```

程序运行结果如图 7-1 所示。

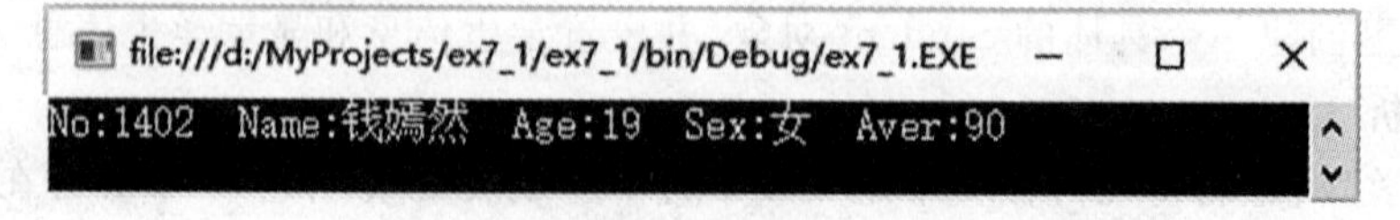

图 7-1　例 7-1 程序运行结果

2. 对象的声明

类声明后，可以创建类的实例，创建类的实例需要使用 new 关键字。类的实例相当于一个变量，创建类实例的格式及功能如下。

［格式］：

类名 实例名 = new 类名(［参数］)；

[功能]:生成一个由"类名"指定的类的名为"实例名"的实例。如果有参数则将参数传递给构造函数。

[说明]:

new 关键字实际上是调用构造函数来完成实例的初始化工作。

创建实例也可以分成两步:先定义实例变量,然后用 new 关键字创建实例,如:

类名 实例名; //定义类的实例

变量实例名 = new 类名([参数]); //创建类的实例

例如,根据例 7-1 定义的类 Student 生成实例 student,可使用如下语句。

Student student = new Student(); //定义并生成 Student 类的实例 student;

或者使用下述两条语句。

Student student; //定义 Student 类的实例变量 student

student = new Student();//生成 Student 类的实例 student

3. 类的成员

(1)类成员的分类

在 C# 中,按照类成员的来源可以把类成员分成:类本身声明的成员和从基类继承的成员。按照类的成员是否为函数将其分为成员变量(包括常量、字段和类型)和成员函数(包括方法、属性、事件、索引器、运算符、构造函数和析构函数等)。类的具体成员如下。

- 常量:用来定义与类相关的常量值。
- 字段:类中的变量,相当于 C++中的成员变量。
- 类型:用来定义只能在类中使用的局部类型。
- 方法:完成类中各种计算或功能的操作。
- 属性:定义类的特征,并提供读、写操作。
- 事件:由类产生的通知,用于说明发生了什么事情。
- 索引器:允许编程人员在访问数组时,通过索引器访问类的多个实例。又称下标指示器。
- 运算符:定义类的实例能使用的运算符。
- 构造函数:在类被实例化时首先执行的函数,主要是完成对象初始化操作。
- 析构函数:在对象被销毁之前最后执行的函数,主要是完成对象结束时的收尾操作。

(2)类成员的可访问性

在编写程序时,可以对类的成员使用不同的访问修饰符,从而定义访问级别,即类成员的可访问性(Accessibility)。良好的可访问性可以使程序既拥有良好的可扩展性,同时又具有可靠的保密性和安全性。在 C# 中,根据类成员的可访问性可以把类成员分成四类,分别是公有成员、私有成员、保护成员和内部成员。在 C# 中,提供了访问修饰符用来可以控制类成员的可访问性。

①公有成员(public):

C# 中的公有成员提供了类的外部接口,允许类的使用者从外部访问公有成员。这是限制最少的一种访问方式。

②私有成员(private):

C# 中的私有成员仅限于类中的成员可以访问,从类的外部访问私有成员是不合法的。如果在声明中没有出现成员的访问修饰符则默认为私有的。

③保护成员(protected):

有时为了方便派生类的访问,希望成员对于外界是隐藏的,这时可以使用 protected 修饰符声明成员为保护成员。不允许外界对成员访问,但是允许其派生类对成员进行访问。

④内部成员(internal):

内部成员是一种特殊的成员,这种成员对于同一包中的应用程序或库是透明的、可访问的,而对于其他包的成员是禁止访问的。

(3)类的静态成员和实例成员

类的成员又可以分成静态成员和非静态成员。在声明成员时,如果在语句前加上 static 保留字,则该成员是静态成员,如果没有 static 保留字,则成员是非静态成员。二者最重要的区别是:静态成员属于类所有,非静态成员属于类的实例所有,所以又称实例成员。访问静态成员只能通过类名来进行,访问非静态成员只能通过类的实例—— 对象来进行。

【例 7-2】 类的静态成员与实例成员的演示。请观察并分析下列程序的执行结果。

```
public class Example
{
    static public int a;          //静态成员
    public int b;          //实例成员
    public void Meth1()          //实例方法
    {
        a = 5;  //实例方法中可以访问本类的静态成员
        b = 15;  //实例方法中可以访问本类的实例成员
    }
    static public void Meth2()
    {
        a = 30;               //静态方法能够访问本类的静态成员
        //b = 40;             //静态方法不能够访问本类的实例成员
    }
}
class Program
{
    static void Main(string[] args)
    {
        Example E1 = new Example();          //产生类的实例 E1
        Example E2 = new Example();          //产生类的实例 E2
        E1.Meth1();          //调用非静态方法需使用类的实例
        //下面语句出现错误,因为静态方法只能由类来调用
        //E1.Meth2();
        Console.WriteLine("a = {0},b = {1}",Example.a,E1.b);
        //下面语句出现错误,因为静态成员只能通过类来访问
        //E2.a = 50;
        Example.a = Example.a + 50; //静态成员只能通过类来访问
        //此语句正确,实例成员由对象来访问,静态成员由类来访问
```

```
            E2.b = Example.a + 60;
            Console.WriteLine("a = {0},b = {1}",Example.a,E2.b);
            Console.ReadKey();
        }
    }
```

程序运行结果如图 7-2 所示。

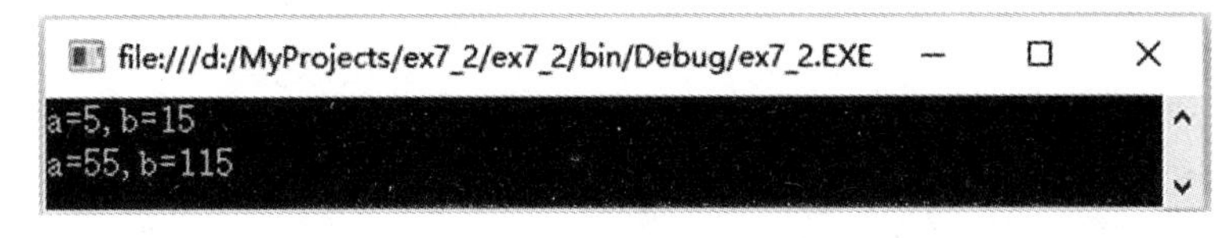

图 7-2 例 7-2 程序运行结果

7.1.3 变量的生命期和作用域

1. 变量的生命期

变量的持续周期(也称为生命周期)是指该变量在内存中存在的周期。有些变量的存在很短暂,有些被重复创建和释放,还有的在程序的整个执行期内一直存在。

方法中的局部变量有一个自动生命周期。自动生命周期变量是在程序执行到达声明语句时由程序自动创建的,也就是说,声明的程序块被激活时,存在;而在声明的程序块退出时,释放。具有自动生命周期的变量也称为自动变量或局部变量。

对于类的实例变量,如果程序员没有提供初始值,则编译器会进行初始化。将大多数基本数据类型的变量初始化为 0,将布尔型变量初始化为 false,而引用类型的变量初始化为 null。局部变量不像类的实例变量,在被程序使用之前必须要由程序员初始化。

2. 变量的作用域

变量的作用范围是指在程序中的哪些地方可以引用变量名,有的变量可以在整个程序中引用,而其他的变量只可以在程序中有限的部分被引用。变量能够使用的程序段称为变量的作用域。变量的作用域有以下规则。

在程序块中声明的局部变量或引用仅可在该程序块或者在嵌套于该程序块的程序块中被使用。

类的成员具有类的作用范围并且在类的声明空间中可以被看到。类的作用范围开始于类定义花括号{}之间。类的作用范围使类中的方法可以访问类所定义的所有成员变量。

当程序块嵌套于方法体中,并且在外层程序块中的一个标识符和内层程序块中定义的标识符有相同的名字时,将会产生错误。另一方面,如果方法中的局部变量和调用方法中的一个变量有相同名字时,调用方法中的该变量值将被“隐藏”起来,直到被调用方法结束执行的时候为止。

3. 静态变量

静态变量是用 static 定义的变量,静态变量的生命周期是从定义的类被载入内存时开始,直到程序运行结束时为止。定义的类被载入内存时,就已经为这些变量分配了存储空间,并进行了初始化。静态变量在定义的类中可以被访问,也可以在其他类中通过该类的类名访问。

【例 7-3】 分析下面程序的运行结果。

程序代码

```
class Program
{
    static int a = 3,b;                                    //①
    public static void Main(string[] args)                 //②
    {
        int c = 6; //③
        a = a + 2; b = b + 2; c = c + 2;                   //④
        func1(); //⑤
        Console.WriteLine("{0},{1},{2}",a,b,c);            //⑥
        Console.ReadKey();
    }
    static void func1()
    {
        int b = 2,c = 3;                                   //⑦
        a = a + 2; b = b + 2; c = c + 2;                   //⑧
        Console.WriteLine("{0},{1},{2}",a,b,c);            //⑨
    }
}
```

程序分析

对于这类问题可用图示法来解决。本例首先定义了两个静态变量 a 和 b,并给 a 赋初值 3,没有给 b 赋初值,静态变量若没有赋初值,其初值为 0。程序从 Main()方法开始执行,在 Main() 方法中定义了一个局部变量 c 并赋初值 6,语句③完成后变量及其取值如图 7-3(a)所示。在 Main()函数中使用的变量 a 和 b 是静态变量 a 和 b,故执行了语句④后,各变量及其值的情况如图 7-3(b)所示。执行语句⑤后程序流程转向 func1 方法执行。在该方法中定义了两个局部变量 b 和 c,b 和静态变量 b 重名,在该方法中使用的变量 b 为局部变量而非静态变量,由于没有局部变量与静态变量 a 重名,所以在该方法中使用的变量 a 为静态变量,在该方法中使用的局部变量 c 与 Main()方法中的变量 c 不是同一个变量,占有不同的存

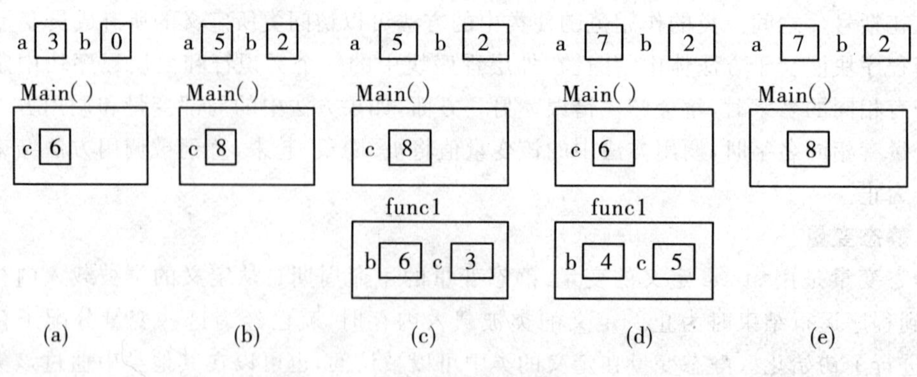

图 7-3 例 7-3 中变量及其取值变化示意图

储单元。执行语句⑦后,各变量及其取值如图 7-3(c)所示。执行语句⑧后,各变量及其取值如图 5-8(d)所示。所以执行语句⑨后的输出结果为:7,4,5。语句⑨执行过后,退出函数 func1,在 func1 中定义的局部变量 b 和 c 的存储空间将被回收,程序回到 Main()函数执行语句⑥,此时各变量及其取值如图 7-3(e)所示,语句⑥的执行结果为:7,2,8。

程序运行结果如图 7-4 所示。

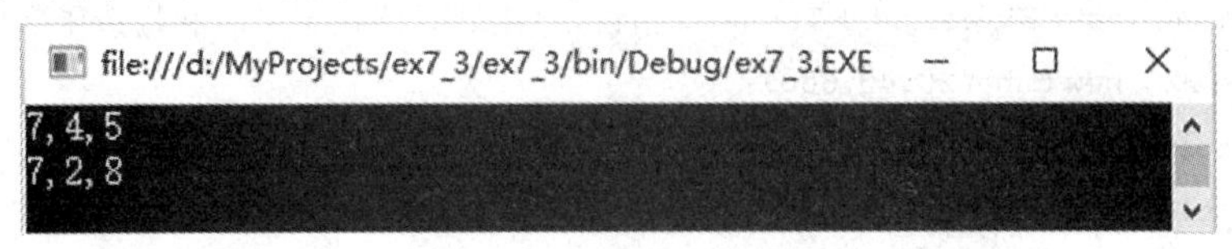

图 7-4　例 7-3 程序运行结果

7.1.4　域与属性

1. 域

域又称"字段",是类的一个成员,这个成员代表与对象或类相关的变量。域的定义格式如下。

[格式]:

[域修饰符]　域类型　域名;

[功能]:在类中定义一个名为"域名"的域,该域的类型由"域类型"指定。

[说明]:

域修饰符有:new、public、protected、internal、private、static、readonly 等。

在域定义时如果加上了 readonly 修饰符表明该域为只读域。只读域只能在域定义中及域所属类的构造函数中进行赋值,在其他情况下均不能改变只读域的值。

【例 7-4】　域的演示。请观察并分析下列程序的执行结果。

程序代码

```
public class Cube
{
    public double height;                  //高度
    public double width;                   //宽度
    public readonly double length = 5;     //长度,定义只读域时可以给域赋值
    public static int count = 0;
    //构造函数中可以给静态域赋值
    public Cube(double h,double w,double l)
    {
        height = h;
        width = w;
        length = l;
        count ++ ;
    }
}
static void Main(string[] args)
```

```
{
    Cube B1 = new Cube(10,20,300);
    Console.WriteLine("Count = {0},height = {1},width = {2},length = {3}",Cube.count,
B1.height,B1.width,B1.length);
    //B1.weight = B1.weight + 5;      //错误,只读域只能在定义时和构造函数中赋值
    Cube B2 = new Cube(20,40,600);
    Console.WriteLine("Count = {0},height = {1},width = {2},length = {3}",Cube.count,
B2.height,B1.width,B1.length);
    Console.ReadKey();
}
```

程序运行结果如图 7-5 所示。

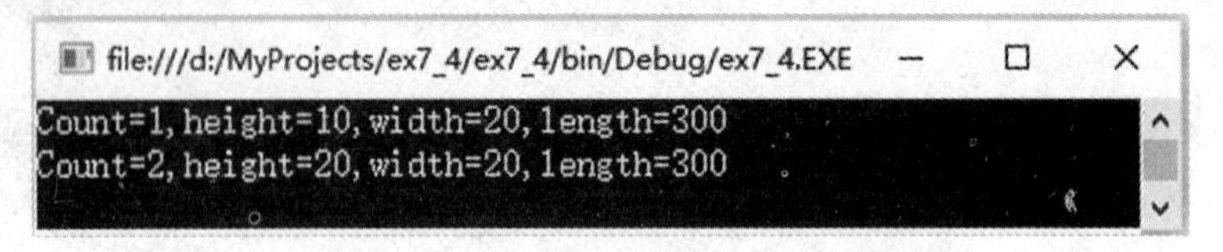

图 7-5 例 7-4 程序运行结果

2. 属性

属性是对现实世界中实体特征的抽象,提供了一种对类或对象特性进行访问的机制。例如:一个文件的大小、一个窗口的标题、一个控件的尺寸等都可以作为属性。属性所描述的是状态信息,在类的某个实例中,属性的值表示该对象相应的状态值。

与域相比,属性具有良好的封装性。属性不允许直接操作类的数据内容,而是通过访问器进行访问(使用 get 和 set 对属性的值进行读写)。这样就为读写对象的属性的相关行为提供了某种机制,并且在访问器的编写过程中允许对类的属性进行计算。

属性的声明格式如下。

[格式]:

[属性修饰符] 类型说明符 属性名 {访问声明}

[功能]:为类定义一个由"属性名"指定的属性,该属性的数据类型由"类型说明符"指定。

[说明]:

属性修饰符有 new, public, protected, internal, private, static, virtual, override 和 abstract 九种。

访问声明用来声明属性访问器。给属性赋值时使用访问器 set,set 访问器始终使用 value 来设置属性的值。获取属性值时使用访问器 get,get 访问器通过 return 返回属性的值。在访问声明中,如果只有 get 访问器,表示是只读属性;如果只有 set 访问器,表示只写属性;如果既有 get 访问器,也有 set 访问器,表示读写属性。

【例 7-5】 定义一个矩形类,包含长和宽两个属性。

程序代码

```
public class Rectangle
{
```

```
        private double width;

        public double Width //宽度属性
        {
            get { return width; }
            set { width = value; }
        }

        private double length;

        public double Length //高度属性
        {
            get { return length; }
            set { length = value; }
        }
    }
    class Program
    {
        static void Main(string[] args)
        {
            Rectangle rec = new Rectangle();
            rec.Width = 5.5;
            rec.Length = 10;
            Console.WriteLine("矩形的长为{0},宽为:{1}",rec.Length,rec.Width);
            Console.ReadKey();
        }
    }
```

程序运行结果如图 7-6 所示。

图 7-6　例 7-5 程序运行结果

3. this 关键字与构造函数

this 关键字用来引用类的当前实例,成员通过 this 关键字可以知道属于哪一个实例。this 关键字只能用在类的构造函数、类的实例方法中,在其他地方(如静态方法中)使用 this 关键字均是错误的。

构造函数是一种特殊的函数,与类名相同,没有返回值。构造函数在创建类的实例时自动会调用,一般用于实例的一些初始化工作,例如给相关属性赋值。

关于构造函数还将在第 16 章进一步阐述。

【例 7-6】　完成例 7-1 所示的功能,用属性和构造函数来实现。

程序代码

```
/// <summary>
///定义学生类
/// </summary>
public class Student
{
    private string no;

    public string No                    //学号
    {
        get { return no; }
        set { no = value; }
    }
    private string name;

    public string Name                  //姓名
    {
        get { return name; }
        set { name = value; }
    }
    private int age;

    public int Age                      //年龄
    {
        get { return age; }
        set { age = value; }
    }
    private char sex;

    public char Sex                     //性别
    {
        get { return sex; }
        set { sex = value; }
    }
    private double aver;

    public double Aver                  //平均成绩
    {
        get { return aver; }
        set { aver = value; }
    }
```

```
        //给学生特征赋值
        public Student(string s1,string s2,int i,char c,double d)
        {
            this.No = s1;
            this.Name = s2;
            this.Age = i;
            this.Sex = c;
            this.Aver = d;
        }
        //显示学生的特征
        public void DispStudent()
        {
            Console.Write("No:{0}   Name:{1}   Age:{2}   ",No,Name,Age);
            Console.WriteLine("Sex:{0}   Aver:{1}",Sex,Aver);
        }
    }
    class Program
    {
        static void Main(string[] args)
        {
            Student student = new Student("1402","钱嫣然",19,'女',90);
            student.DispStudent();
            Console.ReadKey();
        }
    }
```

程序运行结果如图 7-7 所示。

```
file:///D:/MyProjects/ex7_6/ex7_6/bin/Debug/ex7_6.EXE
No:1402  Name:钱嫣然  Age:19  Sex:女  Aver:90
```

图 7-7　例 7-6 程序运行结果

7.2　项目需求描述

某超市为了快速占据零售业市场,希望开发一个库存管理系统,对库存货品信息进行统一的管理。项目组的设计人员经过需求分析后,从超市日常业务数据中提炼出货品类(Goods)和库存类(Storage),并绘制出这两个类的类图,如图 7-8 所示。

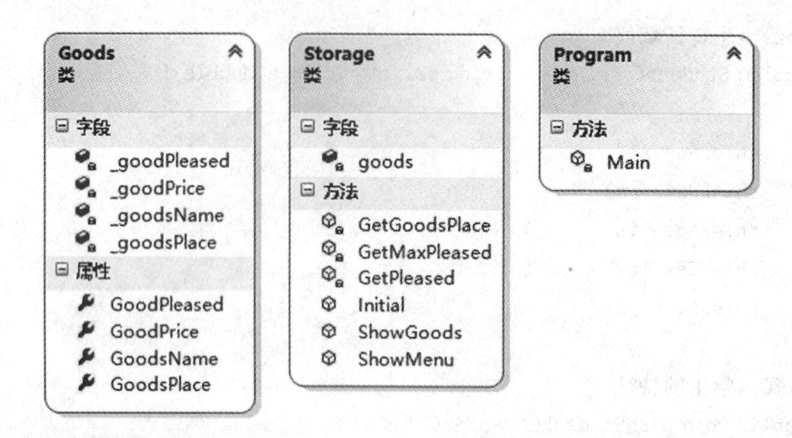

图 7.8　库存管理系统的类图

货品类包括四个字段：货品名称、存放位置、单价和顾客满意度。

库存类包括下面方法。

- Initial()：初始化库存货品信息。
- ShowMenu()：显示库存管理系统菜单。
- ShowGoods()：输出库存现有所有货品的名称。
- GetGoodsPlace()：根据货品名称得到货品位置。
- GetPleased()：获得当前顾客满意度最高的货品。

库存管理系统为用户提供的菜单如下。

- 输入货品名称找到货品位置。
- 快速找到客户满意度最高的商品。
- 退出。

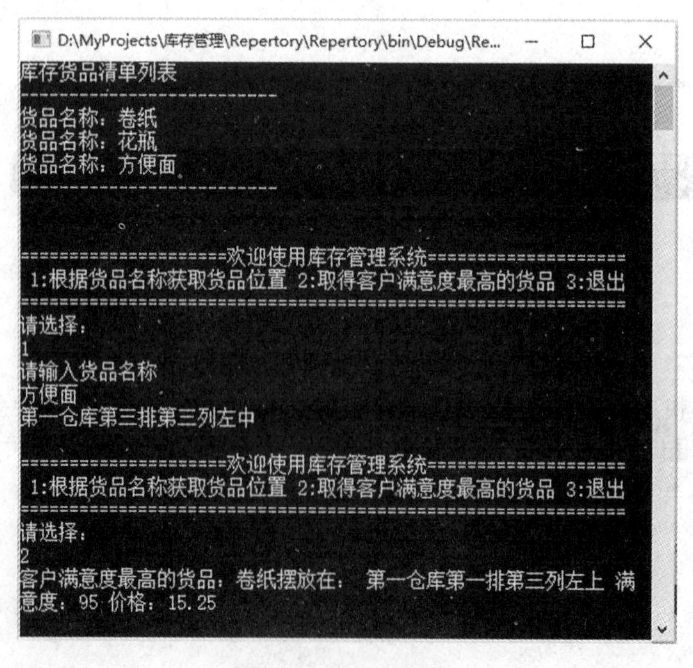

图 7-9　项目运行结果

该系统的运行结果如图 7-9 所示。

7.3 系统设计

7.3.1 实现初始化货品信息

本次综合练习的任务是,在.NET 平台上用 C# 语言按照设计人员提供的类图和菜单开发出满足超市需求的库存管理系统,完成系统的编码和调试工作。

需求说明

假设超市库存现有三种货品,分别是:卷纸、花瓶、方便面,要求:

- 创建并初始化这三种货品对象。
- 货品初始化成功后,使用字符格式符形式输出货品对象的信息。

运行效果如图 7-10 所示。

图 7-10 初始化一组货品对象

设计要点

- 定义 Goods 类中的字段和属性。
- 在 storage 类中,使用数组保存一组 Goods 对象。

7.3.2 显示货品菜单

需求说明

显示库存管理系统的菜单,接收用户输入的菜单项。如果用户输入的菜单项超出范围,显示提示信息"菜单选择错误,请重新输入选项!",并要求用户重新输入,运行效果如图 7-11 所示。

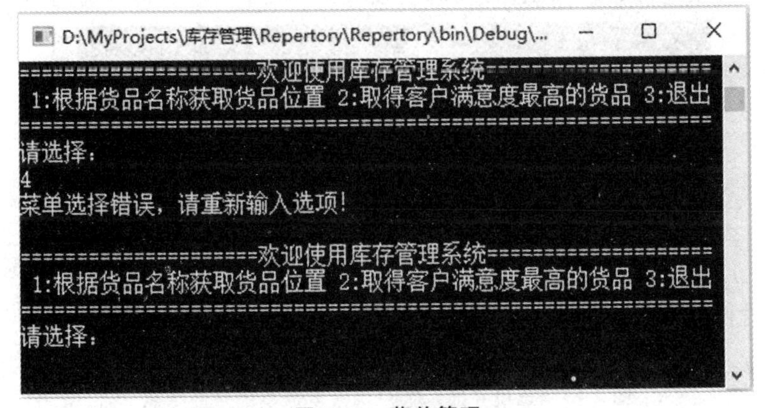

图 7-11 菜单管理

设计要点

使用 do-while 循环结构实现菜单控制。

7.3.3 根据货品名称取得货品位置

需求说明

• 如果用户选择菜单 1，程序提示输入货品名称。

• 按照用户输入的货品名称查找现有库存货品。如果找不到，显示提示信息"您输入的货品名称不正确！"，并返回菜单等待用户操作。

• 通过用户输入的货品名称，查找并显示货品在仓库中存放的位置。

运行结果如图 7-12 所示。

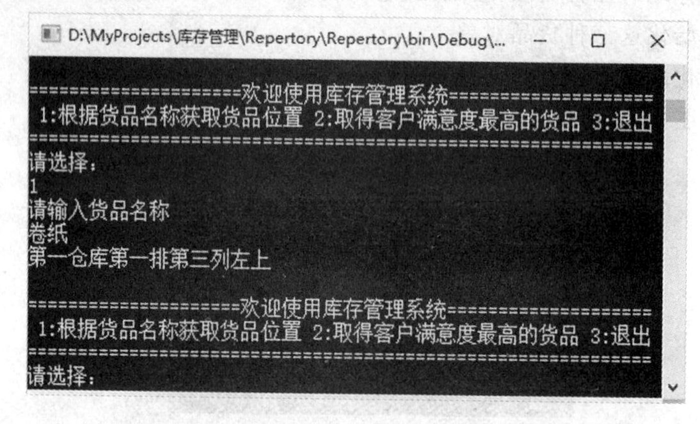

图 7-12 根据货品名称查找并输出货品位置

设计要点

• 使用 String.Equals()方法判断货品名称是否相等

• 定义方法的返回值为 bool 类型，如果找不到用户指定的货品，方法的返回值为 false。

7.3.4 获取客户满意度最高的货品

需求说明

查找库存货品中客户满意度最高的货品，并输出该货品的信息，运行结果如图 7-13 所示。

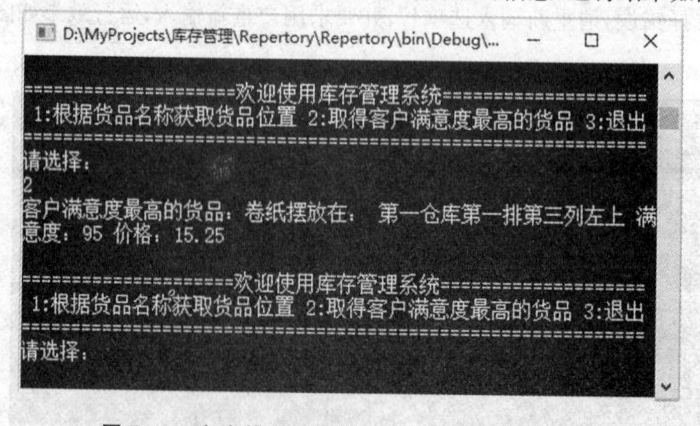

图 7-13 查找并显示客户满意度最高的货品信息

设计要点

在自定义方法中,利用循环结构查找并返回客户满意度最高的货。

本章小结

➢ 对象是代码与数据的集合,是封装好的一个整体。

➢ 面向对象的程序设计方法提出了一系列全新的概念,主要有:类、对象、属性、方法、封装、继承、重载、多态性等。

➢ C# 支持的类修饰符有:new、public、protected、internal、private、abstract 和 sealed。

➢ 在 C# 中,提供了访问修饰符用来可以控制类成员的可访问性。

➢ 静态成员属于类所有,非静态成员属于类的实例所有。访问静态成员只能通过类名来进行,访问非静态成员只能通过类的实例——对象来进行。

➢ 静态变量是用 static 定义的变量,静态变量的生命周期是从定义的类被载入内存时开始,直到程序运行结束时为止。

➢ 属性是对现实世界中实体特征的抽象,提供了一种对类或对象特性进行访问的机制。与域相比,属性具有良好的封装性。

➢ 构造函数在创建类的实例时自动会调用,一般用于实例的一些初始化工作。

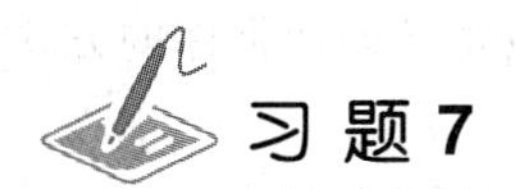

习题 7

1. 根据项目需求和设计要求,检查并完成本项目的各项功能。

2. 设计一个简单的学生成绩管理系统。根据用户输入的学生序号,输出该学生的全部成绩,包括平均分、总分;显示学生的信息;显示不及格课程的学生信息。

第 8 章 使用 ADO.NET 访问数据库

本章工作任务

- 实现 MyCollege 系统的登录功能
- 实现 MyCollege 系统的菜单功能
- 实现 MyCollege 系统的统计学生人数功能

本章知识目标

- 理解数据库的基本知识
- 了解 ADO.NET 的基本概念
- 理解.NET Framework 数据提供程序
- 使用 ADO.NET 技术访问数据库的方式步骤

本章技能目标

- 了解 ADO.NET 的功能和组成
- 会使用 Connection 对象连接数据库
- 会使用 Command 对象查询单个值
- 会捕获和处理程序中的异常

本章重点难点

- 使用 Connection 对象连接数据库
- 程序中的异常处理
- 使用 SQLCommand 对象访问数据库

通过前面几章的学习，初步建立了面向对象编程的一些技术。但之前编写的程序无法操作大量的数据，动态输入的数据也无法永久保存。从本章开始，将学习如何在应用程序中操作数据库中的数据，也就是.NET Framework 的另一个技术——ADO.NET。

8.1 ADO.NET 概述

8.1.1 数据库的基本概念

目前，人类社会已经进入了信息社会，用“信息爆炸”来描述这个社会的信息之多并不过分。通常所说的信息处理也可以看成是数据处理，用计算机进行数据处理已经成为很多行业日常工作的必然选择。数据库技术可以简单地理解为最新的数据处理技术，利用这种技术可以对数据高效存储、高效访问、方便共享和安全控制，且已经深入到生活的方方面面。

1. 数据库的基本概念

所谓数据库(DataBase,DB)，其实就是存放在计算机的外存储器中的相关数据的集合，可以形象地看做是数据的“仓库”，通过文件或类似于文件的数据单位组织起来的。数据库只是数据的集合，建立数据库的目的是为了使用数据库，为了对数据库中的数据进行存取，必须使用数据库管理系统(DataBase Management System,DBMS)。数据库管理系统是对数据进行管理的软件，是一个数据库系统的核心，数据库的一切操作，包括数据库的建立、数据的检索、修改、删除等操作，都是通过数据库管理系统来实现的。数据库管理系统只提供对数据的管理功能，为了实现某种具体的功能，必须要有相应的数据库应用程序。正是由于数据库应用程序的不同，才使数据库应用丰富多彩。例如，某单位的人事管理系统和财务管理系统均是由同一种数据库管理系统来完成的，但实现的功能是不一样的，原因就是数据库应用程序不一样。日常生活中见到的能够使用的与数据库有关的计算机系统均可认为是数据库系统。所谓数据库系统是指实际可运行的，按照数据库方式存储、维护和向应用系统提供数据或信息支持的计算机系统。其在计算机系统中引进数据库后的系统构成，一个完整的数据库系统还应包括数据库管理员(DataBase Administrator,DBA)，即一组熟悉计算机数据处理业务、负责设计和维护数据库的技术人员。

因此，一个完整的数据库系统由数据库、数据库管理系统、数据库应用程序、计算机软件和硬件系统以及 DBA 组成。

2. 数据模型与关系数据库

数据库中的数据按照一定的数据模型组织，数据模型是把现实世界转换为计算机能够处理的数据世界的桥梁。目前常用的数据模型有三种：层次模型、网状模型和关系模型。由于层次模型和网状模型需要较深的数学基础，所以使用人并不多，最常用的数据模型是关系模型。

在关系模型中，数据被组织成若干张二维表的结构，每一张二维表称为一个关系或表。表中的一行称为一个元组，也可称为一条记录。表中的一列称为属性，也可称为一个字段。如图 8-1 所示。

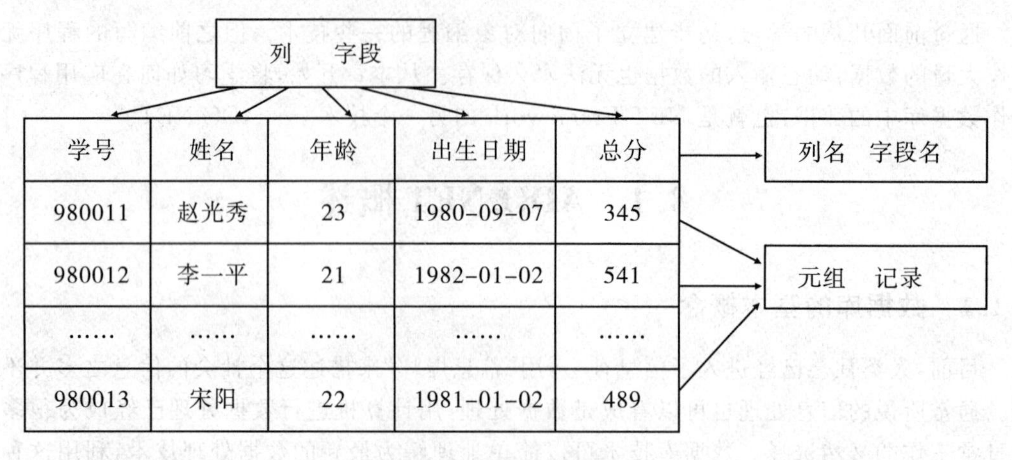

图 8-1 数据库关系表

一个关系在关系数据库中就是一张表，通常所说的关系数据库是由相关的多张表组成。例如，需要管理学生成绩，可做一个数据库，该数据库可由两张表组成：一张表用来存放学生的基本数据，如学号、姓名、年龄、年级、专业等信息；另一张表用来存放学生的选课信息，如学生学号、所选课的课号、选课的成绩等信息。

通过对表的分析，可得到下列有关表的性质。

- 表中的每一列均不可再分。
- 表中的每一列数据的数据类型是相同的。
- 表中的两列不能取相同的名字。
- 表中不允许有完全相同的两行，即任两条记录必须能够区分。
- 交换行和列的顺序，不改变表的含义。

在关系数据库管理系统中，要建立一个数据库通常要经过以下几个步骤：第一步，建立数据库文件，数据库文件通常用来容纳各个表；第二步，建立表的结构，即建立表的各个字段的字段名、字段类型、字段宽度等；第三步，向表中录入实际的数据。

一般来说，一个关系数据库由多张表组成，表与表之间有一定的联系。数据库建立成功后，在应用程序中应该能够访问到其中的数据。在 Visual C＃.NET 中可通过 ADO.NET 来进行数据访问。

8.1.2 ADO.NET 概述

ADO.NET 是为.NET 框架而创建的，是对 ADO(ActiveX Data Objects)对象模型的扩充。ADO.NET 提供了一组数据访问服务的类，可用于对 Microsoft SQL Server、Oracle 等数据源及通过 OLE DB 和 XML 公开的数据源的一致访问。ADO.NET 包含两大核心控件：.NET Framework 数据提供程序和 DataSet 数据集。

1. .NET Framework 数据提供程序

.NET Framework 数据提供程序用于连接数据库、执行命令和检索结果，共有四种，分别是：SQL Server.NET Framework 数据提供程序、OLEDB.NET Framework 数据提供程序、ODBC.NET Framework 数据提供程序和 Oracle.NET Framework 数据提供程序。最常使用的是 SQL Server.NET Framework 数据提供程序和 OLEDB.NET Framework 数据

提供程序。

(1)SQL Server.NET 数据提供程序

SQL Server.NET 数据提供程序使用协议来与 SQL Server 进行通信。由于经过了优化,可以直接访问 SQL Server 而不用添加 OLE DB 或开放式数据库连接(ODBC)层,因此使得实现更加精简,并且具有良好的性能。SQL Server.NET 数据提供程序类位于 System. Data. SqlClient 命名空间。

(2)OLE DB.NET 数据提供程序

OLE DB.NET 数据提供程序通过 OLE DB 服务组件和数据源的 OLE DB 提供程序与 OLE DB 数据源进行通信。

OLE DB.NET 数据提供程序类位于 System. Data. OleDb 命名空间。

其他两个驱动程序及作用如下。

• ODBC.NET Framework 数据提供程序通过 ODBC 与数据源进行通信,位于 System. Data. ODBC 命名空间中,用于访问 ODBC 数据源。

• Oracle.NET Framework 数据提供程序通过 Oracle 客户端与数据源进行通信,位于 System. Data. Oracleclient 命名空间中,用于访问 Oracle 数据源。

(3).NET 数据提供程序模型的核心对象

.NET 数据提供程序提供了四个核心对象,分别是 Connection、Command、DataReader 和 DataAdapter 对象。这些对象及其功能如表 8-1 所示。

表 8-1　.NET 数据提供程序提供了核心对象

对象	功能
Connection	建立与特定数据源的连接
Command	对数据源执行命令
DataReader	从数据源中读取只向前的且只读的数据流,是一个简易的数据集
DataAdapter	用数据源填充 DataSet 并解析更新

2. DataSet 数据集

DataSet 数据集对象是支持 ADO. NET 的断开式、分布式数据方案的核心对象。DataSet 是数据的内存驻留表示形式,无论数据源是什么,都会提供一致的关系编程模型。可以用于多个不同的数据源,如用于 XML 数据、用于管理应用程序本地的数据等。DataSet 表示包括相关表、约束和表间关系在内的整个数据集。DataSet 的对象模型如图 8-2 所示。

DataSet 数据集可以包含表、表间关系、主外键约束等,可以把其看做内存中的数据源。DataSet 对象模型中各主要对象的关系如下:DataTable 对象表示数据表,在 DataTable 对象中又包含了字段(列)和记录(行)。在 DataSet 中可以包含一个或多个 DataTable 对象,多个 DataTable 又组成了 DataTableCollection 集合对象。多个表之间可能存在一定的关系,表间的关系用 DataRelation 对象来表示,该对象通常表示表间的主外键关系(参照完整性)。多个表之间可能存在多个关系,因此 DataSet 可以包含一个或多个 DataRelation 对象,多个 DataRelation 对象又组成了 DataRelationCollection 集合对象。

3. 使用 ADO.NET 开发数据库应用程序的一般步骤

使用 ADO.NET 开发数据库应用程序一般可分为以下几个步骤。

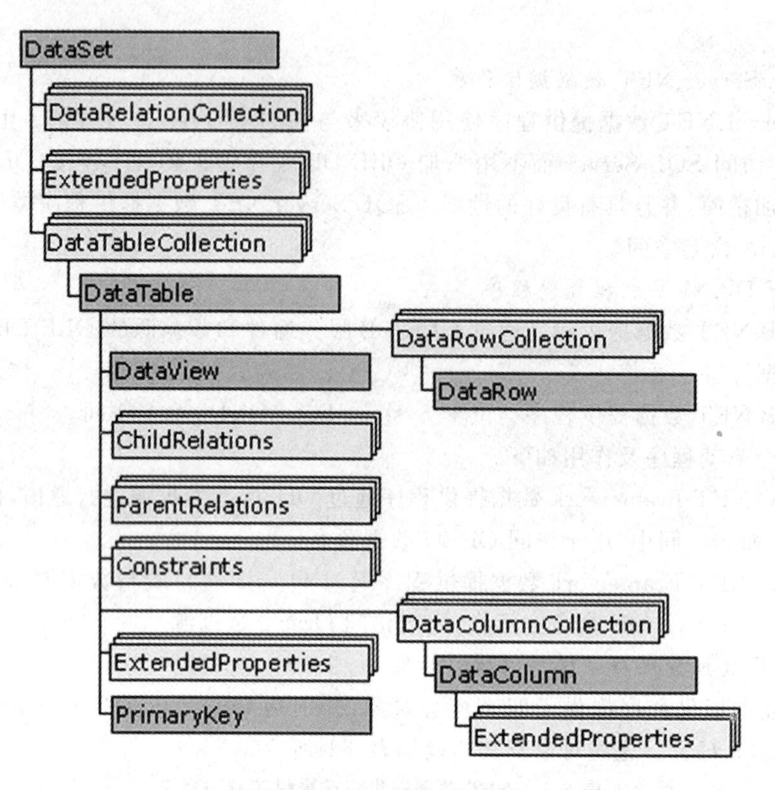

图 8-2 DataSet 的对象模型

(1)根据使用的数据源,确定使用的.NET Framework 数据提供程序。

(2)建立与数据源的连接,需要使用 Connection 对象。

(3)执行对数据源的操作命令,通常是 SQL 命令,需要使用 Command 对象。

(4)使用数据集对获得的数据进行操作,需要使用 DataReader、DataSet 等对象。

(5)向用户显示数据,需要使用数据控件。

使用 ADO.NET 开发数据库应用程序,可以使用编程的方法也可以使用 Visual C#.NET 提供的数据控件。

8.2 连接 SQLServer 数据库

8.2.1 Connection 对象及其使用

在对数据源进行操作之前,首先需建立到数据源的连接,可使用 Connection 对象来显式地创建连接对象。另外由于 ADO.NET 中各个对象之间不存在相互依赖关系,绝大多数对象均可独立创建,创建其他对象时将会隐式地创建一个连接对象。

根据数据源的不同,连接对象也有四种,分别是 Sq1Connection、OleDbConnection、OdbcConnection 和 OracleConnection。连接对象的最重要的属性是 ConnectionString,该属性用来设置连接字符串。下面介绍各种连接对象的 ConnectionString 属性的设置方法。

要连接 SQL Server 数据库时,需使用 Sq1Connection 对象,该对象的典型连接字符串一般格式为：

```
Data Source = 服务器名;Initial Catalog = 数据库名; User ID = 用户名;Pwd = 密码
```

例如：

```
"Data Source = . ;Initial Catalog = MySchool;User ID = jbit;Pwd = 123456";
```

要连接 OLE DB 数据源时，对象的连接字符串的设置形式，请查阅相关的资料，此处不再赘述。

使用连接一般可采用以下步骤。

(1)创建 Connection 对象。

(2)把连接字符串赋值给 Connection 对象的 ConnectionString 属性。

(3)调用 Connection 对象的 Open 方法以打开连接。

(4)连接使用完毕后应调用 Connection 对象的 Close 方法以关闭连接。

【例 8-1】 编写一个用来测试连接的应用程序，使用 ADO.NET 技术实现一个简单的控制台程序与 SQL Server 中 MySchool 数据库建立连接。当成功打开数据库连接时，输出“打开数据库连接成功”提示信息，随后执行关闭数据库连接，提示“关闭数据库连接成功”。

参考步骤

(1)新建一个控制台应用程序，项目名称为 TestDBConnection。

(2)引用命名空间 System. Data. SqlClient。

(3)在 Main( )方法中编写打开和关闭数据库连接的操作 。

程序代码

```
using System;
using System.Collections.Generic;
using System.Linq;
using System.Text;
using System.Data.SqlClient;

namespace ex8_1
{
    class Program
    {
        static void Main(string[] args)
        {
            //测试打开数据库的操作
            string connString = "Data Source = CLM\\SQL2008R2;Initial
            Catalog = MySchool;User ID = sa;Pwd = 123456";
            SqlConnection connection = new SqlConnection(connString);

            //打开数据库连接
            connection.Open();
            Console.WriteLine("打开数据库连接成功");
```

```
                //关闭数据库连接
                connection.Close();
                Console.WriteLine("关闭数据库连接成功");

                Console.ReadLine();
            }
        }
    }
```

程序的运行界面如图 8-3 所示。

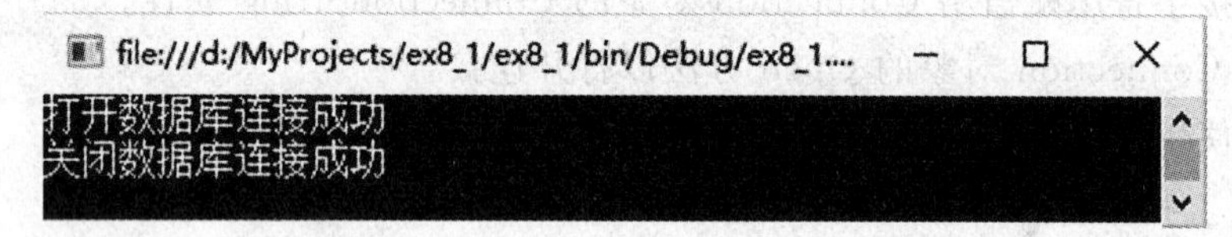

图 8-3　例 8-1 程序运行界面

8.2.2　连接数据库常见错误

在编写 ADO.NET 应用程序时,保证数据库连接正确是第一步。但是初学者经常会犯一些错误,导致连接失败。

1. 数据库连接实例名错误

例如,下面这段代码,在运行时出现如下错误信息。

```
"Data Source = .;Initial Catalog = MySchool;User ID = jbit;Pwd = 123456";
```

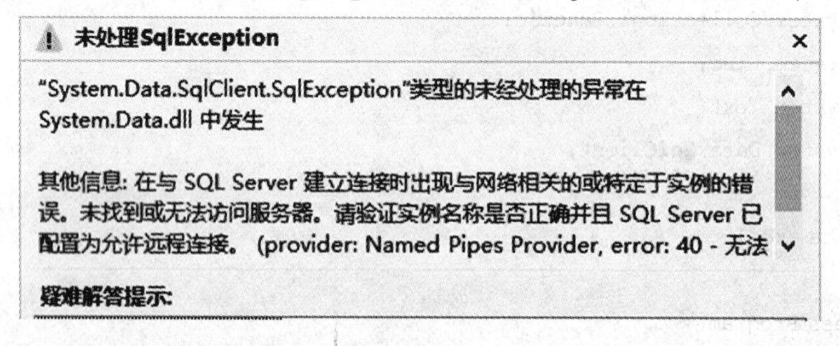

图 8-4　数据库连接字串实例名错误

造成错误的原因是:数据库的实例名为 Data Source=. 语句中的“.”,该实例名是数据库默认的本地实例名,如果数据库服务器有多个实例,就要查看具体对应哪个实例名称。

2. 数据库连接字符串拼写错误

数据库连接字符串容易犯的错误通常有。

• 数据库连接字符串各参数之间的分隔符错误,例如将各个参数之间的“;”误用为“,”。

• 数据库连接字符串各参数中名称拼写错误,例如将“Data Source”拼写成“DataSource”。

• 数据库连接字符串中引号出现的位置不正确。如果在数据库连接字符串中需要用到单、双引号时,可以使用“+”符号实现字符串的连接。

8.3　使用 Command 对象访问数据库

8.3.1　Command 对象概述

使用 Connection 对象与数据源建立连接，那么打开连接后，应该怎样操作数据呢？这就要借助 Command 对象来对数据源执行查询、插入、删除、更新等各种操作。操作实现的方式可以是使用 SQL 语句，也可以是使用存储过程。根据所用的.NET Framework 数据提供程序的不同，Command 对象也可以分成四类，分别是：SqlCommand、OleDbCommand、OdbcCommand 和 OracleCommand。实际编程的时候应根据访问的数据源不同，选择相应的 Command 对象。下面介绍该对象的常用属性和方法。

1. Command 对象的常用属性

(1)CommandType 属性：用来获取或设置 Command 对象要执行的命令的类型，即获取或设置一个指示如何解释 CommandText 属性的值。该属性是 CommandType 枚举型的，取值有三种情况：StoredProcedure(CommandText 属性中存放的是存储过程的名字)、TableDirect(CommandText 属性设置为要访问的一个或多个表的名称)和 Text (CommandText 属性中存放 SQL 文本命令)。CommandType 属性默认值是 Text。

(2)CommandText 属性：用来获取或设置要对数据源执行的 SQL 语句或存储过程名或表名。

(3)CommandTimeout 属性：用来获取或设置在终止对执行命令的尝试并生成错误之前的等待时间，以秒为单位，默认为 30 秒。

(4)Connection 属性：用来获取或设置此 Command 对象使用的 Connection 对象的名称。

2. Command 对象的常用方法

(1)ExecuteNonQuery 方法：通常用来执行不返回数据集的查询，功能如下。

[功能]：

针对连接对象执行 SQL 语句并返回受影响的行数。

[说明]：

该方法常用来查询数据库的结构或创建诸如表等的数据库对象，或通过该命令执行 UPDATE、INSERT 或 DELETE 等不产生数据集的 SQL 语句。对于 UPDATE、INSERT 和 DELETE 语句，返回值为该命令所影响的行数。对于其他所有类型的语句，返回值为－1。

(2)ExecuteReader 方法：通常用来执行返回数据集的查询，其功能如下。

[功能]：

将 CommandText 发送到 Connection 对象并生成一个 DataReader 对象。

[说明]：

常用来执行返回数据集的 SELECT 语句。

(3)ExecuteScalar 方法：通常用来执行返回单个值的查询，其功能如下。

[功能]：

该方法用于查询 SQL 语句查询命令，ExecuteScalar()方法只返回查询结果中第一行第一列的值。当查询结果只有一个数值时，通常调用这个方法，比如使用聚合函数完成查询时。

[说明]：

一般情况下，这个方法的返回值需要进行显式类型转换后才能使用。

8.3.2 使用 Command 对象查询数据库

要使用 Command 对象，必须有一个可用的 Connection 对象，使用 Command 对象的步骤包括以下几步。

(1)创建数据库连接。

按照前面讲过的步骤创建一个 Connection 对象。

(2)定义执行的 SQL 语句。

将对数据库执行的 SQL 语句赋给一个字符串。

(3)创建 Command 对象。

使用已有的 Connection 对象和 SQL 语句字符串创建一个 Command 对象。

(4)执行 SQL 语句。

使用 Command 对象的某个方法执行命令。

【例 8-2】 根据用户名和密码，编码查找 MySchool 数据库 Admin 表中是否存在输入的用户。如果存在，提示登录成功；否则提示登录失败。如果数据库连接或数据操作发生错误，提示"发生异常！"。

参考步骤

(1)新建一个 DBOper 类，该类主要实现对数据库的相关操作，例如本例中设计一个 CheckUserInfo()方法，用于检查输入的用户是否存在，如果存在则返回 true，不存在或发生异常则返回 false。

(2)添加一个 CollegeManager 类，该类主要实现 College 相关的业务操作。在本例中设计一个 Login()方法，用于实现用户登录操作。

(3)在 Main( )方法中创建 CollegeManager 类的实例，执行该实例的 Login()方法。

程序代码

(1)在 DBOper.cs 文件中

```
using System;
using System.Collections.Generic;
using System.Linq;
using System.Text;
using System.Data.SqlClient;

namespace ex8_2
{
    /// <summary>
    ///操作数据库类
```

```
/// </summary>
public class DBOper
{
    //连接字符串
    private const string strConn = "Data Source = CLM\SQL2008R2;Initial
        Catalog = MySchool;User ID = sa;Pwd = 123456";
    /// <summary>
    ///检查用户信息
    /// </summary>
    /// <param name = "UserName">用户名</param>
    /// <param name = "Pwd">密码</param>
    /// <param name = "strMsg">需返回的处理信息</param>
    /// <returns>成功 & 失败</returns>
    public bool CheckUserInfo(string UserName,string Pwd,ref string strMsg)
    {
        //创建数据库连接
        SqlConnection conn = new SqlConnection(strConn);
        try
        {
            //创建 Sql 语句
            string strSql = "select count( * ) from Admin where LoginId = '" +
            userName + "' and LoginPwd = '" + Pwd + "'";
            conn.Open();
            //创建 Command 命令
            SqlCommand comm = new SqlCommand(strSql,conn);
            int iRet = (int)comm.ExecuteScalar();
            if (iRet ! = 1)
            {
                strMsg = "输入无效!";
                return false;
            }
            else
            {
                return true;
            }
        }
        catch (Exception)
        {
            strMsg = "发生异常!";
            return false;
        }
```

```
            finally
            {
                //关闭数据库连接
                conn.Close();
            }
        }

        /// <summary>
        ///测试 Myschool 的数据库连接
        /// </summary>
        public void TestConnectDB()
        {
            //测试打开数据库的操作
            string connString = "Data Source = .;Initial Catalog = MySchool;User
            ID = sa;pwd = bdqn";
            SqlConnection connection = new SqlConnection(connString);
            try
            {
                //打开数据库连接
                connection.Open();
                Console.WriteLine("打开数据库连接成功");
            }
            catch (Exception ex)
            {
                Console.WriteLine("出现异常:" + ex.Message);
            }
            finally
            {
                //关闭数据库连接
                connection.Close();
                Console.WriteLine("关闭数据库连接成功");
                Console.ReadLine();
            }
        }

    }
}
```

(2)在 CollegeManager.cs 文件中

```
namespace ex8_2
{
    /// <summary>
```

```
        ///处理 College 业务信息
        /// </summary>
        class CollegeManager
        {
            private DBOper _dbOper = new DBOper();//创建 DBOperation 的实例

            public void Login()
            {
                Console.WriteLine("请输入用户名:");
                string strUserName = Console.ReadLine();
                Console.WriteLine("请输入密码:");
                string strPwd = Console.ReadLine();
                //需返回的结果信息
                string strMsg = string.Empty;
                bool bRet = _dbOper.CheckUserInfo(strUserName,strPwd,ref strMsg);
                if (bRet)
                {
                    Console.WriteLine("登录成功!");
                }
                else
                {
                    Console.WriteLine("登录失败!" + strMsg);
                }
            }
        }
    }
```

(3)在主程序文件中

```
namespace ex8_2
{
    class Program
    {
        static void Main(string[] args)
        {
            //管理员登录
            CollegeManager manger = new CollegeManager();
            manger.Login();
            Console.ReadLine();
        }
    }
}
```

程序的运行界面如图 8-5 所示。

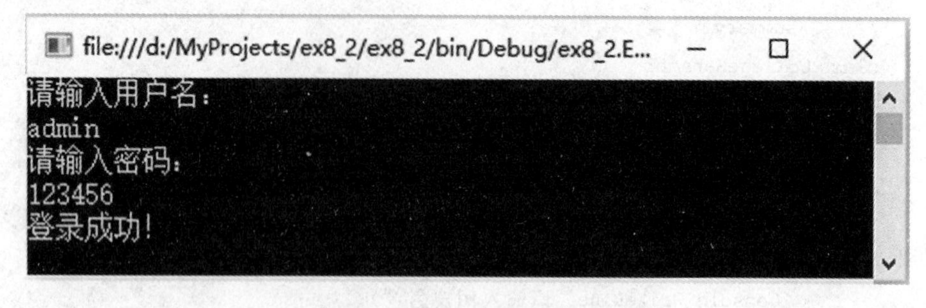

图 8-5　例 8-2 程序运行界面

8.3.3　技能训练(统计学员人数)

【例 8-3】 编写一个用来测试连接的应用程序，使用 ADO.NET 技术实现一个简单的控制台程序与 SQL Server 中 MySchool 数据库建立连接。当成功打开数据库连接时，输出“打开数据库连接成功”提示信息，随后执行关闭数据库连接，提示“关闭数据库连接成功”。

参考步骤

(1)在 DBOper 类中设计一个 GetStudentAmount()方法，用于统计学生人数，将学生人数作为返回值，如果出现异常则返回－1。在该方法中调用 Command 对象的 ExecuteScalar()方法查询学生人数并添加异常处理。

(2)在 CollegeManager 类设计一个 StudentAmount()方法，定义查询学员人数的查询结果。设计 ShowMenu() 方法，用于显示一个用户操作的菜单，当用户选择相应的菜单项时，调用相应的方法，执行对应的功能。关于菜单项的其他功能在后续的课程完成。

(3)在 Main( )方法中执行 CollegeManager 对象的 Login()方法后再调用 ShowMenu()方法显示菜单。

程序代码

(1)在 DBOper.cs 文件中

```
/// <summary>
///查询学生人数
/// </summary>
/// <returns>-1:失败;其他:成功</returns>
public int GetStudentAmount()
{
    SqlConnection conn = new SqlConnection(strConn);
    try
    {
        String strSql = "select count( * ) from Student ";
        conn.Open();
        SqlCommand comm = new SqlCommand(strSql,conn);
        int iRet = (int)comm.ExecuteScalar();
        return iRet;
    }
```

```
        catch (Exception)
        {
            return -1;
        }
        finally
        {
            conn.Close();
        }
    }
```

(2)在 CollegeManager.cs 文件中

```
    #region 显示菜单
    /// <summary>
    ///显示菜单
    /// </summary>
    public void ShowMenu()
    {
        string option = "";
        do
        {
            Console.WriteLine();
            Console.WriteLine("============请选择操作键==========");
            Console.WriteLine("1、统计学生人数");
            Console.WriteLine("2、查看学生名单");
            Console.WriteLine("3、按学号查询学生姓名");
            Console.WriteLine("4、按姓名查询学生信息");
            Console.WriteLine("5、修改学生出生日期");
            Console.WriteLine("6、删除学生记录");
            Console.WriteLine("7、新增年级记录");
            Console.WriteLine("0、退出");
            Console.WriteLine("===========================");
            option = Console.ReadLine();
            switch (option)
            {
                case "1":
                    StudentAmount();
                    continue;
                case "2":
                    //ShowStudentList();
                    continue;
                case "3":
                    //ShowStudentName();
```

```
                continue;
            case "4":
                //ShowStudentInfoByName();
                continue;
            case "5":
                //UpdateStuBornDate();
                continue;
            case "6":
                //DeleteStuInfo();
                continue;
            case "7":
                //InsertNewGrade();
                continue;
            case "0":
                break;
            default:
                continue;
        }
        break;
    } while (true);
}
#endregion

#region 执行查询学生数量并处理结果信息
/// <summary>
///执行查询学生数量并处理结果信息
/// </summary>
public void StudentAmount()
{
    int iRet = _dbOper.GetStudentAmount();
    if (iRet = = -1)
    {
        Console.WriteLine("查询失败");
    }
    else
    {
        Console.WriteLine("学生数量为:" + iRet);
    }
}
#endregion
```

(3)在主程序文件中

```
namespace ex8_2
```

```
{
    class Program
    {
        static void Main(string[] args)
        {
            //管理员登录
            CollegeManager manger = new CollegeManager();
            manger.Login();
            manger.ShowMenu();
            Console.ReadLine();
        }
    }
}
```

程序的运行界面如图 8-6 所示。

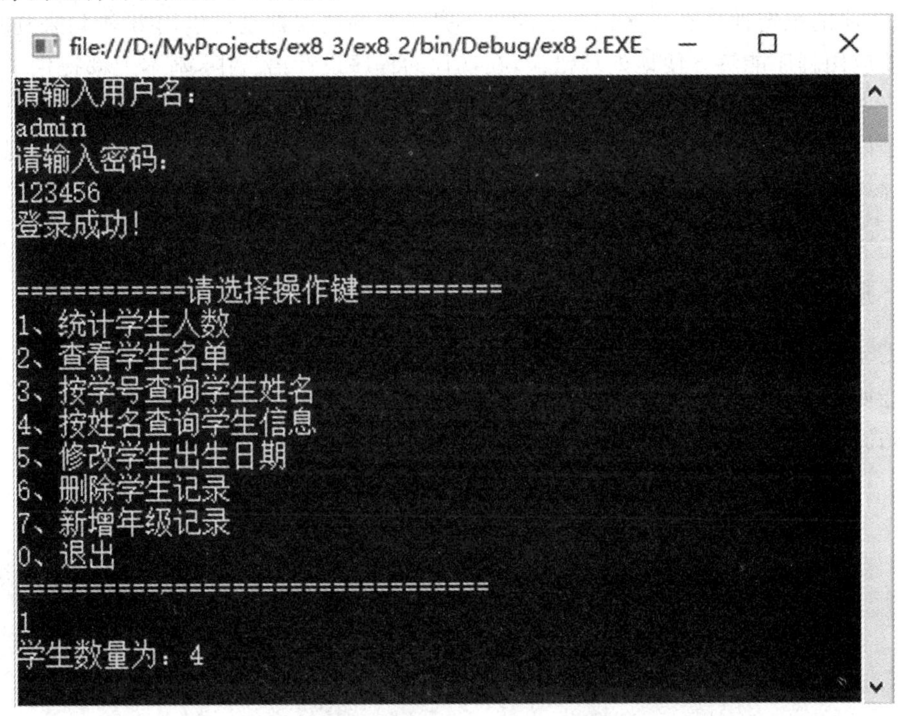

图 8-6　例 8-3 程序运行界面

8.4　异常处理

8.4.1　异常处理概念

所谓异常，就是程序运行时产生了错误。任何程序员都无法保证编写的程序不出现错误，因此异常处理是任何程序的必需部分，是保证程序的健壮性所必不可少的。不具备良好的异常处理的程序是不完整的。

在浏览网上信息时，有时因为网络不通，网站无法访问，或无法获得指定网页的内容。同样，应用程序访问数据库时也不会总是一帆风顺的。可能因为数据库服务器没有开启或网络不通导致应用程序无法与数据库建立连接，也可能由于与数据库服务器的连接突然中断，使得应用程序不能够访问数据，此时应用程序就会出现意外错误。程序员编写应用程序难免会发生错误。有的错误是在编译时产生的，这就是编译错误。有的错误是在程序运行的过程中出现的，这种错误就是异常。有些异常可能无法避免但是可以预知，比如程序正要读取数据库，网络突然断了，程序无法控制网络是否畅通，但可以预测到可能会有这种情况出现。为了保证应用程序正常运行，程序员要对程序运行中可能发生的错误进行编码处理，这就是异常处理。

在传统的程序设计语言中，系统并没有提供异常处理机制，因此只能依靠程序设计人员来预先估计可能出现的错误情况，并对出现的错误进行处理。这样，在程序中就需要使用多条条件判断语句，如 if 语句。另外，由于程序员的经验不同，对出现错误的估计能力有所差别，因此程序的稳定性也有所区别。同时也不是所有的错误都是可以用 if 语句来判断的。

为使应用程序能够方便地处理错误，在现代的程序设计语言中，基本上都提供了错误处理功能。如在 C# 中，可在系统定义异常的基础上，辅之以自定义异常，可把程序中出现的异常问题以统一的方式进行处理，这样不但增加了程序的稳定性和可读性，同时也规范了程序的设计风格，有利于提高程序质量。

C# 是用 try-catch-finally 语句来对异常进行捕获处理。

8.4.2 捕获处理异常

在 C# 中，对异常的捕获处理是通过 try-catch-finally 语句来进行的，该语句的格式与一般功能如下。

[格式]:
```
try
{
    语句组 1;          //程序中需要执行的语句
}
catch(异常 1)         //发生了“异常 1”指定的异常
{
    语句组 2;          //执行该异常处理
}
catch(异常 n)         //发生了“异常 n”指定的异常
{
    语句组 n;          //执行该异常处理
}
finally               //必做的处理
{
    语句组 n+1;        //该语句块一定被执行，无论是否产生异常
}
```

[功能]:try-catch-finally 语句是把可能出现异常的代码放在 try 块中。如果程序在运

行过程中发生了异常，就会跳转到 catch 块中进行错误处理，这个过程叫做捕获异常。如果程序执行过程没有发生异常，那么将会正常执行 try 中的全部语句，但不会执行 catch 块中的语句。异常有很多种类型，一个 try 可以跟多个不同 catch 异常处理模块。

执行"语句组 1"中的语句，如果产生异常，则系统自动查找离可以处理这个异常的语句最近的 catch 语句，并且在运行时决定异常类型。首先，会寻找包含此代码的 try 块。当找到 try 块时，系统将从与此 try 块相关联的一个或多个 catch 块中，寻找一个最佳的。这个查找一直进行到找到可以处理当前的异常的 catch 块为止。找到异常处理块后，将执行其中的处理代码，在处理代码中进行异常处理或重新抛出异常。无论是否有异常发生，均会执行 finally 块中的"语句组 n+1"。

当异常发生时，选择哪一个 catch 块将取决于异常的类型是否匹配，一个具体的 catch 块将比一个公共的 catch 块优先。如在 try 块中发生了一个除数为 0 的异常，有两个 catch 块，一个是捕获所有异常，一个是专门捕获除数为 0 的异常，此时应执行"专门捕获除数为 0 的异常"的 catch 块。

可以省略 catch 块。由于没有 catch 块，程序执行过程中发生异常，如果有 finally 块则将直接执行该块中的代码，否则将直接中断。finally 块也可以省略，但 catch 块和 finally 块不能同时省略。

在例 8-2CheckUserInfo()方法中，就用到了异常处理。因为应用程序访问数据库时不会总是一帆风顺的，可能因为数据库服务器没有开启或网络不通导致应用程序无法与数据库建立连接，也可能由于与数据库服务器的连接突然中断，使得应用程序不能够访问数据，此时应用程序就会出现意外错误。为了保证应用程序正常运行，程序员必须对程序运行中可能发生的错误进行异常处理。

8.4.3　C#的异常类

在 C# 中，所有的异常都派生于 Exception 类，该类包含在公共语言运行库中，有如下两个重要的属性。

Message 属性：该属性是只读属性，包含对异常原因的描述信息。

InnerException 属性：该属性也是一个只读属性，包含这个异常的"内部异常"。如果不是 null，就指出当前的异常是作为对另外一个异常的回答而被抛出。产生当前异常的异常可以在 InnerException 属性中得到。

为了对异常进行更细致的划分，C# 还提供了一些通用异常类，如表 8-2 所示。

表 8-2　C#的通用异常类

通用异常类	异常发生时机
System. OutOfMemoryException	使用 new 来分配内存失败时抛出
System. StackOverflowException	当执行栈被太多未完成的方法调用耗尽时抛出：典型情况是指非常深和消耗很大的递归
System. NullReferenceException	在需要引用对象时，却访问到 null 引用时抛出

System. TypeInitializationException	当一个静态构造函数抛出一个异常,并且在没有任何 catch 语句来捕获的时候抛出
System. InvalidCastException	当一个从基本类型或接口到一个派生类型的转换运行失败时抛出
System. ArrayTypeMismatchException	当因为存储元素的实例类型与数组的实际类型不匹配而造成数组存储失败时抛出
System. IndexOutOfRangeException	当试图通过一个比零小或者超出数组边界的下标来引用一个数组元素时抛出
System. MulticastNotSupportedException	当试图合并两个非空委托失败时抛出。因为委托类型没有 void 返回类型
System. ArithmeticException	一个异常的基类,在进行算术操作时发生,如被零除和溢出时
System. DivideByZeroException	当试图用整数类型数据除以零时抛出
System. OverflowException	当进行的算术操作、类型转换或转换操作导致溢出时抛出

在 catch 块中使用这些通用异常类作为参数可以对指定的异常进行捕获。

8.4.4 抛出异常

在 C# 中除了程序产生异常外,还可以为了某种应用目的产生并抛出异常,这需要使用 throw 语句。throw 语句的格式有两种。

[格式 1]:

```
throw
```

[功能]:把接受到的异常直接发送出去,这个异常将传回到调用方法的代码中。一般在方法内的 catch 块中使用。

[格式 2]:

```
throw 异常对象
```

[功能]:抛出"异常对象"指定的异常。如果该语句在 catch 块中,将把异常发送到调用方法的代码中,从而可以实现捕获异常、外理异常和重发异常的机制。

【例 8-4】 在除法计算中对输入的除数进行判断,如果除数为 0 则主动抛出"除数为 0"的异常。

问题分析

在 try 块中把输入的数据转换成整型数,再判断除数是否为 0,如果为 0 则用 throw 语句抛出除数为 0 的异常。

程序代码

```
static void Main(string[] args)
{
    int Num1,Num2;              //存放被除数和除数
    double Result;     //结果
    try
```

```
        {
            Console.WriteLine("请依次输入被除数与除数:");
            //把输入转换为整型作为被除数
            Num1 = Convert.ToInt32(Console.ReadLine());
            //把输入转换为整型作为除数
            Num2 = Convert.ToInt32(Console.ReadLine());
            if (Num2 == 0)
                throw new DivideByZeroException("除数为 0,请重新输入!");
            else
            {
                Result = Num1/Num2;                          //除法运算
                Console.WriteLine("结果为:" + Result);       //除法的结果显示出来
            }
        }
        catch (DivideByZeroException e1)                     //捕获除数为 0 的错误
        {
            Console.WriteLine(e1.Message);
        }
        Console.ReadKey();
    }
```

"除数为 0"时的程序运行界面如图 8-7 所示。

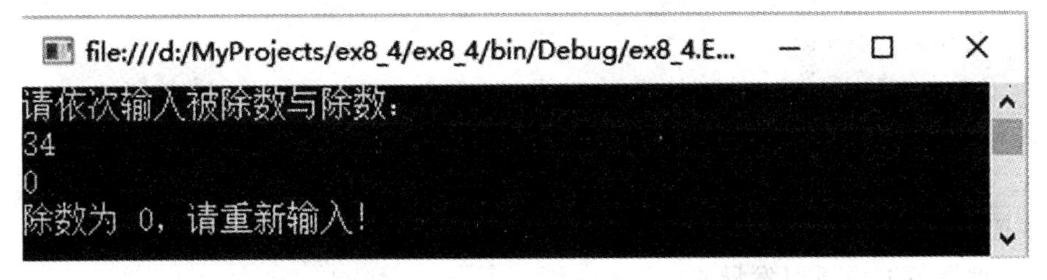

图 8-7 例 8-4"除数为 0"时的程序运行界面

本章小结

本章介绍了 ADO.NET 技术模型,利用 ADO.NET 技术可以实现应用程序对数据库的访问操作。

➢ ADO.NET 是.NET Framework 中的一组允许应用程序与数据库交互的类。

➢ ADO.NET 的两个主要组件是.NET Framework 数据提供程序和 DataSet。

➢ .NET 数据提供程序包括四个核心对象:Connection、Command、DataAdapter 和 DataReader。

➢ Connection 对象用于建立应用程序和数据库之间的连接,需要定义连接字符串。必须显式打开和关闭数据库连接。

➤ Command 对象允许向数据库传递请求,检索和操作数据库中的数据。
➤ Command 对象的 ExecuteScalar()方法可以检索数据库并返回一个值。
➤ 数据库操作过程中可能出现异常,可以使用 try-catch-finally 语句处理异常。

习题8

一、单项选择题

1. 在下列关于 try-catch-finally 语句的说明中,不正确的是(　　)。
   A. catch 块可以有多个　　B. finally 块是可选的
   C. catch 块也是可选的　　D. 可以只有 try 块
2. 为了能够在程序中捕获所有异常,在 catch 语句的括号中使用的类名为(　　)。
   A. Exception　　B. DivideByZeroException
   C. FormatException　　D. 以上三个均可
3. 关于异常,在下列的说法中不正确的是(　　)。
   A. 用户可以根据需要抛出异常
   B. 在被调方法中可通过 throw 语句把异常传回给调用方法
   C. 用户可以自己定义异常
   D. 在 C#中有的异常不能被捕获
4. 异常类的共同基类是(　　)。
   A. System. String　　B. System. Exception
   C. System. Delegate　　D. System. Object
5. 在 C#程序中,可使用 try-catch 机制来处理程序出现的(　　)错误。
   A. 语法　　B. 运行　　C. 逻辑　　D. 拼写
6. 下面关于异常的说法正确的是(　　)。
   A. 编译不能通过引发异常
   B. 运行结果不正确引发异常
   C. 编译已经通过,运行时出现错误引发异常
   D. 编译不能通过或运行结果不正确引发异常
7. 目前常用的数据库管理系统属于(　　)。
   A. 网状型　　B. 结构型　　C. 层次型　　D. 关系型
8. 在下面描述的程序错误中,(　　)属于编译类型的错误。
   A. 数据类型转换错误　　B. 变量的初值赋值错误
   C. 未实现某个功能　　D. 访问的文件不存在
9. SQL 语句中用于选择的动词是(　　)。
   A. Select　　B. Insert　　C. Delete　　D. Update
10. ADO.NET 使用(　　)命名空间的类访问 SQL Server 数据库中的数据。
   A. System. Data. OleDb　　B. System. Data. SqlClient
   C. System. Xml. Serialization　　D. System. IO

11. 在使用 ADO.NET 编写连接到 SQL Server 2000 数据库的应用程序时，从提高性能角度考虑，应创建（　　）类的对象，并调用其 Open 方法连接到数据库。

A. Connection　　B. SqlConnection

C. OleDbConnection　　D. OdbcConnection

12. 应用 ADO.NET 访问数据时，Connection 对象的连接字符串中 Initial Catalog 子串的含义是（　　）。

A. Connection 对象连接到的数据库的名称

B. Connection 对象的身份验证信息

C. Connection 对象的最大连接时间

D. Connection 对象使用的缓存大小

13. 下面关于异常的说法，正确的是（　　）。

A. catch 可以和 finally 单独连用

B. 异常发生后，finally 语句块并不一定执行

C. throw 语句必须与 try 语句连用

D. 在处理异常时，可以使用多个 catch 语句

二、问答和编程题

1. 当异常由 try 语句处理时，简述 try 语句的三种可能形式。

2. 编写一个计算器应用程序，要求在程序中能够捕获到被 0 除的异常与算术运算溢出的异常。

3. 简述 ADO.NET 中对数据库进行操作的步骤。

4. 编写一个程序，用来求 10 个学生某门课的平均成绩。要求程序能够捕获下标越界异常。

提示：求 10 个学生的某门课程的平均成绩比较容易，不再赘述。可把求平均成绩的程序段放在 try 块中，然后使用 catch 块来捕获下标越界（IndexOutOfRangeException）异常。

第9章

使用 ADO.NET 操作数据库

本章工作任务

- 查询学生名单
- 按学号查询学生姓名
- 按姓名查询学生信息
- 修改学生出生日期
- 按学号删除学生记录
- 新增年级记录

本章知识目标

- 理解 ADO.NET 模型中的五大对象
- 理解 ADO.NET 访问数据的过程
- 理解 DataReader 读取数据的过程
- 理解 Command 对象操作数据的过程

本章技能目标

- 会使用 DataReader 对象检索数据
- 会使用 Command 对象操作数据
- 会使用 StringBuilder 类的常用方法

本章重点难点

- ADO.NET 对象
- DataReader 读取数据的方式
- Command 对象操作数据

9.1　使用DataReader对象查询数据库

9.1.1　认识DataReader对象

DataReader对象是一个简单的数据集，用于从数据源中检索只读、只向前数据集，常用于检索大量数据。根据.NET Framework数据提供程序不同，DataReader也可分成SqlDataReader、OleDbDataReader等几类。

DataReader对象可通过Command对象的ExecuteReader方法从数据源中检索数据来创建。

1. DataReader对象的常用属性

- FieldCount属性：用来获取当前行的列数。
- HasRows属性：用来表示查询的返回结果。如果有查询结果返回true，否则返回false。

2. DataReader对象的常用方法

- Read方法：用来移动记录指针到下一行，其功能如下。

[功能]：使DataReader对象前进到下一条记录。如果还有记录，则返回值true，否则为false。

[说明]：DataReader的默认位置在第一条记录的前面。因此，必须调用Read方法后才能访问数据。

- Close方法：用来关闭数据集，其功能如下。

[功能]：关闭DataReader对象。

- Get方法：用来读取数据集的当前行的某一列的数据，其格式与功能如下。

[功能]：从参数指定的列中读取数据。

3. DataReader对象的用法

创建一个DataReader对象需要调用Command对象的ExecuteReader()方法，ExecuteReader()方法的返回值是一个DataReader对象。可以调用DataReader对象的Read()方法读取一行记录。

创建和使用DataReader的步骤如下。

(1)创建Command对象。

(2)调用Command对象的ExecuteReader()方法返回一个DataReader对象。

假设已创建一个Command对象，名为Command，下面的代码可以创建一个DataReader对象。

```
SqlDataReader dataReader = Command. ExecuteReader();
```

(3)调用DataReader的Read()方法逐行读取查询结果集的记录。

这个方法返回一个布尔值。如果能读到一行记录返回true，否则返回false。代码如下。

```
DataReader. Read();
```

(4)读取当前行的某列的数据。

可以像使用数组一样，用方括号来读取某列的值，如(type)DataReader[]，方括号中可以是列的索引，从0开始，也可以是列名。注意的是对于取到的列值必须要进行类型转换，如下所示。

```
(string) DataReader ["StudentName"] ;
```

(5)关闭 DataReader 对象,调用 close()方法。就像平时打电话一样,如果正在通话,其他电话再打进来就会听到占线的提示。只有当通话结束后,其他的电话才能打进来。使用 DataReader 对象读取数据时会占用数据库连接,这时必须调用 close()方法关闭 DataReader,对象才能够用数据库连接进行其他数据库的操作。代码如下。

```
DataReader.Close ();
```

9.1.2 使用 DataReader 对象批量查询数据

【例 9-1】 使用 DataReader 对象完成 MyCollege 系统的查看并显示学生名单功能。

问题分析

如何实现查看学生花名册?首先,在库 DBOper 类中添加自定义方法 GetStudentList(),在方法中使用 StringBuilder 类对象拼写出查询 Student 表中记录的 SQL 语句,通过 Command 对象的 ExecuteReader()方法读取数据,返回 SqlDataReader 对象。其次,在 CollegeManager 类中添加自定义 ShowStudentList()方法,用 reader 对象接收 DBOperation 类中 GetstudentList()方法的返回值,得到全部学生的学号和姓名循环调用 SqlDataReader 中的 Read()方法,输出学生的学号和姓名。最后,数据读取完成之后,用 SqlDataReader 中的 close()方法关闭。

程序代码

(1)在 DBOper.cs 文件中添加 GetStudentList()方法。

```
/// <summary>
///取得学生名单
/// </summary>
/// <returns>DataReader</returns>
public SqlDataReader GetStudentList()
{
    SqlConnection conn = new SqlConnection(strConn);
    try
    {
        conn.Open();

        StringBuilder sb = new StringBuilder();
        sb.AppendLine(" SELECT");
        sb.AppendLine("          [StudentNo]");
        sb.AppendLine("          ,[StudentName]");
        sb.AppendLine("          ,[Sex]");
        sb.AppendLine(" FROM");
        sb.AppendLine("          [Student]");

        SqlCommand comm = new SqlCommand(sb.ToString(),conn);
```

```
            return comm.ExecuteReader();
        }
        catch (Exception)
        {
            return null;
        }
    }
```

(2)在 CollegeManager.cs 文件中添加 ShowStudentList()方法

```
/// <summary>
///输出学生名单
/// </summary>
public void ShowStudentList()
{
    SqlDataReader reader = _dbOper.GetStudentList();

    if (reader = = null)
    {
        Console.WriteLine("出现异常!");
        return;
    }
    Console.WriteLine("------------------------");
    Console.WriteLine("学号\t  姓名\t  性别");
    Console.WriteLine("------------------------");

    StringBuilder sb = new StringBuilder();
    //循环读取 DataReader
    while (reader.Read())
    {
        sb.AppendFormat("{0}\t{1}\t{2}",reader["StudentNo"],reader["StudentName"],
reader["Sex"]);
        Console.WriteLine(sb);
        sb.Length = 0;
    }
    Console.WriteLine("------------------------");
    //关闭 DataReader
    reader.Close();
}
```

程序的运行界面如图 9-1 所示。

9.1.3 技能训练

【例 9-2】 使用 DataReader 对象完成 MyCollege 系统中的按学号查询学生姓名的

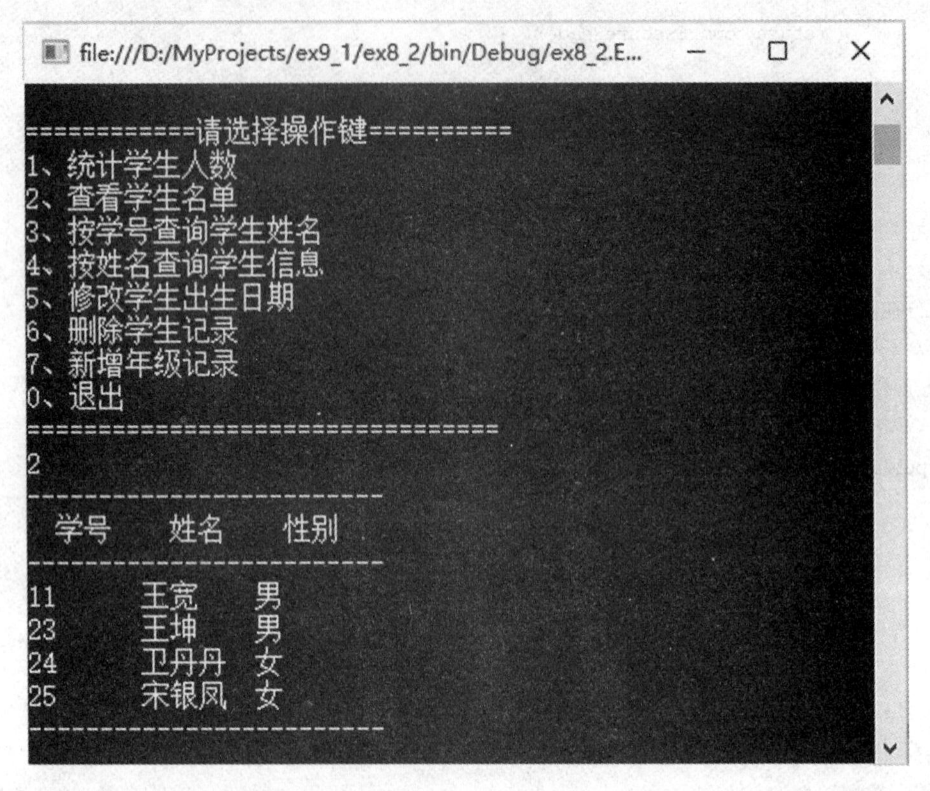

图 9-1 例 9-1 程序运行界面

功能。

要求如下。

- 当管理员选择菜单项“3、按学号查询学生姓名”时，系统提示输入学号。
- 根据学号在数据库 Student 表中查找匹配学号的学生记录。
- 如果找到学生记录，则将学生学号和姓名输出，否则输出“出现异常！”。

参考步骤

(1)在 DBOper 类中，自定义带参数的方法 GetStudentNameByNo(string strNO)，并返回 String 类型对象。参数为管理员输入的学生号，返回值为学生姓名。在此方法中用 StringBuilder 类拼写 SQL 语句，用 SqlCommand 对象的 ExecuteReader()方法获得查询数据并返回 DataReader 对象，通过 DataReader 对象的 Read( )方法读取学生姓名。注意，因为学号是表中的主键，满足查询条件的记录只有一条，所以可以用 if 条件结构判断，数据库操作需要添加异常处理。完成查询后用 DataReader 的 Close()方法关闭。

(2)在 CollegeManager 类中自定义方法 ShowStudentName() ，并调用 DBOper 类中的 GetStudentNameByNo()方法，用 String 类的 Equal()方法判断返回值是否为 string. Empty，如果返回值为 string. Empty，输出“出现异常！”，否则输出学生姓名。

程序代码

(1)在 DBOper. cs 文件中添加 GetStudentList()方法。

```
/// <summary>
///根据学号查询学生姓名
```

```
/// </summary>
/// <param name = "stuNo">学生学号</param>
/// <returns>学生姓名</returns>
public string GetStudentNameByNo(string stuNo)
{
    SqlConnection conn = new SqlConnection(strConn);
    try
    {
        conn.Open();

        StringBuilder sb = new StringBuilder();
        sb.AppendLine(" SELECT");
        sb.AppendLine("            [StudentNo]");
        sb.AppendLine("            ,[StudentName]");
        sb.AppendLine(" FROM");
        sb.AppendLine("            [Student]");
        sb.AppendLine(" WHERE");
        sb.AppendLine("            [StudentNo] = '" + stuNo + "'");

        SqlCommand comm = new SqlCommand(sb.ToString(),conn);
        SqlDataReader reader = comm.ExecuteReader();
        string stuName = string.Empty;
        if (reader.Read())
        {
            stuName = Convert.ToString(reader["StudentName"]);
        }
        reader.Close();
        return stuName;
    }
    catch (Exception)
    {
        return string.Empty;
    }
    finally
    {
        conn.Close();
    }
}
```

(2)在 CollegeManager.cs 文件中添加 ShowStudentList()方法

```
/// <summary>
///输出学生姓名
```

```
/// </summary>
public void ShowStudentName()
{
    Console.WriteLine("请输入学生学号:");
    string stuNo = Console.ReadLine();
    string stuName = _dbOper.GetStudentNameByNo(stuNo);
    if (stuName.Equals(string.Empty))
    {
        Console.WriteLine("出现异常!");
        return;
    }
    else
    {
        StringBuilder sb = new StringBuilder();
        sb.AppendFormat("学号是{0}的学生姓名为:{1}",stuNo,stuName);
        Console.WriteLine(sb);
    }
}
```

程序的运行界面如图 9-2 所示。

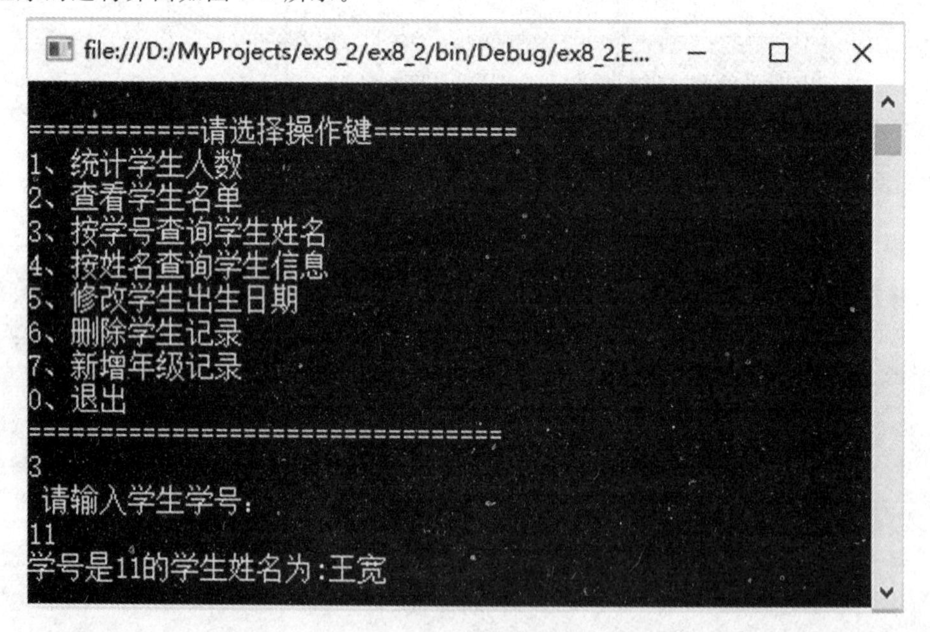

图 9-2　例 9-2 程序运行界面

9.2　使用Command对象更新数据

9.2.1　使用Command对象的ExecuteNonQuery()方法

DataReader对象只能为应用程序提供数据库的查询功能，为了实现数据库数据的增加、删除和修改操作，需要调用Command对象的ExecuteNonQuery()方法。

Command对象的ExecuteNonQuery()方法用于执行指定的SQL语句，如UPDATE、INSERT、DELETE，返回的是受SQL语句影响的记录行数。现在根据Command对象的ExecuteNonQuery()方法来完成这样的一个问题

【例9-3】 实现MyCollege系统的“新增年级信息”功能。

问题分析

(1)在DBOper类中，自定义带参数的InsertGrade()方法，向数据库表Grade中插入一条年级记录。在这个方法中，执行以下操作。

- 采用按值传参的方式传入将要新增的年级名称。
- 使用SqlCommand对象的ExecuteNonQuery()方法执行SQL插入语句，并获得执行结果。
- 使用try-catch-finally语句处理程序运行中出现的异常。

(2)在CollegeManager类中，自定义InsertGrade()方法，调用DBOper类中的自定义方法InsertGrade()。

程序代码

(1)在DBOper.cs文件中添加InsertDataToGrade()方法。

```
/// <summary>
///插入年级信息
/// </summary>
/// <param name = "gradeName">年级名称</param>
/// <returns>受影响行数 &-1:异常</returns>
public int InsertDataToGrade(string gradeName)
{
    SqlConnection conn = new SqlConnection(strConn);
    try
    {
        conn.Open();
        StringBuilder sb = new StringBuilder();
        sb.AppendLine("INSERT INTO");
        sb.AppendLine("          [Grade]");
        sb.AppendLine("VALUES");
        sb.AppendLine("          ('" + gradeName + "')");
        SqlCommand comm = new SqlCommand(sb.ToString(),conn);
        return comm.ExecuteNonQuery();
```

```
    }
    catch (Exception)
    {
        return -1;
    }
    conn.Close();
}
```

(2)在 CollegeManager. cs 文件中添加 InsertGrade()方法

```
/// <summary>
///输出插入年级的结果
/// </summary>
public void InsertGrade()
{
    Console.WriteLine("请输入待插入的年级名称:");
    string gradeName = Console.ReadLine();
    int iRet = _dbOper.InsertDataToGrade(gradeName);
    if (iRet == -1)
    {
        Console.WriteLine("出现异常!");
    }
    else
    {
        Console.WriteLine("插入成功!");
    }
}
```

程序的运行界面如图 9-3 所示。

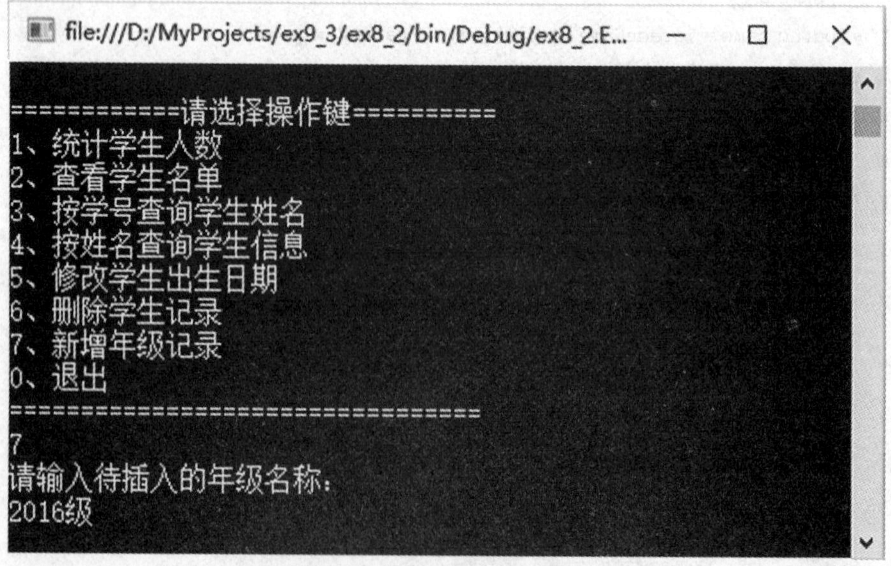

图 9-3　例 9-3 程序运行界面

程序分析

在 DBOper 类中添加了自定义 InsertGrade(String gradeName)方法。用 StringBuilder 构建 SQL 语句,构建的方式和 DataReader 中的读取数据一样。但是要注意,在添加、修改或删除的时候,如果数据库列是字符串类型,那么要将其值放置在一对单引号中(如 gradeName),否则插入数据的操作会出现错误。调用 SqlCommand 的 ExecuteNonQuery() 方法,可以获得受影响的行数。

通过例 9-3 可以总结出使用 Command 对象的 ExecuteNonQuery()方法的步骤,具体内容如下。

(1)创建 Connection 对象 conn。

(2)编写要执行的 SQL 语句。

(3)创建 Command 对象。

(4)执行 ExecuteNonQuery( )方法。注意:完成操作后不要忘记关闭 conn 对象。

(5)根据 ExecuteNonQuery( )方法的返回值进行后续的处理。如果返回值小于或等于 0,说明没有记录受影响。

9.2.2 技能训练(修改学生的出生日期)

【例 9-4】 实现 MyCollege 系统的“修改学生出生日期”功能。要求如下。

(1)当选择执行 MyCollege 系统的“修改学生出生日期”菜单项时,系统提示管理员输入要修改的学生学号和修改后的生日相关提示。

(2)判断生日输入的格式是否正确。如果正确,根据学号更新 Student 表中的出生日期。

(3)添加适当的异常处理。

问题分析

(1)在 DBOper 类中,自定义带参数的 UpdateStuBornDate(string bornDate, string stuNo)方法,参数为输入的日期和输入的学号。在该方法中拼出按学号更新学生生日的 SQL 语句,用 SqlCommand 对象的 ExecuteNonQuery()方法修改数据并返回相应的数值。

(2)在 CollegeManager 类中自定义 UpdateStuBornDate()方法。

①调用 DBOper 类中的自定义 UpdateStuBornDate()方法。

②通过返回值判断记录修改是否成功。

③使用 Convert. ToDateTime()方法对输入的出生日期进行类型转换。

(3)在 CollegeManager 类中,自定义 InsertGrade()方法,调用 DBOper 类中的自定义方法 InsertGrade()。

程序代码

(1)在 DBOper. cs 文件中添加 UpdateStuBornDate()方法。

```
/// <summary>
///修改学生生日信息
/// </summary>
/// <param name = "bornDate">出生日期</param>
/// <param name = "stuNo">学号</param>
```

```
/// <returns>受影响的行数 &-1:异常</returns>
public int UpdateStuBornDate(string bornDate,string stuNo)
{
    try
    {
        SqlConnection conn = new SqlConnection(strConn);
        conn.Open();

        StringBuilder sb = new StringBuilder();
        sb.AppendLine(" UPDATE ");
        sb.AppendLine("            [Student]");
        sb.AppendLine(" SET ");
        sb.AppendLine("            [BornDate] = '" + bornDate + "'");
        sb.AppendLine(" WHERE ");
        sb.AppendLine("            [StudentNo] = " + stuNo);
        SqlCommand comm = new SqlCommand(sb.ToString(),conn);
        return comm.ExecuteNonQuery();
    }
    catch (Exception)
    {
        return -1;
    }
}
```

(2)在 CollegeManager.cs 文件中添加 UpdateStuBornDate()方法

```
/// <summary>
///输出学生生日更新结果
/// </summary>
public void UpdateStuBornDate()
{
    try
    {
        Console.WriteLine("请输入学号:");
        string stuNo = Console.ReadLine();
        Console.WriteLine("请输入修改后的生日(XXXX-XX-XX):");
        string stuBornDate = Console.ReadLine();
        DateTime dtStuDate = Convert.ToDateTime(stuBornDate);
        int iRet = _dbOper.UpdateStuBornDate(stuBornDate,stuNo);
        if (iRet == -1)
        {
            Console.WriteLine("异常发生!");
        }
```

```
        else
        {
            Console.WriteLine("修改成功!");
        }
    }
    catch (Exception)
    {
        Console.WriteLine("输入错误!");
    }
}
```

程序的运行界面如图 9-4 所示。

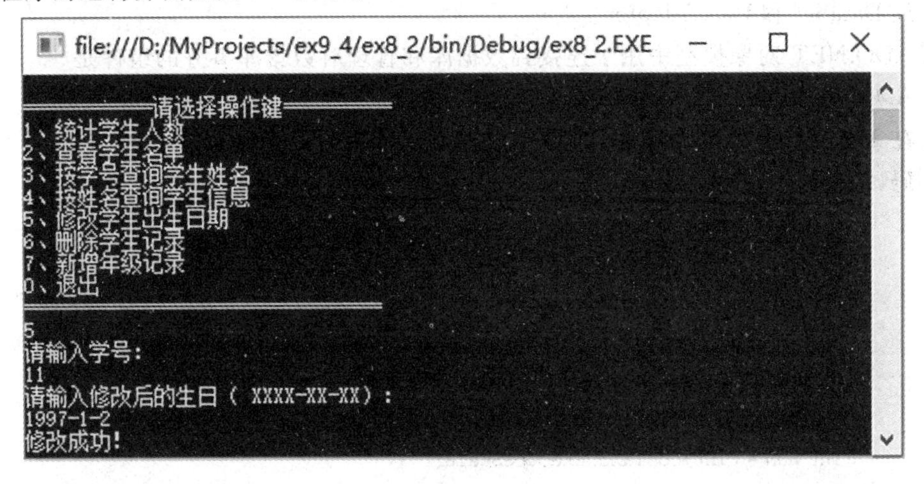

图 9-4　例 9-4 程序运行界面

本章小结

➢ StringBuilder 类与 System.String 类的主要区别是：String 类具有不变性；StringBuilder 类常用来处理字符串的修改删除等操作。

➢ DataReader 对象是一个只进、只读的数据流，每次从数据源中提取一条记录。

➢ 使用 DataReader 对象可以获得查询的数据。

➢ 通过 Command 对象的 ExecuteReader()方法返回一个 DataReader 对象。

➢ 读取 DataReader 对象中的数据时，每调用一次 Read()方法将获得一行数据。

➢ 完成数据查询后，要调用 Close()方法关闭 DataReader。

➢ 使用 Command 对象的 ExecuteNonQuery()方法可以执行数据源数据的增删改操作。

➢ 使用 ExecuteNonQuery()方法返回受影响的行数。

习题 9

一、单项选择题

1. ADO.NET 的两个主要组件是(　　)。

   A. Connection 和 Command

   B. DataSet 和.NET Framework 数据提供程序

   C. .NET Framework 数据提供程序和 DataAdapter

   D. DataSet 和 DataAdapter

2. ADO.NET 对象模型中用于连接到数据库和管理对数据库事务的组件是(　　)。

   A. Connection　　B. DataSet　　C. Open　　D. Command

3. 在 MyCollege 的数据库中,假设年级表 Grade 中有三条记录,编译并执行下面的代码,结果为(　　)。

```
Static void Main()
{
    String connStr = "Data Source = .;Initial Catalog = MySchool;User ID = sa;";
    SqlConnection conn = new SqlConnection(connStr);
    String sql = "select count( * ) from Grade";
    SqlCommand command = new SqlCommand(sql,conn);
    int num = (int)command.ExecuteScalar();
    Console.Write(num);
}
```

   A. 输出 1　　B. 输出 3　　C. 编译错误　　D. 发生异常

4. 下面的代码在执行过程中,注释标注的地方出现了异常,将显示(　　)。

```
String mess = ""
try
{
    //此处出现异常
    Mess += "执行了 try;";
}
catch (Exception e)
{
Mess += "执行了 catch;";
}
finally
{
    Mess += "执行了 finally;";
}
```

   A. 执行了 try;　　B. 执行了 try; 执行了 finally;

C. 执行了 catch；执行了 finally；　　D. 执行了 finally；

5. conn 是一个可用的数据库连接对象，下面一段代码在解决方案中出错，错误在第(　　)行。

```
String sql = "select count( * ) from Student Where gradeid = 1;"
SqlCommand command = new SqlCommand(sql,conn);
conn.Open();
int num = command.ExecuteScalar();
conn.Close();
```

A. 2　　B. 3　　C. 4　　D. 5

二、问答和编程题

1. 简述 ADO.NET 常用组件的主要功能及作用。

2. 继续完成 MyCollege 项目中"删除学生记录"功能，要求如下。

(1)当选择删除功能时，显示提示信息。

(2)根据学号查找并显示 Student 表中的学生记录。

(3)提示是否删除这个学生信息。

(4)确认后执行删除操作并显示删除结果，否则退出删除操作并继续显示菜单。

第10章

项目实例:员工考勤管理系统

本章工作任务

- 添加员工考勤信息
- 查询员工考勤信息
- 修改员工考勤信息
- 删除员工考勤信息

本章知识目标

- 熟悉 Connection 对象连接数据库
- 熟悉 DataReader 对象查询数据
- 熟悉 Command 对象方法的使用
- 熟悉程序的异常处理

本章技能目标

- 会使用 DataReader 对象批量查询数据
- 会使用 Command 对象增加、删除和修改数据

本章重点难点

- 使用 DataReader 对象批量查询数据
- 使用 Command 对象增加、删除和修改数据
- MyAttence 系统数据库的设计
- MyAttence 系统相关类的设计

10.1　项目需求概述

某公司为了规范员工考勤管理，设计一个小型的员工考勤管理系统，实现考勤信息的修改、添加、删除和条件查询等功能。其他功能感兴趣的同学可以在此基础上进一步扩展。

本项目开发环境为 Visual Studio 2013，数据库为 SQL Server 2008，参考代码中默认数据库连接字符串在 DBHelper. cs 代码文件中修改。

本项目设计目的是为了巩固前一段学习的 C＃控制台编程开发和 ADO.NET 技术，提高学生的软件设计能力和编程能力，为以后参加实际应用软件开发奠定基础。

该系统的主要功能模块“查询考勤信息”“添加考勤信息”“删除考勤信息”和“修改考勤信息”运行效果分别如图 10-1、10-2、10-3 和 10-4 所示所示。

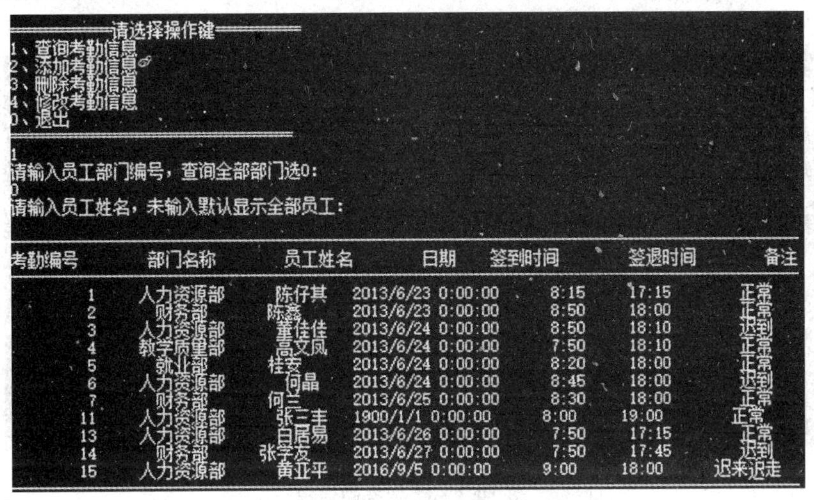

图 10-1　查询考勤信息

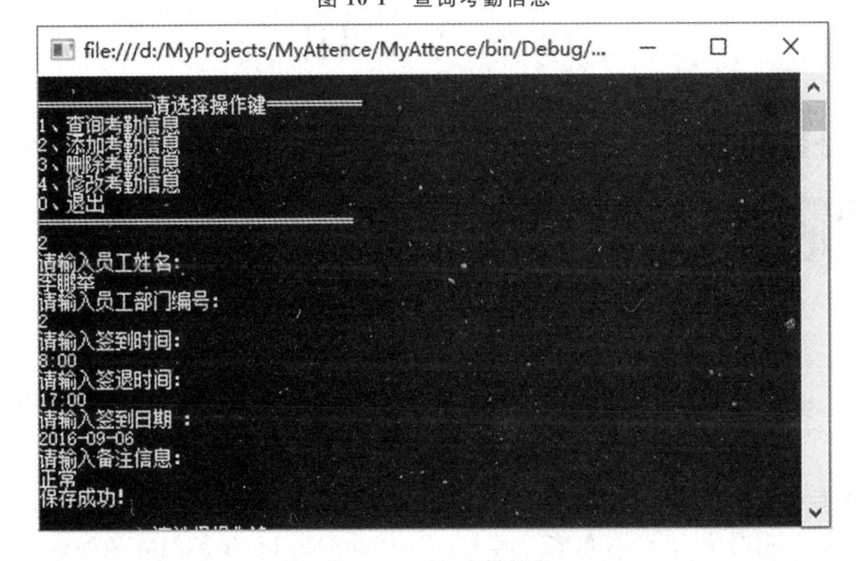

图 10-2　添加考勤信息

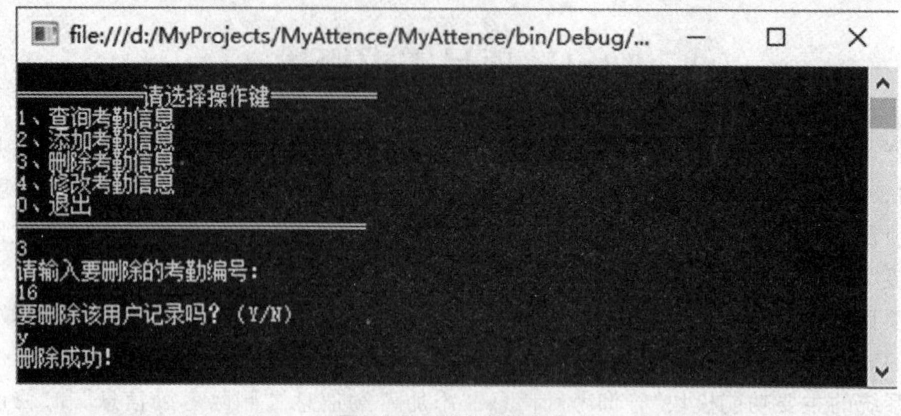

图 10-3　删除考勤信息

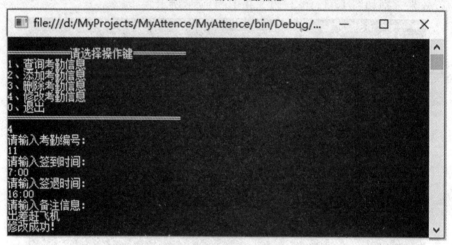

图 10-4　修改考勤信息

10.2　系统设计

10.2.1　数据库设计

考勤管理模块主要包含两张数据表。

部门表包括部门 ID 和部门名称。如图 10-5 所示。

列名	数据类型	允许 Null 值
DeptId	int	☐
DeptName	nvarchar(50)	☑

图 10-5　部门表设计

员工考勤表,包含签到 ID(AttendId),是该表主键盘缓冲区、员工姓名、部门 ID、签到日期、签到时间、签退时间、备注等信息。其中,部门 ID(DeptId)是部门表的外键。如图 10-6 所示。

列名	数据类型	允许 Null 值
AttendId	int	☐
StaffName	nvarchar(20)	☑
DeptId	int	☑
AttendDate	datetime	☑
AttendIn	varchar(50)	☑
AttendOut	varchar(50)	☑
Remark	nvarchar(500)	☑

图 10-6　员工考勤表设计

10.2.2　用户界面设计

系统启动时显示提示菜单,如图 10-7 所示,在窗体上添加菜单和菜单项。

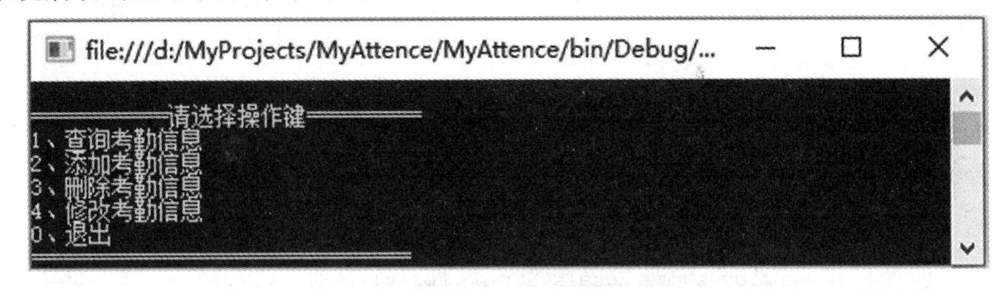

图 10-7　系统菜单

“查询考勤信息”“添加考勤信息”“删除考勤信息”和“修改考勤信息”的用户界面设计分别如图 10-1、10-2、10-3 和 10-4 所示。

10.2.3　“查询考勤信息”模块的设计

参考代码

```
//模糊查询考勤信息
private void QueryAttendence()
{
    int deptId = -1;
    string employeeName = "";

    string sql = "";
    try
    {
        Console.WriteLine("请输入员工部门编号,查询全部部门选 0:");
        deptId = int.Parse(Console.ReadLine());
        Console.WriteLine("请输入员工姓名,未输入默认显示全部员工:");
        employeeName = Console.ReadLine();
        if (deptId == 0)//查询全部部门考勤信息
        {
            //查询所有的考勤信息
```

```
        if (employeeName == null || employeeName.Equals("") ||
            employeeName.Equals(String.Empty))
        {
            sql = "select AttendId,StaffName,d.DeptName,AttendDate,AttendIn,
                AttendOut,Remark from Attendence a,Department d where
                    a.deptId = d.deptId";
        }
        else //按照姓名模糊查找所有部门的考勤信息
        {
          sql = "select AttendId,StaffName,d.DeptName,AttendDate,AttendIn,
          AttendOut,Remark from Attendence a,Department d wherea.deptId
             = d.deptId and a.StaffName like '" + employeeName + " %'";
        }
    }
    else //查找指定部门的考勤信息
    {
        //查询指定部门的所有考勤信息
        if (employeeName == null || employeeName.Equals("") ||
            employeeName.Equals(String.Empty))
        {
            sql = "select AttendId,StaffName,d.DeptName,AttendDate,AttendIn,
                AttendOut,Remark from Attendence a,Department d where
                    a.deptId = d.deptId and a.DeptId = " + deptId;
        }
        else //查找指定部门的并且按照姓名模糊查找所有部门的考勤信息
        {
            sql = "select AttendId,StaffName,d.DeptName,AttendDate,AttendIn,
                AttendOut,Remark from Attendence a,Department d where
                    a.deptId = d.deptId and a.StaffName like '" + employeeName
                        + " %' and a.DeptId = " + deptId;
        }
    }
    //清空原有数据集
    cmd = new SqlCommand(sql,DBHelper.Connection);
    DBHelper.OpenConnection();
    reader = cmd.ExecuteReader();
    Console.WriteLine("------------------------------------------------------------
    -------------------------");
    Console.WriteLine("考勤编号\t 部门名称\t 员工姓名\t 日期\t 签到时间\t
        签退时间\t 备注");
    Console.WriteLine("-----------------------------------------------------------
```

```
            ---------------------------");
            while (reader.Read())
            {
                Console.Write("{0,10}",reader["AttendId"]);
                Console.Write("{0,10}",reader["DeptName"]);
                Console.Write("{0,10}",reader["StaffName"] + "\t");
                Console.Write("{0,10}",reader["AttendDate"]);
                Console.Write("{0,10}",reader["AttendIn"]);
                Console.Write("{0,10}",reader["AttendOut"]);
                Console.WriteLine("{0,10}",reader["Remark"]);
            }
            Console.WriteLine("-------------------------------------------------------------
            -------------------------");
        }
        catch (Exception ex)
        {
            Console.WriteLine(ex.Message);
        }
        finally
        {
            DBHelper.CloseConnection();
        }
    }
```

10.2.4 "添加考勤信息"模块的设计

参考代码

```
//添加考勤信息
private void AddAttendence()
{
    string staffName = "";
    int deptId = -1;
    string attendDate = "";
    string attendIn = "";
    string attendOut = "";
    string remark = "";
    Console.WriteLine("请输入员工姓名:");
    staffName = Console.ReadLine();
    Console.WriteLine("请输入员工部门编号:");
    deptId = int.Parse(Console.ReadLine());
    Console.WriteLine("请输入签到时间:");
    attendIn = Console.ReadLine();
```

```
        Console.WriteLine("请输入签退时间:");
        attendOut = Console.ReadLine();
        Console.WriteLine("请输入签到日期 :");
        attendDate = Console.ReadLine();
        Console.WriteLine("请输入备注信息:");
        remark = Console.ReadLine();
        string sql = "insert into Attendence values('" + staffName + "'," + deptId + ",'" +
            attendDate + "','" + attendIn + "','" + attendOut + "','" + remark + "')";
        try
        {
            cmd = new SqlCommand(sql,DBHelper.Connection);
            DBHelper.OpenConnection();
            int result = cmd.ExecuteNonQuery();
            if (result > 0)
            {
                Console.WriteLine("保存成功!");
            }
            else
            {
                Console.WriteLine("保存失败!");
            }
        }
        catch (Exception ex)
        {
            Console.WriteLine(ex.Message);
        }
        finally
        {
            DBHelper.CloseConnection();
        }
    }
```

10.2.5 "删除考勤信息"模块的设计

参考代码

```
    //删除记录
    private void DeleteAttendence()
    {
        int attendId = -1;
        //接收要删除的用户编号
        Console.WriteLine("请输入要删除的考勤编号:");
        attendId = int.Parse(Console.ReadLine());
```

```
        //确认是否要删除用户记录
        Console.WriteLine("要删除该用户记录吗?(Y/N)");
        if (Console.ReadLine().Trim().ToUpper()!="Y")
        {
            Console.WriteLine("退出删除操作!");
            return;
        }
        //执行删除操作
        try
        {
            string sql = "delete from Attendence where AttendId = " + attendId;
            cmd = new SqlCommand(sql,DBHelper.Connection);
            DBHelper.OpenConnection();
            int num = cmd.ExecuteNonQuery();
            if (num > 0)
            {
                Console.WriteLine("删除成功!");
            }
            else
            {
                Console.WriteLine("删除失败!");
            }
        }
        catch (Exception ex)
        {
            Console.WriteLine(ex.Message);
        }
        finally
        {
            DBHelper.CloseConnection();
        }
    }
```

10.2.6 “修改考勤信息”模块的设计

参考代码

```
    //编辑修改方法
    private void UpdateAttendence()
    {
        int attendId = -1;
        string attendIn = "";
```

```
        string attendOut = "";
        string remark = "";
        Console.WriteLine("请输入考勤编号:");
        attendId = int.Parse(Console.ReadLine());
        Console.WriteLine("请输入签到时间:");
        attendIn = Console.ReadLine();
        Console.WriteLine("请输入签退时间:");
        attendOut = Console.ReadLine();
        Console.WriteLine("请输入备注信息:");
        remark = Console.ReadLine();
        try
        {
            string sql = "update Attendence set AttendIn = '" + attendIn + "',AttendOut = '" +
                attendOut + "' ,Remark = '" + remark + "' where AttendId = " + attendId;
            cmd = new SqlCommand(sql,DBHelper.Connection);
            DBHelper.OpenConnection();
            int result = cmd.ExecuteNonQuery();
            if (result > 0)
            {
                Console.WriteLine("修改成功!");
            }
            else
            {
                Console.WriteLine("修改失败!");
            }
        }
        catch (Exception ex)
        {
            Console.WriteLine(ex.Message);
        }
        finally
        {
            DBHelper.CloseConnection();
        }
    }
```

10.2.7 “显示和控制系统菜单”模块的设计

参考代码

```
/// <summary>
///显示菜单
/// </summary>
```

```
public void ShowMenu()
{
    string option = "";
    do
    {
        Console.WriteLine();
        Console.WriteLine("============请选择操作键==========");
        Console.WriteLine("1、查询考勤信息");
        Console.WriteLine("2、添加考勤信息");
        Console.WriteLine("3、删除考勤信息");
        Console.WriteLine("4、修改考勤信息");
        Console.WriteLine("0、退出");
        Console.WriteLine("========================");
        option = Console.ReadLine();
        switch (option)
        {
            case "1":
                QueryAttendence();
                continue;
            case "2":
                AddAttendence();
                continue;
            case "3":
                DeleteAttendence();
                continue;
            case "4":
                UpdateAttendence();
                continue;
            case "0":
                break;
            default:
                continue;
        }
        break;
    } while (true);
}
```

本章小结

➢ 查询若干条记录的方法和步骤。

需要使用 Command 对象的 ExecuteReader()方法，步骤如下。

(1)创建 Connection 对象。

(2)拼写 SQL 查询语句。

(3)使用 SQL 语句和 Connection 对象创建 Command 对象。

(4)打开数据库连接，调用 Connection 对象的 Open()方法。

(5)调用 Command 对象的 ExecuteReader()方法，返回一个 DataReader 对象。

(6)在循环中调用 DataReader 对象的 Read()方法，逐行读取记录。如果读到记录则返回 true，否则返回 false。

(7)使用(type)DataReader[列名或索引]的方式读取这一行中某一列的值。

(8)调用 DataReader 对象的 Close()方法，关闭 DataReader 对象。

(9)操作完成后关闭数据库连接，调用 Connection 对象的 Close()方法。

➢ 数据库更新操作的方法和步骤。

对数据库执行更新操作时(包括增加、修改和删除数据)都使用 Command 对象的 ExecuteNonQuery()方法，步骤如下。

(1)创建 Connection 对象。

(2)拼写 SQL 增删改语句。

(3)使用 SQL 语句和 Connection 对象创建 Command 对象。

(4)打开数据库连接，调用 Connection 对象的 Open()方法。

(5)调用 Command 对象的 ExecuteNonQuery()方法执行命令，返回数据库中受影响的行数。

(6)操作完成后关闭数据库连接，调用 Connection 对象的 Close()方法。

➢ 比较 Command 对象的三种方法，如下所示。

(1)ExecuteScalar()方法：执行查询操作，返回结果集中的第一行和第一列的值。

(2)ExecuteReader()方法：执行查询操作，返回 DataReader 对象。

(3)ExecuteNonQuery()方法：执行添加、修改、删除操作，返回受影响的行数。

习题 10

1. 模拟开发一个运动商场 POS 收银项目，实现管理员登录功能。如图 10-8 所示。登录成功后显示系统主菜单，如图 10-9 所示。

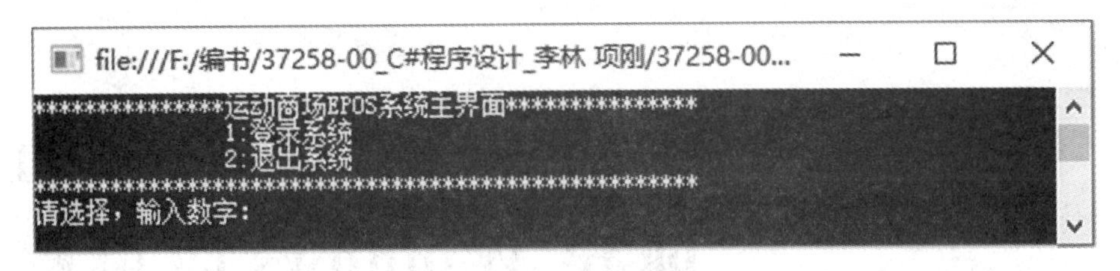

图 10-8　登录界面

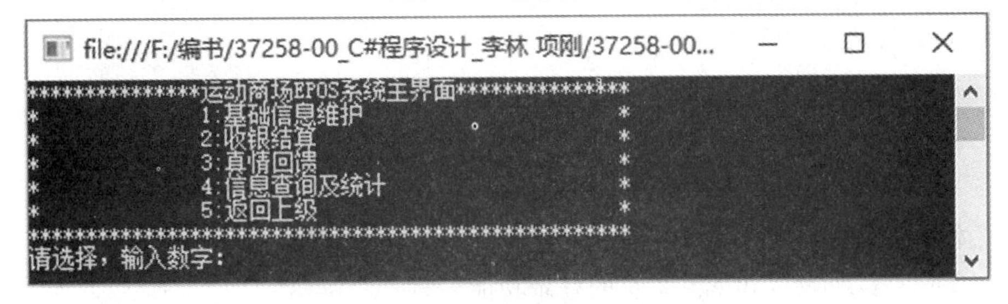

图 10-9　系统主菜单

2. 在第 1 题的基础上,实现基础信息维护功能。如图 10-10 所示。

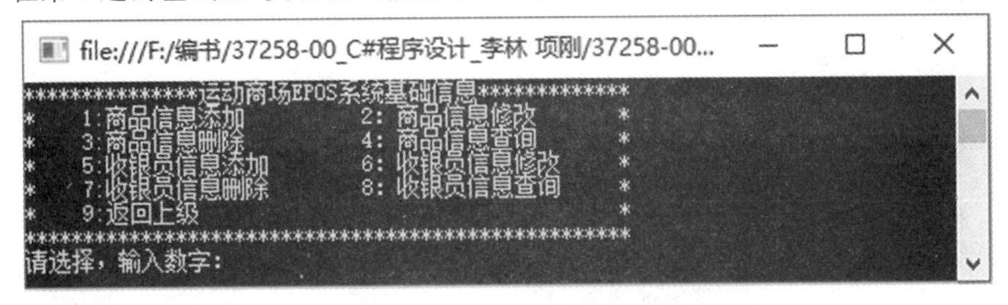

图 10-10　基础信息维护

3. 在第 2 题基础上,实现收银结算功能。如图 10-11 所示。

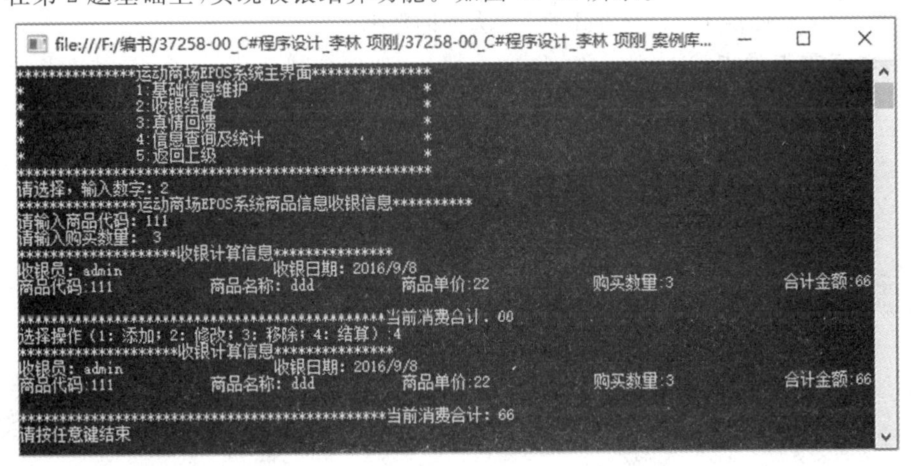

图 10-11　收银结算

4. 在第 3 题基础上,完成信息查询等功能。

第 11 章
创建 Windows 应用程序

本章工作任务

- 实现 MyCollege 系统的登录功能
- 登录成功后实现窗体的跳转

本章知识目标

- Windows 应用程序的开发步骤
- 了解 Windows 窗体、控件、属性和事件这些基本概念
- 掌握消息框的使用
- 熟悉 ADO.NET 技术在 Windows 程序开发中的应用

本章技能目标

- 掌握 Windows 程序的开发步骤
- 会使用基本控件设计窗体
- 会编写简单的事件处理程序
- 会使用 ExecuteScalar()方法查询数据

本章重点难点

- Visual C# 开发 Windows 应用程序的方法
- 事件驱动的程序设计的概念
- 窗体的属性、方法和事件
- 消息框的使用

11.1　第一个 Windows 应用程序

11.1.1　创建 Windows 应用程序

Visual Studio.NET 是 Microsoft 推出的新一代的可视化集成开发环境，所有的开发工具都被集成到一个集成开发环境(Integrated Development Environment，IDE)中，共用一个所有编程语言都适用的代码编辑器。可以使用任何.NET 编程语言和.NET 调试工具创建 Windows 应用程序。

1. 可视化程序设计

Visual C♯作为 Visual Studio.NET 中的一种程序开发工具，可以方便地开发 Windows 应用程序。通过 IDE 提供的“窗体设计器”，可以可视化地设计窗体，创建传统的 Windows 应用程序。可以通过设置窗体的属性来定制窗体的外观，可以从 IDE 的工具箱中选择“Windows 窗体”控件组中的控件放置在窗体上，然后通过“属性”窗口定制控件外观，可视化地创建用户界面。还可以通过编制事件代码来控制程序的运行。

Visual C♯与其他可视化语言的程序设计方法一样，也是事件驱动的程序设计。该模型的主要含义是：程序是由类或子类生成的对象组成，对象具有属性、方法和事件，对象的属性决定着对象的外观，对象的方法(成员函数)是对象具有的功能，对象的事件是对象能够响应的外界的刺激。当发生某个事件，系统将自动调用与该事件相联系的事件过程，在事件过程代码中可以设置对象的属性以改变对象的特征，调用对象的方法以实现某种功能。

2. 常用术语

模型中涉及的术语在面向对象程序设计的章节中已经介绍，下面着重介绍一下属性、方法与事件等概念。

(1)属性

客观世界中的对象都具有一些特征，并通过特征相互区分。如学生的特征有学号、姓名和专业，并通过姓名或学号来区分。在面向对象程序设计中用属性来刻画对象的特征，定义对象的外观。具体地说，属性是类或对象的一种成分，反应类创建的对象的特征，如对象的名称、大小、显示的文字等等。Visual C♯中控件的属性是由类似的变量组成的，每个属性都有自己的名字及一个相关的值，属性名基本上都是系统规定好的。在学习 C♯的过程中要注意记住属性名和理解属性名的含义。C♯中的每一个控件都有一系列的属性，在许多场合都可以通过可视化的手段或编程的方法改变属性。

(2)方法与事件

客观世界中的对象都具有一定的功能，并都能对外界的特定刺激做出反应。反映在面向对象程序设计中这种对象功能就是方法(成员函数)，能够响应的刺激就是事件。即方法是对象具有的功能，而事件是对象能够响应的刺激。方法与事件是类的成分，共同决定了对象的行为特征。方法由方法名来标识，在 C♯中不同的控件都有一系列的标准方法，如窗体具有 Show、Hide、Refresh 等方法。

事件可看做是对对象的一种操作。事件由事件名标识，要注意记住事件名、含义及其发生场合。在 Visual C♯中，事件一般都是由用户通过输入手段或者是系统某些特定的行为产生的，如鼠标在某对象上单击一次，产生一个 Click 事件，对象加载到内存时，会发生对象的 Load 事件。

(3)事件驱动的程序设计

面向对象的程序设计语言的基本编程模式是事件驱动。通过该方法设计的应用程序，程序的执行是由事件驱动的，一旦程序启动后就根据发生的事件执行相应的程序代码(事件过程)，如果无事件发生，则程序就空闲着，等待事件的发生，此时也可以启动其他的应用程序。因此在这种程序设计模式下，程序员只需考虑发生了某事件时，系统该做什么，从而编制出相应的事件过程，事件过程代码通常很短，也易编写。

3. 利用 Visual C#编写 Windows 应用程序的一般过程

利用 Visual C#编制 Windows 应用程序的过程可归结成以下几个步骤。

(1)利用窗体设计器和“Windows 窗体”控件组中的控件设计应用程序界面。Visual C#启动并创建一个 Windows 应用程序项目后，将会出现一个空白窗体，同时在工具箱中将出现“Windows 窗体”控件组。在设计程序时，可以把“Windows 窗体”控件组中的控件拖动到空白的窗体中，像画图一样就可以轻松地完成程序运行界面的设计。

(2)设计窗口和控件的属性。属性控制了对象的外观和表现形式，通过属性设置使窗体或控件的外观符合程序员的要求。

编写事件方法代码。根据程序实现的功能要求编写相应事件的事件过程代码，在事件方法代码中可以设置对象的属性，从而改变对象的外观和表现形式，可以调用对象的通用方法来实现某种功能。

11.1.2 Windows 窗体

所谓窗体(Form)其实就是 Windows 的窗口，C#中的 Windows 应用程序是以窗体为基础的。下面将介绍窗体的一些常用的属性、方法和事件。

1. 常用属性

Name 属性：用来获取或设置窗体的名称，在应用程序中可通过 Name 属性来引用窗体。

WindowState 属性：用来获取或设置窗体的窗口状态。取值有三种：Normal(窗体正常显示)、Minimized(窗体以最小化形式显示)和 Maximized(窗体以最大化形式显示)。

StartPosition 属性：用来获取或设置运行时窗体的起始位置。其取值及含义如表 11-1 所示。默认的起始位置是 WindowsDefaultLocation。

表 11-1　窗体的起始位置取值及其含义

取值	含义
CenterParent	窗体在其父窗体中居中
CenterScreen	窗体在屏幕上居中，其尺寸在窗体大小中指定
Manual	窗体的位置和大小将决定其起始位置
WindowsDefaultBounds	窗体定位在 Windows 默认位置，其边界也由 Windows 默认决定
WindowsDefaultLocation	窗体定位在 Windows 默认位置，其尺寸在窗体大小中指定

Text 属性：该属性是一个字符串属性，用来设置或返回在窗口标题栏中显示的文字。

Width 属性:用来获取或设置窗体的宽度。

Height 属性:用来获取或设置窗体的高度。

Left 属性:用来获取或设置窗体的左边缘的 x 坐标(以像素为单位)。

Top 属性:用来获取或设置窗体的上边缘的 y 坐标(以像素为单位)。

ControlBox 属性:用来获取或设置一个值,该值指示在该窗体的标题栏中是否显示控制框。值为 true 时将显示控制框,值为 false 时不显示控制框。

MaximizeBox 属性:用来获取或设置一个值,该值指示是否在窗体的标题栏中显示最大化按钮。值为 true 时显示最大化按钮,值为 false 时不显示最大化按钮。

MinimizeBox 属性:用来获取或设置一个值,该值指示是否在窗体的标题栏中显示最小化按钮。值为 true 时显示最小化按钮,值为 false 时不显示最小化按钮。

AcceptButton 属性:该属性用来获取或设置一个值,该值是一个按钮的名称,当按 Enter 键时就相当于单击了窗体上的该按钮。

CancelButton 属性:该属性用来获取或设置一个值,该值是一个按钮的名称,当按 Esc 键时就相当于单击了窗体上的该按钮。

Modal 属性:该属性用来设置窗体是否为有模式显示窗体。如果有模式地显示该窗体,该属性值为 true,否则为 false。当有模式地显示窗体时,只能对模式窗体上的对象进行输入。必须隐藏或关闭模式窗体(通常是响应某个用户操作),然后才能对另一窗体进行输入。有模式显示的窗体通常用做应用程序中的对话框。

ActiveControl 属性:用来获取或设置容器控件中的活动控件。窗体也是一种容器控件。

ActiveMdiChild 属性:用来获取多文档界面(MDI)的当前活动子窗口。

AutoScroll 属性:用来获取或设置一个值,该值指示窗体是否实现自动滚动。如果此属性值设置为 true,则当任何控件位于窗体工作区之外时,会在该窗体上显示滚动条。另外,当自动滚动打开时,窗体的工作区自动滚动,以使具有输入焦点的控件可见。

BackColor 属性:用来获取或设置窗体的背景色。

BackgroundImage 属性:用来获取或设置窗体的背景图像。

Enabled 属性:用来获取或设置一个值,该值指示控件是否可以对用户交互作出响应。如果控件可以对用户交互作出响应,则为 true;否则为 false。默认值为 true。

Font 属性:用来获取或设置控件显示的文本的字体。

ForeColor 属性:用来获取或设置控件的前景色。

IsMdiChild 属性:获取一个值,该值指示该窗体是否为多文档界面(MDI)子窗体。值为 true 时,是子窗体,值为 false 时,不是子窗体。

IsMdiContainer 属性:获取或设置一个值,该值指示窗体是否为多文档界面(MDI)中的子窗体的容器。值为 true 时,是子窗体的容器,值为 false 时,不是子窗体的容器。

KeyPreview 属性:用来获取或设置一个值,该值指示在将按键事件传递到具有焦点的控件前,窗体是否将接收该事件。值为 true 时,窗体将接收按键事件,值为 false 时,窗体不接收按键事件。

MdiChildren 属性:数组属性。数组中的每个元素表示以此窗体作为父级的多文档界面(MDI)子窗体。

MdiParent 属性:用来获取或设置此窗体的当前多文档界面(MDI)父窗体。

ShowInTaskbar 属性:用来获取或设置一个值,该值指示是否在 Windows 任务栏中显示窗体。

Visible 属性:用于获取或设置一个值,该值指示是否显示该窗体或控件。值为 true 时显示窗体或控件,为 false 时不显示。

Capture 属性:如果该属性值为 true,则鼠标就会被限定只由此控件响应,不管鼠标是否在此控件的范围内。

2. 常用方法

下面介绍一些窗体的最常用方法。

Show 方法:该方法的作用是让窗体显示出来,其调用格式为:窗体名. Show();其中窗体名是要显示的窗体名称。

Hide 方法:该方法的作用是把窗体隐藏出来,其调用格式为:窗体名. Hide();其中窗体名是要隐藏的窗体名称。

Refresh 方法:该方法的作用是刷新并重画窗体,其调用格式为:窗体名. Refresh();其中窗体名是要刷新的窗体名称。

Activate 方法:该方法的作用是激活窗体并给予焦点。其调用格式为:窗体名. Activate();其中窗体名是要激活的窗体名称。

Close 方法:该方法的作用是关闭窗体。其调用格式为:窗体名. Close();其中窗体名是要关闭的窗体名称。

ShowDialog 方法:该方法的作用是将窗体显示为模式对话框。其调用格式为:窗体名. ShowDialog();其中窗体名是要显示为模式对话框的窗体名称。

3. 常用事件

Load 事件:该事件在窗体加载到内存时发生,即在第一次显示窗体前发生。

Activated 事件:该事件在窗体激活时发生。

Deactivate 事件:该事件在窗体失去焦点成为不活动窗体时发生。

Resize 事件:该事件在改变窗体大小时发生。

Paint 事件:该事件在重绘窗体时发生。

Click 事件:该事件在用户单击窗体时发生。

DoubleClick 事件:该事件在用户双击窗体时发生。

Closed 事件:该事件在关闭窗体时发生。

【例 11-1】 编写一个 Windows 应用程序,并实现单击窗体改变背景颜色。

参考步骤

创建一个 Windows 应用程序,一共包括四步。

(1)打开 Visual Studio 开发工具。

(2)选择"文件"→"新建"→"项目"命令。

(3)项目类型选择"Visual C#"。

(4)模板选择"Windows 窗体应用程序",如图 11-1 所示。选择好位置,为项目命名后,单击"确定"按钮,将显示如图 11-2 所示的 Visual Studio 界面。

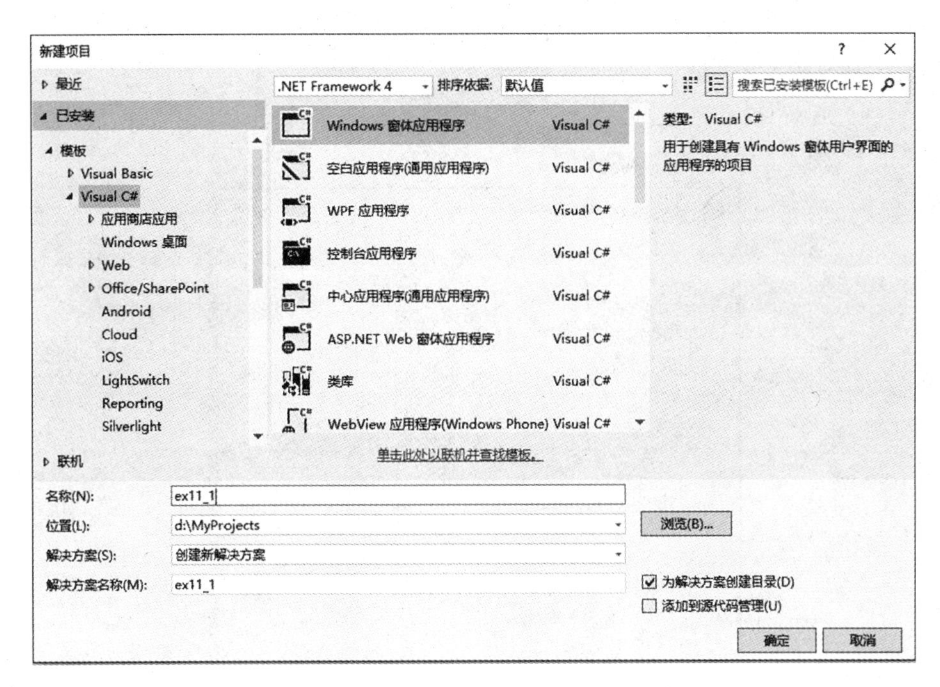

图 11-1 选择“Windows 窗体应用程序”

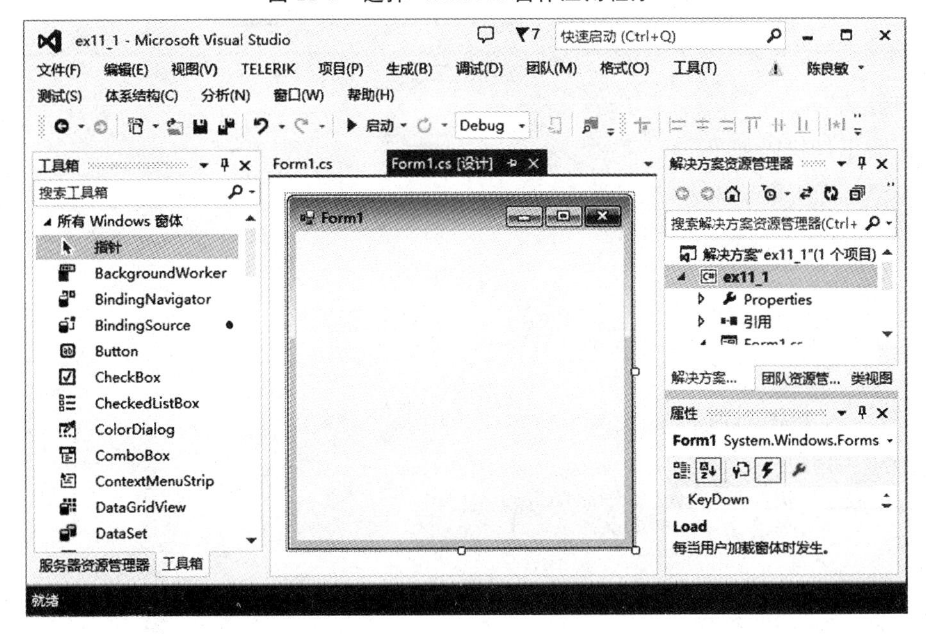

图 11-2 Windows 应用程序的 Visual Studio 界面

这时的窗口组成和之前学习的控制台应用程序的窗口组成有些不同。

- 左侧出现了一个“工具箱”窗口,里面包含了很多控件,可以直接拖到窗体上。
- 中间的部分是窗体设计器,可以放置从工具箱中拖出的控件。
- 右下方的“属性”窗口,是用来设置窗体或控件的各种属性的,后面会详细介绍。

(5)在“属性”窗口查看事件列表。

单击要创建事件处理的窗体 Form1,在"属性"窗口单击"事件"按钮⚡。选择 Click 事件,编写事件处理程序。

直接按 F5 键运行,将会出现如图 11-3 所示的窗体。

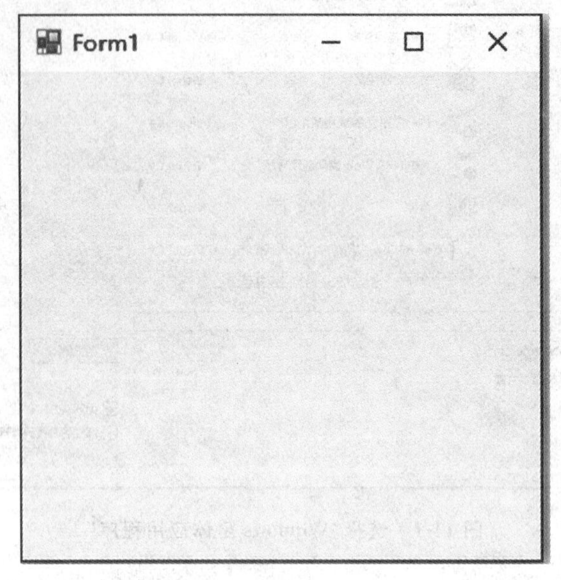

图 11-3　第一个窗体

程序代码

主要的事件代码如下。

```
private void Form1_Click(object sender,EventArgs e)
{
    if (this.BackColor == Color.Red)
    {
        this.BackColor = Color.Yellow;
    }
    else if (this.BackColor == Color.Yellow)
    {
        this.BackColor = Color.Green;
    }
    else
    {
        this.BackColor = Color.Red;
    }
}
```

11.1.3　认识 Windows 程序结构

Windows 窗体应用程序与控制台应用程序有很大区别,打开 Windows 窗体应用程序的解决方案资源管理器。如图 11-4 所示。

图 11-4　解决方案资源管理器

- Forml. cs:窗体文件,程序员对窗体编写的代码一般都存放在这个文件中。
- Forml. Designer. cs:窗体设计文件,其中的代码是由 Visual Studio 自动生成的,一般不需要修改。
- Forml. resx:资源文件,用来配置当前窗体所使用的字符串、图片等资源。
- Program. cs:主程序文件,其中包含程序入口的 Main()方法。

双击打开 Program. cs 文件,可以看到 Windows 程序的 Main()方法,代码如下所示。

程序代码

```
using System;
using System.Collections.Generic;
using System.Linq;
using System.Windows.Forms;

namespace ex11_1
{
    static class Program
    {
        /// <summary>
        ///应用程序的主入口点。
        /// </summary>
        [STAThread]
        static void Main()
        {
            Application.EnableVisualStyles();
```

```
            Application.SetCompatibleTextRenderingDefault(false);
            Application.Run(new Form1());
        }
    }
}
```

Main( )方法中的代码也是 Visual Studio 自动生成的,一般情况下只会修改第三句代码,“Application Run(new Form1());”这句的含义是应用程序启动时运行的窗体。

在 Visual Studio 中,WinForms 应用程序的窗体文件有两种编辑视图,分别是窗体设计器视图(图 11-5)和代码编辑器视图(图 11-6)。

图 11-5　窗体设计器

```
Form1.cs*    Form1.cs [设计]*    Program.cs
ex11_1    ex11_1.Form1    Form1_Click(object ser
using System;
using System.Collections.Generic;
using System.ComponentModel;
using System.Data;
using System.Drawing;
using System.Linq;
using System.Text;
using System.Windows.Forms;

namespace ex11_1
{
    3 个引用
    public partial class Form1 : Form
    {
        1 个引用
        public Form1()
        {
            InitializeComponent();
        }

        1 个引用
        private void Form1_Click(object sender, EventArgs e)...
    }
}
100 %
```

图 11-6　代码编辑器

窗体设计器是进行窗体界面设计、拖放控件、设置窗体及控件属性时使用的，不需要编写代码用鼠标就可以进行可视化操作，如图 11-5 所示。

代码编辑器是手动编写代码时用到的，在图 11-6 中可以看到，Visual Studio 已经自动生成了一些代码，重点关注以下代码。

```
public partial class Forml:Form
{
    //省略代码……
}
```

这里面包含了两个新内容:partial 和 Form。

1. partial

在图 11-6 中，窗体类的前面多了一个 partial，partial 是“部分”的意思。在 C# 中，为了方便对代码的管理和编辑，可以使用 partial 关键字将同一个类的代码分开放在多个文件中。每个文件都是类的一部分代码，叫作分布类。代码编译时，编译器再将各个分布类的代码合并到一起处理。利用 Visual Studio 创建的窗体都是分布类。例如，在图 11-4 中，Form1 这个类的代码就分布在两个文件中:Forml. cs 和 Forml. Designer. cs。编写的代码在 Foml. cs 中，而 Foml. Designer. cs 中的代码都是 Visual Studio 自动生成的，而负责定义窗体以及控件的位置、大小等，一般不直接操作这个文件。Form1. cs 和 Form1. Designer. cs 的程序代码具有相同的命名空间和相同的类名，并且都在类名前面增加了 partial 关键字。在编译时，Visual Studio 会识别出来，并合并成一个类来进行处理。这样做的好处是分离关注点，即使用分布类把程序员不需要关心的那些自动生成的代码剥离出去，可以使程序员的关注点更集中，使代码看起来更加简洁。

2. Form

Form 是.NET Framework 定义好的一个最基本的窗体类，具有窗体的一些最基本的属性和方法。冒号表示继承，创建的窗体都继承自 Form 类，那么就具有了 Form 类中定义的属性和方法。窗体的主要属性和方法见 11. 1. 2 节的内容。关于类的继承，会在第二学期深入学习。

这些属性都可以在视图设计器中修改，每修改一个属性，Visual studio 就会在窗体的 Designer 文件中自动生成相应的代码。

11. 2　登录功能的设计

11. 2. 1　窗体的基本控件

接下来要实现 MyCollege 项目的登录功能，首先设计一个登录窗体。Visual studio 提供了很多窗体控件用来设计窗体，下面介绍几个基本控件，将用来设计登录窗体。

1. Label 控件

Label 控件又称标签控件，在工具箱中的图标为 **A Label** 。标签通常用于显示静态文本信息，显示的文本不能编辑。通常并不使用标签控件来触发事件，也很少调用的方法。

标签控件的常用属性如下。

(1)Text 属性:用来设置或返回标签控件中显示的文本信息。

(2)AutoSize 属性:用来获取或设置一个值,该值指示是否自动调整控件的大小以完整显示其内容。取值为 true 时,控件将自动调整到刚好能容纳文本时的大小,取值为 false 时,控件的大小为设计时的大小。默认值为 false。

(3)BackColor 属性:用来获取或设置控件的背景色。当该属性值设置为 Color. Transparent 时,标签将透明显示,即背景色不再显示出来。

(4)BorderStyle 属性:用来设置或返回边框。有三种选择:BorderStyle. None 为无边框(默认),BorderStyle. FixedSingle 为固定单边框,BorderStyle. Fixed3D 为三维边框。

(5)TabIndex 属性:用来设置或返回对象的 Tab 键顺序。

(6)Enabled 属性:用来设置或返回控件的状态。值为 true 时允许使用控件,值为 false 时禁止使用控件,此时标签呈暗淡色,一般在代码中设置。

另外,标签还具有 Visible、ForeColor、Font 等属性,具体含义请参考窗体的相应属性。

2. TextBox 控件

TextBox 控件又称为文本框控件,在工具箱中的图标为 abl TextBox ,主要用于文本的输入、显示、编辑和修改。

文本框的属性列表中有许多与窗体和其他控件相同的属性,这里不再重复介绍。文本框的其他主要属性及其含义如下。

(1)Text 属性:Text 属性是文本框最重要的属性,因为要显示的文本就包含在 Text 属性中。默认情况下,最多可在一个文本框中输入 2048 个字符。如果将 MultiLine 属性设置为 true,则最多可输入 32 KB 的文本。Text 属性可以在设计时使用"属性"窗口设置,也可以在运行时用代码设置或者通过用户输入来设置。可以在运行时通过读取 Text 属性来获得文本框的当前内容。

(2)MaxLength 属性:用来设置文本框允许输入字符的最大长度,该属性值为 0 时,不限制输入的字符数。

(3)MultiLine 属性:用来设置文本框中的文本是否可以输入多行并以多行显示,值为 true 时,允许多行显示。值为 false 时不允许多行显示,一旦文本超过文本框宽度时,超过部分不显示。

(4)HideSelection 属性:用来决定当焦点离开文本框后,选中的文本是否还以选中的方式显示,值为 true,则不以选中的方式显示,值为 false 将依旧以选中的方式显示。

(5)ReadOnly 属性:用来获取或设置一个值,该值指示文本框中的文本是否为只读。值为 true 时为只读,值为 false 时可读可写。

(6)PasswordChar 属性:是一个字符串类型,允许设置一个字符,运行程序时,将输入到 Text 的内容全部显示为该属性值,从而起到保密作用,通常用来输入口令或密码。

(7)ScrollBars 属性:用来设置滚动条模式,有四种选择:ScrollBars. None(无滚动条),ScrollBars. Horizontal(水平滚动条),ScrollBars. Vertical(垂直滚动条),ScrollBars. Both(水平和垂直滚动条)。

注意:只有当 MultiLine 属性为 true 时,该属性值才有效。在 WordWrap 属性值为 true 时,水平滚动条将不起作用。

(8)SelectionLength 属性:用来获取或设置文本框中选定的字符数。只能在代码中使用,值为 0 时,表示未选中任何字符。

(9)SelectionStart 属性:用来获取或设置文本框中选定的文本起始点。只能在代码中使用,第一个字符的位置为 0,第二个字符的位置为 1,依此类推。

(10)SelectedText 属性:用来获取或设置一个字符串,该字符串指示控件中当前选定的文本。只能在代码中使用。

(11)Lines:该属性是一个数组属性,用来获取或设置文本框控件中的文本行。即文本框中的每一行存放在 Lines 数组的一个元素中。

(12)TextLength 属性:用来获取控件中文本的长度。

(13)WordWrap:用来指示多行文本框控件在输入的字符超过一行宽度时是否自动换行到下一行的开始,值为 true,表示自动换到下一行的开始,值为 false 表示不自动换到下一行的开始。

TextBox 控件的常用方法:

(1)AppendText 方法:把一个字符串添加到文件框中文本的后面,调用的一般格式如下。

文本框对象. AppendText(str)

参数 str 是要添加的字符串。

(2)Clear 方法:从文本框控件中清除所有文本。调用的一般格式如下。

文本框对象. Clear() 该方法无参数。

(3)Focus 方法:是为文本框设置焦点。如果焦点设置成功,值为 true,否则为 false。

调用的一般格式如下。

文本框对象. Focus() 该方法无参数。

(4)Copy 方法:将文本框中的当前选定内容复制到剪贴板上。调用的一般格式如下。

文本框对象. Copy() 该方法无参数。

(5)Cut 方法:将文本框中的当前选定内容移动到剪贴板上。调用的一般格式如下。

文本框对象. Cut() 该方法无参数。

(6)Paste 方法:用剪贴板的内容替换文本框中的当前选定内容。调用的一般格式如下。

文本框对象. Paste() 该方法无参数。

(7)Undo 方法:撤销文本框中的上一个编辑操作。调用的一般格式如下。

文本框对象. Undo() 该方法无参数。

(8)Select 方法:用来在文本框中设置选定文本。调用的一般格式如下。

文本框对象. Select(start,length)

该方法有两个参数,第一个参数 start 用来设定文本框中当前选定文本的第一个字符的位置,第二个参数 length 用来设定要选择的字符数。

(9)SelectAll 方法:用来选定文本框中的所有文本。调用的一般格式如下。

文本框对象. SelectAll() 该方法无参数。

TextBox 控件的常用事件:

GotFocus 事件:该事件在文本框接收焦点时发生。

LostFocus 事件:该事件在文本框失去焦点时发生。

TextChanged 事件:该事件在 Text 属性值更改时发生。无论是通过编程修改还是用户交互更改文本框的 Text 属性值,均会引发此事件。

3. Button 控件

Button 控件又称按钮控件,是 Windows 应用程序中最常用的控件之一,通常用来执行命令。如果按钮具有焦点,就可以使用鼠标左键、Enter 键或空格键触发该按钮的 Click 事件。

通过设置窗体的 AcceptButton 或 CancelButton 属性,无论该按钮是否有焦点,都可以使用户通过按 Enter 或 Esc 键来触发按钮的 Click 事件。

Button 控件也具有许多如 Text、ForeColor 等的常规属性,此处不再介绍,只介绍该控件有特色的属性。以后介绍的控件也采用同样的方法来处理。

(1)DialogResult 属性:当使用 ShowDialog 方法显示窗体时,可以使用该属性设置当用户按了该按钮后,ShowDialog 方法的返回值。值有:OK、Cancel、Abort、Retry、Ignore、Yes、No 等。

(2)Image 属性:用来设置显示在按钮上的图像。

(3)FlatStyle 属性:用来设置按钮的外观。其取值及含义如表 11-2 所示。

表 11-2　FlatStyle 属性取值及其含义

取值	含义
FlatStyle. Flat	Button 控件以平面显示
FlatStyle. Popup	Button 控件以平面显示,直到鼠标指针移动到该控件为止,此时该控件外观为三维
FlatStyle. Standard	Button 控件的外观为三维
FlatStyle. System	Button 控件的外观是由用户的操作系统决定的

Button 控件的常用事件如下。

(1)Click 事件:当用户用鼠标左键单击按钮控件时,将发生该事件。

(2)MouseDown 事件:当用户在按钮控件上按下鼠标按钮时,将发生该事件。

(3)MouseUp 事件:当用户在按钮控件上释放鼠标按钮时,将发生该事件。

4. ComboBox 控件

ComboBox 控件又称组合框,在工具箱中的图标为 ComboBox。默认情况下,组合框分两个部分显示:顶部是一个允许输入文本的文本框,下面的列表框则显示列表项。可以认为 ComboBox 就是文本框与列表框的组合,与文本框和列表框的功能基本一致。与列表框相比,组合框不能多选,无 SelectionMode 属性。但组合框有一个名为 DropDownStyle 的属性,该属性用来设置或获取组合框的样式,其取值及含义如表 11-3 所示。

表 11-3 DropDownStyle 属性取值及其含义

属性值	含义
ComboBoxStyle. DropDown	下拉式组合框。文本部分可编辑。用户必须单击箭头按钮来显示列表部分
ComboBoxStyle. DropDownList	下拉式列表框。用户不能直接编辑文本部分。用户必须单击箭头按钮来显示列表部分
ComboBoxStyle. Simple	简单组合框。文本部分可编辑。列表部分总可见

11.2.2 设计登录窗体

【例 11-2】 利用前面介绍的基本控件,设计 MyCollege 项目的登录窗体。如图 11-6 所示。

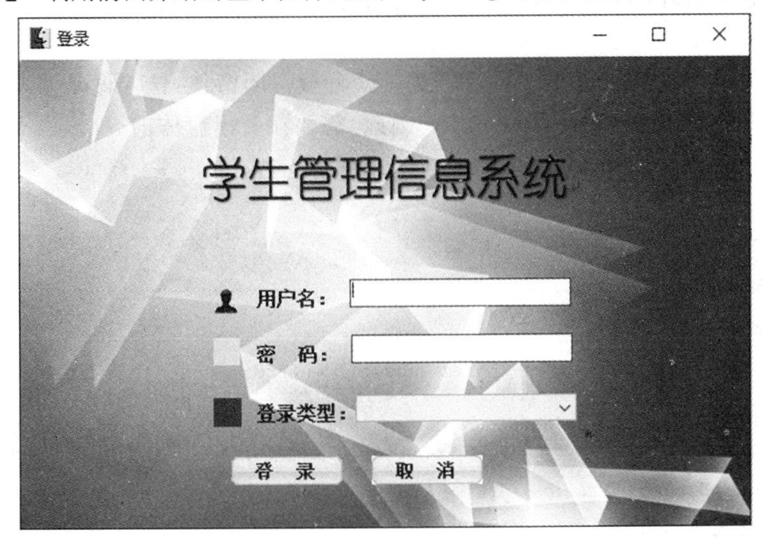

图 11-6 登录界面

参考步骤

(1)创建一个 Windows 应用程序,项目名称 MyCollege。

(2)在解决方案中,选中 MyCollege 项目,单击右键,选择“添加”→“Windows 窗体”。

(3)在窗体上放置标签、文本框、组合框和按钮等控件。在 ComboBox 的 Items 集合中添加“系统管理员”和“学生”两个字符串。

(4)在取消按钮和登录按钮对应的 Click 事件里编辑事件处理程序。

具体的事件代码见例 11-3

11.3 使用消息框增加交互友好性

11.3.1 使用 MessageBox 消息框

在 Windows 应用程序中,执行删除、修改等操作时经常需要用户来确认。利用消息框来向用户显示消息,并提供选择按钮供用户做出选择,实现人机交互。

在 WinForms 中,消息框是一个 MessageBox 对象。那么,如何创建消息框呢?这就需要使用 MessageBox 的 show()方法。常用的消息框有以下四种类型。

• 最简单的消息框,如:

MessageBox.show (要显示的字符串);

• 带标题的消息框,如:

MessageBox.show(要显示的字符串,消息框的标题);

• 带标题、按钮的消息框,如:

MessageBox. show(要显示的字符串,消息框的标题,消息框按钮),

• 带标题、按钮、图标的消息框,如:

MessageBox. show (要显示的字符串,消息框的标题,消息框按钮,消息框图标);

【例 11-3】 完成例 11-2 中"取消"按钮的功能。

问题分析

在例 11-2 中,单击登录窗口的"取消"按钮就直接关闭窗体,这样做是不友好的,有时可能不是用户有意单击的,而是一个误操作。因此,需要在关闭窗体前,弹出一个消息框,请用户确认关闭窗体的操作,如图 11-7 所示。如果用户确定关闭,则关闭窗体。

程序代码

```
/// <summary>
///响应"取消"按钮事件
/// </summary>
private void btnCancel_Click(object sender,EventArgs e)
{
    DialogResult result = MessageBox.Show("确实取消登录吗?","操作提示",MessageBoxButtons.
YesNo,MessageBoxIcon.Question);
    if(result == DialogResult.Yes)
    {
        this.Close();
    }
}
```

程序分析

在例 11-3 中使用了第四种方式,其中第三个参数 MessageBoxButtons 的作用是设置消息框显示的按钮。MessageBoxButtons 中定义了很多种按钮,可以通过"."来选择需要的按钮类型。第四个参数 MessageBoxIcon. Question 的作用是设置消息框显示的图标。MessageBoxIcon 中定义了很多常用的图标,也可以通过"."来选择需要的图标。

Show()方法的返回值是 DialogResult 类型,其中定义了消息框可能返回的值,使用"."获得某种返回值。

11.3.2 用户输入验证

用户登录时,需要输入用户名和密码,然后程序检查用户输入的是否符合要求。这是在界面设计阶段要进行的一项重要任务。常见的操作如下。

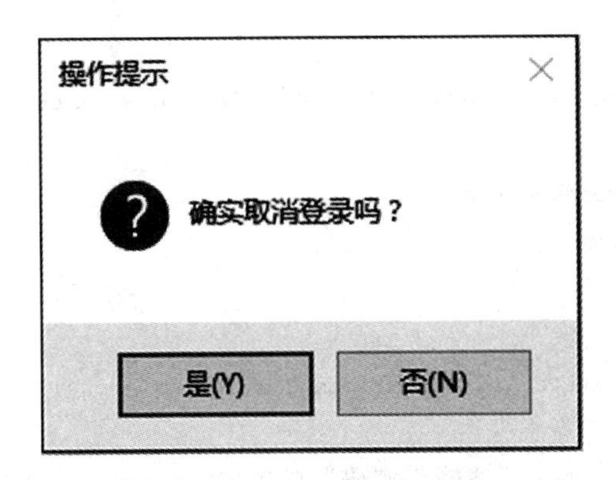

图 11-7 取消登录消息框

- 检查必填项或必选项是否填写或选择了数据。
- 如果没有填写或选择，弹出消息框进行提示。
- 提示后将光标定位在需要用户操作的位置。

【例 11-4】 实现 MyCollege 项目的登录窗体的输入验证。单击“登录”按钮时，如果输入的用户名、密码为空或没有选择登录类型，则弹出相应的消息框提示，并将光标定位在需要用户输入或选择的控件上。

问题分析

判断用户名、密码是否为空，是否选择登录类型需要编码获得 TextBox 或 ComboBox 的 Text 属性值。定位光标，可以调用控件的 Focus()方法。

程序代码

```
public const string CAPTION = "输入提示";
/// <summary>
///响应“登录”按钮事件
/// </summary>
private void btnLogin_Click(object sender,EventArgs e)
{
    //用户名、密码和用户类型都不为空
    if (CheckInput())
    {
        //执行登录操作
    }
}
/// <summary>
///用户名、密码和用户类型的非空验证
/// </summary>
/// <returns>True 都不为空,False 其中一个为空</returns>
public bool CheckInput()
{
    //用户名为空
    if (this.txtUserName.Text.Trim().Equals(string.Empty))
```

```
    {
        MessageBox.Show("请输入用户名",CAPTION,MessageBoxButtons.OK,MessageBoxIcon.
Information);
        this.txtUserName.Focus();
        return false;
    }
    //密码为空
    else if (this.txtPwd.Text.Trim().Equals(string.Empty))
    {
        MessageBox.Show("请输入密码",CAPTION,MessageBoxButtons.OK,MessageBoxIcon.
Information);
        this.txtPwd.Focus();
        return false;
    }
    //用户类型为空
    else if (this.cboLoginType.Text.Trim().Equals(string.Empty))
    {
        MessageBox.Show("请选择登录类型",CAPTION,MessageBoxButtons.OK,MessageBoxIcon.
Information);
        this.cboLoginType.Focus();
        return false;
    }
    else
    {
        return true;
    }
}
```

运行程序,运行效果如图 11-8 所示。

程序分析

在例 11-4 中,通过 TextBox 或 ComboBox 的 Text 属性获得控件的值,得到一个字符串。判断字符串是否为空字符串,则需要与“string. Empty”比较。例 11-4 中,定义了一个常量,表示消息框的标题,以便每次弹出的消息框标题都一样,保持程序风格的一致。为了提高程序的运行效率,同时避免出现不必要的错误,在判断字符串是否为空字符串(字符串内没有内容)时,推荐使用 string. Empty。

另外,考虑到用户可能在输入时无意多输入了空格,因此需要调用 Trim()方法进行去空格处理。

考虑到用户可能习惯使用 Tab 键在窗体的输入框之间跳转,最好按照从上到下、从左到右的顺序来设置输入控件的“Tab 键顺序”。设置的方法:切换到窗体设计器视图,选择“视图”菜单下的 “Tab 键顺序”选项,设置完毕后,取消选择该选项。

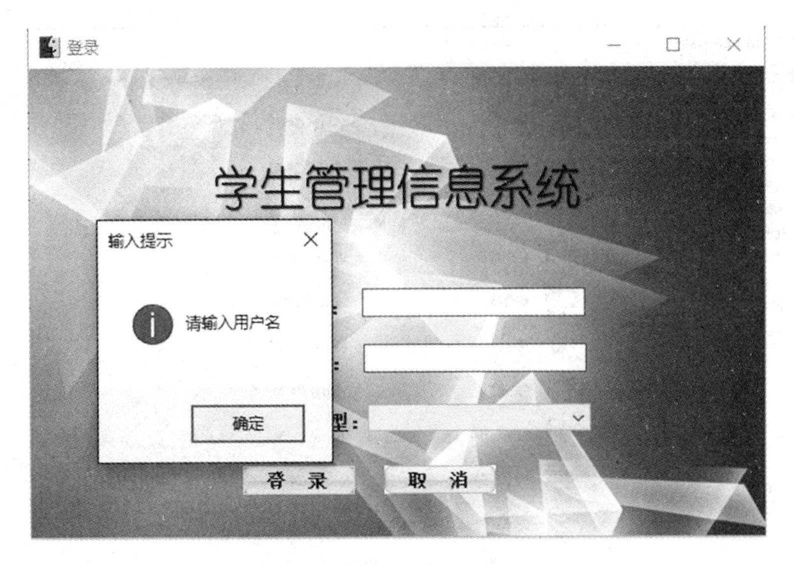

图 11-8　输入验证

11.3.3　窗体的创建和跳转

1. 多窗体程序设计

Windows 应用程序很少只由一个窗体组成，一般情况下一个应用程序均拥有很多个窗体。C# 项目刚建立时会自动创建一个名为 Form1 的窗体，要建立多窗体应用程序应首先为项目添加窗体。

在之前建立的 MyCollege 项目中，用户输入验证成功后，下一步应该是到数据库中验证用户是否存在，这些将在下一节实现。现在假设用户存在，登录后应该跳转到主窗体。

【例 11-5】 实现 MyCollege 项目的登录跳转。单击"登录"按钮时，如果输入的管理员用户名、密码为正确，跳转到管理员主窗体。

问题分析

实现从登录窗体到管理员主窗体的跳转要用到 Form 类提供了两个方法用来显示和隐藏窗体，分别是 Show()方法和 Hide()方法。

参考步骤

(1)新增管理员主窗体 FrmAdminMain：在解决方案资源管理器中，右击项目名称，添加一个"AdminForm"文件夹，选中该文件夹，执行"项目"→"添加 Windows 窗体"命令，将会出现如图 11-9 所示的"添加新项"对话框。

(2)处理登录窗体中的"登录"按钮单击事件：当登录类型为管理员时，跳转到管理员主窗体，程序代码如下。

程序代码

```
public const string ADMIN = "系统管理员";
/// <summary>
///响应"登录"按钮事件
/// </summary>
private void btnLogin_Click(object sender,EventArgs e)
```

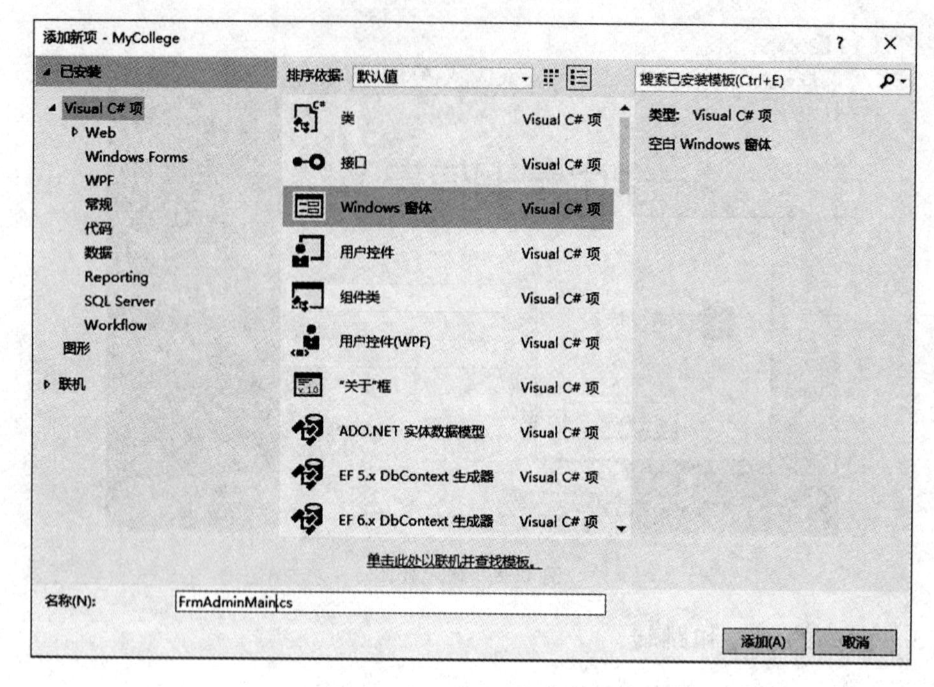

图 11-9　添加管理员主窗体

```
{
    //用户名、密码和用户类型都不为空
    if (CheckInput())
    {
        //显示系统管理员主窗体
        if (this.cboLoginType.Text.Equals(ADMIN))
        {
            FrmAdminMain frmAdmin = new FrmAdminMain();
            frmAdmin.Show();
        }
        //隐藏登录窗体
        this.Hide();
    }
}
```

11.3.4　窗体间数据的传递

用户通过验证进入主窗体后，往往需要把当前登录的用户信息传递到其他窗体。例如，主窗体加载后能够把登录用户名显示在窗体的标题栏中，如图 11-10 所示。

【例 11-6】 MyCollege 项目的登录跳转成功后，把登录用户名显示在管理员主窗体的标题栏中。

参考步骤

(1) 在管理员主窗体 FrmAdminMain 中添加一个字段 userId，该字段用于保存当前登录的用户名，定义为 public 类型，以确保其他窗体能够访问，代码如下。

```
public partial class FrmAdminMain:Form
{
    public string userId = string.Empty;
    public FrmAdminMain()
    {
        InitializeComponent();
    }
}
```

(2)在登录窗体为 userId 赋值。代码如下。

```
private void btnLogin_Click(object sender,EventArgs e)
{
    //用户名、密码和用户类型都不为空
    if (CheckInput())
    {
        //显示系统管理员主窗体
        if (this.cboLoginType.Text.Equals(ADMIN))
        {
            FrmAdminMain frmAdmin = new FrmAdminMain();
            frmAdmin.userId = txtUserName.Text.Trim();
            frmAdmin.Show();
        }
        //隐藏登录窗体
        this.Hide();
    }
}
```

(3)在主窗体中给标题赋值,代码如下。

```
private void FrmAdminMain_Load(object sender,EventArgs e)
{
    this.Text = string.Format("管理员主窗体(管理员:{0})",userId);
}
```

管理员主窗体(管理员:admin)

图 11-10　将登录名传递到管理员主窗体

11.3.5 技能训练(验证用户名密码是否正确)

在前面几个小节中,主要是基于界面进行了与用户登录相关的操作,包括界面设计、输入验证、窗体跳转、窗体间传值等。要真正实现用户登录,需要在窗体跳转前验证输入的用户名和密码在数据库中是否存在。如果用户存在,则跳转到相应的主窗体。

【例 11-7】 实现 MyCollege 管理员的完整登录功能,如果输入的用户名和密码在数据库中不存在,则弹出相应的提示;如果存在,跳转到管理员主窗体。

问题分析

使用 ADO.NET 操作数据库。可以使用 command 对象的 ExecuteScalar()方法查询数据库中是否存在与输入的用户名和密码相同的记录。实现代码如例 11-7 所示。

使用 ADO.NET 操作数据库并没有使用新的技能点,但需要综合运用以前学习过的 ADO.NET 以及本章中学习的事件处理机制,并理解登录过程中的逻辑处理过程:先判断输入是否正确,再判断用户在数据库中是否存在,最后跳转到新窗体。

例 11-7 中用到了一个 DBHelper 类,这是一个辅助类,其中定义了数据库连接。这样做的目的是便于重用,即在其他操作数据库的地方不需要重新定义数据库连接,只要调用 DBHelper 即可。如下所示。

程序代码

(1)DBHelper.cs 文件的代码

```
/// <summary>
///此类维护数据库连接字符串和 Connection 对象
/// </summary>
public class DBHelper
{
    //数据库连接字符串
    private string connString = "Data Source = CLM\SQL2008R2;Initial
        Catalog = MySchool;User ID = sa;Pwd = 123456";
    //数据库连接 Connection 对象
    private SqlConnection connection;
    /// <summary>
    /// Connection 对象
    /// </summary>
    public SqlConnection Connection
    {
        get
        {
            if (connection == null)
            {
                connection = new SqlConnection(connString);
            }
            return connection;
```

```
        }
    }
    /// <summary>
    ///打开数据库连接
    /// </summary>
    public void OpenConnection()
    {
        if (Connection.State == ConnectionState.Closed)
        {
            Connection.Open();
        }
        else if (Connection.State == ConnectionState.Broken)
        {
            Connection.Close();
            Connection.Open();
        }
    }
    /// <summary>
    ///关闭数据库连接
    /// </summary>
    public void CloseConnection()
    {
        if (Connection.State == ConnectionState.Open || Connection.State ==
                ConnectionState.Broken)
        {
            Connection.Close();
        }
    }
}
```

(2)在登录窗体 FrmLogin.cs 文件中

```
public const string ADMIN = "系统管理员";
/// <summary>
///响应“登录”按钮事件
/// </summary>
private void btnLogin_Click(object sender,EventArgs e)
{
    //用户名、密码和用户类型都不为空
    if (CheckInput())
    {
        string message = string.Empty; //表示验证的消息
        //检索用户名、密码是否存在
```

```
        if (CheckUser(ref message))
        {
            //分别显示系统管理员和学生主窗体
            if (this.cboLoginType.Text.Equals(ADMIN))
            {
                FrmAdminMain frmAdmin = new FrmAdminMain();
                frmAdmin.Text = txtUserName.Text.Trim();
                frmAdmin.Show();
            }
            //隐藏登录窗体
            this.Hide();
        }
        else
        {
            //弹出提示消息
             MessageBox.Show(message,CAPTION,MessageBoxButtons.OK,MessageBoxIcon.
Warning);
        }
    }
}
/// <summary>
///检索用户名、密码是否存在
/// </summary>
/// <param name = "message">提示的消息</param>
/// <returns>True:检索到用户,False:没有检索到用户</returns>
public bool CheckUser(ref string message)
{
    bool isValidUser = false; //表示验证是否通过
    string userName = txtUserName.Text.Trim(); //输入的用户名
    string userPwd = txtPwd.Text.Trim();  //输入的密码
    //确定查询用的SQL语句
    StringBuilder sb = new StringBuilder(); //查询用的SQL语句
    if (cboLoginType.Text.Equals(ADMIN)) //系统管理员登录
    {
        sb.AppendFormat("SELECT COUNT(*) FROM [Admin] WHERE
            [LoginId] = '{0}' AND [LoginPwd] = '{1}'",userName,userPwd);
    }
    else if (cboLoginType.Text.Equals(STUDENT)) //学生登录
    {
        sb.AppendFormat("SELECT COUNT(*) FROM [Student] WHERE
            [StudentNo] = '{0}' AND [LoginPwd] = '{1}'",userName,userPwd);
```

```
    }
    //执行查询
    int count = 0;  //数据库查询的结果
    DBHelper dbhelper = new DBHelper();
    try
    {
        //创建 Command 命令
        SqlCommand command = new SqlCommand(sb.ToString(),
            dbhelper.Connection);
        //打开连接
        dbhelper.OpenConnection();
        //执行查询语句
        count = (int)command.ExecuteScalar();
        //如果结果 >0,验证通过,否则是非法用户
        if (count > 0)
        {
            isValidUser = true;
        }
        else
        {
            message = "用户名或密码不存在!";
            isValidUser = false;
        }
    }
    catch (Exception ex)
    {
        message = "系统发生错误,请稍后再试!";
        isValidUser = false;
    }
    finally
    {
        //关闭数据库连接
        dbhelper.CloseConnection();
    }
    return isValidUser;
}
```

本章小结

➢ 使用窗体的属性设计窗体，窗体常用的属性有 FormBorderStyle、StartPosition、

WindowsState、MaximizeBox 和 MinimizeBox 等。

➢ 使用标签(Label)、文本框 (TextBox)、组合框 (ComboBox)、按钮(Button) 设计窗体界面。这些控件有通用的属性,如 Name、Text、Enable 也有各自特有的属性。

➢ 编写事件处理程序,即针对用户触发的事件编写适当的处理方法。

➢ 使用 MessageBox 弹出四种消息框,使用 DialogResult 获得消息框的返回值。

➢ 使用窗体的 Show()方法和 Hide()方法实现窗体的显示和隐藏。

➢ 结合 ADO.NET 和 WinForms 编写简单的数据库处理程序。

➢ 在窗体中定义字段实现窗体间的数据传递。

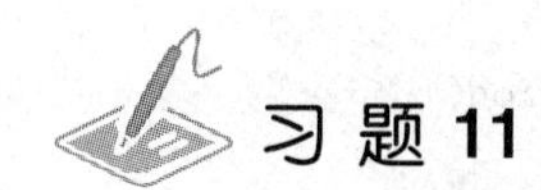

习题 11

一、单项选择题

1. 要退出应用程序的执行,应执行(　　)语句。

A. Application. Exit();　　B. Application. Exit;

C. Application. Close();　　D. Application. Close;

2. 要使窗体刚运行时,显示在屏幕的中央,应设置窗体的(　　)属性。

A. WindowState　　B. StartPosition

C. CenterScreen　　D. CenterParent

3. 要使文本框控件能够显示多行且能自动换行,应设置(　　)属性。

A. MaxLength 和 MultiLine　　B. MultiLine 和 WordWrap

C. PasswordChar 和 MultiLine　　D. MaxLength 和 WordWrap

4. 要使复选框控件能够显示出三种状态,应首先设置(　　)属性。

A. ThreeState　　B. Checked　　C. CheckState　　D. Indeterminate

5. VS 集成环境,不是在主区域显示的窗口为(　　)。

A. 起始页　　B. 工具箱　　C. 代码视图　　D. 设计器视图

6. Button 类提供了可用于管理控件外观的属性,对于以下影响下压按钮外观的常用属性,描述错误的是(　　)。

A. Flatstyle 属性是用来指定控件边缘的绘制方式

B. 使用 backcolor 属性来指定控件的背景颜色

C. 指定控件的标题可以使用 title 属性

D. forecolor 属性指定控件的文本颜色

7. 用于数据的输入输出控件是(　　)。

A. Button　　B. Checkbox　　C. Textbox　　D. Label

8. 在 C# 程序中要显示一个消息为:This is a test,标题为:hello 的消息框正确的语句应该是(　　)。

A. MessageBox. show("This is a test:","hello")

B. MessageBox("This is a test:","hello")

C. MessageBox. show("hello","This is a test:")

D. MessageBox("hello","This is a test:")

9. 使用(　　)方法,可以在屏幕中央打开窗体。

A. Close　　B. Hide　　C. Show　　D. CenterToScreen

10. VS 控件的属性窗口中,按钮"A →Z"点击后,属性列表会按照(　　)顺序进行排列。

A. 功能分类排列属性

B. 大小排列各属性

C. 名称排列属性

D. 先按照功能分类排列属性后在每个单元中以名称排序

11. 在"工具"菜单中选择"选项"命令可以更改启动 VS 默认出现的用户界面,以下不是 VS 支持的启动界面是(　　)。

A. 最后一次加载的项目　　B. 打开起始页

C. 打开主页　　D. 打开空环境

二、问答和编程题

1. 查阅 MSDN,总结 Form、Label、Text、ComboBox 和 Button 等控件的常用属性、方法和事件。

2. 使用 WinForms 编写一个简单的猜数字小游戏。

3. 制作一个简单计算器程序。程序运行时通过按钮输入运算公式,如图 11-11 所示,此时单击"计算"按钮将得到计算结果,如图 11-12 所示。

图 11-11　程序运行界面(一)

图 11-12　程序运行界面(二)

4. 已知窗体 form1 中有 3 个 textBox 控件 textBox1、textBox2 和 textBox3 输入字段 id、Name 和 Address,当单击 Button 控件 button1 时,把数据插入到 Employee 职工表中。要求为 button 控件的 Click 事件编写事件过程代码:

字段	数据类型	描述
EmployeeCode	int	职工编号
Name	char (20)	姓名
Address	char (35)	地址

第 12 章 用窗体控件设计图形化用户界面

本章工作任务

- 设计管理员主窗体
- 设计编辑学生窗体
- 实现新增学生信息功能

本章知识目标

- 理解菜单栏和工具栏的运用
- 理解窗体基本控件的运用
- 理解 MDI 应用程序的开发
- 理解鼠标事件和键盘事件

本章技能目标

- 会使用多种窗体控件设计窗体、布局和排列控件
- 会使用 ImageList 控件展示数据
- 会使用 PictureBox 控件显示图片
- 会使用 Timer 控件实现定时操作
- 掌握 MDI 应用程序的开发
- 会使用 ComboBox 显示数据库中的数据
- 灵活运用 ADO.NET 技术将窗体上数据保存到数据库

本章重点难点

- 文本类控件的应用
- 按钮类控件的应用
- 图片框控件的应用
- 菜单的制作方法
- 工具栏的制作方法
- 状态栏的制作方法
- MDI 应用程序的编制方法
- 鼠标事件与键盘事件编程

12.1　使用菜单栏和工具栏设计管理员主窗体

12.1.1　使用菜单栏 MenuStrip 设计主窗体

Windows 的菜单系统是图形用户界面(GUI)的重要组成之一，在 Visual C# 中使用 MenuStrip 控件可以很方便地实现 Windows 的菜单。

下面给管理员主窗体添加菜单栏。如图 12-1 所示。其中有文字的单个命令称菜单项，顶层菜单项是横着排列的，单击某个菜单项后弹出的称为菜单或子菜单，均包含若干个菜单项，菜单项其实是 MenuItem 类的一个对象。菜单项有的是变灰显示的，表示该菜单项当前是被禁止使用的；有的菜单项的提示文字中有带下划线的字母，该字母称为热键(或访问键)，若是顶层菜单，可通过按"ALT＋热键"打开该菜单，若是某个子菜单中的一个选项，则在打开子菜单后直接按热键就会执行相应的菜单命令。有的菜单项后面有一个按键或组合键，称快捷键，在不打开菜单的情况下按快捷键，将执行相应的命令。图 12-1 的"修改密码"和"退出"之间有一个灰色的线条，该线条称为分隔线或分隔符。

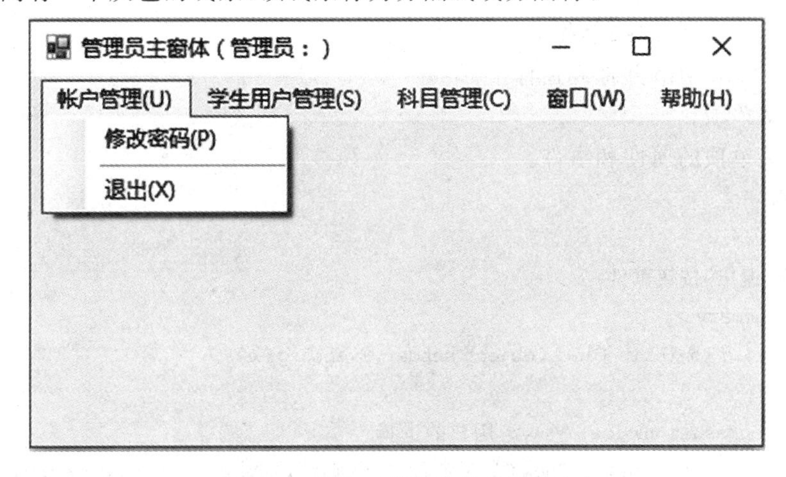

图 12-1　添加了菜单的管理员窗体

1. 菜单项的常用属性

(1)Text 属性：用来获取或设置一个值，通过该值指示菜单项标题。当使用 Text 属性为菜单项指定标题时，还可以在字符前加一个"&"号来指定热键(访问键，即加下划线的字母)。例如，若要将"File"中的"F"指定为访问键，应将菜单项的标题指定为"&File"。

(2)Checked 属性：用来获取或设置一个值，通过该值指示选中标记是否出现在菜单项文本的旁边。如果要放置选中标记在菜单项文本的旁边，属性值为 true，否则属性值为 false。默认值为 false。

(3)DefaultItem 属性：用来获取或设置一个值，通过该值指示菜单项是否为默认菜单项。值为 true 时，是默认菜单项，值为 false 时，不是默认菜单项。菜单的默认菜单项以粗体的形式显示。当用户双击包含默认项的子菜单后，默认项被选定，然后子菜单关闭。

(4)Enabled 属性：用来获取或设置一个值，通过该值指示菜单项是否可用。值为 true 时表示可用，值为 false 表示当前禁止使用。

(5)Shortcut 属性:用来获取或设置一个值,该值指示与菜单项相关联的快捷键。

(6)ShowShortcut 属性:用来获取或设置一个值,该值指示与菜单项关联的快捷键是否在菜单项标题的旁边显示。如果快捷组合键在菜单项标题的旁边显示,该属性值为 true,如果不显示快捷键,该属性值为 false。默认值为 true。

2. 菜单项的常用事件

菜单项的常用事件主要有 Click 事件,该事件在用户单击菜单项时发生。

【例 12-1】 给 MyCollege 项目的管理员主窗体添加如图 12-1 所示的菜单,并给“退出”菜单项添加正确的事件处理代码。

问题分析

菜单项添加快捷键的方法是在菜单项文本的后面输入 & 加快捷键字母。快速添加菜单项分割线的方法是在菜单项文本输入框中输入“-”。退出应用程序的方法是 Application.Exit()。

参考步骤

创建菜单的步骤如下。

(1)切换到窗体设计器。

(2)在工具箱中展开“菜单和工具栏”选项卡。

(3)选中 MenuStrip 并拖到窗体上。

(4)添加菜单项。

(5)设置菜单项的属性和事件。

程序代码

```
/// <summary>
///响应“退出”按钮事件
/// </summary>
private void tsmiExit_Click(object sender,EventArgs e)
{
    DialogResult choice;    // 用户的选择
    choice = MessageBox.Show("确定要退出吗?","提示",MessageBoxButtons.OKCancel,
MessageBoxIcon.Information);

    if (choice == DialogResult.OK)
    {
        //退出应用程序
        Application.Exit();
    }
}
```

12.1.2 用工具栏控件设计主窗体

使用工具栏控件可以使形象化的图标与功能相对应,使应用程序界面具有更好的交互性。工具栏控件中可以包括按钮(Button)、标签(Label)、下拉按钮(DropDownButton)、文本框(TextBox)和组合框(ComboBox)等,可以显示文字、图片或文字加图片。

在C#中,要实现工具栏,需要使用ToolStrip控件。下面通过一个具体的工具栏的设计来介绍工具栏的实现过程。

【例12-2】 给MyCollege项目的管理员主窗体添加如图12-2所示的工具栏,并给工具栏按钮添加正确的事件处理代码。

图12-2 添加的工具栏

难点分析

选中工具栏中按钮,在"属性"窗口中找到Text属性和Image属性,分别设置显示的文本和图片,然后设置DisplayStyle属性为ImageAndText,即同时显示图像和文本,然后在"Image"属性中选择相应的图片,在"Text"属性中输入要显示的文字。

工具栏按钮添加完成。那么,怎样才能够在单击工具栏中的"新建学生用户"按钮时,也能像在菜单中选择"学生用户管理"→"新增学生"菜单项一样打开"编辑学生信息"窗体呢?是不是需要给工具栏中的"新建学生用户"按钮重新编写click事件处理方法?在.NET中,可以给不同控件绑定同一个事件处理方法,实现方法的重用。所以不需要重新编写一次方法,只要将工具栏中"新建学生用户"按钮的click事件绑定到为菜单中的"新增学生"菜单项编写好的方法上即可。

在Visual Studio的设计器中单击工具栏中的"新建学生用户"按钮。在属性窗口中找到的click事件,单击右侧的下拉按钮,在下拉列表中选择"新增学生"菜单项的事件处理方法,如图12-3所示。

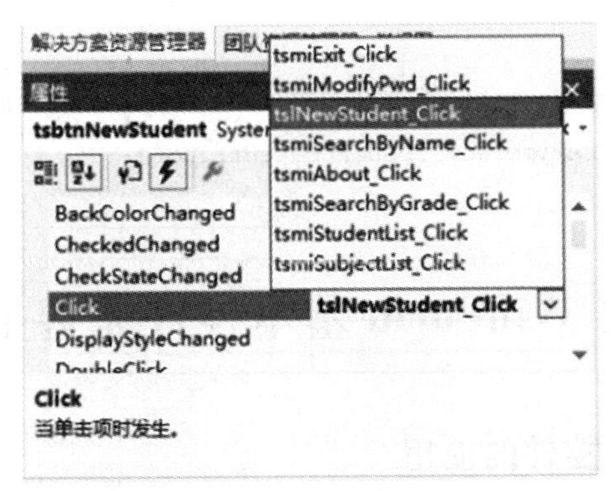

图12-3 工具栏按钮单击事件处理方法

参考步骤

创建工具栏的步骤如下。

(1)切换到窗体设计器。

(2)在工具箱中展开"菜单和工具栏"选项卡。

(3)选中 ToolStrip 并拖到窗体上。

(4)选中工具栏,添加按钮。

(5)设置工具栏按钮的属性和事件。

12.1.3 状态栏设计

状态栏一般位于应用程序窗口的下面,用来显示程序的状态。在窗体程序中,状态栏的作用非常重要,大量 Windows 应用程序窗体的状态栏,就是每天都会使用的,也节约了大量的时间。下面通过一个具体的状态栏的设计来介绍设计状态栏的方法。

【例 12-3】 给 MyCollege 项目的管理员主窗体添加如图 12-4 所示的状态栏,显示当前日期信息。

图 12-4 添加的状态栏

参考步骤

创建工具栏的步骤如下。

(1)在"工具箱"中选择"StatusStrip"控件放到窗体中。

(2)在"StatusStrip"控件中新建"statusLabel"项。

(3)设置程序管理员主窗体 load 的事件的代码,用于在状态栏显示当前日期。

程序代码

```
private void FrmAdminMain_Load(object sender,EventArgs e)
{
    this.Text = string.Format("管理员主窗体(管理员:{0})",userId);
    tssDate.Text = DateTime.Now.ToShortDateString();
}
```

12.2 使用 WinForm 基本控件完善主窗体设计

12.2.1 Windows 窗体控件的使用

前面在 C# 中已经学习了 Label、TextBox 等控件。现在继续学习 RichTextBox 和 NumericUpDown 等控件的功能和运用。运用 WinForm 基本控件完善主窗体设计。

1. RichTextBox 控件

RichTextBox 是一种既可以输入文本、又可以编辑文本的文字处理控件。与 TextBox

控件相比，RichTextBox 控件的文字处理功能更加丰富，不仅可以设定文字的颜色、字体，还具有字符串检索功能。另外，RichTextBox 控件还可以打开、编辑和存储.rtf 格式文件、ASCII 文本格式文件及 Unicode 编码格式的文件。

上面介绍的 TextBox 控件所具有的属性，RichTextBox 控件基本上都具有，除此之外，该控件还具有一些其他属性。

(1)RightMargin 属性：用来设置或获取右侧空白的大小，单位是像素。通过该属性可以设置右侧空白，如希望右侧空白为 50 像素，可使用如下语句。

RichTextBox1.RightMargin = RichTextBox1. Width-50;

(2)Rtf 属性：用来获取或设置 RichTextBox 控件中的文本，包括所有 RTF 格式代码。可以使用此属性将 RTF 格式文本放到控件中以进行显示，或提取控件中的 RTF 格式文本。此属性通常用于在 RichTextBox 控件和其他 RTF 源(如 Microsoft Word 或 Windows 写字板)之间交换信息。

(3)SelectedRtf 属性：用来获取或设置控件中当前选定的 RTF 格式的格式文本。此属性使用户得以获取控件中的选定文本，包括 RTF 格式代码。如果当前未选定任何文本，给该属性赋值将把所赋的文本插入到插入点处。如果选定了文本，则给该属性所赋的文本值将替换掉选定文本。

(4)SelectionColor 属性：用来获取或设置当前选定文本或插入点处的文本颜色。

(5)SelectionFont 属性：用来获取或设置当前选定文本或插入点处的字体。

前面介绍的 TextBox 控件所具有的方法，RichTextBox 控件基本上都具有，除此之外，该控件还具有一些其他方法。

(1)Redo 方法：用来重做上次被撤销的操作。调用的一般格式如下。

RichTextBox 对象. Redo()

该方法无参数。

(2)Find 方法：用来从 RichTextBox 控件中查找指定的字符串。经常使用的调用格式如下。

[格式 1]：

```
RichTextBox对象.Find(str)
```

[功能]：在指定的“RichTextBox”控件中查找文本，并返回搜索文本的第一个字符在控件内的位置。如果未找到搜索字符串或者 str 参数指定的搜索字符串为空，则返回值为-1。

[格式 2]：

```
RichTextBox对象.Find(str,RichTextBoxFinds)
```

[功能]：在“RichTextBox 对象”指定的文本框中搜索 str 参数中指定的文本，并返回文本的第一个字符在控件内的位置。如果返回负值，则未找到所搜索的文本字符串。还可以使用此方法搜索特定格式的文本。参数 RichTextBoxFinds 指定如何在控件中执行文本搜索，其取值及其含义如表 12-1 所示。

表 12-1 RichTextBoxFinds 参数的取值及含义

成员名称	说明
MatchCase	仅定位大小写正确的搜索文本的实例
NoHighlight	如果找到搜索文本,不突出显示
None	定位搜索文本的所有实例,而不论是否为全字匹配
Reverse	搜索在控件文档的结尾处开始,并搜索到文档的开头
WholeWord	仅定位全字匹配的文本

[格式 3]:

```
RichTextBox对象.Find(str,start,RichTextBoxFinds)
```

[功能]:这里 Find 方法与前面的格式 2 基本类似,不同的只是通过设置控件文本内的搜索起始位置来缩小文本搜索范围,start 参数表示开始搜索的位置。此功能使用户得以避开可能已搜索过的文本或已经知道不包含要搜索的特定文本的文本。如果在 options 参数中指定了 RichTextBoxFinds. Reverse 值,则 start 参数的值将指示反向搜索结束的位置,因为搜索是从文档底部开始的。

(3)SaveFile 方法:用来把 RichTextBox 中的信息保存到指定的文件中,调用格式有以下三种。

[格式 1]:

```
RichTextBox对象名.SaveFile(文件名);
```

[功能]:将 RichTextBox 控件中的内容保存为 RTF 格式文件中。

[格式 2]:

```
RichTextBox对象名.SaveFile(文件名,文件类型);
```

[功能]:将 RichTextBox 控件中的内容保存为"文件类型"指定的格式文件中。

[格式 3]:

```
RichTextBox对象名.SaveFile(数据流,数据流类型);
```

[功能]:将 RichTextBox 控件中的内容保存为"数据流类型"指定的数据流类型文件中。

其中,文件类型和数据流类型的取值及含义如表 11-2 所示。

表 12-2 文件类型和数据流类型的取值及含义

取值	含义
RichTextBoxStreamType. PlainText	纯文本流
RichTextBoxStreamType. RichText	RTF 格式流
RichTextBoxStreamType. UnicodePlainText	采用 Unicode 编码的文本流

(4)LoadFile 方法:使用 LoadFile 方法可以将文本文件、RTF 文件装入 RichTextBox 控件。主要的调用格式有以下三种。

[格式 1]:

```
RichTextBox对象名.LoadFile(文件名);
```

[功能]:将 RTF 格式文件或标准 ASCII 文本文件加载到 RichTextBox 控件中。

[格式 2]:

RichTextBox 对象名.LoadFile(数据流,数据流类型);

[功能]:将现有数据流的内容加载到 RichTextBox 控件中。

[格式 3]:

RichTextBox 对象名.LoadFile(文件名,文件类型);

[功能]:将特定类型的文件加载到 RichTextBox 控件中。

注意:文件类型和数据流格式见表 12-2。

【例 12-4】 利用 RichTextBox 控件实现文档管理的功能,主要的功能是新建文档、打开文档、保存文档的功能。

问题分析

RichTextBox 是个多行文本框,可以当做一个文本域来用。在这个程序中,关键的功能是新建文档、打开文档、保存文档的功能。而显示文档的区域正是一个 RichTextBox 控件。输入文件名后,要打开文件,可使用 RichTextBox 控件的 LoadFile 方法,注意文档格式的表示。保存文件可使用 RichTextBox 控件的 SaveFile 方法。如图 12-5 所示。

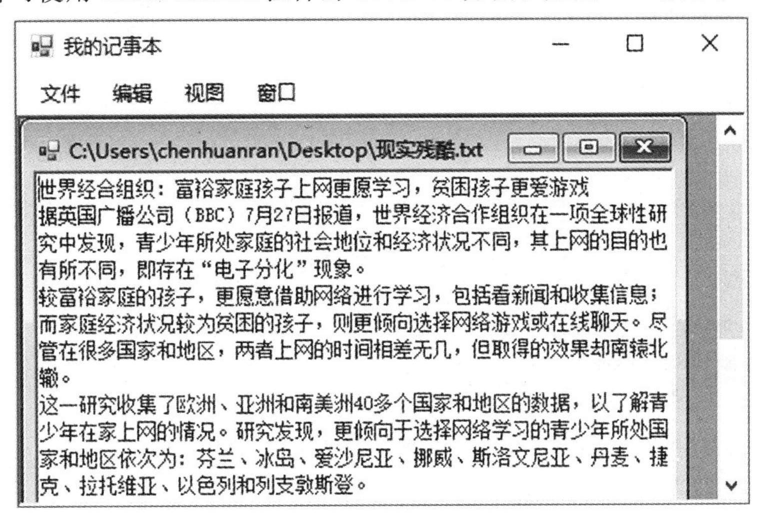

图 12-5 例 12-4 运行结果

程序代码

```
/// <summary>
///新建文档
/// </summary>
/// <param name = "sender"></param>
/// <param name = "e"></param>
private void tsmiNew_Click(object sender,EventArgs e)
{
    FrmRichText f2 = new FrmRichText();
    f2.MdiParent = this;
    f2.Show();
}
/// <summary>
```

```
///打开文档
/// </summary>
/// <param name = "sender"></param>
/// <param name = "e"></param>
private void tsmiOpen_Click(object sender,EventArgs e)
{
    openFileDialog1.Filter = "txt 格式( *.txt)| *.txt|所有文件| *.* ";
    openFileDialog1.Title = "打开";
    if (openFileDialog1.ShowDialog() == DialogResult.OK)
    {
        frmchild.Text = openFileDialog1.FileName;
        frmchild. richTextBox1. Clear();
        frmchild. richTextBox1. LoadFile(openFileDialog1. FileName,
RichTextBoxStreamType. PlainText);
        frmchild. MdiParent = this;
        frmchild. Show();
    }
}
/// <summary>
///保存文档
/// </summary>
/// <param name = "sender"></param>
/// <param name = "e"></param>
private void tsmiSave_Click(object sender,EventArgs e)
{
    saveFileDialog1.Filter = "文本文件( * txt)| *. txt";
    saveFileDialog1. FilterIndex = 2;
    if (saveFileDialog1. ShowDialog() == DialogResult. OK)
    {
        frmchild. richTextBox1. SaveFile(saveFileDialog1.FileName);
    }
}
```

2. NumericUpDown 控件

工具箱中的 NumericUpDown 控件看起来像是一个文本框与一对用户可单击以调整值的箭头的组合。可以通过单击向上和向下按钮、按向上和向下箭头键来增大和减小数字，也可以直接输入数字。单击向上箭头键时，值向最大值方向增加；单击向下箭头键时，值向最小值方向减少。该控件在工具箱中的图标为 NumericUpDown 。

NumericUpDown 控件的常用属性如下。

(1)DecimalPlaces：获取或设置该控件中显示的小数位数。

(2)Hexadecimal:获取或设置一个值,该值指示该控件是否以十六进制格式显示所包含的值。

(3)Increment:获取或设置单击向上或向下按钮时,该控件递增或递减的值。

(4)Maximum:获取或设置该控件的最大值。

(5)Minimum:获取或设置该控件的最小值。

(6)Value:获取或设置该控件的当前值。

与 TextBox 控件一样,NumericUpDown 控件的常用事件有:ValueChanged、GotFocus 和 LostFocus 等。

3. GroupBox 控件

GroupBox 控件又称为分组框,在工具箱中的图标是 [XV] GroupBox 。该控件常用于为其他控件提供可识别的分组,其典型的用法之一就是给 RadioButton 控件分组。可以通过分组框的 Text 属性为分组框中的控件向用户提供提示信息。

设计时,向 GroupBox 控件中添加控件的方法有两种:一是直接在分组框中绘制控件;二是把某一个已存在的控件复制到剪贴板上,然后选中分组框,再执行粘贴操作即可。

位于分组框中的所有控件随着分组框的移动而一起移动,随着分组框的删除而全部删除,分组框的 Visible 属性和 Enabled 属性也会影响到分组框中的所有控件。

分组框的最常用的属性是 Text,一般用来给出分组提示。

4. RadioButton 控件

RadioButton 又称单选按钮,其在工具箱中的图标为 ◉ RadioButton,单选按钮通常成组出现,用于提供两个或多个互斥选项,即在一组单选按钮中只能选择一个。

RadioButton 控件的常用属性如下。

(1)Checked 属性:用来设置或返回单选按钮是否被选中,选中时值为 true,没有选中时值为 false。

(2)AutoCheck 属性:如果 AutoCheck 属性被设置为 true(默认),那么当选择该单选按钮时,将自动清除该组中所有其他单选按钮。对一般用户来说,不需改变该属性,采用默认值(true)即可。

(3)Appearance 属性:用来获取或设置单选按钮控件的外观。当其取值为 Appearance. Button 时,将使单选按钮的外观像命令按钮一样:当选定时,看作已被按下。当取值为 Appearance. Normal 时,就是默认的单选按钮的外观。

(4)Text 属性:用来设置或返回单选按钮控件内显示的文本,该属性也可以包含访问键,即前面带有"&"符号的字母,这样用户就可以通过同时按 Alt 键和访问键来选中控件。

RadioButton 控件的常用事件如下。

(1)Click 事件:当单击单选按钮时,将把单选按钮的 Checked 属性值设置为 true,同时发生 Click 事件。

(2)CheckedChanged 事件:当 Checked 属性值更改时,将触发 CheckedChanged 事件。

5. CheckBox 控件

CheckBox 控件又称为复选框,在工具箱中的图标为 ☑ CheckBox 。复选框与单选按钮类似，也给用户提供一组选项供用户选择。但不存在互斥的问题，可以从一组复选框中同时选择一项或多项，甚至不选。复选框控件的样式如图 12-6 所示。

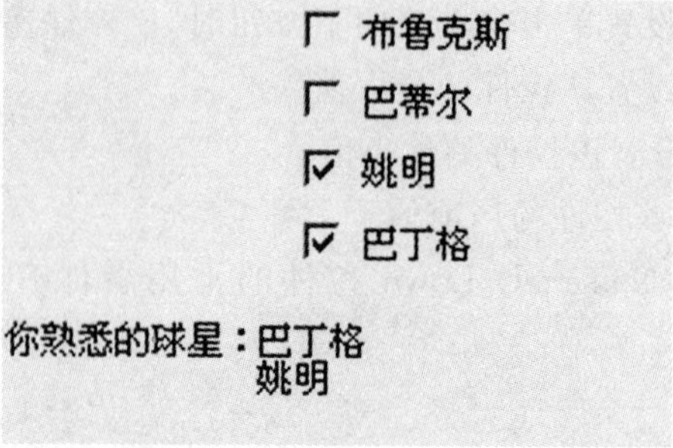

布鲁克斯
巴蒂尔
姚明
巴丁格
你熟悉的球星：巴丁格
姚明

图 12-6　复选框的样式

CheckBox 控件的常用属性如下。

(1) TextAlign 属性：用来设置控件中文字的对齐方式，有九种选择，如图 12-7 所示。从上到下、从左至右分别是：ContentAlignment. TopLeft、ContentAlignment. TopCenter、ContentAlignment. TopRight 、ContentAlignment. MiddleLeft、ContentAlignment. MiddleCenter、ContentAlignment.MiddleRight、ContentAlignment.BottomLeft、ContentAlignment.BottomCenter 和 ContentAlignment.BottomRight。该属性的默认值为 ContentAlignment.MiddleLeft，即文字左对齐、居控件垂直方向中央。

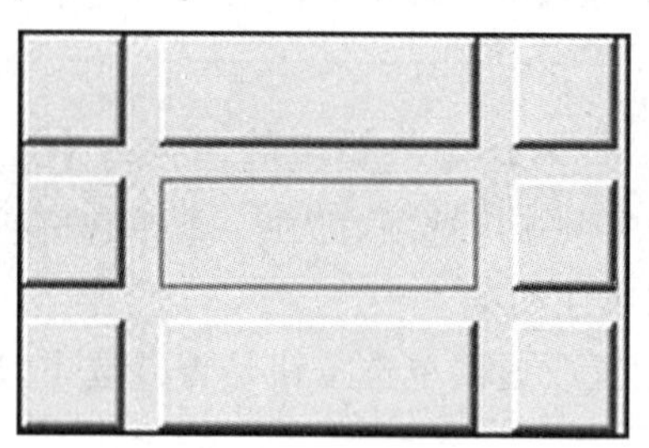

图 12-7　TextAlign 属性的设置

(2) ThreeState 属性：用来返回或设置复选框是否能表示三种状态，如果属性值为 true 时，表示可以表示三种状态——选中、没选中和中间态（CheckState. Checked、CheckState. Unchecked 和 CheckState. Indeterminate)，属性值为 false 时，只能表示两种状态：选中和没选中。

(3) Checked 属性：用来设置或返回复选框是否被选中，值为 true 时，表示复选框被选中，值为 false 时，表示复选框没被选中。当 ThreeState 属性值为 true 时，中间态也表示选中。

(4) CheckState 属性：用来设置或返回复选框的状态。

在 ThreeState 属性值为 false 时，取值有 CheckState. Checked 或 CheckState. Unchecked。在 ThreeState 属性值被设置为 True 时，CheckState 还可以取值 CheckState. Indeterminate，在此时，复选框显示为浅灰色选中状态，该状态通常表示该选项下的多个子选项未完全选中。

CheckBox 控件的常用事件有 Click 和 CheckedChanged 等，其含义及触发时机与单选按钮完成一致。

6. ListBox 控件

ListBox 控件又称列表框，在工具箱中的图标为 ListBox，显示一个项目列表供用户选择。在列表框中，用户一次可以选择一项，也可以选择多项。

ListBox 控件的常用属性如下。

(1)Items 属性：用于存放列表框中的列表项，是一个集合。通过该属性，可以添加列表项、移除列表项和获得列表项的数目。

(2)MultiColumn 属性：用来获取或设置一个值，该值指示 ListBox 是否支持多列。值为 true 时表示支持多列，值为 false 时不支持多列。当使用多列模式时，可以使控件得以显示更多可见项。

(3)ColumnWidth 属性：用来获取或设置多列 ListBox 控件中列的宽度。

(4)SelectionMode 属性：用来获取或设置在 ListBox 控件中选择列表项的方法。当 SelectionMode 属性设置为 SelectionMode. MultiExtended 时，按下 Shift 键的同时单击鼠标或者同时按 Shift 键和箭头键之一（上箭头键、下箭头键、左箭头键和右箭头键），会将选定内容从前一选定项扩展到当前项。按 Ctrl 键的同时单击鼠标将选择或撤销选择列表中的某项；当该属性设置为 SelectionMode. MultiSimple 时，鼠标单击或按空格键将选择或撤销选择列表中的某项；该属性的默认值为 SelectionMode. One，则只能选择一项。

(5)SelectedIndex 属性：用来获取或设置 ListBox 控件中当前选定项的从零开始的索引。如果未选定任何项，则返回值为－1。对于只能选择一项的 ListBox 控件，可使用此属性确定 ListBox 中选定的项的索引。如果 ListBox 控件的 SelectionMode 属性设置为 SelectionMode. MultiSimple 或 SelectionMode. MultiExtended，并在该列表中选定多个项，此时应用 SelectedIndices 来获取选定项的索引。

(6)SelectedIndices 属性。用来获取一个集合，该集合包含 ListBox 控件中所有选定项的从零开始的索引。

(7)SelectedItem 属性：获取或设置 ListBox 中的当前选定项。

(8)SelectedItems 属性：获取 ListBox 控件中选定项的集合，通常在 ListBox 控件的 SelectionMode 属性值设置为 SelectionMode. MultiSimple 或 SelectionMode. MultiExtended（指示多重选择 ListBox）时使用。

(9)Sorted 属性：获取或设置一个值，该值指示 ListBox 控件中的列表项是否按字母顺序排序。如果列表项按字母排序，该属性值为 true；如果列表项不按字母排序，该属性值为 false。默认值为 false。在向已排序的 ListBox 控件中添加项时，这些项会移动到排序列表中适当的位置。

(10)Text 属性：该属性用来获取或搜索 ListBox 控件中当前选定项的文本。当把此属性值设置为字符串值时，ListBox 控件将在列表内搜索与指定文本匹配的项并选择该项。若在列表中选择了一项或多项，该属性将返回第一个选定项的文本。

(11)ItemsCount 属性：该属性用来返回列表项的数目。

ListBox 控件的常用方法如下。

(1)FindString 方法：用来查找列表项中以指定字符串开始的第一个项，有两种调用格式。

[格式 1]:

```
ListBox对象.FindString(s);
```

[功能]:在“ListBox 对象”指定的列表框中查找字符串 s,如果找到则返回该项从零开始的索引;如果找不到匹配项,则返回 ListBox. NoMatches。

[格式 2]:

```
ListBox对象.FindString(s,n);
```

[功能]:在 ListBox 对象指定的列表框中查找字符串 s,查找的起始项为 n+1,即 n 为开始查找的前一项的索引。如果找到则返回该项从零开始的索引;如果找不到匹配项,则返回 ListBox. NoMatches。

注意:FindString 方式只是词语部分匹配,即要查找的字符串在列表项的开头,便认为是匹配的,如果要精确匹配,即只有在列表项与查找字符串完全一致时才认为匹配,可使用 FindStringExact 方法,调用格式与功能与 FindString 基本一致。

(2)SetSelected 方法:用来选中某一项或取消对某一项的选择,调用格式及功能如下。

[格式]:

```
ListBox对象.SetSelected(n,l);
```

[功能]:如果参数 l 的值是 true,则在 ListBox 对象指定的列表框中选中索引为 n 的列表项,如果参数 l 的值是 false,则索引为 n 的列表项未被选中。

(3)Items. Add 方法:用来向列表框中增添一个列表项,调用格式及功能如下。

[格式]:

```
ListBox对象.Items.Add(s);
```

[功能]:把参数 s 添加到“listBox 对象”指定的列表框的列表项中。

(4)Items. Insert 方法:用来在列表框中指定位置插入一个列表项,调用格式及功能如下。

[格式]:

```
ListBox对象.Items.Insert(n,s);
```

[功能]:参数 n 代表要插入的项的位置索引,参数 s 代表要插入的项,其功能是把 s 插入到“listBox 对象”指定的列表框的索引为 n 的位置处。

(5)Items. Remove 方法:用来从列表框中删除一个列表项,调用格式及功能如下。

[格式]:

```
ListBox对象.Items.Remove(k);
```

[功能]:从 ListBox 对象指定的列表框中删除列表项 k。

(6)Items. Clear 方法:用来清除列表框中的所有项。其调用格式如下。

```
ListBox对象.Items.Clear();
```

该方法无参数。

(7)BeginUpdate 方法和 EndUpdate 方法:这两个方法均无参数,调用格式分别如下。

```
ListBox对象.BeginUpdate();
ListBox对象.EndUpdate();
```

这两个方法的作用是保证使用 Items. Add 方法向列表框中添加列表项时,不重绘列表框。即在向列表框添加项之前,调用 BeginUpdate 方法,以防止每次向列表框中添加项时都重新绘制 ListBox 控件。完成向列表框中添加项的任务后，再调用 EndUpdate 方法使 ListBox 控件重新绘制。当向列表框中添加大量的列表项时，使用这种方法添加项可以防止在绘制 ListBox 时的闪烁现象。一个例子程序如下。

ListBox 控件常用事件有 Click 和 SelectedIndexChanged，SelectedIndexChanged 事件在列表框中改变选中项时发生。

7. PictureBox 控件的使用

PictureBox 控件又称图片框，常用于图形设计和图像处理应用程序，该控件在工具箱中的图标为 PictureBox 。在该控件中可以加载的图像文件格式有：位图文件(.Bmp)、图标文件(.ICO)、图元文件(.wmf)、.JPEG 和.GIF 文件。下面仅介绍该控件的常用属性和事件。

PictureBox 控件的常用属性。

(1)Image 属性：用来设置控件要显示的图像。把文件中的图像加载到图片框通常采用以下三种方式。

①设计时单击 Image 属性，在其后将出现"… "按钮，单击该按钮将出现一个"打开"对话框，在该对话框中找到相应的图形文件后单击"确定"按钮。

②产生一个 Bitmap 类的实例并赋值给 Image 属性。形式如下：

Bitmap　p=new Bitmap(图像文件名)；pictureBox 对象名.Image=p；

③通过 Image.FromFile 方法直接从文件中加载。形式如下：

pictureBox 对象名.Image=Image.FromFile(图像文件名)；

(2)SizeMode 属性：用来决定图像的显示模式。其取值有四种情况，取值及含义如表 12-3 所示。

表 12-3　SizeMode 属性的取值及其含义

属性值	含义
PictureBoxSizeMode.AutoSize	调整 PictureBox 大小，使其等于所包含的图像大小
PictureBoxSizeMode.CenterImage	如果 PictureBox 比图像大，则图像将居中显示。如果图像比 PictureBox 大，则图片将居于 PictureBox 中心，而外边缘将被剪裁掉
PictureBoxSizeMode.Normal	图像被置于 PictureBox 的左上角。如果图像比包含它的 PictureBox 大，则该图像将被剪裁掉
PictureBoxSizeMode.StretchImage	PictureBox 中的图像被拉伸或收缩，以适合 PictureBox 的大小

PictureBox 常用事件有 Click、DoubleClick 等。

8. Timer 控件的使用

Timer 控件又称定时器控件或计时器控件，在工具箱中的图标是 Timer ，该控件的主要作用是按一定的时间间隔周期性地触发一个名为 Tick 的事件，因此在该事件的代码中可以放置一些需要每隔一段时间重复执行的程序段。在程序运行时，定时器控件是不可见的。

定时器的常用属性如下。

(1)Enabled 属性:用来设置定时器是否正在运行。值为 true 时,定时器正在运行,值为 false 时,定时器不在运行。

(2)Interval 属性:用来设置定时器两次 Tick 事件发生的时间间隔,以毫秒为单位。如把值设置为 500,则将每隔 0.5 秒发生一个 Tick 事件。

定时器的常用方法如下。

(1)Start 方法:用来启动定时器。调用的一般格式如下。

Timer 控件名. start();该方法无参数。

(2)Stop 方法:用来停止定时器。调用的一般格式如下。

Timer 控件名. stop();该方法无参数。

定时器的常用事件

定义器控件响应的事件只有 Tick,每隔 Interval 时间后将触发一次该事件。

9. 面板(Panel)的使用

面板(Panel) 控件,在工具箱中的图标是 Panel ,功能和分组框类似,都是用来将控件分组的。唯一的不同是面板没有标题,但可以显示滚动条。在图 12-13 中,"男""女"两个单选按钮就是放在一个面板中的,默认情况下是不显示的。从图 12-13 中可以看出,在 GroupBox 控件和 Panel 控件中可以添加其他控件,这种控件称为容器控件。那么这两个容器控件有什么区别呢?

• GroupBox 用于逻辑地组合一组控件,如 RadioButton 和 CheckBox 控件,显示一个框架,框架上有一个标题

• Panel 控件用于包含多个控件,使将这些控件编为一组,方便操作这些控件。

10. 日期控件(DateTimePicker)的使用

日期控件 (DateTimePicker),在工具箱中的图标是 DateTimePicker,提供一种能够用来选择日期的下拉式日历,从而避免手工输入带来的错误。在图 12-13 中,"出生日期"标签后的控件就是日期控件。

日期控件的主要属性如下。

(1)MaxDate 取得设定最大日期和时间。

(2)MinDate 取得设定最小日期和时间。

(3)Value 控件所选定的日期/时间值。

(4)Format 用于设置控件中显示的日期和时间的格式。

上面这些控件的属性不需要记忆,只要了解控件的用途,知道什么时候该用哪个控件即可。至于属性和事件,可以在使用时到"属性"窗口里找。

使用控件设计窗体包括四个基本的步骤。

(1)切换到窗体设计器。

(2)在工具箱中,展开"所有 Windows 窗体"选项卡。

(3)将要使用的控件拖放到窗体上。

(4)设置控件的属性和事件。

11. 图像列表控件

图像列表控件(ImageList),在工具箱中的图标是 ImageList ,含有图像对象的

集合,可以通过索引或关键字引用该集合的每个对象。ImageList 控件不能独立使用,只用来为 Windows 窗体中的其他控件提供图像。

使用 ImageList 控件存储图像时,就像把图像放在一卷电影胶片中一样。在图像列表中存储的图像大小都相同,供其他控件引用。使用 ImageList 控件,可以一次性地将有关的全部图像保存到该控件中,建立图像集合,使编写的代码引用每个图像,以节省开发时间。

图像列表控件的的主要属性如下。

(1)Images 属性:存储在图像列表中的所有图像。

(2)ImageSize 属性:图像列表中图像的大小。

(3)TransparentColor 属性:被视为透明的颜色。

(4)ColorDepth 属性:获取图像列表的颜色深度。

Images 中图像的存放方式与存放在数组中一样,通过 count 属性可以获得 Images 中图像的个数。每个图像都有一个索引值,从 0 开始,使用 Images[索引值],可以定位到一个图像。

通常,ImageList 控件所包含的图像可以被 ListView、TreeView 和 ToolStrip 控件使用。例如,工具栏的按钮上显示的所有图像都可以用 ImageList 控件存储。

在 Windows 窗体上,为了把图像保存到 ImageList 控件中,可以按以下步骤操作。

(1)将 ImageList 控件放置到窗体上,但 ImageList 控件并未出现在窗体上,而是出现在窗体下面。

(2)右击 ImageList 控件,在弹出的快捷菜单中选择"属性"命令,打开"属性"窗口。

(3)在 ImageList 控件的属性页中,根据控件要求通过 ColorDepth 属性、Imagesize 属性设置图像颜色的深度和图像的大小。

(4)单击 Images 属性右侧的按钮,打开"图像集合编辑器"窗口。

(5)单击"图像集合编辑器"窗口中的"添加"按钮,选择需要的图像文件(.bmp 或.jpg),并添加到 ImageList 控件中。该窗口的左侧成员中包括图像索引和图像文件名称,右侧则是选中的图像文件的属性,如图 12-8 所示。

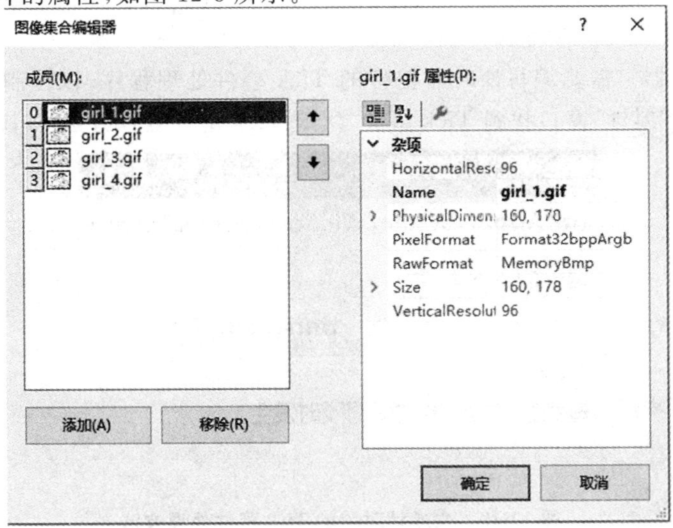

图 12-8　图像集合编辑器

【例 12-5】 给 MyCollege 项目设计关于窗体。如图 12-9 所示。

图 12-9 关于窗体

参考步骤

为了创建关于窗体，用到了 PictureBox、Label、Button、Timer 等控件。

(1) 设计基本窗体。在解决方案资源管理器中，为 MyCollege 项目添加一个(FrmAbout)。设置窗体的属性，包括图标、背景图片等，设置好的窗体如图 12-9 所示。

(2)为了使这个窗体既符合界面规范又吸引用户，在图 12-9 左边的空白处放置图片。从工具箱中拖出一个图片框控件到窗体上，设置 sizeMode 属性为 Autosize，就是使图片框的大小和图像的大小一样。

(3)为了增加窗体效果，希望图片框能够显示一组图片，且隔一段时间就切换为新的图片。为了能够保存一组图片，需要一个图像列表控件。另外，为了定时切换图片，还需要一个计时器控件。从工具箱中将这两个控件拖到窗体上。

(4)将要显示的图片添加到项目中。选中图像列表控件，在“属性”窗口中找到 Images 属性。打开 Images 属性的编辑窗口，选择要添加到其中的图片。然后修改 Imagesize 属性，按图片的实际大小设置高和宽。

(5)设置计时器。需要编写计时器控件的 Tick 事件处理程序，以控制图片切换。选中 Timer 控件，通过"属性”窗口找到 Tick 事件，生成 Tick 事件处理方法，如图 12-10 所示。

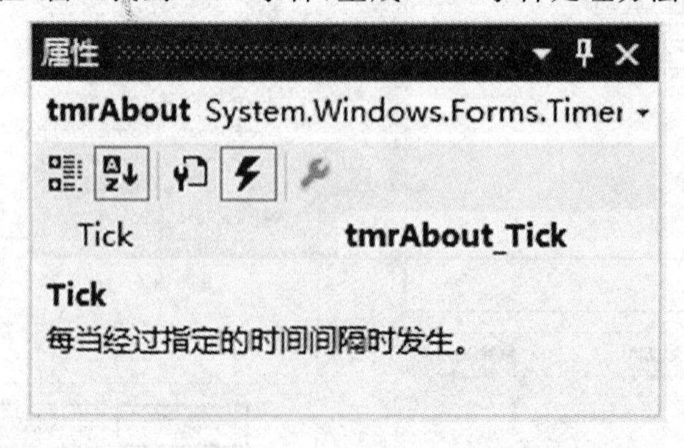

图 12-10 生成计时器的 Tick 事件处理方法

图片框从图像列表的第一个图片开始显示，每次引发 Tick 事件的时候就显示下一张图片，直到显示到最后一张图片再从头开始。为了记录 PictureBox 中显示图片的索引值，在 FrmAbout 类中增加一个字段 index，然后在计时器的 Tick 事件处理方法 tmrAbout_Tick() 中使 index 增加 1，整个窗体的代码如下所示。

程序代码

```
public partial class FrmAbout: Form
{
    #region 字段定义
    int index = 0;  //图片框中图片的索引
    #endregion
    public FrmAbout()
    {
        InitializeComponent();
    }
    /// <summary>
    ///计时器的 Tick 事件处理方法,定时变换图片框中的图片
    /// </summary>
    private void tmrAbout_Tick(object sender,EventArgs e)
    {
        //如果当前显示的图片索引没有到最大值就继续增加
        if (index < this.ilAbout.Images.Count-1)
        {
            index ++ ;
        }
        else  //否则从第一个图片开始显示,索引从 0 开始
        {
            index = 0;
        }
        //设置图片框显示的图片
        this.pbAbout.Image = ilAbout.Images[index];
    }
    /// <summary>
    ///"OK"按钮按下时
    /// </summary>
    private void btnOk_Click(object sender,EventArgs e)
    {
        this.Close();
    }
}
```

12.2.2　排列窗体上的控件

开发的程序不仅功能要强大，而且界面要美观友好。例如，窗体上的控件要排列整齐，

当窗体的大小改变时，窗体上的控件也要做相应的调整。Visual Studio 提供了非常方便的多种排列控件的方法。

1. 对齐

一个窗体上可能有很多控件，如果排列不整齐，整个窗体很不美观。如何快速地对齐控件，这就需要使用 Visual Studio 的对齐功能。

对齐窗口控件的步骤非常简单，只需要两步。

(1)选择要对齐的控件。

(2)在 Visual Studio 的菜单中，选择“格式”→“对齐”命令，单击想要对齐的方式。注意，选择的第一个控件是主控件，其他的控件都对齐。

2. 使用 Anchor 属性

WinForms 编程为控件提供了 Anchor 属性，只要设置控件的 Anchor 属性即可。Anchor 是锚定的意思，用于设置控件相对于窗体的某个(某几个)边缘的距离保持不变，从而实现随窗体的变化动态调整控件的大小。

Anchor 属性用来确定此控件与其容器控件的固定关系。所谓容器控件指的是这样一种情况：往往在控件之中还有一个控件，例如最典型的就是窗体控件中会包含很多的控件，像标签控件、文本框等。这时称包含控件的控件为容器控件或父控件，而被包含的控件称为子控件。这时将遇到一个问题，即子控件与父控件的位置关系问题，即当父控件的位置、大小变化时，子控件按照同样的原则改变其位置、大小。Anchor 属性就规定了这个原则。

对于 Anchor 属性，可以设定 Top、Bottom、Right、Left 中的任意几种，设置的方法是在属性窗口中单击 Anchor 属性右边的箭头，将会出现如图 12-11 的窗口，设置 Anchor 属性值。

图 12-11 中选中变黑的方位即为设定的方位控制，即图中所示的为 Left、Top、Bottom。此时，如果父窗口变化，子窗口将保证其左边缘与容器左边的距离、上边缘与容器上边的距离、底边与容器底边的距离等不变。

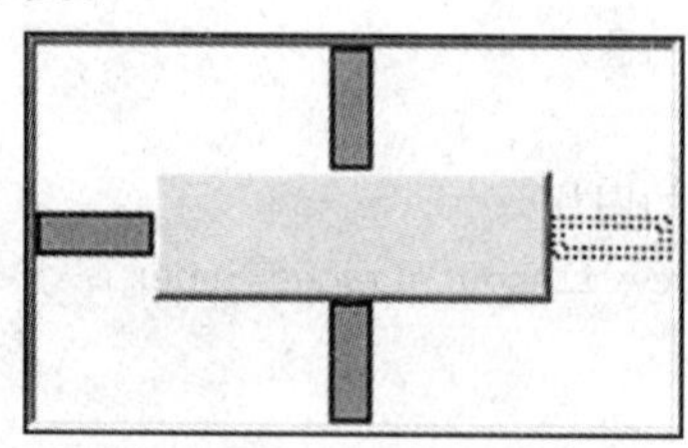

图 12-11　Anchor 属性的设置

随着窗体的大小变化，控件也会随着改变。而不变的则是 Anchor 中所规定的边缘与相应的父控件边缘的距离。

3. 使用 Dock 属性

除了让控件能够跟随窗体动态调整大小，有时需要让控件始终保持在窗体的边缘，或者填充窗体。例如，常见的 Windows 中的记事本，菜单总是在窗体的最上边，而文本输入区域中填充了窗体的剩余部分。要实现类似这样的效果，就要使用 Dock 属性。Dock 的意思是停靠，停靠控件的步骤和设置与 Anchor 属性类似。

(1)选择要停靠的控件。

(2)在“属性”窗口中,单击 Dock 属性右侧的下拉按钮,显示 Dock 编辑器,如图 12-12 所示。

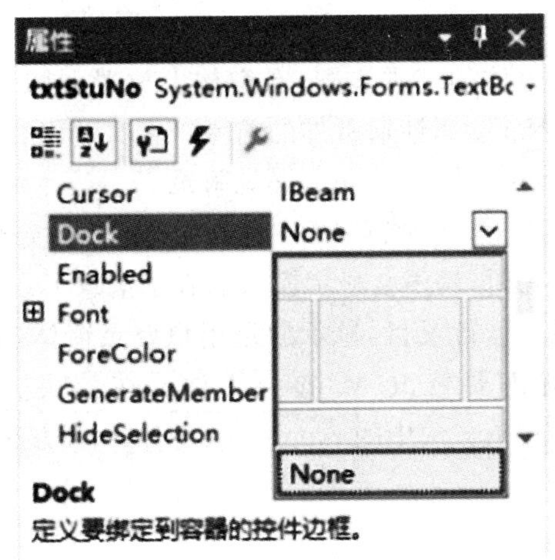

图 12-12　Dock 编辑器

(3)选择停靠方式。单击最下面的“None”清除停靠方式。

(4)单击 Dock 属性名,关闭 Dock 编辑器。

从图 12-12 中可以看到,可以让控件停靠在窗体的上下左右,或者填充窗体,也可以不停靠。对齐、Anchor 和 Dock 都是排列控件的方式,现在就动手排列窗体上的控件吧。

【例 12-6】 利用基本控件给 MyCollege 项目设计“编辑学生信息”窗体。如图 12-13 所示。

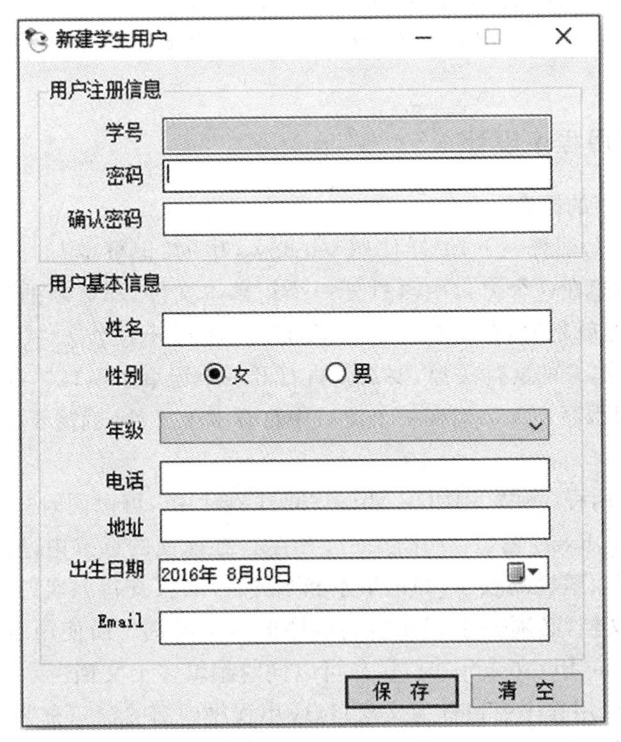

图 12-13　“编辑学生信息”窗体

参考步骤

(1)在解决方案资源管理器中,打开上一节创建好的“编辑学生信息”窗体FrmEditStudent。

(2)按照使用控件设计窗体的基本步骤,在窗体上放置如图12-13所示的控件,并设置Name和Text属性。其中Name属性通常加的前缀:Label为lbl,TextBox为txt,Button为btn,RadioButton为rdo,ComboBox为cmb,详见附录C。

(3)设置显示密码的文本框,将“密码”和“确认密码”两个文本框的passwordchar属性设置为“*”,这样当用户输入时,就不会显示输入的真正信息了。

(4)运行窗体。如果现在运行项目,显示的是用户登录窗体,如何在调试过程中直接显示现在这个窗体呢?这就需要修改Main()方法。在解决方案资源管理器中,打开Program.cs文件,修改Main()方法中的Application.Run()方法,将参数修改为要运行的窗体。

程序代码

```
/// <summary>
///应用程序的主入口点。
/// </summary>
[STAThread]
static void Main()
{
    Application.EnableVisualStyles();
    Application.SetCompatibleTextRenderingDefault(false);
    Application.Run(new FrmEditStudent());  //修改此方法设置运行的窗体
}
```

12.2.3 MDI应用程序设计

1. MDI应用程序的概念

为什么使用MDI,回想一下,怎样使用windows中的“记事本”的?当打开了一个记事本文件之后,如果还想在这个窗口中再打开一个记事本文件,那么新的记事本文件打开后,原来的就会关闭。也就是说,在一个记事本窗口中只能打开一个文件。如果要打开另外一个文件,要么把现在打开的文件关掉,要么就再打开一个记事本窗口。这种应用程序叫作单文档界面(SDI)应用程序。如果想在一个窗口中打开多个文件,就需要使用MD1(多文档界面)应用程序。

什么是MDI应用程序呢?例如在MicroSoft Excel中,可以同时打开多个Excel文档,而不需要新打开一个Excel窗口,如图12-14所示。在前面的章节中,所创建的都是单文档界面(SDI)应用程序。这样的程序(如记事本和画图程序)仅支持一次打开一个窗口或文档。如果需要编辑多个文档,必须创建SDI应用程序的多个实例。而使用多文档界面(MDI)程序(如Word和Adobe Photoshop)时,用户可以同时编辑多个文档。

MDI程序中的应用程序窗口称为父窗口,应用程序内部的窗口称为子窗口。虽然MDI应用程序可以具有多个子窗口,但是每个子窗口却只能有一个父窗口。此外,处于活动状态的子窗口最大数目是 1。子窗口本身不能再成为父窗口，而且不能移动到它们的父窗口区域之外。除此以外，子窗口的行为与任何其他窗口一样（如可以关闭、最小化和调整大小等）。一个子窗口在功能上可能与父窗口的其他子窗口不同，例如，一个子窗口可能用于编辑图像，另一个子窗口可能用于编辑文本，第 3 个子窗口可以使用图形来显示数据，但是所有的窗口都属于相同的 MDI 父窗口。

图 12-14 是一个典型的 MDI 应用程序。外面的窗口是应用程序窗口，里面的四个小窗口是 MDI 子窗口。

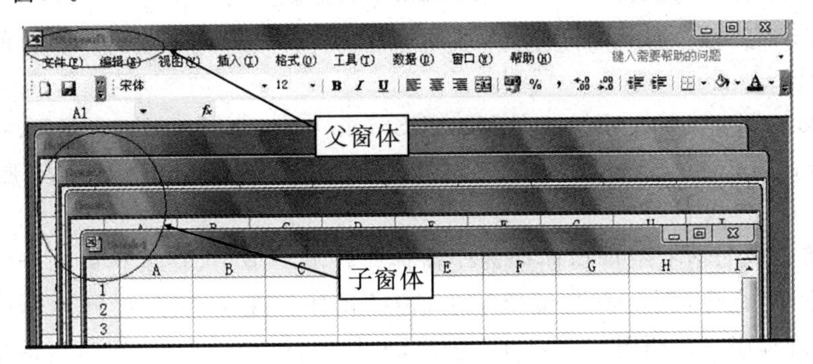

图 12-14　MDI 应用程序窗口

2. 与 MDI 应用程序设计有关的属性、方法和事件

常用的 MDI 父窗体属性如下。

（1）ActiveMdiChild 属性：该属性用来表示当前活动的 MDI 子窗口，如果当前没有子窗口，则返回 null。

（2）IsMdiContainer 属性：该属性用来获取或设置一个值，该值指示窗体是否为多文档界面（MDI）子窗体的容器，即 MDI 父窗体。值为 true 时，表示是父窗体，值为 false 时，表示不是父窗体。

（3）MdiChildren 属性：该属性以窗体数组形式返回 MDI 子窗体，每个数组元素对应一个 MDI 子窗体。

常用的 MDI 子窗体的属性有。

（1）IsMdiChild 属性：该属性用来获取一个值，该值指示该窗体是否为多文档界面（MDI）的子窗体。值为 true 时，表示是子窗体，值为 false 时，表示不是子窗体。

（2）MdiParent 属性：该属性用来指定该子窗体的 MDI 父窗体。

与 MDI 应用程序设计有关的方法中，一般只使用父窗体的 LayoutMdi 方法，该方法的调用格式如下。

MDI 父窗体名. LayoutMdi(Value)；

该方法用来在 MDI 父窗体中排列 MDI 子窗体，以便导航和操作 MDI 子窗体。参数 Value 决定排列方式，取值有：MdiLayout. ArrangeIcons（所有 MDI 子窗体以图标的形式排列在 MDI 父窗体的工作区内）、MdiLayout. TileHorizontal（所有 MDI 子窗口均水平平铺在 MDI 父窗体的工作区内）、MdiLayout. TileVertical（所有 MDI 子窗口均垂直平铺在 MDI 父窗体的工作区内）和 MdiLayout. Cascade（所有 MDI 子窗口均层叠在 MDI 父窗体的工作区内）。

常用的 MDI 父窗体的事件是 MdiChildActivate，当激活或关闭一个 MDI 子窗体时将发生该事件。

【例 12-7】 MyCollege 项目中将“管理员主窗体”“编辑学生信息”窗体分别设置为父子窗体。如图 12-15 所示。

问题分析

主要包括两个大步骤，首先设置 MDI 的父窗体和子窗体，然后为父窗体添加子窗体的菜单列表。创建 MDI 的步骤很简单。

(1)设置父窗体：将父窗体的 IsMdiContainer 属性设置为 True。

(2)设置子窗体：在调用打开子窗体的 Show()方法前，将代码中将子窗体的 MdiParent 属性设置为 this。

现在来修改 MyCollege 项目。在 Visual Studio 中打开 MyCollege 项目，打开“管理员主窗体”(FrmAdminMain)设计器，在“属性”窗口中找到 IsMdiContainer 属性，设置为 True。

接下来将创建的学生用户窗体作为子窗体。在上一节中，在菜单中选择“学生用户管理”→“新增学生”命令时打开的“编辑学生信息”窗体。现在来修改“新增学生”菜单项的 Click 事件处理程序。在调用 Show( )方法前，增加一行代码，给“编辑学生信息”窗体设置父窗体。

为了能够在父窗体中快速切换子窗体，需要为父窗体添加如图 12-15 所示的“切换窗口”菜单功能，方法很简单。

(1)在父窗体中添加一个菜单。

(2)添加一个“窗口”菜单项。

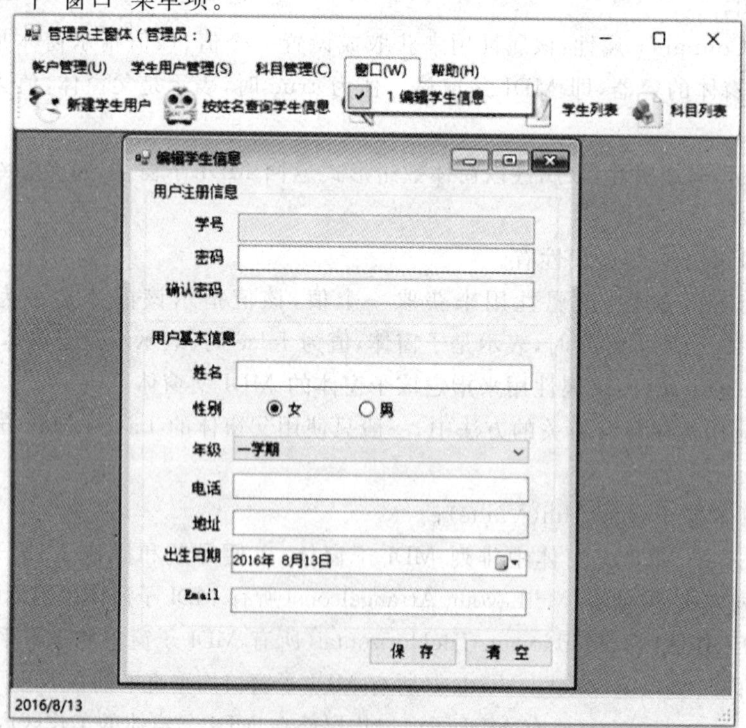

图 12-15 MDI 窗体

(3)将菜单控件的 MdiWindowListItem 属性设为“窗口”菜单项。在刚才的基础上继续完善 MyCollege,管理员主窗体已经有了菜单,所以第一步就不用做了。在 Visual Studio 中打开管理员主窗体设计器,在菜单中增加一个菜单项,Text 属性为“窗口”,Name 属性为 tsmiWindow。选中整个菜单,在“属性”窗口中找到 MdiWindowListltem 属性,将其值设置为上一步添加的窗口菜单项 tsmiWindow。

再次运行 MyCollege 项目,将看到如图 12-15 所示的效果。

程序代码

```
/// <summary>
///“新建学生用户”按钮按下时
/// </summary>
private void tsmiNewStudent_Click(object sender,EventArgs e)
{
    FrmEditStudent frmEditStudent = new FrmEditStudent();
    frmEditStudent.MdiParent = this;
    frmEditStudent.Show();
}
```

12.3　年级绑定与添加学生记录

12.3.1　使用组合框动态添加数据

```
//将年级数据绑定到年级组合框中
public bool BindGrade()
{
    cboGrade.Items.Add("请选择");
    DBHelper dbhelper = new DBHelper();
    try
    {
        //查询年级的 SQL 语句
        string sql = "SELECT * FROM [Grade]";
        //打开数据库连接
        dbhelper.OpenConnection();
        //执行 SQL 语句,获得查询结果
        SqlCommand command = new SqlCommand(sql,dbhelper.Connection);
        SqlDataReader myReader = command.ExecuteReader();
        while (myReader.Read())
        {
            //获取年级名称
            string gradeName = myReader["GradeName"].ToString();
            //将年级名称添加到组合框中
```

```
                cboGrade.Items.Add(gradeName);
            }
            myReader.Close();
            return true;
        }
        catch (Exception ex)
        {
            MessageBox.Show("系统发生错误!",CAPTION,MessageBoxButtons.OK,
                MessageBoxIcon.Warning);
            return false;
        }
        finally
        {
            //关闭连接
            dbhelper.CloseConnection();
        }
    }
```

12.3.2 向数据库中添加新学生记录

```
/// <summary>
///将输入数据插入学生表中
/// </summary>
/// <returns>true:成功,false:失败</returns>
public bool InsertStudent()
{
    bool success = false;  //返回值,表示是否添加成功
    //获取数据
    string pwd = this.txtPwd.Text.Trim(); //密码
    string name = this.txtName.Text.Trim(); //学生姓名
    //获取性别
    Gender gender;
    if (this.rbtnFemale.Checked)
    {
        gender = Gender.Female;
    }
    else
    {
        gender = Gender.Male;
    }
    int genderId = (int)gender;
    int gradeId = Convert.ToInt32(this.cboGrade.SelectedValue); //年级
```

```
string phone = this.txtPhone.Text.Trim(); //电话
string address = this.txtAddress.Text.Trim(); //地址
DateTime date = this.dpBirthday.Value;  //出生日期
string birthday = string.Format("{0}-{1}-{2}",date.Year,date.Month,date.Day);
string email = this.txtEmail.Text.Trim(); //电子邮件
//创建数据库连接
DBHelper dbhelper = new DBHelper();
try
{
    //构建 SQL 语句
    StringBuilder sql = new StringBuilder();
    sql.AppendLine("INSERT INTO [Student] ([LoginPwd],[StudentName],
    [Gender],[GradeId] ,[Phone],[Address] ,[Birthday] ,[Email]) ");
    sql.AppendFormat(" VALUES('{0}','{1}',{2},{3},'{4}','{5}','{6}',
          '{7}')",pwd,name,genderId,gradeId,phone,address,birthday,email);
    //创建 command 对象
    SqlCommand command = new SqlCommand(sql.ToString(),
        dbhelper.Connection);
    Console.WriteLine(sql.ToString());
    //打开数据库连接
    dbhelper.OpenConnection();
    //执行命令
    int result = command.ExecuteNonQuery();
    //根据操作结果给出提示信息
    if (result == 1)
    {
        //获得学号 SQL 语句
        string sqlNo = "SELECT @@IDENTITY FROM [Student] ";
        command.CommandText = sqlNo;
        //学号
        int studentNo = Convert.ToInt32(command.ExecuteScalar());
        this.txtStudentNo.Text = studentNo.ToString();
        success = true;
    }
}
catch (Exception)
{
    success = false;
}
finally
{
```

```
            //关闭数据库连接
            dbhelper.CloseConnection();
        }
        return success;
    }
```

本章小结

➢ 菜单项的常用事件主要有 Click 事件，该事件在用户单击菜单项时发生。

➢ 菜单项添加快捷键的方法是在菜单项文本的后面输入 & 加快捷键字母。快速添加菜单项分割线的方法是在菜单项文本输入框中输入"-"。

➢ RichTextBox 是一种既可以输入文本、又可以编辑文本的文字处理控件。

➢ Timer 控件又称定时器控件或计时器控件，该控件的主要作用是按一定的时间间隔周期性地触发一个名为 Tick 的事件。

➢ 图像列表控件(ImageList)，是含有图像对象的集合，可以通过索引或关键字引用该集合的每个对象。

➢ ImageList 控件不能独立使用，只用来为 Windows 窗体中的其他控件提供图像。

➢ Anchor 控件用于设置控件相对于窗体的某个(某几个)边缘的距离保持不变，从而实现随窗体的变化动态调整控件的大小。

➢ 创建 MDI 的步骤分两步：先设置父窗体，将父窗体的 IsMdiContainer 属性设置为 True；再设置子窗体，在代码中将子窗体的 MdiParent 属性设置为当前父窗体。

习题 12

一、单项选择题

1. 在设计菜单时，若希望某个菜单项前面有一个"√"号，应把该菜单项的(　　)属性设置为 true。

   A. Checked　　B. RadioCheck　　C. ShowShortcut　　D. Enabled

2. 可通过设置 MDI 子窗体的(　　)属性来指定该子窗体的 MDI 父窗体。

   A. ActiveMdiChild　　B. IsMdiChild

   C. MdiChildren　　D. MdiParent

3. 在下列的(　　)事件中可以获取用户按下的键的 ASCII 码。

   A. KeyPress　　B. KeyUp　　C. KeyDown　　D. MouseEnter

4. 下列关于 windows 常用控件的一些基本简述，不正确的是(　　)。

   A. .NET Framework 包含了六个类可提供通用用户界面功能，包括打开文件、保持文件、选择字体、设置页面打印值、打印和选择颜色等

   B. button 类代表了 windows 下压按钮控件，其中包括了属性方法以及用于简化按钮

交互任务的事件

C. 显示消息对话框可以调用 show()方法来实现

D. 如果将文本框控件的 wordwrap 属性设置为 true,则文本框会显示水平滚动条

5. KeyPress 事件不能够识别的键是( )。

A. Enter B. Tab C. Backspace D. PageUp

6. 以下不是键盘事件的是( )。

A. KeyPress 事件 B. KeyUp 事件 C. KeyDown 事件 D. Keyclick 事件

7. ComboBox 类和 ListBox 类同时派生于( )。

A. ListControl 类 B. RadioButton 类

C. Button 类 D. CheckBox 类

8. Textbox 控件( )属性决定是否为多行文本。

A. Multiline B. Lines C. MaxLength D. TextLength

9. ( )事件是当鼠标指针进入控件时触发的事件。

A. MouseMove B. MouseEnter C. MouseUp D. MouseLeave

10. 定时器控件中 Interval 属性设置时间间隔单位是( )。

A. 秒 B. 毫秒 C. 分 D. 时

11. MDI 应用程序中只有窗体之间的关系描述正确的是( )。

A. MDI 应用程序中只有一个窗体可以指定为 MDI 子窗体

B. MDI 子窗体必须出现在 MDI 父窗体的可视区域内

C. 标准窗体必须出现在 MDI 父窗体的可视区域内

D. MDI 子窗体总是带有菜单

12. 对设置 MDI 父窗体说法正确的是( )。

A. 调用指定为 MDI 父窗体的 Show 方法,使用参数的枚举值 Modi-MdiParent

B. 使用"项目属性"对话框,设置 IsMdiApplication 属性为 True,然后设置用作父窗体的窗体的窗体启动对象

C. 对于指定为 MDI 父窗体的窗体,设置 MdiParent 属性为 True

D. 创建一个 MDI 应用程序项目,而不是创建 Windows 窗体应用程序项目

13. 在下列说法中,对 Mdi 子窗体描述正确的是( )。

A. 设置 MdiChildForm 属性为 true

B. 设置 MdiChild 属性为 false

C. 设置 MdiChild 属性为 true

D. 设置 MDI 子窗体 MDiParent 属性引用父窗体实例

二、问答和编程题

1. 简述 Timer 控件的 Tick 事件的功能。

2. 密码校检程序

设计一个简易账号和密码的检验程序。程序的设计界面如图 12-16 所示,程序的运行界面如图 12-17 所示。对输入的账号和密码规定如下。(1)账号为不超过 6 位的数字,密码为 4 位字符,在本例中,密码假定为"Pass"。(2)输入密码时,在屏幕上不显示输入的字符,而用"*"代替。(3)当输入不正确,如账号为非数字字符或密码不正确时,将在对话框中显

示有关错误的提示信息，若在对话框中单击“重试”按钮，则清除原来输入的内容，将焦点移至原来输入的文本框中，重新输入；若单击“取消”按钮，则停止程序的运行。

图 12-16　程序设计界面

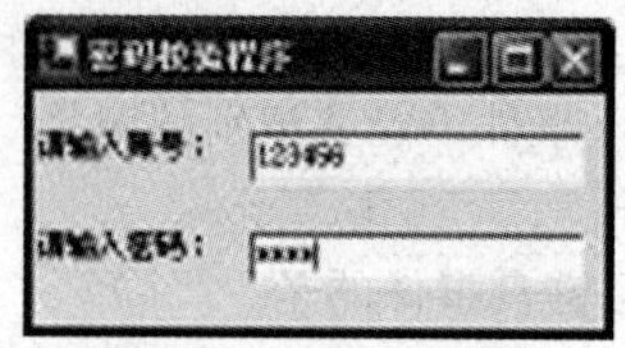

图 12-17　程序运行界面

第 13 章
使用 ListView 和 TreeView 控件展示数据

本章工作任务

- 使用 ListView 查询学生详细信息
- 实现显示学生信息列表功能

本章知识目标

- 理解 ListView 控件的五种显示模式
- 掌握 TreeView 控件使用
- 理解快捷菜单的应用

本章技能目标

- 会使用 ListView 控件展示数据
- 会使用右键快捷菜单
- 会使用 TreeView 动态添加节点

本章重点难点

- 列表类控件的应用
- 问题求解过程的实现
- TreeView 控件的应用

13.1 列表显示控件 ListView

13.1.1 列表视图控件

列表视图控件（ListView）是一个很常用也很重要的控件。ListView 控件用于以特定样式或视图类型显示列表项。在工具箱中的 ListView 控件显示为 ListView 。ListView 控件可用于创建像 Windows 资源管理器右侧窗格一样的用户界面。有多种视图模式，如大图标（LargeIcon）、小图标（SmallIcon）、列表（List）、详细信息（Detail）、平铺（Tile）等。

ListView 控件的主要属性、事件和方法如下。

Columns 属性：“详细信息”视图中显示的列。

FullRowSelect 属性：当选中一项时，子项是否同该项一起突出显示。

Items 属性：ListView 中所有项的集合。

MultiSelect 属性：是否允许选择多项。

SelectedItems 属性：选中的项的集合。

View 属性：指定 ListView 的视图模式。

LargeImageList 属性：获取或设置当项以大图标在控件中显示时使用的 ImageList。

SmallImageList 属性：获取或设置当项以小图标在控件中显示时使用的 ImageList。

MouseDoubleClick 事件：双击事件。

Clear()方法：移除 Listview 中的所有项。

ListView 控件的 Items 属性表示包含在控件中的所有项的集合，每一项都是一个 ListViewItem（列表视图项）。

13.1.2 图像列表控件的视图模式

1. 五种视图模式

C#为 ListView 控件的 View 属性定义了五种视图模式，每个视图模式对应的值分别如下。

- 大图标：View. LargeIcon
- 小图标：View. SmallIcon
- 列表：View. List
- 详细信息：View. Details
- 平铺：View. Tile

可以使用 Items. Add()方法向列表视图中添加一项。

2. ListView 控件的大图标和小图标视图模式

在窗体中如何使用 ListView 控件以多种方式显示呢？下面给大家做详细介绍。

【例 13-1】 模拟“联系人”窗口，实现大图标和小图标视图切换的效果，如图 13-1 和 13-2所示。

图 13-1　大图标方式显示“联系人”

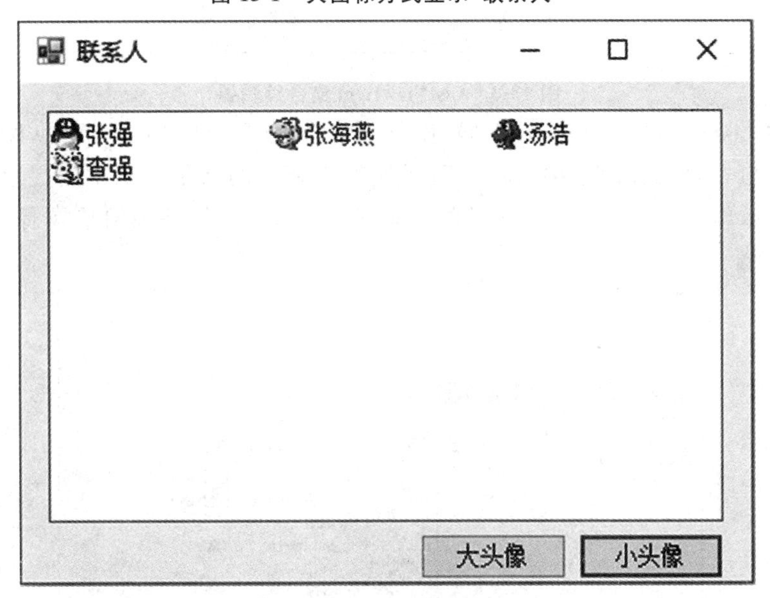

图 13 -2　小图标方式显示“联系人”

实现步骤

实现图 13-1 和 13-2 所示的大小图标切换显示需要使用 ListView 控件和 ImageList 控件，并编写代码。具体的执行步骤如下。

(1)在窗体中，放置一个 ListView 控件(名为 lvContacts)和两个命令按钮(分别命名为 btnLarge 和 btnSmall) 。窗体布局如图 13-1 所示。

(2)在窗体中添加两个 ImageList 控件。按照编程规范，分别将其命名为 ilLarge 和 ilSmall。

(3)将 ilLarge 控件的 Imagesize 属性设置为“32，32”后，选择相关的图像文件并保存。

同样，对 ilSmall 控件也做相同操作。与 ilLarge 控件不同的是，将 Imagesize 属性设置为“16，16”。

（4）建立 ImageList 控件与 ListView 控件的关联关系。设置 ListView 控件的 Largelmage 属性值为 ilLarge，指定大图标的图像列表。同理，将 smallImage 属性赋值为 ilSmall，指定小图标的图像列表。

（5）单击 ListView 控件 Items 属性右侧的按钮，打开“ListViewItem 集合编辑器”窗口，如图 13-3 所示。

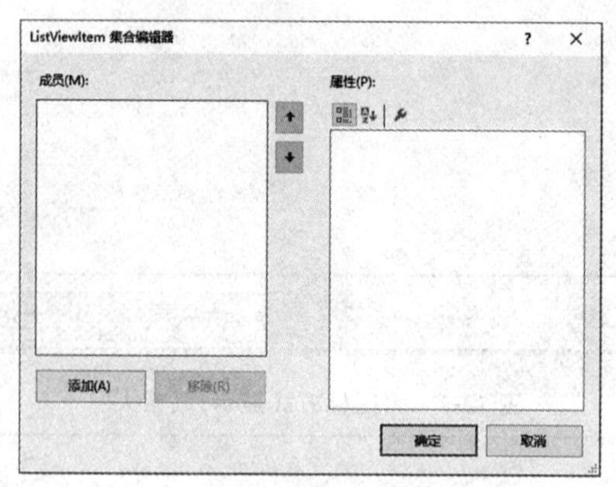

图 13-3　ListViewItem 集合编辑器

（6）单击“ListViewItem 集合编辑器”窗口中的“添加”按钮，向 ListViewItem 控件中添加数据。在窗口右侧的属性框中，通过 Text 属性为新增的项指定显示的提示信息，如“张强”；通过 ImageIndex 属性为每个新增的项指定 ImageList 控件中对应图像的索引，如图 13-4所示。

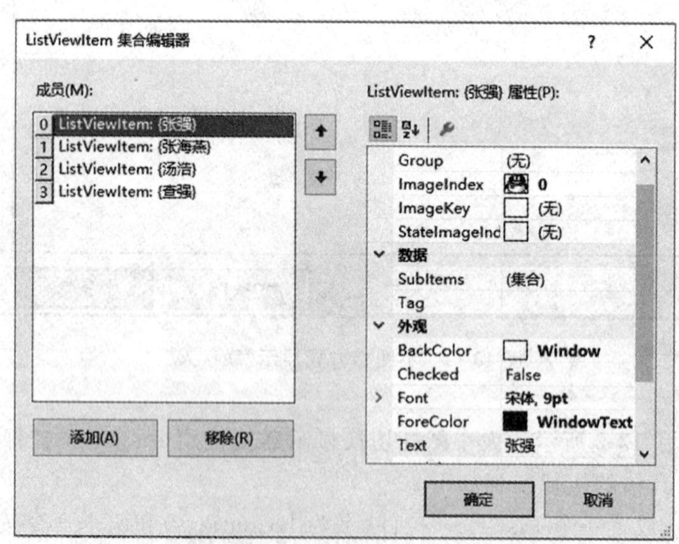

图 13-4　指定图像后的 ListViewItem 集合编辑器

（7）对于“联系人”窗体上的两个命令按钮分别编写如下代码。

程序代码

```
/// <summary>
```

```
///小图标显示
/// </summary>
private void btnSmall_Click(object sender,EventArgs e)
{
    lvContacts.View = View.SmallIcon;
}
/// <summary>
///大图标显示
/// </summary>
private void btnLarge_Click(object sender,EventArgs e)
{
    lvContacts.View = View.LargeIcon;
}
```

程序分析

在命令按钮的 Click 事件处理程序中，重新设置 lvContacts 控件的 View 属性，以实现大小图标切换的效果。

3. ListView 控件的详细信息视图模式

下面在例 13-1 的基础上，分析 ListView 控件的详细信息视图模式。例如，在 Windows 资源管理器中，当选择“详细信息”视图时，每一项又包括很多详细信息的子项，如图 13-5 所示。名称一列的“C 盘”就是一个项，而后面的类型、总大小、可用空间等列显示的信息就是子项。

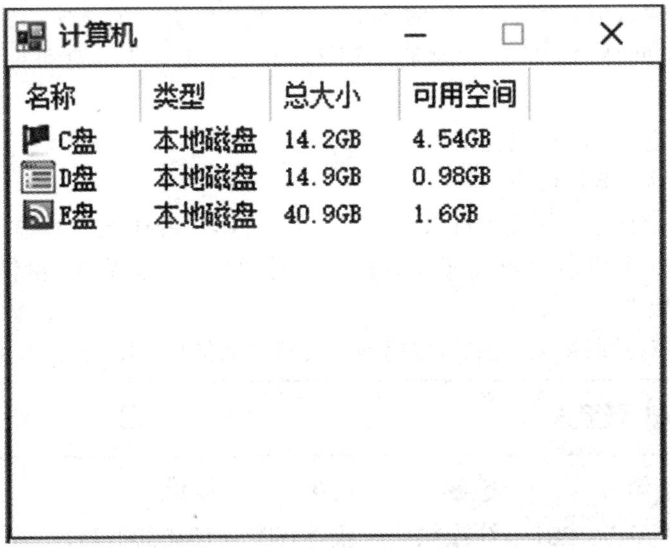

计算机

名称	类型	总大小	可用空间
C盘	本地磁盘	14.2GB	4.54GB
D盘	本地磁盘	14.9GB	0.98GB
E盘	本地磁盘	40.9GB	1.6GB

图 13-5　ListView 详细视图

ListView 控件的 Columns 集合表示控件中出现的所有列标题的集合。列标题是 ListView 控件中的标题文本。ColumnHeader 对象定义在控件的 View 属性为“Details”时，作为 ListView 控件的一部分，这些列显示在控件的顶部。SubItems 集合表示控件中所有子项的集合。

从图 13-5 中,可以看到“计算机”窗体中有名称、类型、总大小和可用空间等四列数据。可以通过下面的三个步骤来实现图 13-5 的效果。

(1)为 LvMyComputer 控件指定列称题。

(2)在 LvMyComputer 控件中增加视图列表项的子项。

(3)实现视图模式的切换。

第一步,为 ListView 控件指定列标题的操作如下。

(1) 在“计算机”窗体上,选择 LvMyComputer 控件的 Columns 属性,打开“ColumnHeader 集合编辑器”窗口 。

(2) 单击“ColumnHeader 集合编辑器”窗口中左侧的“添加”按钮增加一个列标题,并在右侧的属性框中设置 Text 属性的值指定列标题,如“名称”。设置 DisplayIndex 属性的值指定各列的显示顺序,如第一列名称的 DisplayIndex 值为 0 。用相同的方法在窗体上增加其他列标题:类型、总大小和可用空间。

(3) 单击“确定”按钮,关闭此窗体。

第二步,在 LvMyComputer 控件中增加视图列表项的子项。

(1) 在“计算机”窗体上,选择 LvMyComputer 控件的 Items 属性,打开“LvMyComputer 集合编辑器”窗口。

(2) 选定 ListView 控件中的成员,如选定列表视图项“C 盘”,单击“LvMyComputer 集合编辑器”窗口的属性框中 SubItems 属性的右侧按钮,进入“LvMyComputer 集合编辑器”窗口。

(3)在“LvMyComputer 集合编辑器”窗口中,单击“添加”按钮增加一个列表视图项的子项,为其 Text 属性赋值。例如,C 盘的 SubItems 集合中类型值是“本地磁盘”,总大小为“14.2GB”,可用空间是“4.54GB”。对于 LvMyComputer 控件的 D 盘和 E 盘,也执行相同的操作。

(4) 单击“确定”按钮,退出此窗体。

4. ListView 动态添加数据

向 ListView 控件中添加数据可以有以下两种方式,在程序设计时选择菜单命令,按照提示手工操作实现和借助代码动态实现。下面通过实现“联系人”窗体,编码动态地向 ListView 中添加数据。

【例 13-2】 模拟“联系人”窗口 ,编码动态实现详细信息视图的效果,如图 13-6 所示。

联系人

学号	姓名	班级	电话
G1563281	张晴晴	软件1502	18956001111
G1563282	胡慧敏	软件1502	18956002222
G1563283	黄方静	软件1502	18967993456

图 13-6 “联系人”详细视图

实现步骤

(1)创建“联系人”窗体在 Visual Studio 中,创建一个新的解决方案 MyContacts,在项目中添加一个 Windows 窗体。从工具箱中拖出一个 ListView 控件(名称为 LvContacts)、两个 ImageList 控件(一个控件多为 ilLarge,另一个控件名为 ilSmall)。按 13-6 所示排列控件,按照编程规范,分别设置 Name 属性的值。

(2)向 ImageList 控件中添加图像。分别向 ilLarge 控件和 ilSmall 控件中添加图像文件。

(3)编写代码,实现向 ListView 控件中添加数据。

要实现的功能是,当显示窗体时,按详细视图模式显示 lvContacts 控件中的各项数据。因此要在加载窗体时,编码实现相关的操作。

程序代码

```
private void Form1_Load(object sender,EventArgs e)
{
    //设置 ListView 的视图
    lvContacts.View = View.Details;
    //设置 ListView 关联的 ImageList
    lvContacts.LargeImageList = this.ilLarge;
    lvContacts.SmallImageList = this.ilSmall;
    //创建 ListView 的项
    ListViewItem itemC = new ListViewItem("G1563281",0);
    //向项中添加子项
    itemC.SubItems.Add("张晴晴");
    itemC.SubItems.Add("软件 1502");
    itemC.SubItems.Add("18956001111");
    //将项添加到 ListView 中
    lvContacts.Items.Add(itemC);
    //创建 ListView 的项
    ListViewItem itemD = new ListViewItem("G1563282",1);
    //向项中添加子项
    itemD.SubItems.Add("胡慧敏");
    itemD.SubItems.Add("软件 1502");
    itemD.SubItems.Add("18956002222");
    //将项添加到 ListView 中
    lvContacts.Items.Add(itemD);
    //创建 ListView 的项
    ListViewItem itemE = new ListViewItem();
    itemE.Text = "G1563283";
    itemE.ImageIndex = 2;
    //向项中添加子项
    itemE.SubItems.AddRange(new string[] { "黄方静","软件 1502","18967993456" });
    //将项添加到 ListView 中
```

```
    lvContacts.Items.Add(itemE);
}
```

程序分析

对例13-2的代码分析如下。

• 通过ListView控件的View属性设置lvContacts控件的初始视图模式为详细视图模式,代码如下。

```
lvContacts.View = View.Details;
```

• 通过ListView控件的LargeImageList属性和SmallImageList属性,使ilLarge和ilSmall控件与lvContacts控件建立关联。代码如下。

```
lvContacts.LargeImageList = this.ilLarge;
lvContacts.SmallImageList = this.ilSmall;
```

• 执行ListView控件的Add()方法将数据添加到lvContacts控件中。

要注意:调用Add()方法之前,先要创建Item对象,然后通过调用SubItems子项对象的Add()方法依次为各个子项赋值。

下面的代码创建了ListViewItem对象"G1563281"。构造函数的第一个参数指定了项的文本,第二个参数设置了项图标在ImageList控件中的图像索引位置。

```
//创建Listview的项
ListViewItem itemC = new ListViewItem("G1563281",0);
```

下面的代码是执行Add()方法向lvContacts控件中添加有关"G1563281"项及其子项"姓名""班级"和"电话"。

```
//向项中添加子项
itemC.SubItems.Add("张晴晴");
itemC.SubItems.Add("软件1502");
itemC.SubItems.Add("18956001111");
//将项添加到ListView中
lvContacts.Items.Add(itemC);
```

其实,调用AddRange()方法同样也能实现与之相同的功能。下面的代码是向lvContacts控件中添加有关"G1563283"项及其子项。

```
//创建ListView的项
ListViewItem itemE = new ListViewItem();
itemE.Text = "G1563283";
itemE.ImageIndex = 2;
//向项中添加子项
itemE.SubItems.AddRange(new string[] { "黄方静","软件1502","18967993456" });
//将项添加到ListView中
lvContacts.Items.Add(itemE);
```

13.1.3 技能训练(使用ListView显示学生详细信息)

【例13-3】 继续完善MyCollege项目,使用DataReader对象来实现学生信息的查询和显示功能。

难点分析

通过前面的学习，知道使用 DataReader 对象可以查询数据，使用 Command 对象的 ExecuteNonQuery()方法可以对数据进行增、删、改的操作。

参考步骤

(1)首先要创建一个查询窗体，根据输入的用户名查询出结果并显示在一个列表视图中。在 MyCollege 项目中添加一个"查询学生信息"Windows 窗体，然后从工具箱中拖出两个标签(Label)、一个文本框(TextBox)、一个按钮(Button)和一个列表视图(ListView)控件到窗体中，按图 13-7 所示排列控件，并定义属性。

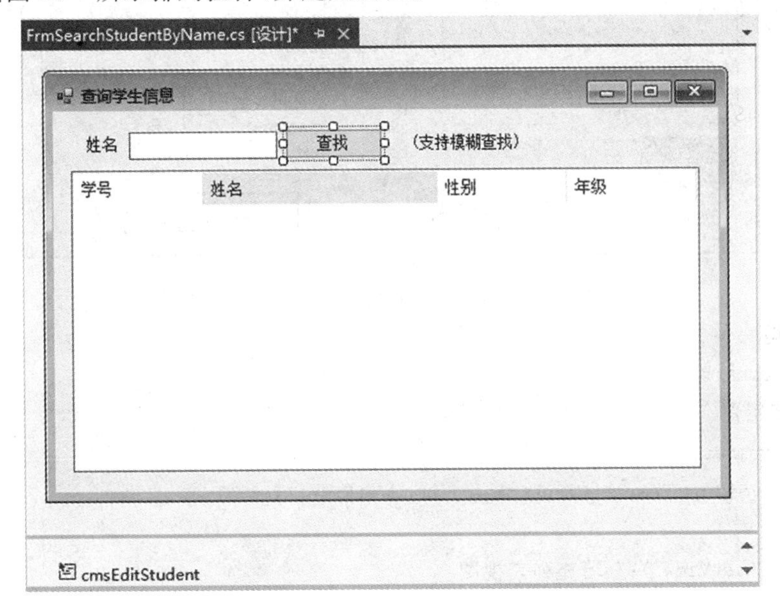

图 13-7 创建"查询学生信息"窗体

其中，"查询学生信息"窗体中列表视图控件(ListView)的设置属性值如下。

- 属性 View 的值为 Details，显示为"详细信息"视图。
- 属性 FullRowSelect 的值为 True，当选中一项时，子项也突出显示。
- 属性 GridLines 的值为 True，显示网格线。
- 属性 MultiSelect 的值为 False，不允许选择多项。

为了使列表视图显示详细信息，需要设置 Columns 属性。在"属性"窗口中找到 Columns 属性，打开编辑器，添加如图 13-7 所示的四列，将 Text 属性分别设为"学号""姓名""性别""年级"。为了按照图 13-7 所示的顺序显示，要设置的 DisplayIndex 属性依次为 0、1、2、3，如图 13-8 所示。

(2)查询数据。

下面要实现的功能是，当单击"查找"按钮时，根据文本框中输入的用户名，查询符合条件的用户并显示在 ListView 中。因此，选择处理"查找"按钮的 Click 事件。利用"属性"窗口生成"查找"按钮的 Click 事件处理方法 btnSearch. Click()。把向列表视图中添加记录的功能实现写在 FillListView()方法中。在 btnSearch. Click()方法中调用 FillListView()方法，就可以实现查询数据的功能。

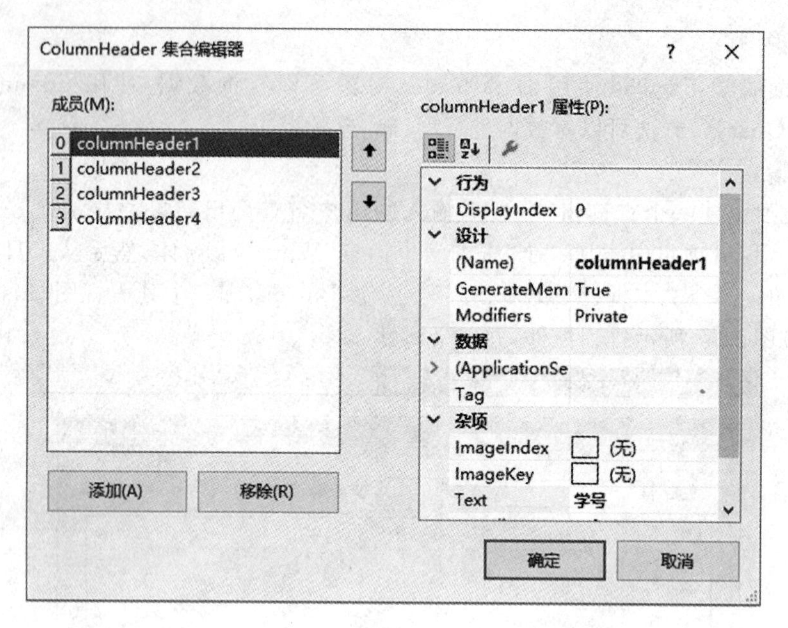

图 13-8　ListView 控件的 Columns 属性编辑器

程序代码

```
/// <summary>
///查找用户
/// </summary>
private void btnSearch_Click(object sender,EventArgs e)
{
    FillListView();//填充列表视图
}
/// <summary>
///查询学生信息,显示在窗体上
/// </summary>
private void FillListView()
{
    //先清空 ListView 中的数据
    if (lvResult.Items.Count > 0)
    {
        lvResult.Items.Clear();
    }

    //构建 SQL 语句
    StringBuilder sql = new StringBuilder();
    sql.AppendLine("SELECT
    S.[StudentNo],S.[StudentName],S.[Gender],G.[GradeName] ");
    sql.AppendLine(" FROM Student AS S,Grade AS G ");
    sql.AppendLine(" WHERE S.[GradeId] = G.[GradeId] ");
```

```
    sql.AppendFormat(" AND S.[StudentName] LIKE '%{0}%'",this.txtStudentName.Text.Trim());

    //查询并显示
    DBHelper dbHelper = new DBHelper();
    try
    {
        SqlCommand command = new SqlCommand(sql.ToString(),dbHelper.Connection);
        dbHelper.OpenConnection();
        SqlDataReader reader = command.ExecuteReader();

        if (!reader.HasRows)
        {
            MessageBox.Show("没有要查找的记录!",CAPTION,MessageBoxButtons.OK,
MessageBoxIcon.Information);
        }
        else
        {
            while (reader.Read())
            {
                //获得查询到的数据
                string studentNo = reader["StudentNo"].ToString(); //学号
                string studentName = reader["StudentName"].ToString(); //姓名
                int genderId = Convert.ToInt32(reader["gender"]);    // 性别的值
                string gender; //性别的中文名称
                if (genderId == (int)Gender.Male)
                {
                    gender = "男";
                }
                else
                {
                    gender = "女";
                }

                string gradeName = reader["GradeName"].ToString(); //年级

                //创建 ListViewItem
                ListViewItem item = new ListViewItem(studentNo);

                //添加子项
                item.SubItems.Add(studentName);
                item.SubItems.Add(Convert.ToString(gender));
```

```
                    item.SubItems.Add(gradeName);

                    //将 ListViewItem 添加到 ListView 中
                    lvResult.Items.Add(item);
                }
            }
            reader.Close();
        }
        catch (Exception ex)
        {
            MessageBox.Show("系统出现错误!",CAPTION,MessageBoxButtons.OK,MessageBoxIcon.
    Error);
        }
        finally
        {
            dbHelper.CloseConnection();
        }
    }
```

代码分析

(1)把从数据库查询信息的操作单独写在一个 FillListView()方法中,是为了后面进行更改和删除操作时也可以使用这个方法。

(2)查询时,首先构建查询用的 SQL 语句,为了支持模糊查找,在 SQL 语句的 WHERE 条件 中使用了 LIKE。然后创建了一个 Command 对象。

(3)打开数据库连接后,调用了 Command 对象的 ExecuteReader()方法,获得了一个 DataReader 对象。

(4)在向列表视图中添加结果之前,先清除原来的所有项。

(5)之后,通过 DataReader 对象的 HasRows 属性来判断是否有查询结果。如果有结果,就循环调用 DataReader 对象的 Read()方法,从查询结果中取出一行记录,然后取出每一列的值。

(6)为了向 ListView 中添加结果,首先创建了一个列表视图项 (ListViewItem),显示的值是学号(StudentNo),然后,调用列表视图项的 SubItems. Add()方法添加子项(SubItems)这个方法接收的是一个字符串数组。最后,使用 Items. Add()方法将这个列表视图项添加到列表视图中。

(7)在使用完 DataReader 对象后,调用 Close()方法将其关闭。例 13-3 的运行结果如图 13-9 所示。

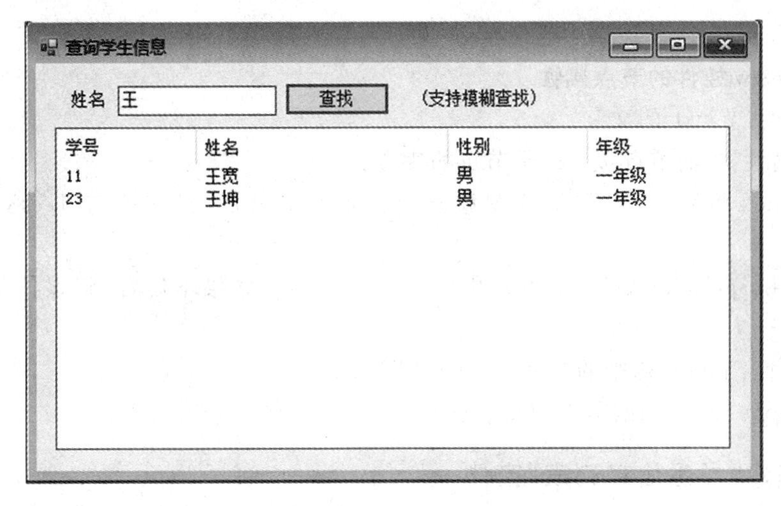

图 13-9　“查询学生信息”运行结果

13.2　TreeView 控件

13.2.1　TreeView 控件的属性和事件

TreeView 控件用来显示一个树状的菜单。

树状控件（TreeView）用于以节点形式显示文本或数据，这些节点按层次结构的顺序排列。例如，Windows 资源管理器左边窗格所包含的目录和文件是以树状视图排列的。图 13-10左侧显示了 TreeView 控件的执行结果。

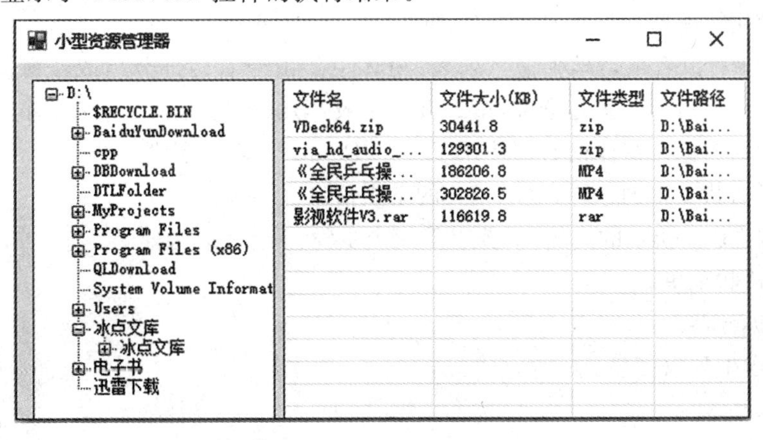

图 13-10　TreeView 控件显示效果

1. TreeView 控件的常用属性和事件

Nodes 属性：TreeView 中的所有根节点。

ImageList 属性：存放 TreeView 中节点的图像。

ImageIndex 属性：节点默认的图像索引。

SelectedImageIndex 属性：节点选中时的图像索引。

SelectedNode 属性：当前选中的父节点。

AfterSelect 事件：节点选中后发生。

2. TreeView 控件的节点属性

Text 属性：节点上的文字。

Nodes 属性：当前节点包含的子节点的集合。

ImageIndex 属性：节点默认的图像索引。如果不设置，将保持与 TreeView 的设置相同。

SelectedImageIndex 属性：节点选中时的图像索引。如果不设置，将保持与 TreeView 的设置相同。

Level 属性：节点在树中的深度，从 0 开始。

ParentNode 属性：当前节点的父节点。

13.2.2 创建"学生信息列表"窗体

【例 13-4】 创建如图 13-11 所示的"学生信息列表"窗体。

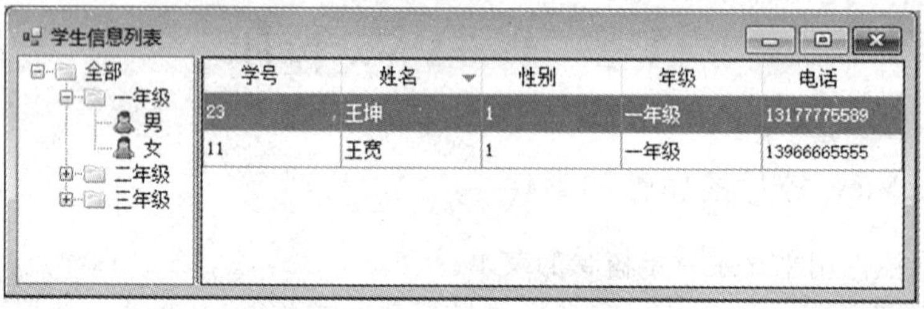

图 13-11 "学生信息列表"窗体

问题分析

要分析使用了哪些控件？是如何实现的？

从图 13-11 可以看出，"学生信息列表"窗体主要由左右两部分组成。窗体的左侧是树状菜单，菜单分三级，第一级是全部，第二级是年级，第三级是性别。每个菜单项的前面有一个与之相匹配的图标。窗体的右侧使用了一个 DataGridview 控件。在 DataGridview 控件中根据用户对树状菜单的选择，显示相关的学生信息。

要实现图 13-11 所示的窗体，需要以下三个步骤。

(1)制作树状菜单。

(2)添加拆分器。

(3)显示学生列表信息。

参考步骤

1. 制作树状菜单

TreeView 控件以层次结构的方式显示节点，将新节点添加到现有 TreeView 时，需要注意的是新添加节点对应的父节点。要实现图 13-11 所示的效果，可执行下列步骤。

(1)向窗体添加一个新的 TreeView 控件，设置 Name 属性值为 tvMenu。

(2)在"属性"窗口中单击 Nodes 属性旁边的按钮，此时将调用如图 13-12 所示的 TreeNode 编辑器。

(3)要向 TreeView 添加节点，必须存在根节点。如果不存在根节点，首先单击"添加根"

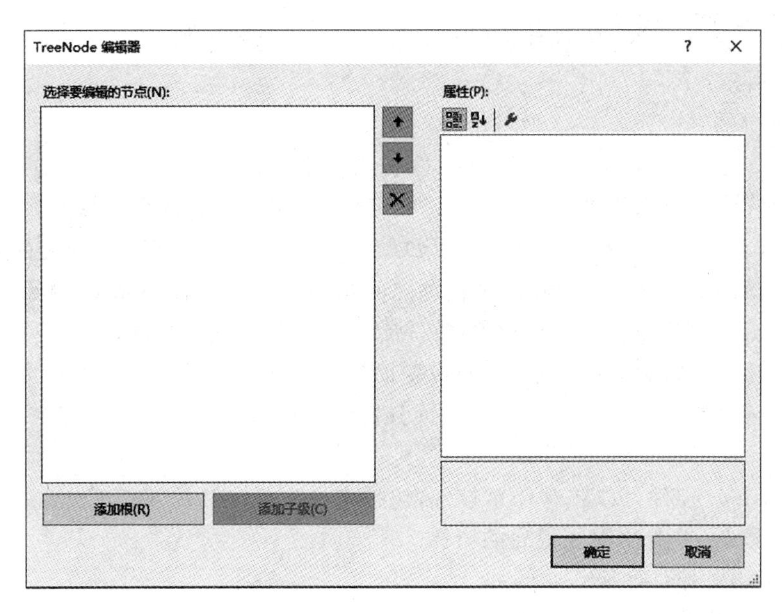

图 13-12 TreeNode 编辑器

添加一个根节点。选择根节点或其他子节点，单击“添加子级”按钮，可添加其他子节点。每添加一个节点，应为该节点设置 Name 属性、Text 属性。每个 TreeView 控件可以有多个根节点，每个根节点又可以有多个子节点。

(4)将 ImageList 控件拖到窗体上，设置 Name 属性为 ilIcons，并向其中添加若干个图像文件。

(5)设置 TreeView 控件的 ImageList 属性、ImageIndex 属性和 SelectedImageIndex 属性。为了使窗体丰富、美观，可以在 TreeView 控件每个节点的提示信息前显示小图标，这些小图标来自于 ImageList 控件。只需通过 ImageList 属性将 TreeView 控件与 ilIcons 控件关联，然后为每个节点设置 ImageIndex 属性和 SelectedImageIndex 属性，指定收缩时显示的图标和展开后显示的图标即可。

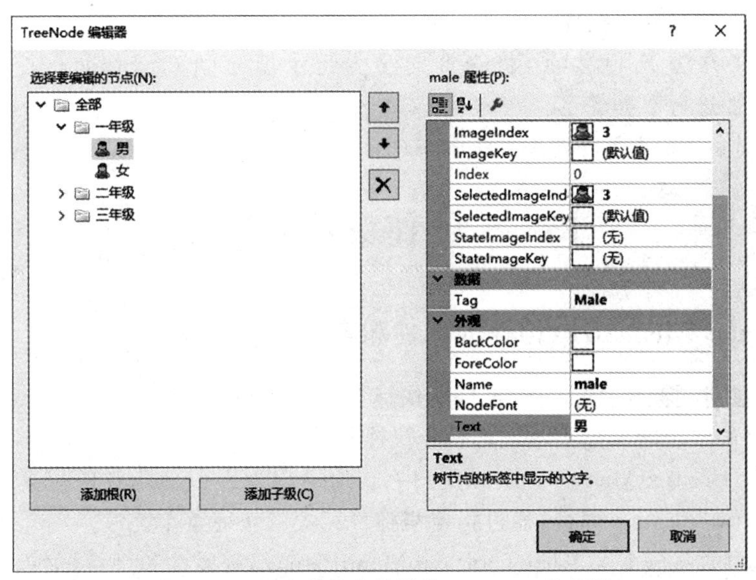

图 13-13 已完成节点编辑的 TreeNode 编辑器

这样，图 13-11 中“学生信息列表”窗体的左半部分已经完成，TreeNode 编辑器中的界面如图 13-13 所示。

2. 添加拆分器

从图 13-11 可以看到，在 TreeView 控件右侧利用 DataGridView 控件显示学生列表信息。利用鼠标左右拖动可以调节 TreeView 和 DataGridView 这两个控件的大小。如果在窗体设计状态，无法实现分别将 TreeView 和 DataGridView 放里在窗体上，左右排列。那么，如何实现这种效果呢？这就需要在两个控件之间添加一个拆分器(SplitContainer)控件。

SplitContainer 控件把三个控件组合在一起，其中两个面板控件(Panel)之间有一个拆分器。用户可以用鼠标移动拆分器，重新设置面板的大小。在重新设置面板大小时，面板上的控件也可以随之重新设置大小。用户在拆分器上移动鼠标时，光标就会改变，此时可以移动拆分条。

SplitContainer 控件可以包含任意控件，包括布局面板和其他 SplitContainer 控件，可以用来创建非常复杂、专业化程度很高的窗体。

SplitContainer 控件的操作步骤如下。

(1)从工具箱中拖出 SplitContainer 控件放置在窗体上，在其“属性”窗口中设置 Dock 的属性值为 DockStyle. Fill。

(2)将已编辑完成的 tvMenu 控件拖到 SplitContainer 控件的左面板中，设置 tvMenu 控件的 Dock 属性为 DockStyle. Fill。

(3)添加一个 DataGridView 控件到 SplitContainer 控件的右面板中。同样，将其 Dock 属性也设置为 DockStyle. Fill，使其占据窗体上的剩余空间。

经过上面的三步已完成窗体的布局工作。在运行时，用户就可以使用拆分器调整两个控件的宽度了。

3. 显示学生列表信息

为了在窗体上显示学生记录，可以按下面三步进行。

(1)将 DataGridView 控件的 Name 属性赋值为 dgvStudent。

(2)自定义方法 FillTableo，将查询的学生记录填充到 dgvStudent 控件中，并通过 DataSource 属性进行数据绑定。

(3) 在窗体的 Load 事件处理方法中调用该方法。

13.3 快捷菜单的设计

13.3.1 ContextMenuStrip 控件的属性和事件

快捷菜单控件也是常用的一个控件。快捷菜单也可以叫作上下文(Context) 菜单。在图 13-14 中，右击出现的那个菜单就是一个快捷菜单。

快捷菜单 (ContextMenuStrip) 在用户右击时会出现在鼠标指针的位置。许多控件都有一个 ContextMenuStrip 属性，通过指定与控件相关的快捷菜单。

快捷菜单中的每一个菜单项(ToolStripMenuItem)都有属性和事件，菜单项的主要属性和事件如下。

图 13-14　快捷菜单控件

DisplayStyle 属性：指定是否显示图像和文本。

Image 属性：显示在菜单项上的图像。

Text 属性：显示在菜单项上的文本。

Click 事件：单击事件，单击菜单时发生。

13.3.2　快捷菜单的使用

当把一个快捷菜单控件拖到窗体上时，会像菜单一样出现在窗体的下方，如图 13-15 所示。选中这个窗体底部的快捷菜单控件，就会在窗体中看到，在“请在此处键入”方框中添加菜单项。

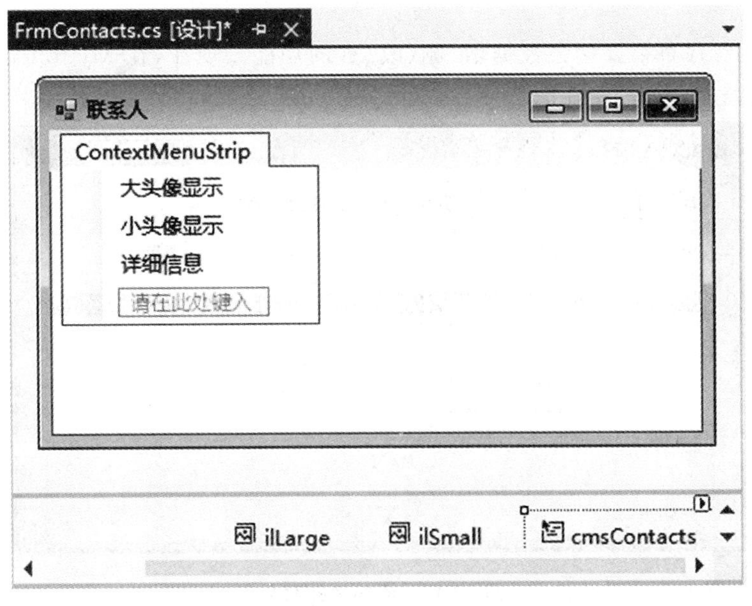

图 13-15　向窗体中添加一个快捷菜单

如何在快捷菜单中添加快捷菜单项,得到图 13-14 所示的运行效果呢?操作步骤如下。

(1)单击 ContextMenuStrip 控件的 Items 属性,打开“项集合编辑器”窗口 。

(2)单击“项集合编辑器”窗口左上方的“添加”按钮,随后为其设置 Text 属性和 Name 属性,就可以在快捷菜单中增加一个菜单项,如图 13-16 所示。

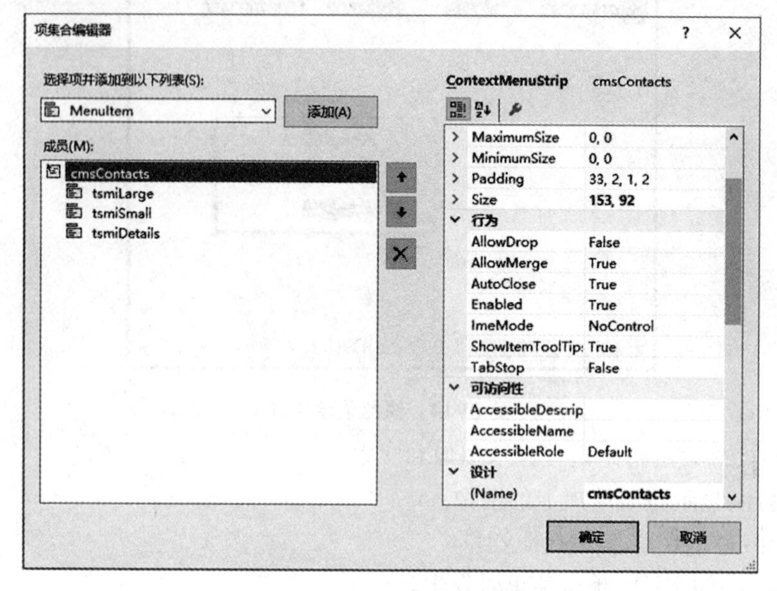

图 13-16　项集合编辑器

(3)选中窗体上的 ListView 控件,设置属性 ContextMenuStrip 属性为当前快捷菜单 cmsContacts。

通过上述操作,不需要编写代码,就可以快速地实现快捷菜单的功能。

13.3.3　技能训练(用快捷菜单实现学生基本信息的更新)

通常,应用程序都需要增强数据增、删、改、查的功能。现在,在 MyCollege 项目中已实现了学生信息添加和查询功能的基础上,继续完善功能。

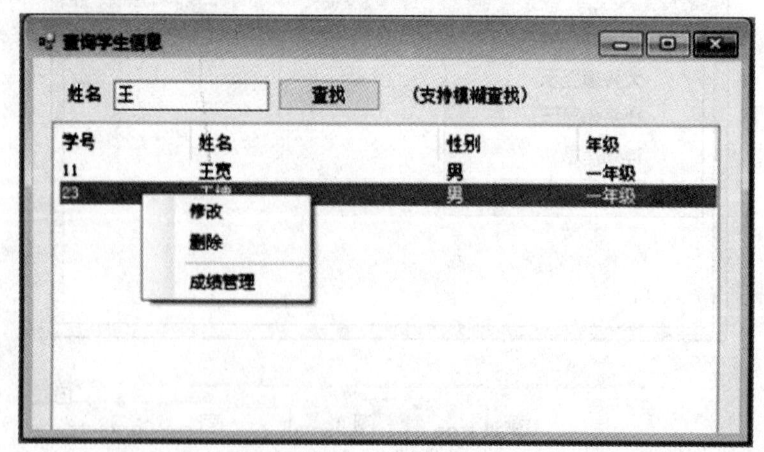

图 13-17　添加快捷菜单

【例 13-5】　在“查询学生信息”窗体,管理员选中查询结果中的某个学生,然后修改他的个人信息。为了操作方便,可以为 ListView 控件增加一个快捷菜单。当管理员从快捷菜单中选择“修改”菜单项时,如图 13-17 所示 ,程序跳转到“编辑学生信息”窗体执行修改操作,如图 13-18 所示。

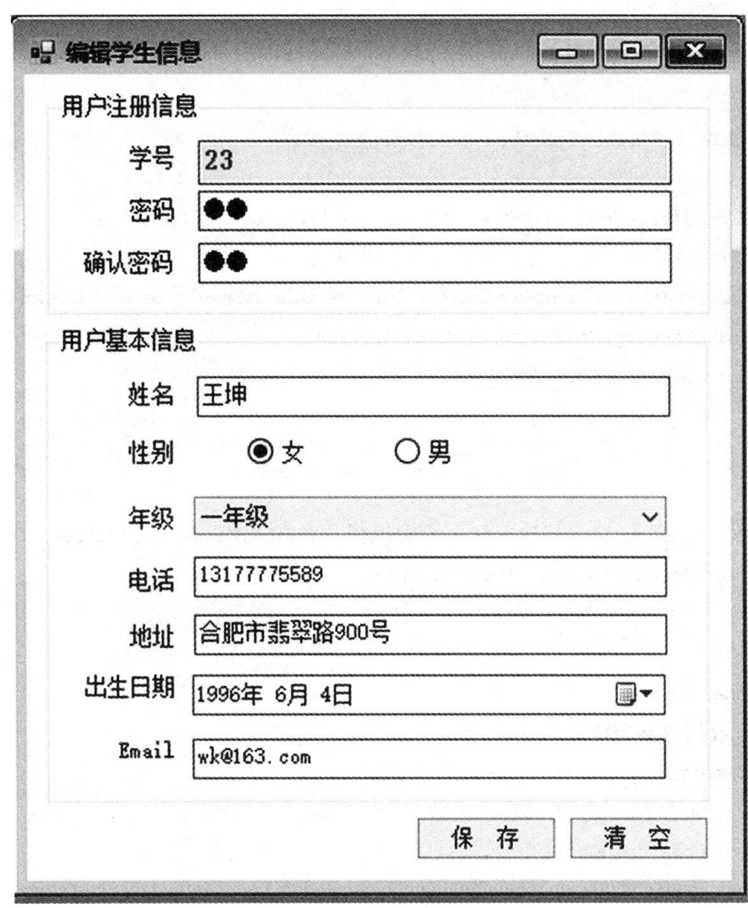

图 13-18　修改学生基本信息

参考步骤

1. 添加右键菜单

从 Visual Studio 的工具箱中拖出一个 ContextMenuStrip 控件到“查询学生信息”窗体上,在快捷菜单中添加“修改”菜单项。

2. 处理“修改”菜单项的 Click 事件

选中“修改”菜单项,在“属性”窗口中找到 Click 事件,生成 Click 事件处理方法 tsmiEdit_Click()。在方法中添加事件处理程序,创建并打开“编辑学生信息”窗体。

3. 修改学生基本信息

编写自定义方法 UpdateStudent() ,更新学生的基本信息。

4. 处理“保存”按钮的 Click 事件

进入“编辑学生信息”窗体,在 btnEdit 命令按钮的 Click 事件处理方法 btnEdit_Click( )中,修改原有代码,判断学号是否为－1 。如果学号等于－1 ,那么调用 InsertStudent()方法增加新的学生记录; 否则,调用 UpdateStudent()方法修改指定学生的基本信息。

参考代码

```
/// <summary>
///打开编辑学生信息窗体
/// </summary>
private void tsmiEdit_Click(object sender,EventArgs e)
{
    if (this.lvResult.SelectedItems.Count > 0)
    {
        FrmEditStudent editStudent = new FrmEditStudent();
        //将选中的学号传递到编辑学生信息窗体
        editStudent.studentNo = Convert.ToInt32(this.lvResult.SelectedItems[0].Text);
        editStudent.MdiParent = this.MdiParent;
        editStudent.Show();
    }
    else
    {
        MessageBox.Show("请选择一个学生!",CAPTION,MessageBoxButtons.OK,
            MessageBoxIcon.Information);
    }
}
/// <summary>
///将输入数据更新到学生表中
/// </summary>
/// <returns>true:成功,false:失败</returns>
public bool UpdateStudent()
{
    bool success = false;  //返回值,表示是否添加成功
    //获取数据
    string pwd = this.txtPwd.Text.Trim(); //密码
    string name = this.txtName.Text.Trim(); //学生姓名
    //获取性别
    Gender gender;
    if (this.rbtnFemale.Checked)
    {
        gender = Gender.Female;
    }
    else
    {
        gender = Gender.Male;
    }
    int genderId = (int)gender;
```

```
int gradeId = Convert.ToInt32(this.cboGrade.SelectedValue); //年级
string phone = this.txtPhone.Text.Trim(); //电话
string address = this.txtAddress.Text.Trim(); //地址
DateTime date = this.dpBirthday.Value;  //出生日期
string birthday = string.Format("{0}-{1}-{2}",date.Year,date.Month,date.Day);
string email = this.txtEmail.Text.Trim(); //电子邮件
//创建数据库连接
DBHelper dbhelper = new DBHelper();
try
{
    //构建 SQL 语句
    StringBuilder sql = new StringBuilder();
    sql.AppendFormat("UPDATE [Student] SET [LoginPwd] = '{0}'",pwd);
    sql.AppendFormat(" ,[StudentName] = '{0}'",name);
    sql.AppendFormat(" ,[Gender] = '{0}'",genderId);
    sql.AppendFormat(" ,[GradeId] = '{0}'",gradeId);
    sql.AppendFormat(" ,[Phone] = '{0}'",phone);
    sql.AppendFormat(" ,[Address] = '{0}'",address);
    sql.AppendFormat(" ,[Birthday] = '{0}'",birthday);
    sql.AppendFormat(" ,[Email] = '{0}'",email);
    sql.AppendFormat(" WHERE [StudentNo] = {0}",this.studentNo);
    //创建 command 对象
    SqlCommand command = new SqlCommand(sql.ToString(),
        dbhelper.Connection);
    //打开数据库连接
    dbhelper.OpenConnection();
    //执行命令
    int result = command.ExecuteNonQuery();
    //根据操作结果给出提示信息
    if (result == 1)
    {
        success = true;
    }
}
catch (Exception)
{
    success = false;
}
finally
{
    //关闭数据库连接
```

```
        dbhelper.CloseConnection();
    }
    return success;
}
/// <summary>
///保存按钮按下
/// </summary>
private void btnEdit_Click(object sender,EventArgs e)
{
    //非空验证
    if (! CheckInput())
    {
        return;
    }
    if (this.studentNo == -1)
    {
        //增加学生信息
        bool result = InsertStudent();
        if (result)
        {
            MessageBox.Show("增加学生成功!",CAPTION,
                MessageBoxButtons.OK,MessageBoxIcon.Information);
        }
        else
        {
            MessageBox.Show("增加失败,请重试!",CAPTION,
                MessageBoxButtons.OK,MessageBoxIcon.Information);
        }
    }
    else
    {
        //更新学生信息
        bool result = UpdateStudent();
        if (result)
        {
            MessageBox.Show("更新学生成功!",CAPTION,
                MessageBoxButtons.OK,MessageBoxIcon.Information);
        }
        else
        {
            MessageBox.Show("更新失败,请重试!",CAPTION,
```

```
                    MessageBoxButtons.OK,MessageBoxIcon.Information);
            }
        }
    }
```

代码分析

(1)针对 tsmiEdit_Click 事件的代码分析如下。

• 使用 ListView 控件的 SelectedItems.Count 属性,判断列表视图中选中的项的数量。如果 Count 的值为 0,说明没有选择用户。如果 Count 的值不为 0,就可以执行修改操作。

• 使用 ListView 控件的 SelectedItems 属性,获得选中的项。下面的代码可以获取 lvResult 控件的第一个选中项的文本。

this.lvResult.SelectedItems [0].Text

• 在“编辑学生信息”窗体定义公共字段 studentNo,通过为 editStudent 对象的 studentNo 赋值,将“查询学生信息”窗体中选中的学号传递给“编辑学生信息”窗体。

(2)针对 UpdateStudent()方法的代码分析如下。

• 在修改前,先获取窗体上各控件的当前值。

• 利用公共字段 studentNo 构建更新学生记录的 SQL 语句。

• 利用 Command 对象的 ExecuteNonQuery()方法执行修改操作。

• ExecuteNonQuery()方法返回受影响的行数。如果受影响的记录行数等于 1,说明修改成功;否则,说明没有记录受影响,修改不成功。

本章小结

➢ 使用 ImageList 控件可以为 Windows 窗体中的其他控件提供图像。

➢ Listview 控件有五种视图模式:大图标、小图标、列表、详细信息和平铺。

➢ ContextMenuStrip 控件可以与其他控件结合使用,通过设置控件的 ContextMenuStrip 属性来指定快捷菜单。

➢ 树状控件(TreeView) 用于以节点形式显示文本或数据,这些节点按层次结构的顺序排列。

习题 13

一、单项选择题

1. ListView 控件包含在(　　)命名空间中。

A. System.Windows.Drawing

B. System.Windows.Forms

C. System.Windows.Paint

D. 以上都不是

2. lvResult 是一个 ListView 控件，下面代码的运行结果是(　　)。

```
private void btnChange_Click(object sengder,EventArgs e)
{
    lvResult.SelectedItems[1].Text = "Hello";
}
```

A. 更改所有选择的列表项的文本为"Hello"

B. 更改选择的第一项的文本为"Hello"

C. 当只选择一项时，程序将报告错误信息

D. 当没有选择任何项时，该代码不会被执行

3. 下面关于 ListView 控件的描述，正确的是(　　)(选两项)。

A. Items 的 Add()方法用于将项添加到项的集合中

B. AddRange()方法用于向列表子项集合中添加新的子项

C. SubItems 对应于列表视图的 ListViewItem

D. 用 Columns 设置列表视图的列标题时，通过 DistplayIndex 属性指定列标题的位置

4. 下面关于 ContextMenuStrip 控件的描述，错误的是(　　)。

A. 快捷菜单可由零个或多个菜单项组成

B. 每个菜单项都有自己的属性和方法

C. 把菜单项的 Text 属性设置为"-"，将产生分割线

D. 通过 ShortCutkeys 属性可以为菜单项设置快捷键

5. 获得 TreeView 控件中选中的节点，应该执行事件的处理方法是(　　)。

A. Click　　B. AfterSelect　　C. Selected　　D. 都不是

6. 在 TreeView 控件的每个节点前添加一个图标，应该设置(　　)属性。

A. ImageList　　B. ImageIndex

C. SelectedImageIndex　　D. SelectedImage

二、问答和编程题

1. 编写一个 WinForms 应用程序，用 TreeView 控件显示国家和城市，通过代码动态加载数据。

2. 创建"动物列表"窗体。选择快捷菜单，实现 ListView 控件的大图标、小图标和详细信息视图的切换。

第 14 章 Windows 程序的数据绑定

本章工作任务

- 实现 MyCollege 项目的年级数据绑定
- 使用 DataGridView 绑定显示学生信息

本章知识目标

- 理解 DataSet 对象和 DataAdapter 对象
- 理解填充数据集的步骤
- 理解 DataGridView 的数据绑定
- 理解如何保存 DataGridView 控件上的数据修改

本章技能目标

- 会使用 DataSet 存放数据
- 会使用 ComboBox 进行数据绑定
- 会使用 DataGridView 进行数据绑定
- 会保存 DataGridView 控件上的数据修改

本章重点难点

- ComboBox 进行数据绑定的实现
- 填充数据集的步骤
- DataGridView 进行数据绑定
- 保存 DataGridView 控件上的数据修改结果

14.1 DataSet 对象和 DataAdapter 对象

14.1.1 DataSet 对象

当应用程序需要查询数据时，可以使用 DataReader 对象来读取数据，DataReader 每次只读取一行数据到内存中。如果想查看 100 条数据，就要从数据库读 100 次，并且在这个过程中要一直保持和数据库的连接，而且是只读和只进型的读取方法，这就给程序的再次获得读取过的数据带来了麻烦。ADO.NET 提供了数据集对象来解决这个问题。如图 14-1 所示。

利用数据集，可以在断开与数据库连接的情况下操作数据，可以操作来自多个相同和不同数据源的数据。

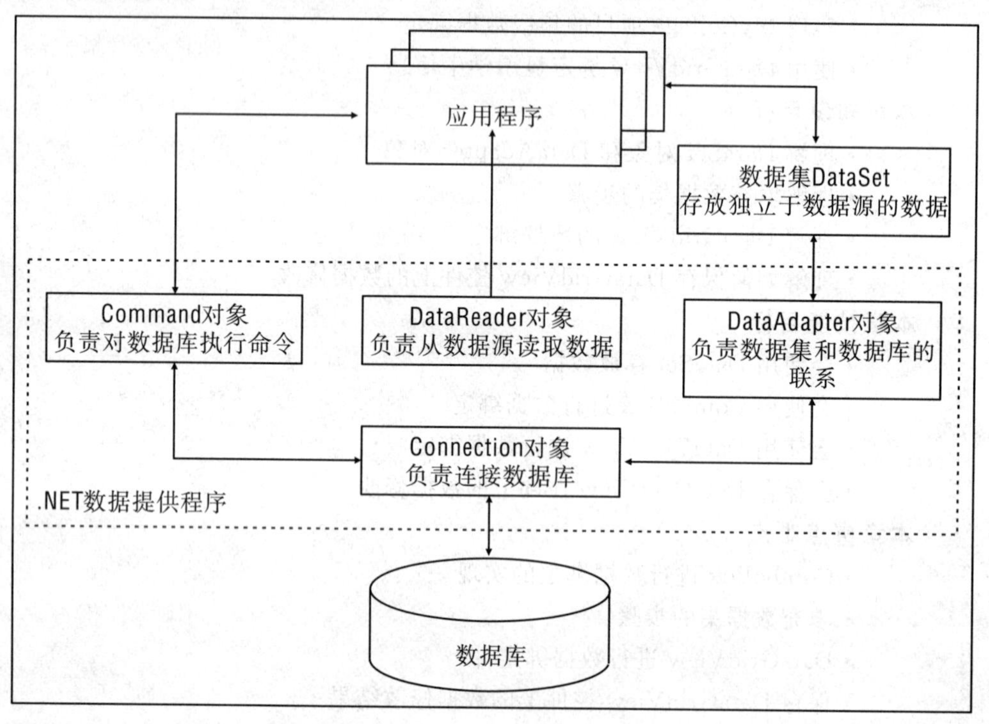

图 14-1 ADO.NET 的两大部分

1. DataSet 对象的组成

DataSet 对象是一个创建在内存中的集合对象，可以包含任意数量的数据表，以及所有表的约束、索引和关系，相当于在内存中的一个小型的关系数据库。一个 DataSet 对象包括一组 DataTable 对象和 DataRelation 对象，其中每个 DataTable 对象由 DataColumn，DataRow 和 DataRelation 对象组成，这些对象的含义如下。

• DataTable 对象：代表创建在 DataSet 中的表。

• DataRelation 对象：代表两个表之间的关系。关系建立在具有相同数据类型的列上，但列不必有相同的精确度。

• DataColumn 对象：代表与列有关的信息，包括列的名称、类型和属性。

• DataRow 对象：代表 DataTable 中的记录。

除了以上对象以外，DataSet 中还有几个集合对象：包含 DataTable 对象的集合 Tables 和包含 DataRelation 对象的集合 Relations。另外 DataTable 对象还包括行的集合 Rows、列的集合 Coloumns 和数据关系的集合 ChildRelations 和 ParentRelations。

2. DataSet 对象的填充

从数据源获取数据并填充到 DataSet 对象中的方法有以下几种。

• 调用 DataAdapter 对象的 Fill 方法，使用 DataAdapter 对象的 SelectCommand 的结果来填充 DataSet 对象。

• 通过程序创建 DataRow 对象，给 DataRow 对象的各列赋值，然后把 DataRow 对象添加到 Rows 集合中。

• 将 XML 文档读入 DataSet 对象中。

• 合并(复制)另一个 DataSet 对象的内容到本 DataSet 对象中。

3. DataSet 对象的访问

DataSet 对象包含数据表的集合 Tables，而 DataTable 对象包含数据行的集合 Rows、数据列的集合 Columns，可以直接使用这些对象访问数据集中的数据。访问数据集中某数据表的某行某列的数据，可采用如下的格式。

[格式 1]：

```
数据集对象名.Tables["数据表名"].Rows[n][ "列名"]
```

[功能]：访问由“数据集对象名”指定的数据集中的由“数据表名”指定数据表的第 n+1 行的由“列名”指定的列。n 代表行号，从 0 开始。

[格式 2]：

```
数据集对象名.Tables["数据表名"].Rows[n].ItemsArray[k]
```

[功能]：访问由“数据集对象名”指定的数据集中的由“数据表名”指定数据表的第 n+1 行的第 k+1 列。k 代表列的序号，从 0 开始。

14.1.2 DataAdapter 对象

DataAdapter 对象是 DataSet 对象和数据源之间联系的桥梁，主要功能是从数据源中检索数据、填充 DataSet 对象中的表、把用户对 DataSet 对象做出的更改写入到数据源。在 .NETFramework 中主要使用两种 DataAdapter 对象：OleDbDataAdapter 和 SqlDataAdapter。OleDbDataAdapter 对象适用于 OLE DB 数据源，SqlDataAdapter 对象适用于 SQL Server 7.0 或更高版本。下面介绍 DataAdapter 对象的常用属性和方法。

1. DataAdapter 对象的常用属性

• SelectCommand 属性：用来获取 SQL 语句或存储过程，用来选择数据源中的记录。通常把该属性设置为某个 Command 对象的名称，该 Command 对象执行 Select 语句。

• InsertCommand 属性：用来获取 SQL 语句或存储过程，用来把新记录插入到数据源中。通常把该属性设置为某个 Command 对象的名称，该 Command 对象执行 Insert 语句。

• UpdateCommand 属性：用来获取 SQL 语句或存储过程，用来更新数据源中的记录。通常把该属性设置为某个 Command 对象的名称，该 Command 对象执行 Update 语句。

• DeleteCommand 属性:用来获取 SQL 语句或存储过程,用于从数据集中删除记录。通常把该属性设置为某个 Command 对象的名称,该 Command 对象执行 Delete 语句。

2. DataAdapter 对象的常用方法

• Fill 方法:该方法有多种重载格式,其主要作用是从数据源中提取数据以填充数据集。下面是一个常用格式与功能。

[格式]:

```
public int Fill(DataSet dataSet,string srcTable);
```

[功能]:从参数 srcTable 指定的表中提取数据以填充参数 dataSet 指定的数据集。

• Update 方法:该方法用于更新数据源,也有多种重载格式。其常用格式与功能如下。

[格式 1]:

```
public override int Update(DataSet dataSet);
```

[功能]:把对参数 dataSet 指定的数据集进行插入、更新或删除操作更新到数据源中。该方法通常用于数据集中只有一个表。

[格式 2]:

```
public override int Update(DataSet dataSet,string Table);
```

[功能]:把对参数 dataSet 指定的数据集中的由参数 Table 指定的表进行的插入、更新或删除操作更新到数据源中。该方法通常在数据集中有多个表时使用。

14.1.3 填充数据集

使用 DataAdapter 填充数据集需要以下四个步骤。

(1)创建数据库连接对象。

(2)创建从数据库中查询数据用的 SQL 语句。

(3)利用上面创建的 SQL 语句和 Connection 对象创建 DataAdapter 对象。创建 DataAdapter 对象可以使用一个语句,也可以使用多个语句。语法如下。

```
SqlDataAdapter 对象名 = new SqlDataAdapter (查询用的 SQL 语句,数据库连接);
```

或

```
SqlDataAdapter adapter = new SqlDataAdapter ();
SqlCommand command = new Sqlcommand (查询用的 SQL 语句,数据库连接);
adapter. SelectCommand = command;
```

(4)调用 DataAdapter 对象的 Fill( )方法填充数据集。语法如下。

```
SqlDataAdapter 对象. Fill (数据集对象,"数据表名称字符串");
```

在第(4)步中,Fill()方法接收一个数据表名称的字符串参数。如果数据集中原来没有这个数据表,调用 Fill()方法后就会创建一个数据表。如果数据集中原来有这个数据表,就会把现在查出的数据继续添加到数据表中。

【例 14-1】 继续完善 MyCollege 项目,创建"按年级查询学生信息"窗体,窗体载入时,动态加载年级信息,如图 14-2 所示。

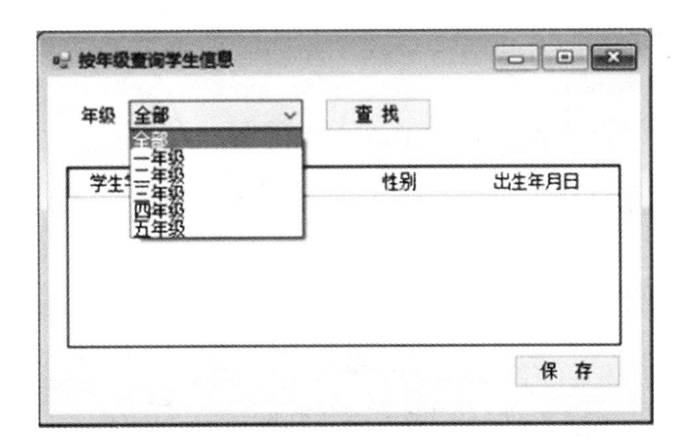

图 14-2 "按年级查询学生信息"窗体的年级信息

问题分析

例 14-1 的代码是读取 MyCollege 数据库中年级信息表中的数据，将其存放在数据集中的 Grade 表中，然后把数据集中 Grade 表的数据动态加载到 cboGrade 上。可以分三个步骤实现。

(1)在 MyCollege 项目中增加一个按年级查询学生信息窗体 FrmSearchStudentByGrade，为窗体增加两个对象：Dataset 对象、DataAdapter 对象。

(2)修改 MyCollege 项目中 FrmAdminMain 窗体"按年级查询"菜单项的 Click 事件，单击该菜单项，创建并跳转到 FrmSearchStudentByGrade 窗体。

(3)在 FrmSearchStudentByGrade 窗体加载时从数据库读取年级记录填充到 DataSet 中。在窗体的 Load 事件中完成数据填充后再将数据加载到显示年级信息的 ComboBox 控件上。

程序代码

1. 在 FrmAdminMain. cs 文件中。

```
/// <summary>
///按年级查询按钮单击时发生
/// </summary>
private void tsmiSearchByGrade_Click(object sender,EventArgs e)
{
    FrmSearchStudentByGrade searchStudentNew = new FrmSearchStudentByGrade();
    searchStudentNew.MdiParent = this;
    searchStudentNew.Show();
}
```

2. 在 FrmSearchStudentByGrade. cs 文件中。

```
using System;
using System.Collections.Generic;
using System.ComponentModel;
using System.Data;
using System.Drawing;
using System.Linq;
```

```
using System.Text;
using System.Windows.Forms;
using System.Data.SqlClient;

namespace MyCollege.AdminForm
{
    public partial class FrmSearchStudentByGrade:Form
    {
        #region 常量、字段的定义
        public const string CAPTION = "操作提示";
        DataSet ds;  //数据集
        SqlDataAdapter adapterGrade;  //读取年级信息的数据适配器
        #endregion
        public FrmSearchStudentByGrade()
        {
            InitializeComponent();
        }

        private void FrmSearchStudentByGrade_Load(object sender,EventArgs e)
        {
            //查询用的 SQL 语句
            string sql = "SELECT * FROM Grade";

            //查询并填充数据集
            DBHelper dbHelper = new DBHelper();
            this.ds = new DataSet(); //创建数据集
            adapterGrade = new SqlDataAdapter(sql,dbHelper.Connection);
            adapterGrade.Fill(ds,"Grade");

            //向年级表的第 1 行添加数据“全部”
            DataRow row = ds.Tables["Grade"].NewRow();
            row[0] = -1;
            row[1] = "全部";
            ds.Tables["Grade"].Rows.InsertAt(row,0);

            foreach(DataRow ro in ds.Tables[0].Rows)
            {
                cboGrade.Items.Add(ro["GradeName"]);
            }
            cboGrade.SelectedIndex = 0;
```

```
            }
        }
    }
```

代码分析

在代码中，调用了 DataAdapter 对象的 Fill()方法，并将数据填充带数据集 ds 的数据表 Grade 中。代码如下。

```
adapterGrade.Fill(ds,"Grade");
```

使用 foreach 循环语句可以取出数据表中的每一行(DataRow)。因为数据集只填充了一个表，所以在数据表集合中的索引是 0，可以用 ds.Tables[0]找到。在遍历每一行数据时，使用"数据行对象["列名"]"取出每一列的数据。

向 DataSet 对象中添加新行要经过三个步骤：第一步是为数据集中的某个数据表添加一个新行；第二步是给新行的各列赋值；第三步是把新行添加到数据表的行集合中。代码如下。

```
DataRow row = ds.Tables["Grade"].NewRow();
row[0] = -1;                  row[1] = "全部";
ds.Tables["Grade"].Rows.InsertAt(row,0);
```

14.2　数据绑定

14.2.1　数据绑定

在创建用户界面的应用程序时，开发人员经常需要将从数据源中查询到的数据显示在界面上。开发人员往往通过编写代码实现这个功能。对于不同情况、不同类型的数据以及不同的显示方式，处理的方法是不同的。数据绑定是为了在控件上显示数据库中存储的数据，而将应用程序的控件与数据的任何列或行进行绑定的过程。Visual Studio 使用 DataSource 属性提供了静态和动态的数据绑定，较好地解决了这个问题。这样就降低了代码的复杂度，减少了开发人员编写的代码量。

在示例 14-1 中，已经查询了年级表中的记录并填充到了 DataSet 中。将数据再逐行添加到年级组合框的 Items 集合内，这种处理方式并不是好的解决方案，接下来要用绑定的方式实现。

这应该如何实现呢？通过组合框绑定数据，组合框的主要属性如下。

- DataSource 属性：获取或设置数据源。
- DisplayMember 属性：获取或设置要为此 ListControl 显示的属性
- ValueMember 属性：获取或设置一个属性，该属性将用作 ListControl 中项的实际值。

在 ListBox、ComboBox 等控件上都有 ValueMember 属性和 DisplayMember 属性。这些控件一般包括两部分，一部分是可见的，如 DisplayMember 属性；另一部分是不可见的，如 ValueMember 属性。通常，DisplayMember 和 ValueMember 属性是配对使用的。DisplayMember 属性用来绑定显示的数据，如年级名称，而 ValueMember 属性则用来绑定处理程序标识，如年级编号。在访问数据库的应用程序时，一般将表的主键定义为 ValueMember 属性的值，利用主键可以在数据库表中迅速且准确地查找到相关的记录。

14.2.2 技能训练(年级数据的绑定)

【例 14-2】 在“按年级查询学生信息”窗体中,将年级记录显示在组合框中,用数据绑定的方式来实现。如图 14-2 所示。

参考步骤

通过数据绑定方式,在 ComboBox 控件中填充并显示年级记录。具体步骤如下。

(1)在“按年级查询学生信息”窗体中,拖入标签、组合框(cboGrade)和命令按钮(btnSearch)控件。按照图 14-2 所示将各个控件放置到适当的位置。

(2)修改窗体的 Load 事件处理方法。将其中 Grade 表中数据逐行添加到年级组合框的代码删掉,替换为数据绑定的方式。

程序代码

```
private void FrmSearchStudentByGrade_Load(object sender,EventArgs e)
{
    //查询用的 SQL 语句
    string sql = "SELECT * FROM Grade";

    //查询并填充数据集
    DBHelper dbHelper = new DBHelper();
    this.ds = new DataSet(); //创建数据集
    adapterGrade = new SqlDataAdapter(sql,dbHelper.Connection);
    adapterGrade.Fill(ds,"Grade");

    //向年级表的第 1 行添加数据“全部”
    DataRow row = ds.Tables["Grade"].NewRow();
    row[0] = -1;
    row[1] = "全部";
    ds.Tables["Grade"].Rows.InsertAt(row,0);

    //绑定年级数据
    this.cboGrade.DataSource = ds.Tables["Grade"];
    this.cboGrade.ValueMember = "GradeId";
    this.cboGrade.DisplayMember = "GradeName";
    cboGrade.SelectedIndex = 0;
}
```

代码分析

例 14-2 中,通过设置 DataSource 属性指定 cboGrade 的数据源是数据集中名为“Grade”的数据表,将年级表中的主键 GradeId 作为 ValueMember 属性的值,GradeName 则是 DisplayMember 属性的值。

14.3 利用 DataGridView 控件绑定数据

14.3.1 认识 DataGridView 控件

在上一章中，使用 ListView 控件来显示数据。这一章又学习了数据集 DataSet，那么如何把数据集中的数据显示在窗体上呢？这里，引入一个很强大的控件——DataGridView 控件。

DataGridView 控件在工具箱中的图标是 DataGridView，以网格的形式显示数据，同时还能完成数据的添加、删除和更改操作。为了使 DataGridView 控件能够显示数据，需要将该控件与数据集绑定起来。

DataGridView 控件能够以表格形式显示数据，可以设置为只读，也可以编辑数据。要想指定 DataGridView 显示那个表的数据，只需设置 DataSource 属性就能实现。

DataGridView 控件的主要属性如下。

- AutoGenerateColumns 属性：设置 DataGridView 是否自动创建列。
- Columns 属性：包含列的集合。
- DataSource 属性：DataGridView 的数据源。
- ReadOnly 属性：是否可以编辑单元格。

通过 Columns 属性，还可以设置 DataGridView 中每一列的属性，包括列的宽度、样式、列头的文字、是否为只读、是否冻结、对应数据表中的哪一列等，各列的主要属性如下。

- ColumnType 属性：列的类型。
- DataPropertyName 属性：绑定的数据列的名称。
- HeaderText 属性：列标题文本。
- Visible 属性：指定列是否可见。
- Frozen 属性：指定水平滚动 DataGridView 时，列是否移动。
- ReadOnly 属性：指定单元格是否为只读。

14.3.2 使用 DataGridView 控件显示数据

【例 14-3】 继续完善 MyCollege 项目，在“按年级查询学生信息”窗体中，利用 DataGridView 控件在窗体上显示学生信息。

参考步骤

1. 添加控件

在窗体中添加一个 DataGridView 控件和一个“查找”按钮，如图 14-2 所示。设置这个 DataGridView 控件的 Name 属性为 dgvStuName。

2. 设置 DataGridView 的属性和各列的属性

在 DataGridView 的 Columns 编辑器中设置列的属性，如图 14-3 所示。

每一列的 DataPropertyName 属性都设为 Student 表中相应的字段名，如学生学号对应 StudentNo，学生姓名对应 StudentName。

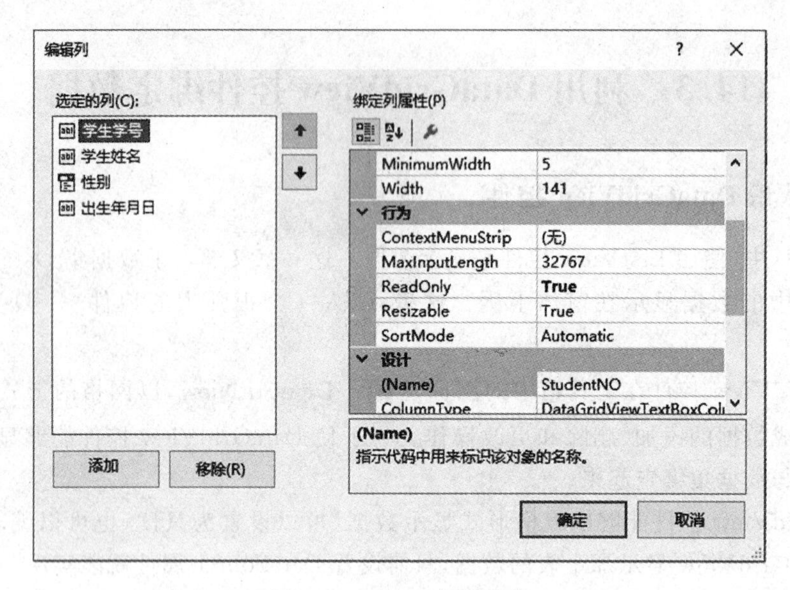

图 14-3 **Columns 编辑器**

DataGridView 每列默认的类型为 DataGridViewTextBoxColumn，通过设置列的 ColumnType 属性可以修改列的类型。例如，性别列的值为 0 或 1，可以把性别列设置为下拉列表，即将 ColumnType 属性设置为 DataGridViewComboBoxColumn。

数据表中的主键是每条记录的唯一标识，在使用 DataGridView 展示数据时，将其查询出来。当把数据保存到数据库时，程序就可以通过这个主键找到要修改的记录。但是有时这列是不需要显示在界面上的，这时可以把 visible（可见的）属性设为 False。

3. 按年级筛选学生信息

在用户选定年级，单击窗体上的“查找”按钮后，需要按年级筛选学生信息，并显示在 DataGridView 控件中。为了显示选定年级学生的信息，可以自定义方法 SearchStudent()，在这个自定义方法中，根据用户指定的年级查询相关的学生记录。

4. 绑定 DataGridView 的数据源

只要使用一行代码，设置 DataGridView 的 DataSource 属性就能绑定数据源。因此，在 SearchStudent()方法中向数据集填充数据的代码后，只需要下面的一行代码就可以为 dgvStuName 控件指定数据源的代码。

this. dgvStuName. DataSource = ds. Tables["Student"];

编写完成 SearchStudent()方法后，需要在 FrmSearchStudentByGrade 窗体的 Load 事件处理方法中，调用该方法。

例 14-3 运行后的结果如图 14-4 所示。

程序代码

```
/// <summary>
///按照用户选择的年级查询学生信息
/// </summary>
/// <returns>true:查找成功;false:查找失败</returns>
public void SearchStudent()
{
```

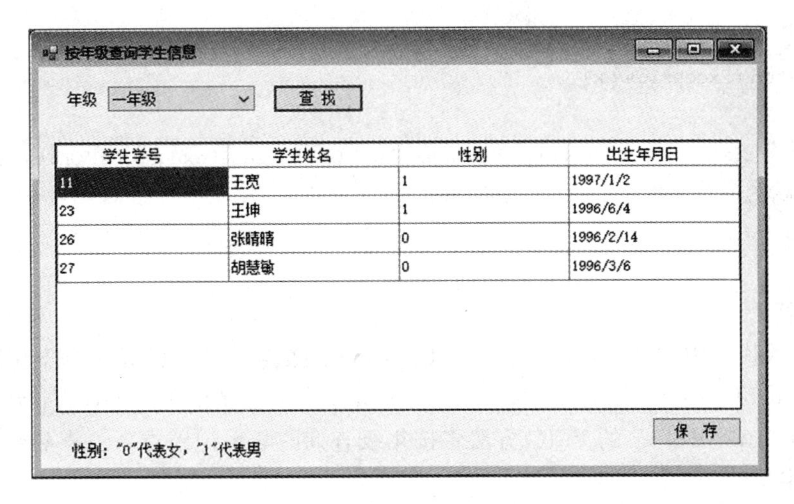

图 14-4　例 14-3 的运行结果

```
//创建数据库连接
DBHelper dbhelper = new DBHelper();
try
{
    //查询年级的 sql 语句
    StringBuilder sql = new StringBuilder("SELECT [StudentNo],
            [StudentName],[Gender],[Birthday] FROM [Student]");
    if (Convert.ToInt32(this.cboGrade.SelectedValue) ! = -1)
    {
        sql.AppendFormat(" WHERE [GradeId] = {0}",Convert.ToInt32
            (this.cboGrade.SelectedValue));
    }
    sql.Append(" ORDER BY [StudentNo]");
    //填充 DataSet
    //SqlDataAdapter adapter = new SqlDataAdapter(sql.ToString(),
            dbhelper.Connection);
    adapterStudent = new SqlDataAdapter();
    SqlCommand command = new SqlCommand(sql.ToString(),
            dbhelper.Connection);
    adapterStudent.SelectCommand = command;
    //填充前，先清空原有的数据
    if (ds.Tables["Student"] !  = null)
    {
        ds.Tables["Student"].Clear();
    }
    adapterStudent.Fill(ds,"Student");
    //绑定数据源
    this.dgvStuName.DataSource = ds.Tables["Student"];
```

```
        }
        catch (Exception ex)
        {
            MessageBox. Show ( ex. Message, CAPTION, MessageBoxButtons. OK, MessageBoxIcon.
    Warning);
        }
    }
```

程序分析

例 14-3 的代码中，判断数据集对象 ds 的 student 数据表是否已经包含学生记录。如果数据表 student 不为 null，则调用 DataTable 的 Clear()方法清除 DataGridView 中的原有数据，然后执行 DataAdapter 的 Fill()方法将按年级查询的学生记录重新填充到数据集的数据表 Student 中。

DataGridView 还有很多属性让能够控制外观。如果读者感兴趣，就在属性窗口中找一找，改一改，然后看看效果。

DataGridView 往往会按照绑定的数据源自动生成列。例如例 14-3 中，假如数据源查询的是 student 表中的全部字段，即 SQL 字符串如下。

```
//查询年级的 SQL 语句
StringBuilder sql = new StringBuilder("SELECT * From [Student] ");
//省略代码……
```

运行效果如图 14-5 所示。

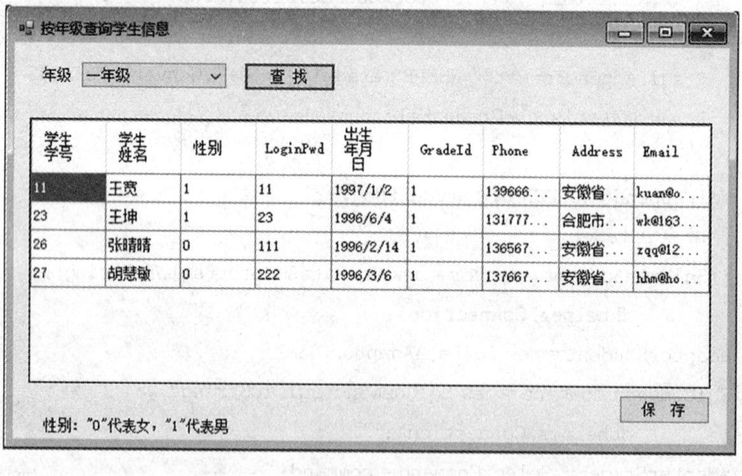

图 14-5　DataGridView 自动生成列

这时发现，DataGridview 会自动生成多余的列，列头为数据表的字段名。为了避免这种现象，只要把 DataGridview 的 AutoGeneratecolunms 设置为 false 即可。即在窗体的 Load 事件中添加以下语句：

```
this. dgvStuName. AutoGenerateColumns = false;
```

14.3.3　保存修改结果

使用 DataGridView 控件可以进行数据行的增加、删除和数据列的修改等更改操作，但需要注意的是，这些更改只是更改了数据集中的数据并没有更改实际的数据源中的数据，要想更改数据源中的数据还需调用 DataAdapter 控件的 Update 方法

这就需要使用 DataAdapter 的 Update()方法。就像查询数据需要使用查询命令一样，在更新数据时，DataAdapter 也需要有相关的命令对象。可以定义 InsertCommand、UpdateCommand 和 DeleteCommand，这些对象适用于相应提供程序的命令对象，可以将 DataSet 中所保存的更新(插入、修改、删除)数据返回给数据库。

另外，.NET 还提供了一个 SqlcommandBuilder 对象，使用自动生成需要的 SQL 命令。把数据集中更新后的数据保存到数据库，需要执行下面两个步骤。

(1)使用 SqlcommandBuilder 对象生成更新用的相关命令。

[格式]：

```
SqlCommandBuilder builder = new SqlCommandBuilder (已创建的 DataAdapter 对象);
```

创建 SqlCommandBuidler 对象时，需要将实例化的 SqlDataAdapter 作为参数传递给 SqlCommandBuidler 类的构造函数。利用 SqlCommandBuidler 对象能自动执行 InsertCommand、UpdateCommand 和 DeleteCommand 等命令对象。

(2)调用 DataAdapter 对象的 Update()方法。

[格式]：

```
DataAdapter 对象.Update (数据集对象,"数据表名称字符串");
```

Update()方法有两个参数，分别是将需要更新的数据写入数据库的 DataSet 和数据库中更新的表名称。

如果把刚才创建的 DataSet 中 Student 表的数据提交给数据库，就可以写成：

```
SqlCommandBuilder builder = new SqlCommandBuilder(dataAdapter);
dataAdapter.Update(dataSet,"Student");
```

只需要两行语句就可以达到目的，非常简单。但是，值得注意的是 SqlCommandBuilder 只操作单个表。也就是说，创建 DataAdapter 对象时，使用的 SQL 语句只能从一个表中查数据，不能进行联合查询。

【例 14-4】 继续完善 MyCollege 项目，在例 14-3 的基础上，单击“保存”按钮保存修改后的学生列表信息，将更改数据提交到数据库 。

问题分析

这个任务需要 DataAdapter 对象来完成。调用 Update()方法可以把数据集中修改过的数据提交给数据库。通过下面两步来解决这个问题。

1. 增加“保存”按钮。从工具箱中拖出一个按钮控件放在窗体的右下方。设置这个新按钮的 Name 属性为 btnSave ，设置 Text 属性为“保存”。

2. 编写事件处理方法。利用“属性”窗口生成“保存”按钮的 Click 事件处理方法，编写方法的代码，实现数据的更新。

例如，修改姓名为“王宽”的学生出生年月日，运行结果如图 14-6 所示。

为了防止误修改，在保存修改前弹出了一个对话框让用户确认，这也是一个好的编程习惯。把修改后的数据保存到数据库，只用了两行代码：自动生成更新用的命令，调用 DataAdapter 对象的 Upadate()方法。

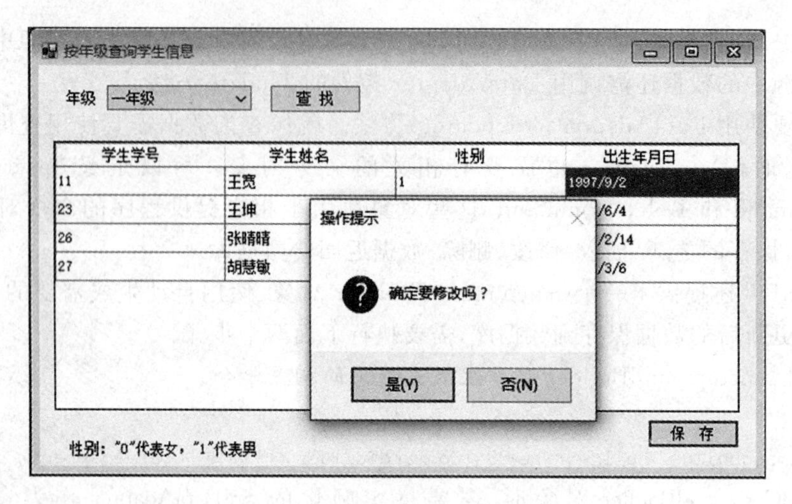

图 14-6　例 14-4 的运行结果

程序代码

```
/// <summary>
///保存按钮按下时
/// </summary>
private void btnSave_Click(object sender,EventArgs e)
{
    //确定是否修改
    DialogResult choice = MessageBox.Show("确定要修改吗?",CAPTION,
        MessageBoxButtons.YesNo,MessageBoxIcon.Question);
    if (choice == DialogResult.Yes)
    {
        //使用 SqlCommandBuilder 构建增删改的 Command 命令
        SqlCommandBuilder builder = new SqlCommandBuilder(adapterStudent);
        //更新数据
        adapterStudent.Update(ds,"Student");
    }
}
```

常见错误

1. 不使用 SqlCommandBuilder 直接调用 Update()方法。

在调用 DataAdapter 的 Update()方法前，如果没有生成用于更新的命令，将会在运行时出现异常。

2. 利用 DataGridView 显示数据集中的表时，没用列属性设置 DataPropertyName 属性，该列将不显示任何数据。

本章小结

➤ 数据集 DataSet 可以在断开数据库连接的情况下操作数据，对数据进行批量操作，结构与 SQL Server 数据库类似。

➢ 使用 DataAdapter 的 Fill()方法填充 DataSet，使用 Update()方法把 DataSet 中修改过的数据返回给数据库。

➢ 通过数据绑定的方式向 ComboBox 中填充数据。

➢ 使用 DataGridView 控件以表格的形式显示数据。

➢ DataAdapter 对象是 DataSet 对象和数据源之间联系的桥梁，主要功能是从数据源中检索数据、填充 DataSet 对象中的表、把用户对 DataSet 对象做出的更改写入到数据源。

➢ SqlCommandBuilder 只操作单个表。

习题 14

一、单项选择题

1. 为了检索数据，通常应把 DataAdapter 对象的(　　)属性设置为某个 Command 对象的名称，该 Command 对象执行 Select 语句。

   A. SelectCommand　　B. InsertCommand

   C. UpdateCommand　　D. DeleteCommand

2. 一个 DataSet 对象包括一组(　　)对象，该对象代表创建在 DataSet 中的表。

   A. DataTable　　B. DataRelation　　C. DataColumn　　D. DataRow

3. 在 ADO.NET 中，用来存放数据的对象是(　　)。

   A. Connection　　B. Command

   C. DataAdapter　　D. DataSet

4. 在下列对象中，ADO.NET 在非连接模式下处理数据内容的主要对象是(　　)。

   A. Command　　B. Connection　　C. DataAdapter　　D. DataSet

5. 在 ADO.NET 中，执行数据库的某个存储过程，则至少需要创建(　　)并设置属性，调用合适的方法。

   A. 一个 Connection 对象和一个 Command 对象

   B. 一个 Connection 对象和一个 DataSet 对象

   C. 一个 Command 对象和一个 DataSet 对象

   D. 一个 Command 对象和一个 DataAdapter 对象

6. 下面关于 DataSet 的说法错误的是(　　)。

   A. DataSet 里面可以创建多个表

   B. DataSet 中的数据存放在内存中

   C. DataSet 中的数据不能修改

   D. 在关闭数据库连接的时候，有可能继续用 DataSet 中的数据

7. 使用(　　)对象来向 DataSet 中填充数据。

   A. Connection　　B. Command　　C. DataReader　　D. DataAdapter

8. 有一个 WinForms 应用程序，在程序中已经创建了一个数据集 dataSet 和一个数据适配器 dataAdapter，现在想把数据库 Friends 表中的数据放在 dataSet 中的 MyFriends

表中，下面语句正确的是(　　)。

A. dataAdapter. Fill(dataSet,"MyFriends");

B. dataAdapter. Fill(dataSet,"Friends");

C. dataAdapter. Update(dataSet,"MyFriends");

D. dataAdapter. Update(dataSet,"Friends");

二、问答和编程题

1. 在 MyCollege 项目中，设计按照姓名模糊查询程序编写一个按照姓名模糊查询的程序，程序使用的数据仍然是数据库中的 Student 表。

2. 编写一个应用程序，允许用户输入一个日期范围，查找出生日期在该范围内的教师信息。设计在两个文本框中分别输入起始和终止日期，然后单击"查询"按钮，将从教师表中查询出所有出生日期在这两个日期之间的教师信息并显示在窗体上的 DataGridView 控件中。

第 15 章
课程项目:小型 HR 管理系统

本章工作任务

- 设计实现小型 HR 管理系统的框架和主要功能模块
- 实现考勤模块的基本功能

本章知识目标

- 了解对话框控件的基本知识
- 理解键盘事件处理
- 理解鼠标事件处理
- 深入理解 ADO.NET 数据访问技术

本章技能目标

- 掌握 OpenFileDialog 对话框的使用
- 掌握 SaveFileDialog 对话框的使用
- 掌握小型 Windows 项目的开发设计
- 熟练掌握 ADO.NET 数据访问技术

本章重点难点

- 标准对话框的使用
- 键盘事件处理
- 鼠标事件处理
- 小型 Windows 项目的开发设计

15.1 Windows 编程进阶

15.1.1 对话框控件的应用

对话框是 Windows 程序中常见的一种要素，应用程序可通过对话框向用户提示信息或接受用户输入的信息。在 C# 中，程序员可以定义对话框，也可以使用 C# 提供的通用对话框控件来和应用程序进行交互。其实在前面的章节中，通用对话框已经使用过了很多次，如前面使用的 MessageBox 就是一个通用对话框。

1. OpenFileDialog 控件

OpenFileDialog 控件又称打开文件对话框，主要用来弹出 Windows 中标准的“打开文件”对话框。该控件在工具箱中的图标为 OpenFileDialog。

OpenFileDialog 控件的常用属性如下。

Title 属性：用来获取或设置对话框标题，默认值为空字符串("")。如果标题为空字符串，则系统将使用默认标题：“打开”。

Filter 属性：用来获取或设置当前文件名筛选器字符串，该字符串决定对话框的“另存为文件类型”或“文件类型”框中出现的选择内容。对于每个筛选选项，筛选器字符串都包含筛选器说明、垂直线条(|)和筛选器模式。不同筛选选项的字符串由垂直线条隔开，例如：“文本文件 (*.txt)|*.txt|所有文件 (*.*)|*.*”。还可以通过用分号来分隔各种文件类型，可以将多个筛选器模式添加到筛选器中，例如：“图像文件(*.BMP; *.JPG; *.GIF)|*.BMP; *.JPG; *.GIF|所有文件 (*.*)|*.*”。

FilterIndex 属性：用来获取或设置文件对话框中当前选定筛选器的索引。第一个筛选器的索引为 1，默认值为 1。

FileName 属性：用来获取在打开文件对话框中选定的文件名的字符串。文件名既包含文件路径也包含扩展名。如果未选定文件，该属性将返回空字符串("")。

InitialDirectory 属性：用来获取或设置文件对话框显示的初始目录，默认值为空字符串("")。

ShowReadOnly 属性：用来获取或设置一个值，该值指示对话框是否包含只读复选框。如果对话框包含只读复选框，则属性值为 true，否则属性值为 false。默认值为 false。

ReadOnlyChecked 属性：用来获取或设置一个值，该值指示是否选定只读复选框。如果选中了只读复选框，则属性值为 true，反之，属性值为 false。默认值为 false。

Multiselect 属性：用来获取或设置一个值，该值指示对话框是否允许选择多个文件。如果对话框允许同时选定多个文件，则该属性值为 true，反之，属性值为 false。默认值为 false。

FileNames 属性：用来获取对话框中所有选定文件的文件名。每个文件名都既包含文件路径又包含文件扩展名。如果未选定文件，该方法将返回空数组。

RestoreDirectory 属性：用来获取或设置一个值，该值指示对话框在关闭前是否还原当前目录。假设用户在搜索文件的过程中更改了目录，且该属性值为 true，那么，对话框会将当前目录还原为初始值，若该属性值为 false，则不还原成初始值。默认值为 false。

OpenFileDialog 控件的常用方法有两个：OpenFile 和 ShowDialog 方法，本节只介绍 ShowDialog 方法，该方法的作用是显示通用对话框，其一般调用形式如下：通用对话框对象

名. ShowDialog();

通用对话框运行时,如果单击对话框中的“确定”按钮,则返回值为 DialogResult. OK;否则返回值为 DialogResult. Cancel。其他对话框控件均具有 ShowDialog 方法,以后不再重复介绍。

2. SaveFileDialog 控件

SaveFileDialog 控件又称保存文件对话框,主要用来弹出 Windows 中标准的“保存文件”对话框。该控件在工具箱中的图标为 SaveFileDialog。

SaveFileDialog 控件也具有 FileName、Filter、FilterIndex、InitialDirectory、Title 等属性,这些属性的作用与 OpenFileDialog 对话框控件基本一致,不再赘述。

需注意的是:上述两个对话框只返回要打开或保存的文件名,并没有真正提供打开或保存文件的功能,程序员必须编写文件打开或保存程序,才能真正实现文件的打开和保存功能。

【例 15-1】 编写一个简易文本编辑器,程序的设计界面如图 15-1 所示。程序运行时单击“打开文件”按钮,将会出现如图 15-2 所示的“打开文件”对话框。选中一个文件后单击“打开”按钮将会把选中的文件打开并显示在 RichTextBox 控件中,如图 15-3 所示。此时若单击“保存文件”按钮,将会出现如图 15-4 所示的“保存文件”对话框,在该对话框中输入要保存的文件名,然后单击“保存”按钮,打开的文件将以指定的文件名保存起来。

问题分析

可使用 OpenFileDialog 控件弹出“打开文件”对话框,使用 SaveFileDialog 控件弹出“保存文件”对话框。实际打开文件采用 RichTextBox 控件的 LoadFile 方法,实际保存文件采用 RichTextBox 的 SaveFile 方法。

图 15-1　程序设计界面

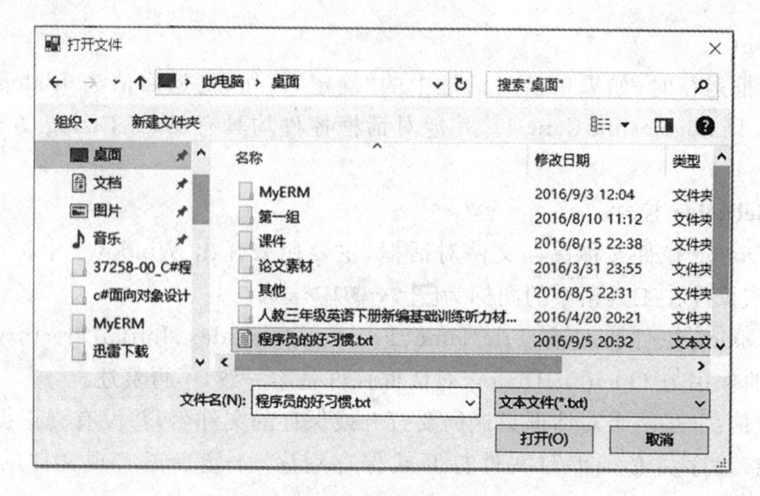

图 15-2 “打开文件”对话框

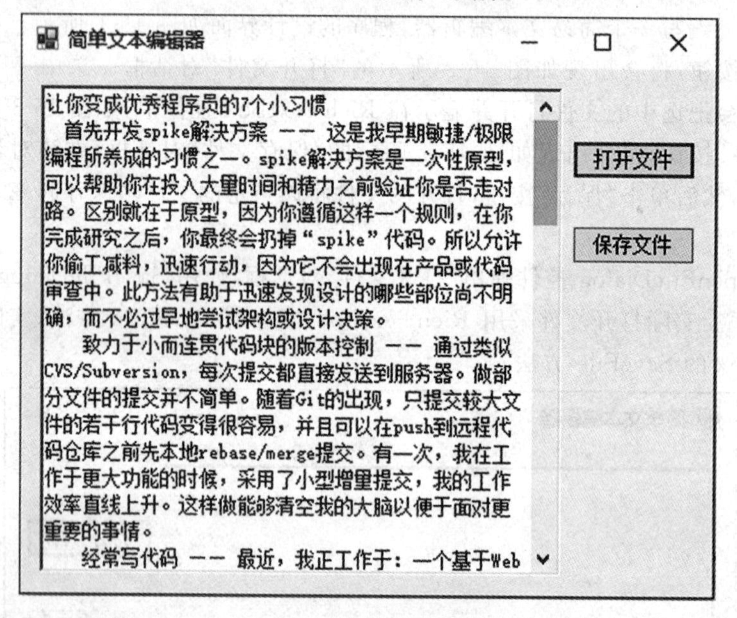

图 15-3 程序运行界面

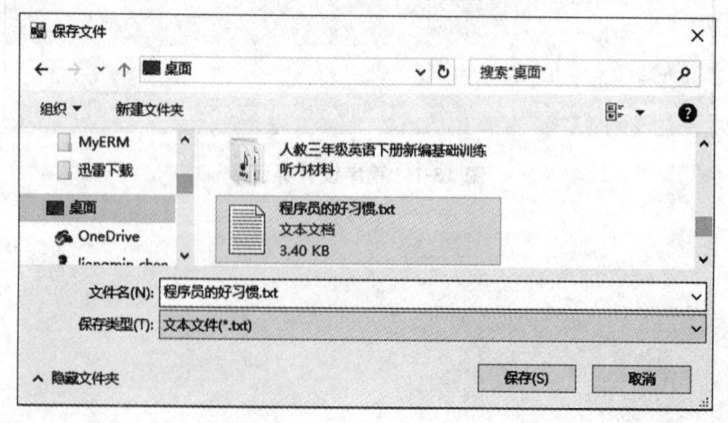

图 15-4 “保存文件”对话框

程序代码

```
//打开文件
private void btnOpen_Click(object sender,EventArgs e)
{
    string Fname;
    //设置过滤器属性
    openFileDialog1.Filter = "文本文件(*.txt)|*.txt|RTF 格式文件(*.RTF)|*.RTF";
    openFileDialog1.FilterIndex = 1;      //设置当前文件过滤器
    openFileDialog1.Title = "打开文件";      //设置对话框的标题
    //初始目录设为启动路径
    openFileDialog1.InitialDirectory = Application.StartupPath;
    openFileDialog1.RestoreDirectory = true;          //自动恢复初始目录
    openFileDialog1.ShowDialog();                     //弹出打开文件对话框
    Fname = openFileDialog1.FileName;                 //获取打开的文件名
    if (Fname != "")                                  //如果选择了文件
    {
        if (openFileDialog1.FilterIndex == 1)         //如果是文本文件
        //文本文件
        richTextBox1.LoadFile(Fname,RichTextBoxStreamType.PlainText);
        else //RTF 文件
            richTextBox1.LoadFile(Fname,RichTextBoxStreamType.RichText);
    }
}
//保存文件
private void btnSave_Click(object sender,EventArgs e)
{
    string Fname;
    //设置过滤器属性
    saveFileDialog1.Filter = "文本文件(*.txt)|*.txt|RTF 格式文件(*.RTF)|*.RTF";
    saveFileDialog1.FilterIndex = 1;      //设置当前文件过滤器
    saveFileDialog1.Title = "保存文件";  //设置对话框的标题
    saveFileDialog1.InitialDirectory = Application.StartupPath;   //初始目录设为启动
路径
    saveFileDialog1.RestoreDirectory = true;        //自动恢复初始目录
    saveFileDialog1.ShowDialog();         //弹出另存为对话框
    Fname = saveFileDialog1.FileName;      //获取保存的文件名
    if (Fname != "")            //如果输入了文件名
    {
        if (openFileDialog1.FilterIndex == 1) //如果是文本文件
            //文本文件
            richTextBox1.SaveFile(Fname,RichTextBoxStreamType.PlainText);
```

```
            else
            //RTF 文件
            richTextBox1.SaveFile(Fname,RichTextBoxStreamType.RichText);
        }
    }
```

15.1.2 键盘事件处理

键盘事件在用户按下键盘上的键时发生，可分为两类。第一类是 KeyPress 事件，当按下的键表示的是一个 ASCII 字符时就会触发这类事件，可通过 KeyPressEventArgs 类型参数的属性 KeyChar 来确定按下键的 ASCII 码。使用 KeyPress 事件无法判断是否按下了修改键(例如 Shift、Alt 和 Ctrl 键)，为了判断这些动作，就要处理 KeyUp 或 KeyDown 事件，这些事件组成了第二类键盘事件。该类事件有一个 KeyEventArgs 类型的参数，通过该参数可以测试是否按下了一些修改键、功能键等特殊按键信息。

1. KeyPressEventArgs 类的主要属性(KeyPress 事件的一个参数类型)

• Handled 属性：用来获取或设置一个值，该值指示是否处理过 KeyPress 事件。

• KeyChar 属性：用来获取按下的键对应的字符，通常是该键的 ASCII 码。

2. KeyEventArgs 类的主要属性(KeyUp 和 KeyDown 事件的一个参数)

• Alt 属性：用来获取一个值，该值指示是否曾按下 Alt 键。

• Control 属性：用来获取一个值，该值指示是否曾按下 Ctrl 键。

• Shift 属性：用来获取一个值，该值指示是否曾按下 Shift 键。

• Handled 属性：用来获取或设置一个值，该值指示是否处理过此事件。

• KeyCode 属性：以 Keys 枚举型值返回键盘键的键码，该属性不包含修改键(Alt、Control 和 Shift 键)信息，用于测试指键盘键。

• KeyData 属性：以 Keys 枚举类型值返回键盘键的键码，并包含修改键信息，用于判断关于按下键盘键的所有信息。

• KeyValue 属性：以整数形式返回键码，而不是 Keys 枚举类型值。用于获得所按下键盘键的数字表示。

• Modifiers 属性：以 Keys 枚举类型值返回所有按下的修改键(Alt、Control 和 Shift 键)，仅用于判断修改键信息。

【例 15-2】 编写一个程序用来演示键盘事件，程序运行时在一个标签上显示按下的键，在另一个标签上显示修改键信息。当按下 Enter 键时程序的运行界面分别如图 15-5 所示。

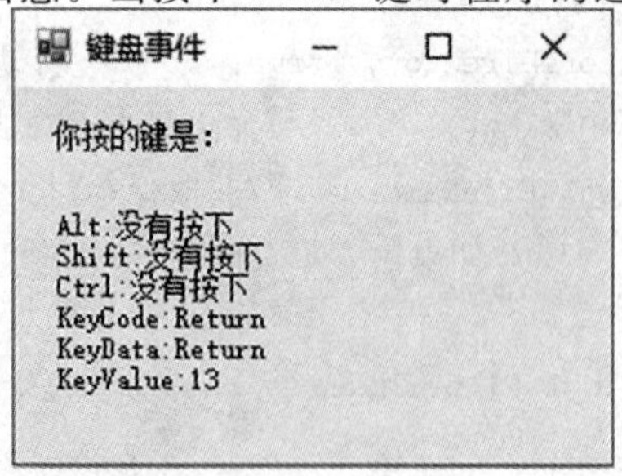

图 15-5 按下 Enter 键

问题分析

可在 KeyPress 事件中得到按下键的键盘码，在 KeyDown 事件中得到所有的按键信息，在 KeyUp 事件中把两个标签中的内容清空。

程序代码

```
private void Form1_KeyDown(object sender,KeyEventArgs e)
{
    label2.Text =
    "Alt:" + (e.Alt ? "按下" : "没有按下") + '\n' +
    "Shift:" + (e.Shift ? "按下" : "没有按下") + '\n' +
    "Ctrl:" + (e.Control ? "按下" : "没有按下") + '\n' +
    "KeyCode:" + e.KeyCode + '\n' +
    "KeyData:" + e.KeyData + '\n' +
    "KeyValue:" + e.KeyValue;       //显示按键的所有信息
}
private void Form1_KeyPress(object sender,KeyPressEventArgs e)
{
    label1.Text = "你按的键是:" + e.KeyChar;       //显示键盘码
}
private void Form1_KeyUp(object sender,KeyEventArgs e)
{
    label1.Text = ""; label2.Text = "";       //清除标签内容
}
```

15.1.3　鼠标事件处理

对鼠标操作的处理是应用程序的重要功能之一，在 Visual C# 中有一些与鼠标操作相关的事件，可以方便地进行与鼠标有关的编程。

1. MouseEnter 事件：在鼠标指针进入控件时发生。

2. MouseMove 事件：在鼠标指针移到控件上时发生。事件处理程序接收一个 MouseEventArgs 类型的参数，该参数包含与此事件相关的数据。该参数的主要属性及其含义如下。

• Button 属性：用来获取曾按下的是哪个鼠标按钮。该属性是 MouseButtons 枚举型的值，取值及含义如下：Left（按下鼠标左按钮）、Middle（按下鼠标中按钮）、Right（按下鼠标右按钮）、None（没有按下鼠标按钮）、XButton1（按下了第一个 XButton 按钮，仅用于 Microsoft 智能鼠标浏览器）和 XButton2（按下了第二个 XButton 按钮，仅用于 Microsoft 智能鼠标浏览器）。

• Clicks 属性：用来获取按下并释放鼠标按钮的次数。

• Delta 属性：用来获取鼠标轮已转动的制动器数的有符号计数。制动器是鼠标轮的一个凹口。

• X 属性：用来获取鼠标所在位置的 x 坐标。

• Y 属性：用来获取鼠标所在位置的 y 坐标。

3. MouseHover 事件：当鼠标指针悬停在控件上时将发生该事件。

4. MouseDown 事件：当鼠标指针位于控件上并按下鼠标键时将发生该事件。事件处理程序也接收一个 MouseEventArgs 类型的参数。

5. MouseWheel 事件：在移动鼠标轮并且控件有焦点时将发生该事件。该事件的事件处理程序接收一个 MouseEventArgs 类型的参数

6. MouseUp 事件：当鼠标指针在控件上并释放鼠标键时将发生该事件。事件处理程序也接收一个 MouseEventArgs 类型的参数。

7. MouseLeave 事件：在鼠标指针离开控件时将发生该事件。

15.2 小型 HR 管理系统

15.2.1 项目需求简述

这是一款比较简单的小型 HR 系统，本章主要实现了考勤信息的修改、添加、删除和条件查询等功能。其他功能感兴趣的同学们可以在此基础上进一步扩展。

本项目开发环境为 Visual Studio 2013，数据库为 SQL Server 2008，参考代码中默认数据库连接字符串在 DBHelper. cs 代码文件中修改。

本项目设计目的是为了巩固前一段学习的 Windows 应用程序开发和 ADO.NET 技术，提高学生的软件设计能力和编程能力，为以后参加实际应用软件开发奠定基础。

该系统的主要功能模块“考勤信息查询”“添加考勤信息”和“维护考勤信息”运行效果分别如图 15-6、15-7 和 15-8 所示所示。

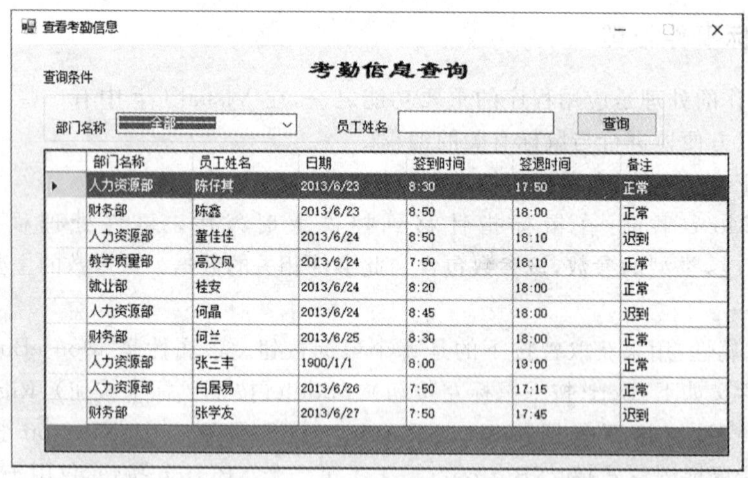

图 15-6 “考勤信息查询”效果图

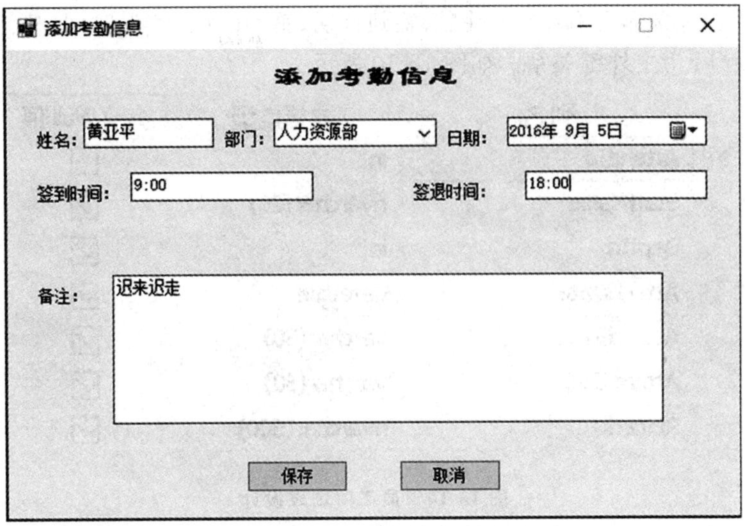

图 15-7　“添加考勤信息”效果图

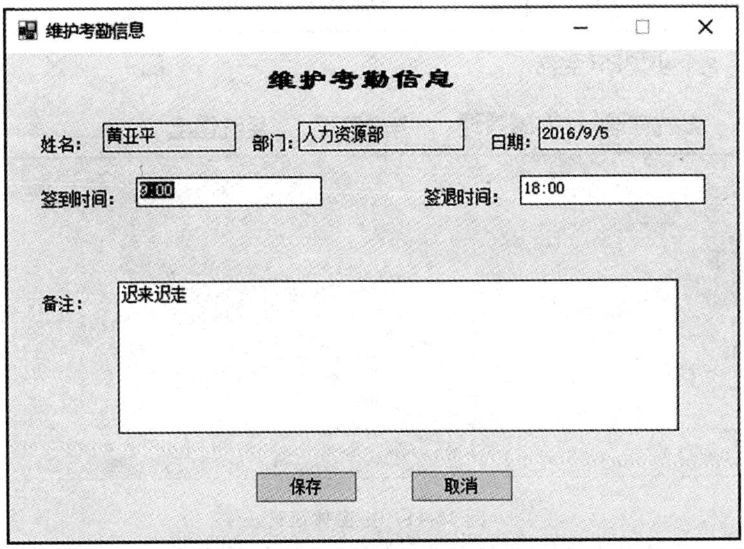

图 15-8　“维护考勤信息”效果图

15.2.2　系统设计

1. 数据库设计

考勤管理模块主要包含两张数据表。

部门表,包含部门 ID 和部门名称。如图 15-9 所示。

列名	数据类型	允许 Null 值
DeptId	int	☐
DeptName	nvarchar(50)	☑

图 15-9　部门表设计

员工考勤表,包含部门 ID、员工姓名、签到日期、签到时间、签退时间、备注以及主键列。和部门表的 DepId 为主外键关系。如图 15-10 所示。

	列名	数据类型	允许 Null 值
▶🔑	AttendId	int	☐
	StaffName	nvarchar(20)	☑
	DeptId	int	☑
	AttendDate	datetime	☑
	AttendIn	varchar(50)	☑
	AttendOut	varchar(50)	☑
	Remark	nvarchar(500)	☑

图 15-10　员工考勤表设计

2. 用户界面设计

系统主窗体如图 15-11 所示,在窗体上添加菜单和菜单项。

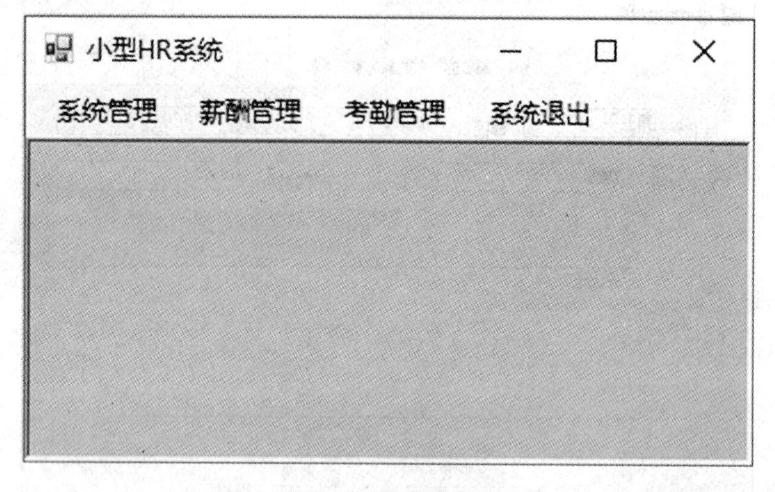

图 15-11　主窗体设计

"考勤信息查询"窗体、"添加考勤信息"窗体和"维护考勤信息"窗体的用户界面设计如图 15-6、15-7 和 15-8 所示。

3. "添加考勤信息"模块的设计。参考代码如下。

```
//窗体载入时绑定部门显示
private void frmAddAttendence_Load(object sender,EventArgs e)
{
    try
    {
        string sql = "select * from department";
        cmd = new SqlCommand(sql,DBHelper.Connection);
        DBHelper.OpenConnection();
        deptAdapter = new SqlDataAdapter(cmd);
        deptDataSet = new DataSet();
```

```
            deptAdapter.Fill(deptDataSet,"Department");

            DataRow row = deptDataSet.Tables["Department"].NewRow();
            row[0] = -1;
            row[1] = "-----请选择------";
            deptDataSet.Tables["Department"].Rows.InsertAt(row,0);
            this.cmBoxDept.DataSource = deptDataSet.Tables["Department"];
            this.cmBoxDept.ValueMember = "deptId";
            this.cmBoxDept.DisplayMember = "deptName";
        }
        catch (Exception ex)
        {
            Console.WriteLine(ex.Message);
        }
        finally
        {
            DBHelper.CloseConnection();
        }
    }
    //表单验证方法
    private Boolean validateForm()
    {
        if (this.txtBoxName.Text.Trim().Length == 0)
        {
            MessageBox.Show("姓名不能为空!");
            return false;
        }
        if (Convert.ToInt32(this.cmBoxDept.SelectedValue) == -1)
        {
            MessageBox.Show("请选择部门!");
            return false;
        }
        if (this.txtBoxAttendIn.Text.Trim().Length == 0)
        {
            MessageBox.Show("签到时间不能为空!");
            return false;
        }
        if (this.txtBoxAttendOut.Text.Trim().Length == 0)
        {
            MessageBox.Show("签退时间不能为空!");
            return false;
```

```
        }
        return true;
    }
    //添加考勤信息
    private void btSave_Click(object sender,EventArgs e)
    {
        string staffName = "";
        int deptId = -1;
        string attendDate = "";
        string attendIn = "";
        string attendOut = "";
        string remark = "";

        if (!validateForm())
        {
            MessageBox.Show("表单验证失败!");
        }
        else
        {
            staffName = this.txtBoxName.Text.Trim();
            deptId = Convert.ToInt32(this.cmBoxDept.SelectedValue);
            attendIn = this.txtBoxAttendIn.Text.Trim();
            attendOut = this.txtBoxAttendOut.Text.Trim();
            attendDate = this.dtPickerAttendDate.Value.ToShortDateString();
            remark = this.txtBoxRemark.Text.Trim();
            string sql = "insert into Attendence values('" + staffName + "'," + deptId + ",'"
                + attendDate + "','" + attendIn + "','" + attendOut + "','" + remark + "')";
            try
            {
                cmd = new SqlCommand(sql,DBHelper.Connection);
                DBHelper.OpenConnection();
                int result = cmd.ExecuteNonQuery();
                if (result > 0)
                {
                    MessageBox.Show("保存成功!");
                    this.Close();
                }
                else
                {
                    MessageBox.Show("保存失败!");
                    this.Close();
```

```
                }
            }
            catch (Exception ex)
            {
                Console.WriteLine(ex.Message);
            }
            finally
            {
                DBHelper.CloseConnection();
            }
        }
    }
```

4. “考勤信息查询”模块的设计。参考代码如下。

```
public partial class frmQueryAttendence:Form
{
    private SqlCommand cmd;
    private SqlDataAdapter deptAdapter;
    private SqlDataAdapter attendenceAdapter;
    private DataSet deptDataSet;
    private DataSet attendenceDataSet;
    public frmQueryAttendence()
    {
        InitializeComponent();
    }
    //窗体加载事件
    private void frmQueryAttendence_Load(object sender,EventArgs e)
    {
        try
        {
            string sqlDept = "select * from Department";
            string sqlAttend = " select AttendId, StaffName, d. DeptName, AttendDate,
AttendIn,AttendOut,Remark from Attendence a,Department d where a. deptId = d. deptId";
            cmd = new SqlCommand(sqlDept,DBHelper.Connection);
            deptAdapter = new SqlDataAdapter(cmd);
            cmd = new SqlCommand(sqlAttend,DBHelper.Connection);
            attendenceAdapter = new SqlDataAdapter(cmd);
            DBHelper.OpenConnection();
            deptDataSet = new DataSet();
            //绑定 deptComBox
            deptAdapter.Fill(deptDataSet,"Department");
            DataRow row = deptDataSet.Tables["Department"].NewRow();
```

```
            row[0] = 0;
            row[1] = "-----全部------";
            deptDataSet.Tables["Department"].Rows.InsertAt(row,0);
            this.cmBoxDept.DataSource = deptDataSet.Tables["Department"];
            this.cmBoxDept.ValueMember = "deptId";
            this.cmBoxDept.DisplayMember = "deptName";
            //绑定 dgvAttendence
            attendenceDataSet = new DataSet();
            attendenceAdapter.Fill(attendenceDataSet,"Attendence");
            this.dgvAttendence.DataSource = attendenceDataSet.Tables["Attendence"];
        }
        catch (Exception ex)
        {
            Console.WriteLine(ex.Message);
        }
        finally
        {
            DBHelper.CloseConnection();
        }
    }
    //模糊查询考勤信息
    private void queryAttendence()
    {
        int deptId = -1;
        string employeeName = "";
        string sql = "";
        try
        {
            deptId = Convert.ToInt32(this.cmBoxDept.SelectedValue);
            employeeName = this.txtBoxEmployeeName.Text.Trim();
            //MessageBox.Show("部门编号:" + deptId + " 姓名:" + employeeName);
            if (deptId == 0)//查询全部部门考勤信息
            {
                //查询所有的考勤信息
                if (employeeName == null || employeeName.Equals("") ||
                    employeeName.Equals(String.Empty))
                {
                    sql = "select AttendId,StaffName,d.DeptName,AttendDate,
                        AttendIn,AttendOut,Remark from Attendence a,
                            Department d where a.deptId = d.deptId";
                }
```

```
        else //按照姓名模糊查找所有部门的考勤信息
        {
            sql = "select AttendId,StaffName,d.DeptName,AttendDate,
                AttendIn,AttendOut,Remark from Attendence a,Department
                d where a.deptId = d.deptId and a.StaffName like '" +
                    employeeName + " %'";
        }
    }
    else //查找指定部门的考勤信息
    {
        //查询指定部门的所有考勤信息
        if (employeeName == null || employeeName.Equals("") ||
            employeeName.Equals(String.Empty))
        {
            sql = "select AttendId,StaffName,d.DeptName,AttendDate,
                AttendIn,AttendOut,Remark from Attendence a,
                    Department d where a.deptId = d.deptId and a.DeptId = "
                        + deptId;
        }
        else //查找指定部门的且按照姓名模糊查找所有部门的考勤信息
        {
            sql = "select AttendId,StaffName,d.DeptName,AttendDate,
                AttendIn,AttendOut,Remark from Attendence a,
                Department d where a.deptId = d.deptId and a.StaffName
                like '" + employeeName + " %'and a.DeptId = " + deptId;
        }
    }
    //清空原有数据集
    attendenceDataSet.Clear();
    cmd = new SqlCommand(sql,DBHelper.Connection);
    DBHelper.OpenConnection();
    attendenceAdapter = new SqlDataAdapter(cmd);
    attendenceAdapter.Fill(attendenceDataSet,"Attendence");
    this.dgvAttendence.DataSource = attendenceDataSet.Tables["Attendence"];
}
catch (Exception ex)
{
    Console.WriteLine(ex.Message);
}
finally
{
```

```
                DBHelper.CloseConnection();
            }
        }
        private void btSearch_Click(object sender,EventArgs e)
        {
            queryAttendence();
        }
        private void ToolStripMenuItem_Click(object sender,EventArgs e)
        {
            int attendId = Convert.ToInt32(
    this.dgvAttendence.SelectedRows[0].Cells[0].Value);
            //MessageBox.Show("考勤编号:" + attendId);
            frmModifyAttendence frmModifyAttendence = new
    frmModifyAttendence(attendId);
            frmModifyAttendence.ShowDialog();
            queryAttendence();
        }
        private voidToolStripMenuItem_Click(object sender,EventArgs e)
        {
            DialogResult result = MessageBox.Show("确定要删除吗?","提示",
                MessageBoxButtons.OKCancel,MessageBoxIcon.Information);
            if (result == DialogResult.OK)
            {
                try
                {
                    int attendId = Convert.ToInt32
                        (this.dgvAttendence.SelectedRows[0].Cells[0].Value);
                    string sql = "delete from Attendence where AttendId = " + attendId;
                    cmd = new SqlCommand(sql,DBHelper.Connection);
                    DBHelper.OpenConnection();
                    int num = cmd.ExecuteNonQuery();
                    if (num > 0)
                    {
                        MessageBox.Show("删除成功!");
                    }
                    else
                    {
                        MessageBox.Show("删除失败!");
                    }
                    //刷新数据
                    queryAttendence();
```

```
            }
            catch (Exception ex)
            {
                Console.WriteLine(ex.Message);
            }
            finally
            {
                DBHelper.CloseConnection();
            }
        }
    }}
```

5. “维护考勤信息”模块的设计。参考代码如下。

```
public partial class frmModifyAttendence:Form
{
    private int attendId;//考勤编号
    private Attendence attendence = new Attendence();//考勤信息对象
    private SqlCommand cmd;
    private SqlDataReader reader;
    public frmModifyAttendence()
    {
        InitializeComponent();
    }
    public frmModifyAttendence(int attendId)
    {
        InitializeComponent();
        this.attendId = attendId;
    }
    //初始化方法
    private void init()
    {
        try
        {
            string sql = "select AttendId,StaffName,a.DeptId,d.DeptName,AttendDate,
            AttendIn,AttendOut,Remark from Attendence a,Department d
            where a.deptId = d.deptId and a.AttendId = " + this.attendId;
            cmd = new SqlCommand(sql,DBHelper.Connection);
            DBHelper.OpenConnection();
            reader = cmd.ExecuteReader();
            if (reader.HasRows)
            {
                if (reader.Read())
```

```
                {
                    attendence.attendId = Convert.ToInt32(reader["AttendId"]);
                    attendence.staffName = reader["StaffName"].ToString();
                    attendence.deptId = Convert.ToInt32(reader["DeptId"]);
                    attendence.deptName = reader["DeptName"].ToString();
                    attendence.attendDate =
                        Convert.ToDateTime(reader["AttendDate"]);
                    attendence.attendIn = reader["AttendIn"].ToString();
                    attendence.attendOut = reader["AttendOut"].ToString();
                    attendence.remark = reader["Remark"].ToString();
                }
            }
        }
        catch (Exception ex)
        {
            Console.WriteLine(ex.Message);
        }
        finally
        {
            DBHelper.CloseConnection();
        }
    }
    //窗口加载方法
    private void frmModifyAttendence_Load(object sender,EventArgs e)
    {
        init();//调用初始化方法
        this.txtBoxName.Text = attendence.staffName;
        this.txtBoxDeptName.Text = attendence.deptName;
        this.txtBoxAttendDate.Text = attendence.attendDate.ToShortDateString();
        this.txtBoxAttendIn.Text = attendence.attendIn;
        this.txtBoxAttendOut.Text = attendence.attendOut;
        this.txtBoxRemark.Text = attendence.remark;
    }
    //取消方法
    private void btCancel_Click(object sender,EventArgs e)
    {
        this.Close();
    }
    //保存方法
    private void btSave_Click(object sender,EventArgs e)
    {
```

```
            attendence.attendIn = this.txtBoxAttendIn.Text.Trim();
            attendence.attendOut = this.txtBoxAttendOut.Text.Trim();
            attendence.remark = this.txtBoxRemark.Text.Trim();
            try
            {
                string sql = "update Attendence set AttendIn = '" + attendence.attendIn + "',
                AttendOut = '" + attendence.attendOut + "',Remark = '" + attendence.remark
                + "' where AttendId = " + this.attendId;
                cmd = new SqlCommand(sql,DBHelper.Connection);
                DBHelper.OpenConnection();
                int result = cmd.ExecuteNonQuery();
                if (result > 0)
                {
                    MessageBox.Show("修改成功!");
                }
                else
                {
                    MessageBox.Show("修改失败!");
                }
                this.Close();
            }
            catch (Exception ex)
            {
                Console.WriteLine(ex.Message);
            }
            finally
            {
                DBHelper.CloseConnection();
            }
        }
    }
```

本章小结

➢ OpenFileDialog 控件又称打开文件对话框，主要用来弹出 Windows 中标准的“打开文件”对话框。

➢ SaveFileDialog 控件又称保存文件对话框，主要用来弹出 Windows 中标准的“保存文件”对话框。

➢ 键盘的 KeyUp 或 KeyDown 事件有一个 KeyEventArgs 类型的参数，通过该参数可以测试是否按下了一些修改键、功能键等特殊按键信息。

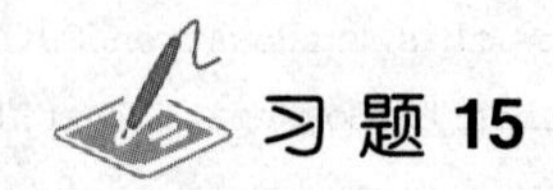

习题 15

一、单项选择题

1. 已知 OpenFileDialog 控件的 Filter 属性值为“文本文件(*.txt)| *.txt|图形文件(*.BMP; *.JPG)| *.BMP; *.JPG|RTF 文件(*.RTF)| *.RTF”,若希望程序运行时,打开对话框的文件过滤器中显示的文件类型为“RTF 文件(*.RTF)”,应把 FilterIndex 属性值设置为(　　)。

A. 2　　B. 3　　C. 4　　D. 5

2. 在下列的(　　)事件中,可以获取用户按下的键的 ASCII 码。

A. KeyPress　　B. KeyUp　　C. KeyDown　　D. MouseEnter

二、问答和编程题

1. 试简述 System. IO 命名空间的功能,并列举三个 System. IO 命名空间成员。
2. 根据所学知识,设计并完成系统的薪酬管理模块。

第 16 章
深入理解类与对象

本章工作任务

- 创建 MyERM 项目,完善 SE 类和 PM 类
- 使用面向对象编程,模拟顾客点餐

本章知识目标

- 理解.NET 框架的特性
- 理解.NET 框架的组成及其基本的工作原理
- 理解类之间的通信
- 理解类的构造函数和析构函数
- 理解类的静态成员和实例成员
- 理解方法的重载

本章技能目标

- 体验框架类库的强大功能
- 会阅读 MSDN 文档
- 理解并使用类的构造函数
- 掌握方法重载

本章重点难点

- 构造函数和析构函数
- 类的静态成员和实例成员
- 方法重载的编程实现
- 对象之间的交互

16.1 .NET 框架体系

通过之前课程的学习，已经具备了一定的.NET 开发经验，对 NET 平台有了一定的认识。NET 作为一个极具战略意义的平台，由哪些部分组成？有哪些特性？本章重点讲解这些内容。从本章开始，将对.NET 平台有一个更全面、更系统和更深入的认识。

16.1.1 Microsoft.NET 概述

Microsoft.NET 起源于 2000 年，微软向全球提供其革命性的软件和服务平台，这对于消费者、企业和软件开发商来说，预示着个人将获得更大的能力和充满更多的商业机会的新时代的到来。Microsoft.NET 平台利用以互联网为基础的计算和通信激增的特点，通过先进的软件技术和众多的智能设备，从而提供更简单、更为个性化、更有效的互联网服务。.NET对于用户来说非常重要，因为计算机的功能将会得到大幅度的提升，同时计算机的操作也会变得简单。更为重要的是，用户将完全摆脱人为硬件束缚，用户可以自由的访问、查看和使用互联网上的数据，而不是束缚在 PC 的方寸空间。可以通过任何桌面系统、便携式计算机以及移动电话或者其他智能设备访问。.NET 的战略目标是在任何时候（when）、任何地方（where）、使用任何工具（what）都能通过.NET 的服务获得网络上的任何信息，享受网络带给人们的便捷与快乐，如图 16-1 所示。

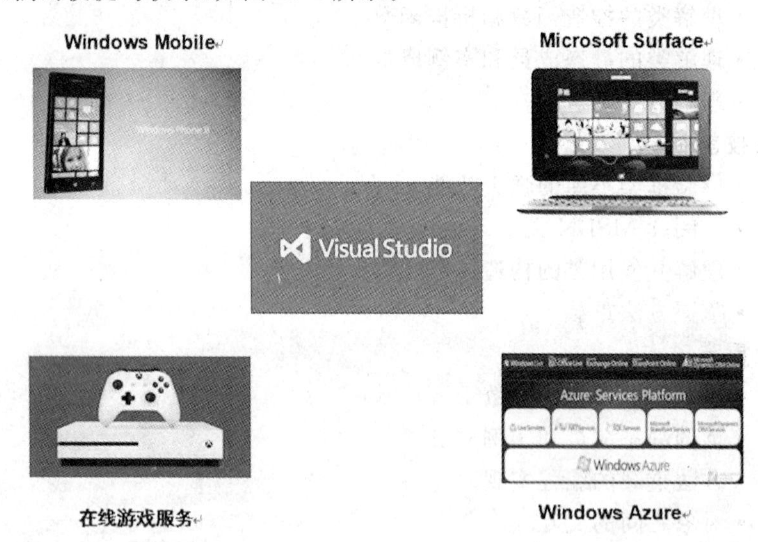

图 16-1 .NET 战略

.NET Framework 随后发布，它是开发 NET 应用程序的核心基础。到编写书稿日期为止，.NET 框架经历了 1.0、1.1、2.0、3.0、3.5、4.0、4.5 和 4.6 六个版本，本书中采用的是4.0 以上的版本。

为支持在.NET Framework 上开发，微软发布了世界级开发工具 Visual Studio.NET，目前最新版本是 Visual Studio 2015 。Visual Studio 和.NET 框架配合，能够方便快捷地开发出多种.NET 应用程序，还可以进行测试、版本控制、Team 开发和部署等。本书中将采用广泛使用的 Visual Studio 2013 进行开发。

16.1.2 .NET 框架的魅力

了解了 NET 框架的来历，那么有哪些过人之处呢？下面来一一介绍。

• 提供了一个面向对象的编程环境，完全支持面向对象编程。提高软件的可复用性、可扩展性、可维护性和灵活性，这些特点需要我们在今后的学习中慢慢体会。

• 对 Web 应用的强大支持。如今是互联网的时代，大量的网络应用程序发挥着重要的作用。例如世界上最大的 PC 供应商戴尔（DELL），销售手段是网络订购方式，其网站是 www.dell.com，官方网站就是由.NET 开发的。面对如此庞大的用户群体的访问，仍旧能够保证高效率，这与.NET 平台的强大功能与稳定性是分不开的。

• 对 Web Service（Web 服务）的支持。Web Service 是.NET 非常重要的内容，可以实现不同应用程序之间相互通信。国内最大的网上第三方支付平台——支付宝，就支持 Web Service 功能。

• 实现 SOA（实现面向服务架构），支持云计算。SOA 是一个重要的架构范例，支持中间层解决方案的模块化实现，而.NET 就提供了对 SOA 实现的支持。同时，.NET 也提供了对云计算的支持，Windows Azure 就是一个构建在微软数据中心内提供云计算的应用平台。如图 16-2 所示。

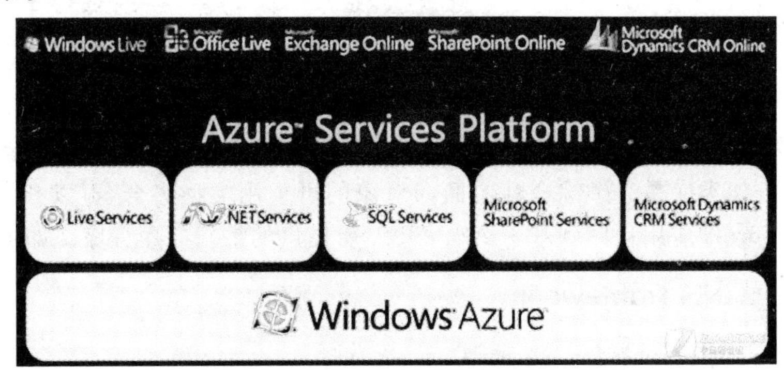

图 16-2 Windows Azure

• 支持构建.NET 程序的炫彩外衣。随着科技的发展，人们越来越多地使用计算机软件进行信息化办公，也越来越重视良好的用户体验和视觉数果，如苹果公司 Mac 操作系统的 3D 效果带给人的视觉冲击非常强烈。现在.NET 提供 WPF 技术帮助开发人员创建良好的 3D 效果。WPF 提供了丰富的.NET UI 框架，集成了矢量图形和丰富的流动文字支持。在其帮助下，程序员可以开发出很炫很酷的视觉效果。

• 支持通用 Windows 平台应用（UWP）开发，可以多平台自适应。面向 UWP 的应用不仅可以调用对所有设备均通用的 WinRT API，还可以调用特定于要运行应用的设备系列的 API（包括 Win32 和.NET API）。

• 支持跨平台开发。常听说："Java 是一个跨平台的语言，而.NET 是一个跨语言的平台"。事实上，通过开源项目 Mono，在 Linux 上也可以运行.NET 应用程序。

16.1.3 .NET 框架体系结构

1. .NET 框架结构

了解了.NET Framework 的强大功能和魅力之后，一定想问：.NET Framework 是由哪几部分组成的？工作原理是怎样的？

.NET 框架运行在操作系统之上，是.NET 最基础的框架。提供了创建、部署和运行.NET应用的环境，主要包含 CLR(公共语言运行时)和 FCL(框架类库)，并且支持多种开发语言。如图 16-3 所示。.NET 框架可以安装在 windows 操作系统上，支持 C＃.VB.NET，C＋＋.NET等开发语言，也就是所说的跨语言开发。

图 16-3 .NET 框架核心结构

.NET 框架具有两个主要组件：公共语言运行时和框架类库。公共语言运行时是.NET 框架的基础。框架类库是一个综合性的面向对象的可重用类型集合，可以开发包括传统命令行或者 WinForms 应用程序到基于 ASP.NET 所提供的最新应用程序。如图 16-4 所示。

图 16-4 .NET 主要组件

随着.NET Framework 版本的不断升级，框架功能不断完善，提供的新功能、新技术越来越多。如图 1.7 所示为.NET Framework 各个版本的关系和主要技术。

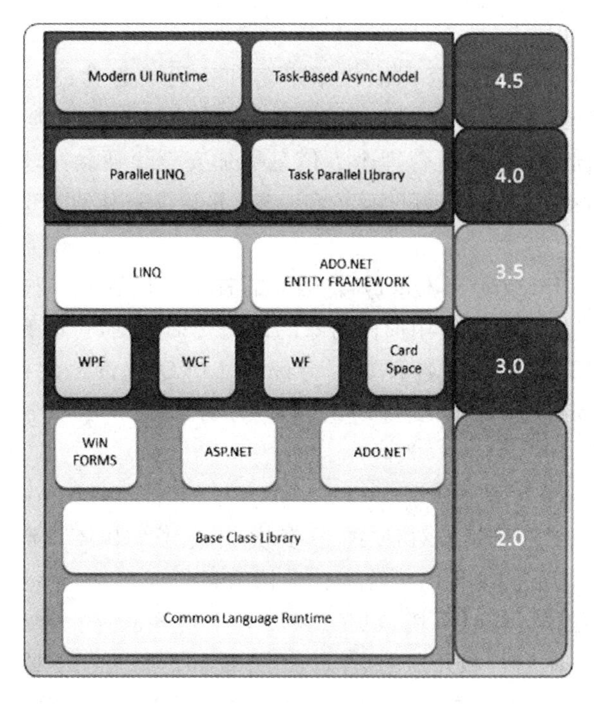

图 16-5　NET Framework 各个版本的关系和主要技术

从图 16-5 可以看出,.NET Framework 3.0 之前的版本提供 ASP.NET Web 应用开发、WinForms 窗体应用程序开发和 Web Service 开发等基本功能。从.NET Framework 3.0 开始又引入了很多激动人心的新特性,这里简要介绍一下。

(1) WPF

WPF (Windows Presentation Foundation)是微软 Vista 操作系统的核心开发库之一,不仅仅是一个图形引擎,而且给 Windows 应用程序的开发带来了一次革命。对于普通用户而言,最直观的感受是界面越来越漂亮,用户体验更加友好;但对于开发人员而言,界面显示和程序代码将更好地得到分离,这与以前的桌面应用开发有很多不同。WPF 提供了一种一致的方案来构建编程模型,一个开发出来的 WPF 程序不仅可以被发行到桌面,而且还可以发行到 Web 及智能设备上。Vista 操作系统很酷的界面以及 Silverlight 都是通过 WPF 来实现的。

(2) WCF

WCF(Windows Communication Foundation),多数应用程序需要和其他的应用程序进行通信。在 NET Framework 3.0 之前,可以选择 Web 服务、.NET Remoting 等。这些技术都有自身的价值,在实际应用中也有着各自的地位。可是,既然问题都是一样的,为什么要采用多种不同的解决方案呢?这正是 WCF 的设计初衷。WCF 把 Web 服务、.NET Remoting 等技术统一到单个面向服务的编程模型中,以实现真正的分布式计算。

(3) WF

WF(Windows Workflow Foundation),举个例子,在淘宝网上购物,先下订单→确认订单→厂商发货→客户付款→交易完成,这就是一个简单的工作流 (Workflow) 。WF 是一个广泛通用的工作流框架,并且从下到上在每个级别都针对扩展性进行了设计。

(4)Windows CardSpace

Windows CardSpace 是微软公司取代用户名和密码成为验证网络使用者身份的新方法。简单地说,Windows CardSpace 是一项以用户为中心的身份识别技术,用户可以通过控制登录网站时提交的信息,这将使管理个人信息更加安全简便。微软公司推广的目的就是取代传统的用户名和密码,提供更好的反钓鱼功能,并且预防其他类型的网络诈骗。

(5)LINQ

LINQ (Language Integrated Query)将强大的查询扩展到 C# 和 Visual Basic.NET 的语法中,使得软件开发人员可以使用面向对象的语法查询数据,可以为 SQL Server 数据库、XML 文挡、ADO.NET 数据集等各种数据源编写 LINQ 查询。此外,还计划了对 ADO.NET Entity Framework 的 LINQ 支持,并且第三方为许多 Web 服务和其他数据库实现编写了 LINQ 提供程序。

2. CLR

在前面讲解的.NET Framework 图中多次出现了“CLR”,到底是什么?在.NET Framework 中起什么作用?CLR 的全称为公共语言运行时(Common Language Runtime),即是所有.NET 应用程序运行时环境,也是所有.NET 应用程序都要使用的编程基础,如同一个支持.NET 应用程序运行和开发的虚拟机。开发和运行一个.NET 应用程序必须安装.NET Framework。CLR 也可以看作是一个在执行时管理代码的代理,管理代码是 CLR 的基本功能,能够被其管理的代码称为托管代码,反之称为非托管代码。CLR 包含两个组成部分:CLS (公共语言规范)和 CTS (通用类型系统)。下面通过理解.NET 的编译技术来具体了解这两个组件的功能。

在.NET Framework 4.0 中新增了动态语言运行时(Dynamic Language Runtime, DLR),将一组适用于动态语言的服务添加到 CLR。借助于 DLR,可以开发在.NET Framework 上运行的动态语言,而且可以使 C# 和 VB.NET 等语言方便地与动态语言交互。为了支持 DLR,在.NET Framework 中添加了新的 System.Dynamic 命名空间。

(1).NET 编译技术

为了实现跨语言开发和跨平台的战略目标,.NET 所有编写的应用都不编译成本地代码,而是编译成微软中间代码 (Microsoft Intemediate Language,MSIL)。将由 JIT (Just In Time) 编译器转换成机器代码。如图 16-6 所示,C# 和 VB.NET 代码通过各自的编译器编译成 MSIL。MSIL 遵循通用的语法,CPU 不需要了解,再通过 JIT 编译器编译成相应的平台专用代码,这里所说的平台是指操作系统。这种编译方式,不仅实现了代码托管,而且能够提高程序的运行效率。

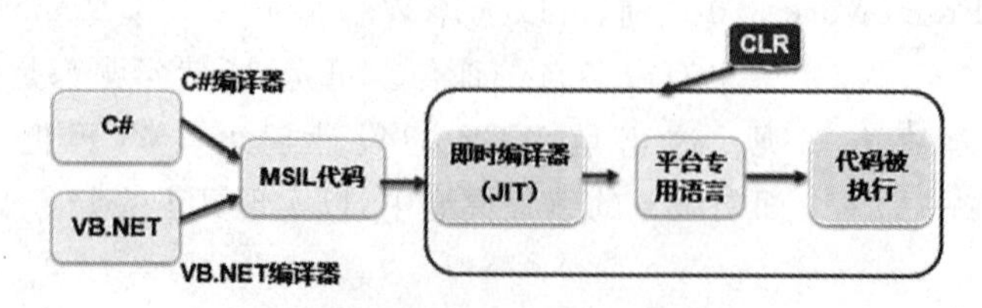

图 16-6 .NET 编译过程

如果想要某种编程语言也支持.NET 开发,需要有能够将这种语言开发的程序转换为 MSIL 的编译器。能够编译为 IL 的语言都可以被.NET Framework 托管。目前.NET

Framework 4.0 可以支持的能编译为 IL 的语言有 C#、VB.NET、C++.NET、F#；其他语言要被.NET Framework 托管，则需要第三方编译器的支待。

(2)CTS

C#和 VB.NET 都是 CLR 的托管代码，语法和数据类型务不相同，CLR 是如何对这两种不同的语言进行托管的呢？通用类型系统(Common Type System)用于解决不同语言数据类型不同的问题，如 C#中的整型是 int，而 VB.NET 中的整型是 Integer，通过 CTS 把两个编译成通用的类型 Int32。所有的.NET 语言共享这一类型系统，可以实现无缝互操作。

(3)CLS

编程语言的区别不仅在于类型，语法或者说语言规范也都有很大的区别。因此.NET 通过定义公共语言规范(Common Language Specification，CLS)，限制了由这些不同点引发的互操作性问题。CLS 是一种最低的语言标准，制定了一种以.NET 平台为目标的语言所必须支持的最小特征，以及该语言与其他.NET 语言之间实现互操作性所需要的完备特征。凡是遵守这个标准的语言在.NET 框架下都可以实现互相调用。例如，在 C#中命名是区分大小写的，而在 VB.NET 中不区分大小写，这样 CLS 就规定，编译后的中间代码除了大小写之外还要有其他的不同之处。

3. FCL

.NET Framework 另外一个重要部分是 FCL，即框架类库。在之前的学习中，主要用过哪些类库？在 ADO.NET 开发的数据库应用中用到过 System. Data. SqlClient 和 System. Data；在 WinForms 应用程序开发中用到过 System. Windows. Forms 。其实.NET 框架提供了非常丰富实用的类库，如图 16-7 所示，这些类库是进行软件开发的利器。FCL 提供了对系统功能的调用，是建立.NET 应用程序、组件和控件的基础。通过灵活运用这些类库，开发工作将会更加便利。

在使用 FCL 时，会引入一些相应的命名空间。在 FCL 中，都有哪些主要的命名空间呢？FCL 的内容被组织成一个树状命名空间 (Namespace Tree)，每一个命名空间可以包含许多类型及其他命名空间。

下面介绍一下.NET 框架核心类库及其功能。

• System：此命名空间包含所有其他的命名空间。在 System 命名空间中包含了定义.NET中使用的公共数据类型，如 Boolean、DateTime 和 Int32 等。此命名空间中还有一个非常重要的数据类型“Object”，Object 类是所有其他.NET 对象继承的基本类。

• System. Collections：包含具有以下功能的类型：定义各种标准的、专门的和通用的集合对象。

• System. Collections. Generic：支持泛型操作。这是.NET 2.0 新增的内容。

• System. IO：包含具有以下功能的类型：支持输入和输出，包括以同步或异步方式在流中读取和写入数据、压缩流中的数据、创建和使用独立存储区、将文件映射到应用程序的逻辑地址空间、将多个数据对象存储在一个容器中、使用匿名或命名管道进行通信、实现自定义日志记录，以及处理出入串行端口的数据流。例如，在后面的章节讲解的对文件的操作，如复制、粘贴、删除及对文件的读写等内容。

• System. Net：包含具有以下功能的类：提供适用于许多网络协议的简单编程接口，以编程方式访问和更新 System. Net 命名空间的配置设置，定义 Web 资源的缓存策略，撰写

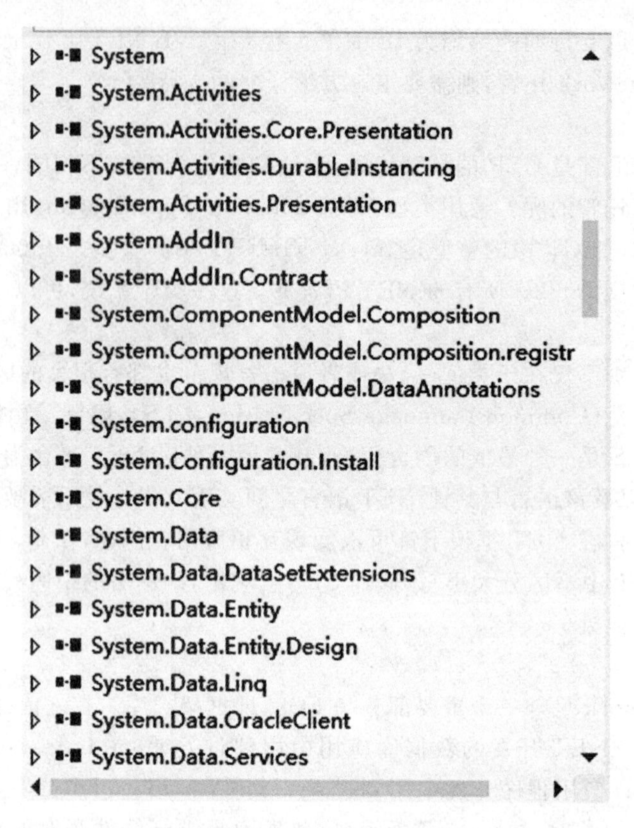

图 16-7 .NET 的丰富类库

和发送电子邮件,代表多用途 Internet 邮件交换（MIME）标头,访问网络流量数据和网络地址信息,以及访问对等网络功能。另外,其他子命名空间还能以受控方式实现 Windows 套接字（Winsock）接口,能访问网络流以实现主机之间的安全通信。

• System. Data:提供对表示 ADO.NET 结构的类的访问。

• System. Windows. Forms:用于开发 Windows 应用程序。引入这个命名空间才能使用 WinForms 的控件和各种特性,如之前的课程中在使用 MessageBox 时,必须引入这个命名空间。

• System. Drawing:支持 GDI+基本图形操作。例如,上网经常遇到的验证码就可以通过这个命名空间中类库的方法来实现。子命名空间支持高级二维和矢量图形功能、高级成像功能,以及与打印有关的服务和排印服务。另外,子命名空间还包含具有以下功能的类型:扩展设计时用户界面逻辑和绘图。

• Microsoft. Windows:包含支持 Windows Presentation Framework（WPF）应用程序中的主题和预览的类型。

• System. Configuration:包含用于处理配置数据的类型,如计算机或应用程序配置文件中的数据。子命名空间包含具有以下用途的类型:配置程序集,编写组件的自定义安装程序,支持用于在客户端和服务器应用程序中添加或删除功能的可插入模型。

• System. Web:包含启用浏览器/服务器通信的类型。子命名空间包含支持以下功能的类型:ASP.NET 窗体身份验证、应用程序服务、在服务器上进行数据缓存、ASP.NET 应用程序配置、动态数据、HTTP 处理程序、JSON 序列化、将 AJAX 功能并入 ASP.NET、ASP.NET 安全以及 Web 服务。

• System. Linq:包含支持使用语言集成查询（LINQ）的查询类型。这包括将查询表示为表达式树中的对象的类型。

• System. Xaml：支持解析和处理可扩展应用程序标记语言（XAML）。

以上核心类库,大家未必都能记住其作用,包括在平时的开发工作中,也会遇到记不清楚,甚至是没有讲过的技术问题,应该如何解决呢？可以利用搜索引擎,如 Google、百度上搜索相关知识,或者到技术论坛甚至 QQ 技术群里找解决方案。实际上有个更为方便的方法,就是向.NET 自身带的 MSDN 寻求帮助。MSDN(Microsoft Developer Network)的全称是微软开发者网络,是微软公司提供给软件开发者的一种信息服务,实际上是一个以 Visual Studio 和 Windows 平台为核心整合的开发虚拟社区,包括技术文档、在线电子教程、网络虚拟实验室、微软产品下载、博客、论坛等一系列的服务。一般,开发者主要关注 MSDN 提供的联机帮助文档和技术文献。

如何获取 MSDN 呢？第一种方式是在线学习。微软公司给开发者提供了在线服务。MSDN 在线网址：http://msdn. microsoft. com/zh-cn/default. aspx。第二种方式是在安装 Visual Studio 2013 时安装 MSDN 联机文档。经常查找 MSDN 解决问题也是作为.NET 程序员必备的一项技能。

16.2 面向对象进阶

16.2.1 类和对象

类和对象有着本质的区别,类定义了一组概念的模型,而对象是真实的实体,关系如下。

• 由对象归纳为类,是归纳对象共性的过程。

• 在类的基础上,将状态和行为实体化为对象的过程称为实例化。

对于类的属性,通过 get 和 set 访问器进行访问和设置,用来保障类中数据的安全。属性访问器分为以下三种。

• 只写属性:只包含 set 访问器。

• 只读属性:只包含 get 访问器。

• 读写属性:同时包含 set 访问器和 get 访问器。

在前面学习的课程中定义属性的方法:先定义一个私有字段,然后将这个字段封装成属性,如下所示。

定义属性：

```
private string name;
public string Name
{
    get {return name;}
    set {name = value; }
}
```

在C#3.0中,提供了一个新的特性——自动属性来简化代码。例如,属性定义可以直接写作 public string Name {get;set;};编译器将自动为该属性生成一个私有变量。

自动属性的快捷健:prop关健字+Tab健+Tab健。

通过自动属性,可以使代码更简洁易读,同时保持属性的灵活性。但是要注意,自动属性只适用于不对字段进行逻辑验证的操作。

16.2.2 封装

之前的课程学习了面向对象的三大特征之一:封装(Encapsulation)。封装又称为信息隐藏,是指利用抽象数据类型将数据和数据的操作结合在一起,使其构成一个不可分割的独立实体,尽可能隐藏内部的细节,只保留一些对外接口,使之与外部发生联系。

封装带来了如下好处。

- 保证数据的安全性。
- 提供清晰的对外接口。
- 类内部实现可以任意修改,不影响其他类。

将字段封装为属性是封装的一种方式,类的私有方法也是一种封装。封装的范围不仅限如此,随着对课程的深入学习,读者将会有更深刻的理解。

16.2.3 类图

在实际的软件开发中,软件的规模一般都很大,很多企业项目的源代码就有几十万行以上。如此巨大的代码量,一行一行阅读是很困难的。那么如何简洁、直观地表示众多的类的结构及类与类之间的联系呢?在面向对象编程中,经常使用类图来解决这个问题。类图将类的属性和行为以图的行为展示出来,使读者不用阅读大量的代码即可明白类的功能及类之间的关系。例如,编写了一个PM(项目经理)类,其属性包括工号、年龄、姓名、性别和资历。类图如图16-8所示。

可以看到,类中的成员在图中都用不同的图标表示,私有成员会在图标的右下方有一个“小锁”,而公有成员则没有特殊标记。如果想在Visual Studio 2013中打开一个类的类图,可以在Visual Studio 2013的资源管理器中右击要显示的类,在弹出的快捷菜单中选择“查看类图”命令。

打开一个类图后,将其他的类拖入便可以显示被拖入类的类图,以及两个类之间的关系。关于类与类之间的关系,将在后面的课程学习。

16.2.4 技能训练(创建MyERM项目)

【例16-1】 创建MyERM项目,创建员工类(SE)、项目经理类(PM)。两类的属性分别包括以下几项。

SE类:工号、年龄、姓名、性别、人气值、项目经理年度评分、经理评价。

PM类:ID、年龄、姓名、性别、资历。同时,项目经理可以为员工评分,因此PM类具有评分的方法。

程序代码

1. PM类

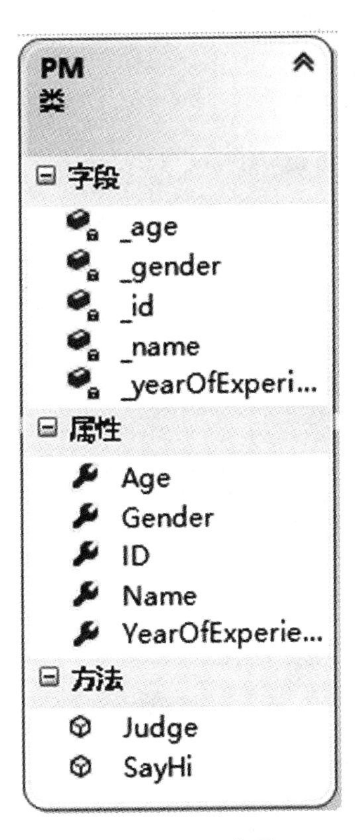

图 16-8　PM 类图

```
/// <summary>
///项目经理类
/// </summary>
class PM
{
    /// <summary>
    /// ID
    /// </summary>
    private string _id;
    public string ID
    {
        set { _id = value; }
        get { return _id; }
    }
    /// <summary>
    ///年龄
    /// </summary>
    private int _age;
    public int Age
    {
```

```
        get { return _age; }
        set
        {
            if (value >= 30 && value <= 100)
            {
                _age = value;
            }
            else
            {
                _age = 30;
            }
        }
    }

    /// <summary>
    ///姓名
    /// </summary>
    private string _name;
    public string Name
    {
        get { return _name; }
        set { _name = value; }
    }
    /// <summary>
    ///性别
    /// </summary>
    private Gender _gender;
    public Gender Gender
    {
        get { return _gender; }
        set { _gender = value; }
    }
    /// <summary>
    ///资历
    /// </summary>
    private int _yearOfExperience;
    public int YearOfExperience
    {
        get { return _yearOfExperience; }
        set { _yearOfExperience = value; }
    }
```

```
}
```

2. SE 类

```
/// <summary>
///软件工程师类(员工类)
/// </summary>
public class SE
{
    /// <summary>
    ///工号
    /// </summary>
    public string ID { get; set; }
    /// <summary>
    ///年龄
    /// </summary>
    public int Age { get; set; }
    /// <summary>
    ///姓名
    /// </summary>
    public string Name { get; set; }
    /// <summary>
    ///性别
    /// </summary>
    public Gender Gender { get; set; }
    /// <summary>
    ///人气值
    /// </summary>
    private int _popularity = 0;

    public int Popularity
    {
        get { return _popularity; }
        set { _popularity = value; }
    }
    /// <summary>
    ///经理年度评分
    /// </summary>
    private int _score = 0;
    public int Score
    {
        get { return _score; }
        set { _score = value; }
```

```
    }
    /// <summary>
    ///经理评价
    /// </summary>
    private String _assess = "未评价";
    public String Assess
    {
        get { return _assess; }
        set { _assess = value; }
    }
}
```

16.3 类的方法

16.3.1 类的构造函数和析构函数

在C#的类中，可以定义两个特殊的函数：构造函数和析构函数。构造函数是在创建类的实例(也就是对象)时首先执行的函数，析构函数是当实例(也就是对象)从内存中销毁前最后执行的函数。这两个函数的执行是无条件的，系统会自动在创建对象时调用构造函数，在销毁对象时调用析构函数，而不需要程序员通过代码调用。

1. 构造函数的定义

构造函数主要用来为对象分配存储空间，完成初始化操作(如给类的成员变量赋值等)。在C#中，类的构造函数遵循以下规定。

• 构造函数的函数名和类的名称一样。

• 构造函数的访问修饰符总是public。如果是private，则表示这个类不能被实例化，这通常用于只含有静态成员的类中。

• 构造函数由于不需要显式调用，因而不用声明返回类型。

• 当某个类没有构造函数时，系统将自动为其创建构造函数，这种构造函数称为默认构造函数。

2. 无参的构造函数

构造函数可以带参数也可以不带参数。具体实例化时，对于带参数的构造函数，需要实例化的对象也带参数，并且参数个数要相等，类型要一一对应。如果是不带参数的构造函数，则在实例化时对象不具有参数。带参数的构造函数可以理解为由外界干预对象的初始化。

在默认的情况下，系统会给类分配一个无参构造函数，并且没有方法体。也可以自定义一个无参的构造函数，在无参构造函数的方法体中对类的属性进行赋值。无参构造函数的语法如下。

```
访问修饰符 类名()
{
```

```
        //……方法体
    }
```

【例 16-2】 对于 MyERM 项目，给员工类(SE)自定义无参构造函数，用于设置属性初始值。

程序代码

```
public class SE
{
    /// <summary>
    ///无参构造函数：设置属性初始值
    /// </summary>
    public SE()
    {
        this.ID = "000";
        this.Age = 18;
        this.Name = "佚名";
        this.Gender = Gender.male;
        this.Popularity = 0;
    }

    public string SayHi()
    {
        string message = string.Format("大家好，我是{0}，今年{1}岁，工号是{2}，我的人
气值高达{3}!",this.Name,this.Age,this.ID,this.Popularity);
        return message;
    }
    ……
}
//创建 SE 对象，并调用 SayHi()方法输出信息
private void btnShowSE_Click(object sender,EventArgs e)
{
    SE se = new SE();
    MessageBox.Show(se.SayHi());
}
```

程序的运行结果如图 16-9 所示。

程序分析

通过例 16-2 可以发现在无参构造函数中给属性赋予默认值有个明显的问题，就是对象实例化后的属性值是固定的，为满足对象多样化的需求，不得不修改代码重新给属性赋值。有什么方法可以改变这种现象呢?

一般来说，给方法设置参数可以调整方法的行为，使方法功能多样化。例如，public int Sum(int a,int b,int c)这个方法，可以接收三个整形参数。因此，能够传递不同的整型值以满足不同的需要。同样构造函数也可以接收参数，用这些参数给参数赋值。

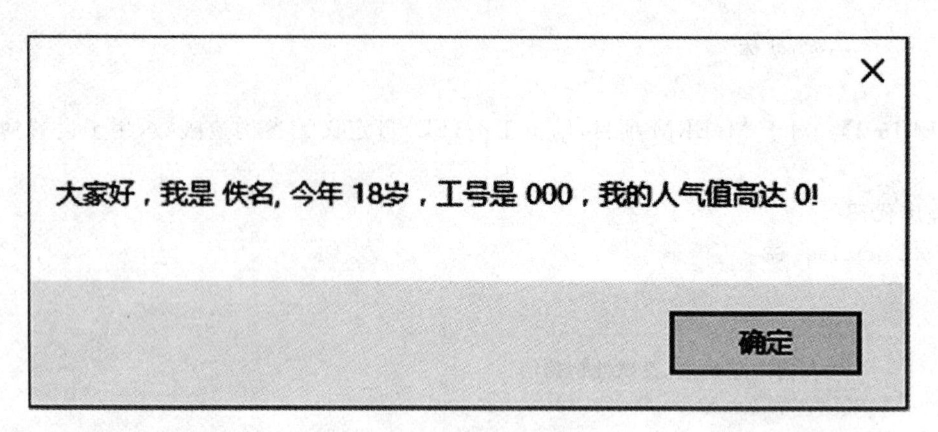

图 16-9　无参数的构造函数

3. 带参数的构造函数

带参构造函数的语法如下。

```
访问修饰符 类名(参数列表)
{
    //……方法体
}
```

【例 16-3】 对于 MyERM 项目，给员工类(SE)定义带参构造函数，用于设置初始化属性值。

程序代码

```
public class SE
{
    /// <summary>
    ///带参构造函数
    /// </summary>
    /// <param name = "id">工号</param>
    /// <param name = "name">姓名</param>
    /// <param name = "age">年龄</param>
    /// <param name = "gender">性别</param>
    /// <param name = "popularity">人气值</param>
    public SE(string id,string name,int age,Gender gender,int popularity)
    {
        this.ID = id;
        this.Name = name;
        this.Age = age;
        this.Gender = gender;
        this.Popularity = popularity;
    }
    //……
}
//创建 SE 对象,并调用 SayHi()方法输出信息
```

```
private void btnShowSE2_Click(object sender,EventArgs e)
{
    SE se = new SE("110","黄方静",22,Gender.female,10);
    MessageBox.Show(se.SayHi());
}
```

程序的运行结果如图 16-10 所示。

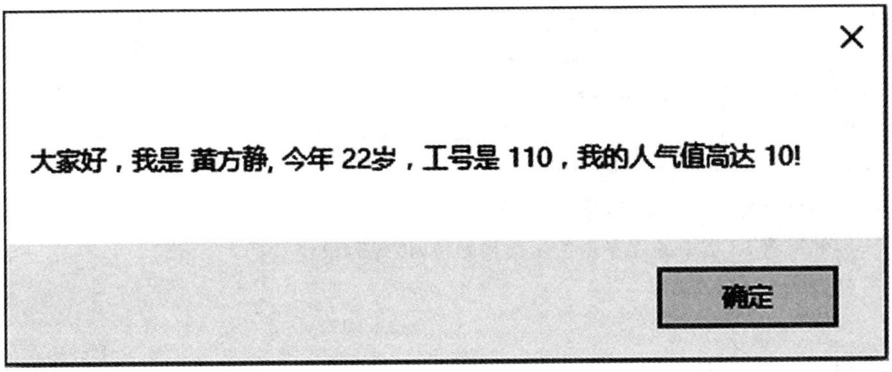

大家好，我是 黄方静，今年 22岁，工号是 110，我的人气值高达 10!

确定

图 16-10　带参数的构造函数

程序分析

例 16-3 定义了一个带参数的构造函数，很显然，带参数的构造函数的灵活性更好，通过参数来动态控制对象的特征，并且避免了那种给众多属性赋值带来的麻烦。

4. 隐式构造函数

【例 16-4】　对于 MyERM 项目，给员工类(SE)定义带参构造函数，用于设置初始化属性值。删除自定义的无参数构造函数。分别用有参数的构造函数和无参数的构造函数创建两个 SE 对象，运行程序，观察程序的运行结果。

程序代码

```
//软件工程师类
public class SE
{
    /// <summary>
    ///带参构造函数
    /// </summary>
    /// <param name = "id">工号</param>
    /// <param name = "name">姓名</param>
    /// <param name = "age">年龄</param>
    /// <param name = "gender">性别</param>
    /// <param name = "popularity">人气值</param>
    public SE(string id,string name,int age,Gender gender,int popularity)
    {
        this.ID = id;
        this.Name = name;
        this.Age = age;
```

```
            this.Gender = gender;
            this.Popularity = popularity;
        }
        //……
    }
    //创建 SE 对象,并调用 SayHi()方法输出信息
    private void btnShowSE3_Click(object sender,EventArgs e)
    {
        //实例化一个员工(程序员)对象
        SE se = new SE("119","李亚民",21,Gender.male,10);
        MessageBox.Show(se.SayHi());
        //实例化另一个员工(程序员)对象
        //如果将 SE 类中的无参构造函数删除掉,该代码报错
        SE meng = new SE();
        meng.Age = 23;
        meng.Name = "沈梦";
        meng.Gender = Gender.female;
        meng.ID = "111";
        meng.Popularity = 100;
        MessageBox.Show(meng.SayHi());
    }
```

程序运行出错,如图 16-11 所示。

图 16-11　构造函数调用出错

程序分析

出错信息提示"'MyERM.SE'不包含'0'个参数的构造函数",也就是说 SE 类缺少一个无参的构造函数。在讲无参构造函数时讲过,当不给类编写构造函数时,系统将自动给类分配一个无参构造函数,称为隐式构造函数。C# 有一个规定,一旦有了自定义的构造函数,就不再自动分配一个构造函数。因此例 16-4 才会报错。

5. 析构函数

析构函数在对象销毁时被调用,常用来释放对象占用的存储空间。析构函数具有以下特点。

- 析构函数不能带有参数。
- 析构函数不能拥有访问修饰符。
- 不能显式地调用析构函数。
- 析构函数的命名规则是在类名前加上一个"～"号。

如上例的 SE 类的析构函数为:

```
~SE()
{
};
```

析构函数在对象销毁时自动调用。

16.3.2　类的方法及方法的重载

在C#中，数据和操作均封装在类中，数据是以成员变量的形式出现，而操作主要体现在方法的使用上。在第2章中已详细介绍了方法的定义与使用，本节只对方法与面向对象有关的部分进行讲解。

1. 方法的定义

方法的一般定义格式如下。

[格式]：

```
[方法修饰符]　返回值类型　方法名([参数列表])
{
    方法实现部分;
}
```

[功能]：在类中定义名为“方法名”的方法。

[说明]：

方法修饰符主要有 new，public，protected，internal，private，static，virtual，sealed，override，abstract 和 extern。其中的 new，public，internal，private 在前面类的修饰符和类中成员的修饰符已介绍过，其意义基本一样。

如果修饰符为 static，则表明这个方法是静态方法，只能访问类中的静态成员，没有修饰符 static 的方法是非静态(实例)方法，可以访问类中任意成员。静态方法属于类所有，而非静态方法属于用该类创建的实例所有。

如果修饰符为 virtual，则称这个方法为虚方法，反之称为非虚方法。对于非虚方法，无论是被用此类定义的对象调用，还是被这个类的派生类定义的对象调用，方法的执行方式不变。对于虚方法，执行方式可以被派生类改变，这种改变是通过重载实现的。关于虚方法将在第18章继续讨论。

方法的参数列表可以有，也可以没有，如果有则表示是有参方法，如果没有则是无参方法。C#方法的参数有四种：值参数(对应值传递)、引用参数(对应地址传递)、输出参数和参数数组。前面三种参数的含义在之前的课程已经进行了详细的介绍，本节只介绍参数数组。

2. 参数数组

形参数组前如果用 params 修饰符进行声明就是参数数组，通过参数数组可以向函数传递个数变化的参数。关于参数数组，需掌握以下几点。

- 若形参表中含一个参数数组，则该参数数组必须位于形参列表的最后。
- 参数数组必须是一维数组。
- 不允许将 params 修饰符与 ref 和 out 修饰符组合起来使用。
- 与参数数组对应的实参可以是同一类型的数组名，也可以是任意多个与该数组的元素属于同一类型的变量。

若实参是数组则按引用传递,若实参是变量或表达式则按值传递。

【例 16-5】 参数数组的演示。请观察并分析下列程序的执行结果。

程序代码

```
//定义一个静态方法,有一个参数数组,用来求参数数组各元素的和并存放在参数 sum 中
static void ParamsMeth(ref int sum,params  int[] arr)
{
    int i;
    for (i = 0; i < arr.Length; i ++ )          //求和
    {
        sum = sum + arr[i];
    }
}
static void Main(string[] args)
{
    int[] a = { 1,2,3 };
    int i,s = 0;
    ParamsMeth(ref s,a); //调用方法
    Console.WriteLine("和为{0}",s);  //输出调用方法求得的和
    for(i = 0;i<a.Length;i + + ) //输出各数组元素
    Console.WriteLine("a[{0}] = {1}",i,a[i]);
    ParamsMeth(ref s,20,40); //再次调用方法
    Console.WriteLine("和为:{0}",s);  //输出求得的和
    Console.Read();
}
```

程序运行结果如图 16-12 所示。

图 16-12　参数数组演示

3. 方法的重载

方法重载是指同样的一个方法名有多种不同的实现方法。方法重载的格式是在一个类中两次或多次定义同名的方法,这些方法名称相同,但每个方法的参数类型或个数不同,从而便于在用户调用方法时系统能够自动识别应调用的方法。

【例 16-6】 方法重载的演示。创建一个 CalcArea 类,在 CalcArea 类中定义求圆面积、矩形面积和三角形面积的方法。请观察并分析下列程序的执行结果。

程序代码

```
public class CalcArea
{
```

```
        public double area(double r)                       //求圆的面积,只有一个参数
        {
            return (Math.PI * r * r);
        }
        public double area(double a,double b)              //求矩形面积,有两个参数
        {
            return (a * b);
        }
        public double area(double a,double b,double c)     //求三角形面积,有三个参数
        {
            double l,s; l = (a + b + c)/2;s = Math.Sqrt(l * (l -a) * (l -b) * (l -c));
            return (s);
        }
    }
    public class Program
    {
        static void Main(string[] args)
        {
            CalcArea shape = new CalcArea(); //定义类的实例
            //求圆的面积
            Console.WriteLine("R is {0},Area is {1}",4.0,shape.area(4.0));
            //求矩形的面积
            Console.WriteLine("A is {0},B is {1},Area is {2}",
                3.0,4.0,shape.area(5.0,4.0));
            //求三角形的面积
            Console.WriteLine("A is {0},B is {1},C is {2},Area is {3}",
                3.0,4.0,5.0,shape.area(3.0,4.0,5.0));
            Console.ReadKey();
        }
    }
```

程序运行结果如图 16-13 所示。

图 16-13　例 16-6 程序运行结果

程序分析

本例在类 CalcArea 中定义的方法 area 有三种重载形式,通过参数的个数相互区别。在调用时根据参数的个数不同,系统会自动去调用与参数个数匹配的方法。

4. 构造函数的重载

在面向对象的语言中，允许在同一个类中定义多个方法名相同、参数列表（参数个数、参数类型）不同的方法，称为方法的重载。调用时会根据实际传入参数的形式，选择与其匹配的方法执行。构造函数的重载是方法重载的一种特殊形式。

【例 16-7】 对于 MyERM 项目，给员工类（SE）定义带参构造函数，用于设置初始化属性值。同时定义一个无参数构造函数。分别用有参数的构造方法和无参数的构造方法创建两个 SE 对象，运行程序，观察程序的运行结果。

程序代码

```
//软件工程师类
public class SE
{
    /// <summary>
    ///带参构造函数
    /// </summary>
    /// <param name = "id">工号</param>
    /// <param name = "name">姓名</param>
    /// <param name = "age">年龄</param>
    /// <param name = "gender">性别</param>
    /// <param name = "popularity">人气值</param>
    public SE(string id,string name,int age,Gender gender,int popularity)
    {
        this.ID = id;
        this.Name = name;
        this.Age = age;
        this.Gender = gender;
        this.Popularity = popularity;
    }
    /// <summary>
    ///无参构造函数
    /// </summary>
    public SE()
    {

    }
    //……
}
```

程序分析

在 SE 类中分别有了有参的和无参的两个构造函数，对比例 16-4 编译运行时就不会报错，因为创建 SE 类的对象时就会根据参数自动调用相应的构造函数。

16.4　对象交互

16.4.1　对象交互概述

在面向对象的世界里，一切皆为对象。对象与对象相互独立，互不干涉，但在一定外力的作用下，对象开始共同努力。

例如蜜蜂采蜜过程，在蜂巢附近有一些花朵，蜜蜂发现，就会开始四处采集花蜜。在采集花蜜的活动中，有三个对象。

- 蜜蜂对象。
- 蜂巢对象。
- 花朵对象。

在花朵的吸引下，蜜蜂们开始行动，相互传递有花朵存在的消息，然后采集花蜜。同样，在面向对象的程序中，对象与对象之间也存在着类似的关系。程序不运行时，对象与对象之间没有任何交互，但是在事件等外力的作用下，对象与对象之间就开始协调工作。

可以用图 16-14 表示对象间的交互。

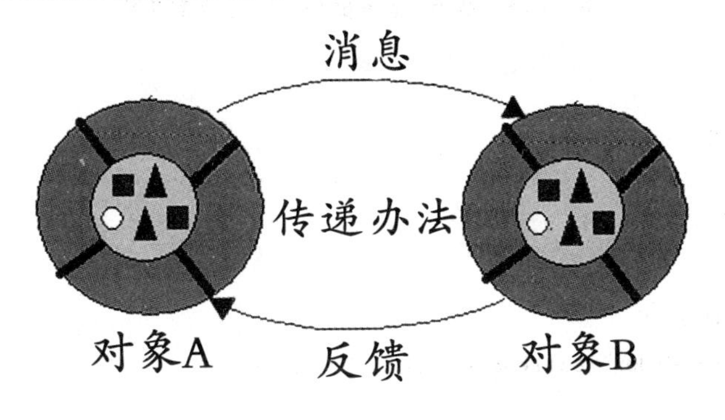

图 16-14　对象间的交互

每个类都有自己的特性和功能，封装为属性和方法。对象之间通过属性和方法进行交互。可以认为方法的参数及方法的返回值都是对象间相互传递的消息。

16.4.2　对象交互示例

【例 16-8】 通过模拟点餐，演示了顾客对象、服务员对象和厨师对象之间交互的过程。这里需要交互的对象涉及顾客、服务员和厨师。三个对象之间的交互关系如图 16-15 所示。

程序代码

```
//菜单类
public class Order
{
    public Client customer;   //顾客
    public int id;            //餐桌号
    public string mealList; //点的菜单
```

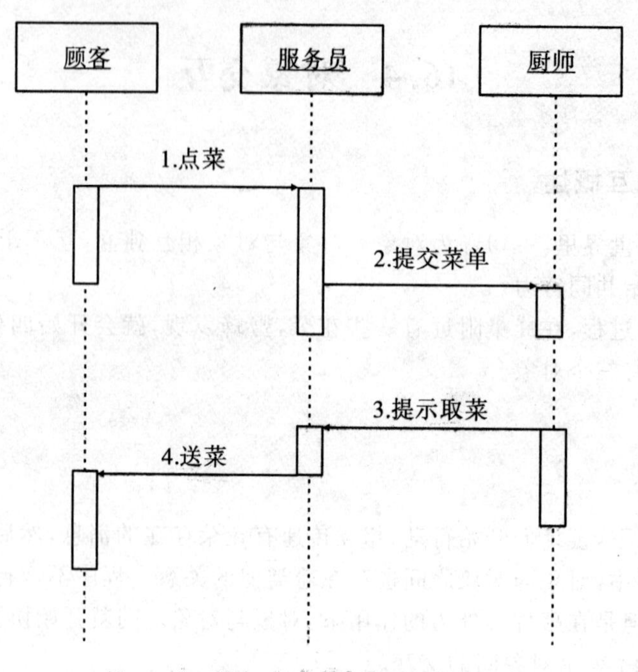

图 16-15　顾客、服务员和厨师交互时序图

```
}
//顾客类
public class Client
{
    /// <summary>
    ///点菜
    /// </summary>
    public void Order(Waitress waitress,Order order)
    {
        Console.WriteLine("顾客开始点菜:{0}!",order.mealList);
        waitress.GetOrder(order);
    }

    ///<summary>
    ///用餐
    ///</summary>
    public void Eat()
    {
        Console.WriteLine("客人用餐!");
    }
}
//厨师类
public class Chef
{
```

```
    private Order order;
    /// <summary>
    ///获得菜单
    /// </summary>
    public void GetOrder(Order order)
    {
        this.order = order;
    }

    /// <summary>
    ///厨师做菜
    /// </summary>
    public void Cook()
    {
        Console.WriteLine("厨师烹制:{0}",order.mealList);
        Console.WriteLine("制作完毕");
    }

    /// <summary>
    ///提醒饭菜制作完毕
    /// </summary>
    /// <param name = "waitress"></param>
    public void SendAlert(Waitress waitress)
    {
        Console.WriteLine("厨师提示服务员取菜!");
        waitress.GetOrder(order);
    }
}
/// <summary>
///服务员类
/// </summary>
    public class Waitress
    {
    private Order order;

    /// <summary>
    ///记录客人的点餐
    /// </summary>
    /// <param name = "order"></param>
    public void GetOrder(Order order)
    {
```

```
            this.order = order;
        }

        /// <summary>
        ///给厨师提交菜单

        /// </summary>
        ///<param name = "client">点菜顾客的对象</param>
        public void SendOrder(Chef chef)
        {
            Console.WriteLine("服务员将菜{0}传给厨师",order.mealList);
            chef.GetOrder(order);
        }

        /// <summary>
        ///传菜
        /// </summary>
        public void TransCook()
        {
            Console.WriteLine("服务员将菜{0}送给客户{1}!",order.mealList,order.id);
            order.customer.Eat();
        }
    }
    /*
顾客(Client),服务员(Waitress),厨师 对象之间协作以完成点菜过程。
假设一个顾客的服务员负责将顾客点的菜传给厨师,并把做好的菜传给这个顾客。
    */
    class Program
    {
        //入口 Main 方法
        static void Main(string[] args)
        {
            //初始化客户、服务员、厨师

            Client wang = new Client();
            Waitress li = new Waitress();
            Waitress zhang = new Waitress();
            Chef chef = new Chef();
            //初始化点菜单
            Order order = new Order();
            //设置订了该菜单的顾客
```

```
            order.customer = wang;
            order.id = 101;
            order.mealList = "辣子鸡";
            //顾客 wang 选中 waitress 服务员给自己服务
            wang.Order(li,order);
            //服务员将菜单信息告知厨师 chef
            li.SendOrder(chef);
            //厨师根据菜单做菜
            chef.Cook();
            chef.SendAlert(li);
            li.TransCook();
            Console.Read();
        }
    }
```

其运行结果如图 16-16 所示。

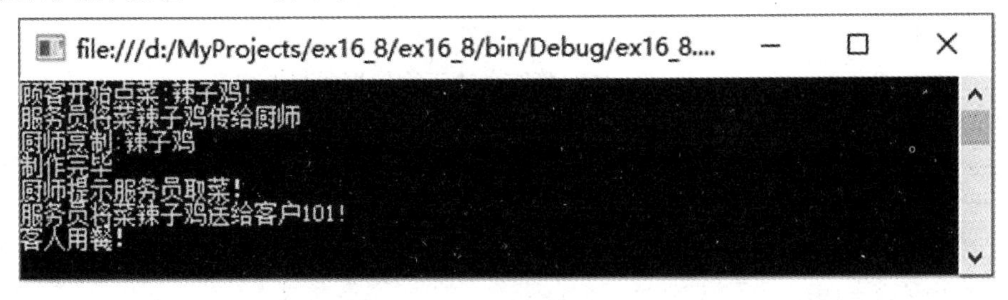

图 16-16　模拟顾客点餐

程序分析

(1)首先实例化顾客对象(wang),服务员对象(li 和 zhang) ,厨师对象(chef),菜单对象(order)。

(2)顾客对象(wang)订了菜单对象(order),并通过 ordero 方法选中服务员对象(li) 为自己服务。

(3)服务员对象(li)通过 SendOrder()力法将菜单信息告知厨师对象(chef)。

(4)厨师对象(chef)根据菜单做菜,并通过 SendAlert()方法 通知服务化对象 (li) 菜已做完,由服务员对象 (li) 通过 TransCook()方法取菜送给顾客。

经过上述四个步骤,顾客完成点餐。

结合图 16-16 和例 16-8 可以看出,此事件流程是顾客将菜单传给服务员,服务员将菜单传给厨师,厨师做完菜,服务员将做好的菜传递给顾客。在这个点餐活动中,顾客无须知道厨师是如何做菜的,厨师也不必知道是谁点的菜。

16.4.3　静态方法和非静态方法

对于静态方法和非静态方法,只需注意以下两点。

静态方法属于类所有,非静态方法属于类定义的对象所有,又称实例方法。

非静态方法可以访问类中包括静态成员在内的所有成员,而静态方法只能访问类中的静态成员。

【例 16-9】 静态方法和动态方法的演示。请观察并分析下列程序的执行结果。

程序代码

```
public class Test
{
    public int a;                //非静态成员
    public static int b;         //静态成员
    public Test(int m,int n)     //构造函数
    {
        a = m; b = n;
    }
    public void DMeth()          //非静态方法
    {
        a = a + 5; b = b + 5;
    }
    public static void SMeth()      //静态方法
    {  //a = a + 5;                 //静态方法不能使用非静态成员
        b = b + 5;
    }
}
/// <summary>
///程序入口方法
/// </summary>
/// <param name = "args"></param>
static void Main(string[] args)
{
    Test t1 = new Test(1,10);      //产生出 Test 类的实例变量 t1
    Test t2 = new Test(11,20);      //产生出 Test 类的实例变量 t2
    t1.DMeth();                 //调用 t1 的非静态方法
    t2.DMeth();                 //调用 t2 的非静态方法
    //t1.SMeth();               //错误,静态方法只能由类调用
    //t2.SMeth();               //错误,静态方法只能由类调用
    Test.SMeth();               //调用类 Test 的静态方法
    //Console.WriteLine("t1.a = {0},t1.b = {1}",t1.a,t1.b);
    //错误,静态成员 b 属于类不属于对象
    Console.WriteLine("t1.a = {0},Test.b = {1}",t1.a,Test.b);
    //Console.WriteLine("t2.a = {0},t2.b = {1}",t2.a,t2.b);
    //错误,静态成员 b 属于类不属于对象
    Console.WriteLine("t2.a = {0},Test.b = {1}",t2.a,Test.b);
    Console.Read();
```

```
}
```

程序运行结果如图 16-17 所示。

图 16-17　例 16-9 程序运行结果

本章小结

➢ MicroSoft.NET 框架结构是一个面向网络、支持各种用户终端的开发平台。

➢ CLR 是所有.NET 应用程序运行时的环境，是所有.NET 应用程序都要使用的编程基础。

➢ CLR 中有两个主要组件：通用类型系统(CTS)和公共语言规范 (CLS)。

➢ FCL 是一个宝藏，常用的命名空间下的类库需要在学习中掌握和灵活运用。

➢ MSDN 文档提供了.NET 框架类库的详细技术说明，善用 MSDN 可以提高分析和解决问题的能力。

➢ 类图是表示类的结构以及类与类之间关系的图表。

➢ 封装是指利用抽象数据类型将数据和数据的操作结合在一起，使其构成一个不可分割的独立实体，尽可能隐藏内部的细节，只保留一些对外接口，使之与外部发生联系。

➢ 构造函数是在创建类的实例(也就是对象)时首先执行的函数，析构函数是当实例(也就是对象)从内存中销毁前最后执行的函数。

➢ 构造函数与类名相同，构造函数不声明返回值，一般情况下，构造函数总是 public 类型的。

➢ C# 有一个规定，一旦有了自定义的构造函数，就不再自动分配一个构造函数。

➢ 方法重载是指同样的一个方法名有多种不同的实现方法。

➢ C# 中类的静态成员只能由该类的类名来访问。静态方法中只能调用静态成员。

➢ 静态类只包含静态成员，非静态类可以包含静态成员；静态类不能包含实例成员，非静态类可以包含实例成员；静态类使用类名访问成员，非静态类使用实例访问成员。

➢ 静态方法属于类所有，非静态方法属于类定义的对象所有。

习题 16

一、单项选择题

1. 调用重载方法时，系统根据(　　)来选择具体的方法。

A. 方法名　　B. 参数的个数和类型

C. 参数名及参数个数　　D. 方法的返回值类型

2. 在下列选项中,(　　)不是构造函数的特征。

A. 构造函数的函数名与类名相同　B. 构造函数可以重载

C. 构造函数可以带有参数　D. 可以指定构造函数的返回值类型

3. 类 ClassA 有一个名为 M1 的方法,在程序中有如下一段代码,假设该段代码是可以执行的,则声明 M1 方法时一定使用了(　　)修饰符。

```
ClassA  Aobj = new ClassA();
ClassA.M1();
```

A. public　B. static　C. private　D. virtual

4. 在下列各选项中,不是.NET Framework 的组成部分为(　　)。

A. 应用程序开发程序

B. 公共语言规范和.NET Framework 类库

C. 语言编辑器

D. IT 编辑器和应用程序执行管理

5. 一个类中的实例方法的调用可以(　　)。

A. 通过类名调用　B. 通过实例化的对象调用

C. 在主方法中直接调用　D. 在同一个类中的某一方法中直接调用

6. 在下列选项中,(　　)不是构造函数的特征。

A. 构造函数的函数名和类名相同

B. 构造函数可以重载

C. 构造函数可以带有参数

D. 可以指定构造函数的返回值

7. 在类的定义中,类的(　　)描述了该类的对象的行为特征。

A. 类名　B. 方法

C. 所属的名字空间　D. 私有域

8. 在下面说法中,关于方法重载正确的是(　　)。

A. 重载的方法名可以不相同

B. 重载方法的形参个数必须相同

C. 重载方法的形参类型必须相同

D. 重载就是为了能使同一功能适用于各种类型的数据

9. 下列对实例方法说法不正确的是(　　)。

A. 类的实例方法定义时必须有访问修饰符。

B. 类的实例方法可以进行方法重载,静态方法不能重载。

C. 类的实例方法调用前必须先定义对象。

D. 类的实例方法定义时参数的功能和类的静态方法参数的功能是一样的。

10. 在类的定义中,类的(　　)描述了该类的对象的行为特征。

A. 类名　B. 方法

C. 所属命名空间　D. 私有域

二、问答和编程题

1. 简述保留字 this 在构造函数类的方法和类的实例中使用方法。

2. 使用面向对象设计模式编程实现，猫大叫一声，所有的老鼠都开始逃跑，主人被惊醒。

要求：要有联动性，老鼠和主人的行为是被动的；考虑可扩展性，猫的叫声可能引起其他联动效应。

3. 通过方法重载，使用同一个方法名 print 分别执行输出整数、双精度数与字符串的功能。

4. 从 Shape 类派生出 Rectangle、Circle 等具体形状类。定义一个 Shape 抽象类，利用基类派生出 Rectangle、Circle 等具体形状类，已知具体形状类均具有两个方法 GetArea 和 GetPerim，分别用来求形状的面积和周长。最后编写一个测试程序对产生的类的功能进行验证，验证程序的运行界面如图 16-18 所示。

图 16-18　形状类及其派生类验证运行界面

【要点提示】

在基类 Shape 中可定义两个虚方法 GetArea 和 GetPerim，并把该类作为基类派生出 Rectangle 和 Circle 类，在这两个类中分别对 GetArea 和 GetPerim 方法进行重载，实现求特定形状的面积和周长。

第 17 章
深入理解 C# 数据类型

本章工作任务

- 实现项目经理给员工打分的功能

本章知识目标

- 理解装箱和拆箱
- 理解值类型和引用类型的概念
- 理解值类型和引用类型作为方法参数时的区别

本章技能目标

- 会使用值类型和引用类型作为方法参数解决问题
- 会使用装箱和拆箱统一数据类型
- 掌握窗体间数据传递的方法

本章重点难点

- 参数传递中的类型转换
- 参数的值传递和引用传递
- 装箱与拆箱的概念

17.1 值类型与引用类型

17.1.1 概述

C#数据类型按存储方式可分为两类:值类型和引用类型。下面就对这两种数据类型做深入讲解。

1. 值类型

值类型源于System.ValueType家族,每个值类型的对象都有一个独立的内存区城用于保存值,值类型数据所在的内存区域称为栈(Stack)。只要在代码中修改,就会在内存区域内保存这个值。值类型主要包括基本数据类型(如int,float,double)和枚举类型等。

先比较下面的代码。

【例17-1】 定义两个年龄变量,观察年龄赋值。再定义两个SE对象,对SE对象的年龄属性赋值。比较结果的异同。

程序代码

```
//使用值类型
int age1 = 18;
int age2 = age1;
age2 = 20;
Console.WriteLine("age1: " + age1);
Console.WriteLine("age2: " + age2);
//使用引用类型
SE se1 = new SE();
SE se2 = new SE();
se1.Age = 18;
se2 = se1;
se2.Age = 20;
Console.WriteLine("SE1 的年龄为 {0}",se1.Age);
Console.WriteLine("SE2 的年龄为 {0}",se2.Age);
```

程序执行的结果如图17-1所示。

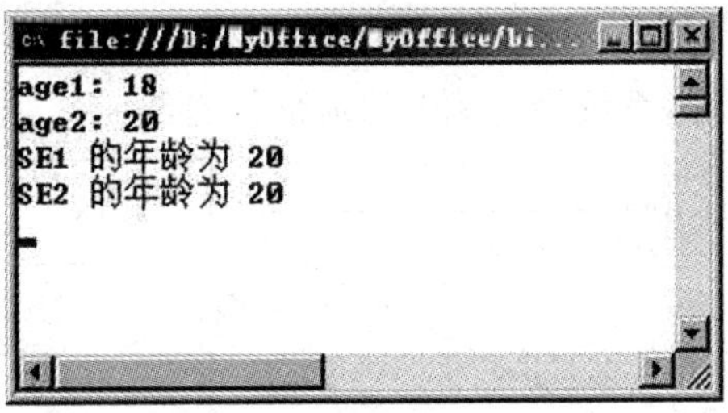

图17-1 例17-1的运行结果

程序分析

例 17-1 变量 age1 和 age2 中存储的年龄为 int 类型，也就是值类型。系统会为变量 age1 和 age2 分配存储空间，如图 17-2 所示。当执行 age2 = age1；语句时仅仅是将 age1 的值复制一份给 age2，同样当执行 age2 = 20；语句时变量 age2 的值发生了改变但不会影响 age1 的值。

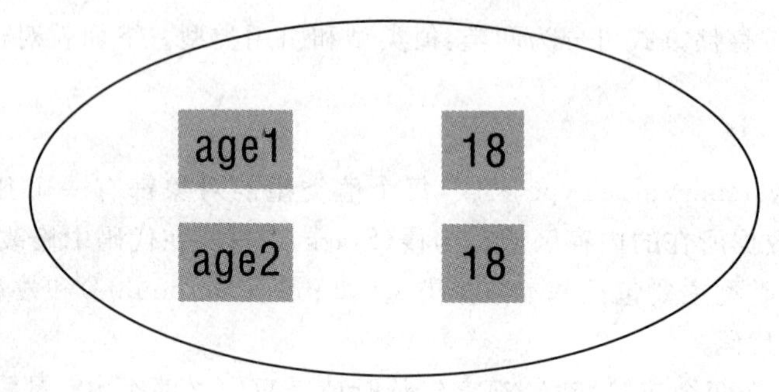

图 17-2 变量 age1 和 age2 的存储状态

而通过这个例子也对值类型有了更深入的认识。对值类型，不同的变量会分配不同的存储空间，并且存储空间中存储的是该变量的值。赋值操作传递的是变量的值，改变一个变量的值不会影响另一个变量的值。

2. 引用类型

引用类型源于 System. Object 家族，在 C# 中引用类型主要包括数组、类和接口等。

继续分析例 17-1，看引用类型。

当执行下面的语句后，系统会分别创建两个对象 se1 和 se2，其中 se1 的年龄属性赋值 18，如图 17-3 所示。

```
SE se1 = new SE();
SE se2 = new SE();
se1.Age = 18;
```

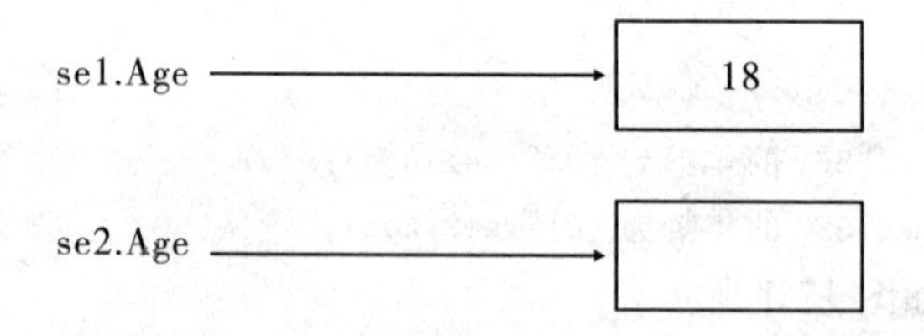

图 17-3 对象 se1 和 se2 的存储状态

当执行 se2 = se1；语句时，系统会将 se1 的地址传递给 se2，如图 17-4 所示。

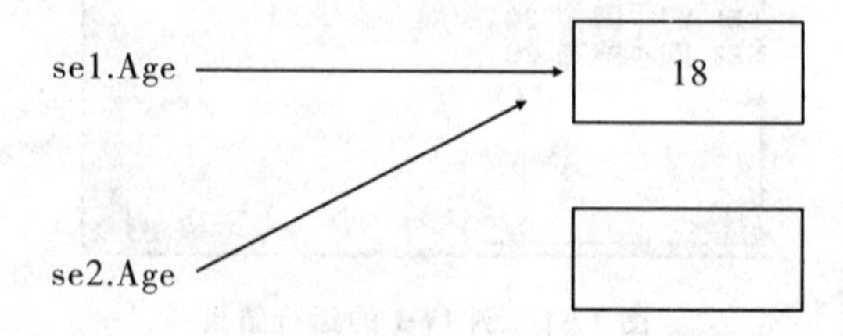

图 17-4 赋值后对象 se1 和 se2 的存储状态

此时再执行 se2. Age = 20；语句，se2 的 Age 值发生改变，因为 se1. Age 和 se2. Age 指向

的是内存中的同一片区域，因此 se1. Age 和 se2. Age 都发生了改变，输出结果如图 17-1 所示。

对引用类型，赋值是把原对象的引用传递给另一个引用。

3. C＃值类型与引用类型表

C＃中包含的值类型和引用类型见表 17-1。

表 17-1　值类型和引用类型

<table>
<tr><th colspan="2">类别</th><th>描述</th></tr>
<tr><td rowspan="8">值类型</td><td rowspan="5">基本数据类型</td><td>整型:int</td></tr>
<tr><td>长整型:long</td></tr>
<tr><td>浮点型:float</td></tr>
<tr><td>双精度:double</td></tr>
<tr><td>字符型:char</td></tr>
<tr><td>枚举类型</td><td>布尔型:bool</td></tr>
<tr><td rowspan="2">结构类型</td><td>枚举:enum</td></tr>
<tr><td>结构:struct</td></tr>
<tr><td rowspan="5">引用类型</td><td rowspan="3">类</td><td>基类:object</td></tr>
<tr><td>字符串:string</td></tr>
<tr><td>自定义类:class</td></tr>
<tr><td>接口</td><td>接口:interface</td></tr>
<tr><td>数组</td><td>数组:int[],string[]等</td></tr>
</table>

17.1.2　装箱与拆箱

C＃中还提供了实现数据类型统一(值类型与引用类型的统一)的统一类型系统(unified type system)，另外为实现类型的统一，C＃还提供了装箱(Boxing)和拆箱(Unboxing)两种方法。

1. 装箱

所谓装箱就是将一个值类型隐式地转换成一个 object 类型或一个被该值类型应用的接口类型。装箱的方法是:创建一个 object 实例并将值复制给这个 object 实例。例如。

```
double  f = 13.0;
object obj = f;
```

也可以用显式的方法来进行装箱操作，语句如下。

```
double  f = 13.0;
object obj = (object)f;
```

2. 拆箱

拆箱是装箱的反操作，就是将一个对象类型显式地转换成一个值类型，或将一个接口类型显式地转换成一个执行该接口的值类型。例如。

```
double f = 53.0;
object obj = f;
```

```
double k = (double)obj;
```

在实际的开发中,应该尽量减少不必要的装箱和拆箱操作,因为两者的存储方式不同,转换时性能损失较大。比如说,在使用集合类型的操作时,尽量使用泛型集合减少装箱和拆箱。

17.2 不同类型的参数传递

17.2.1 值方式参数传递

所谓参数传递是指实参把数据传给形参的方式,C#中的参数传递可分成四种:值传递、引用传递、输出参数和参数数组。本章只介绍值传递、引用传递和输出参数,在后面的章节中还将介绍参数数组的概念。

当使用"值传递"的方式来传递参数时,实参把值复制一份传给形参,形参接收了实参的值后与实参已不再存在任何联系。在方法中对形参的修改不会影响到对应的实参,这种传递方式又称为单向传递。

【例 17-2】 编写一个方法,用来把两个整型变量的值交换,在 Main()方法中调用该方法加以验证。

问题分析

根据题意可知该方法应有两个参数,用来接收传进来的两个变量的值,方法的功能就是把这两个参数的值进行交换。在 Main()方法中,可定义两个实参变量并输入值,然后调用该方法,在调用方法中把这两个变量的值交换。最后输出交换后的结果。

程序代码

```
/// <summary>
///交换两个整型变量值方法
/// </summary>
/// <param name = "a">整型变量 a</param>
/// <param name = "b">整型变量 b</param>
static void exch(int a,int b)
{
    int t;
    t = a; a = b; b = t;            /*交换形参 a 和 b 的值*/
}

static void Main(string[] args)
{
    int x,y;                         /*定义实参*/
    Console.WriteLine("请输入 x 和 y 的值:");
    x = Convert.ToInt32(Console.ReadLine());          /*输入实参 x 的值*/
    y = Convert.ToInt32(Console.ReadLine());          /*输入实参 y 的值*/
    exch(x,y);                               /*调用函数得到结果*/
    Console.WriteLine("转换后的 x 和 y 的值:{0},{1}",x,y); /*输出结果*/
```

```
        Console.Read();
    }
```

程序运行结果如图 17-5 所示。

图 17-5　例 17-2 程序运行结果

程序分析

从结果中可以看到,x 和 y 的值并没有交换过来！没有交换过来的原因在于“值传递”。值传递的方式可用图 17-6 来表示。

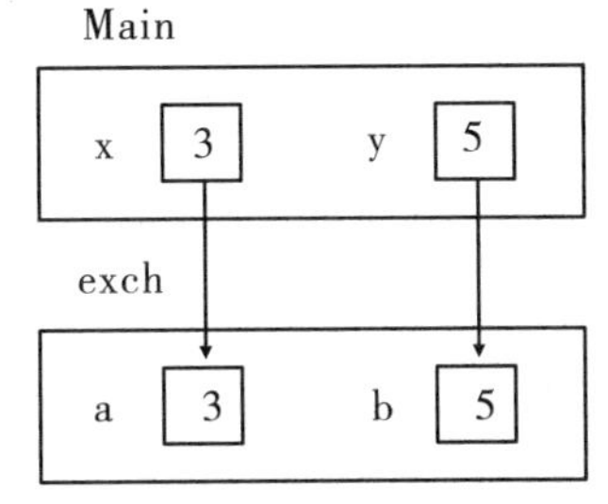

（a）函数调用时的参数传递

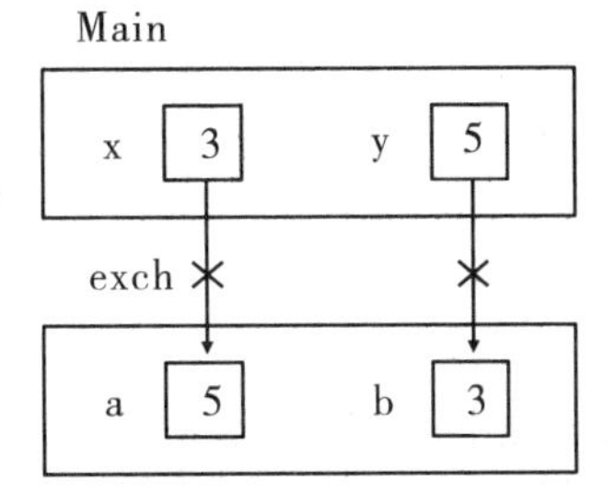

（b）改变形参的值不会影响实参

图 17-6　函数值传递示意图

可见实参把值传递给形参后,实参和形参之间不再存在联系,对形参值的修改不会影响到对应的实参值。那么如果一定要把 x 和 y 的值交换过来,就要使用引用传递了。

17.2.2　引用方式参数传递

当使用“引用传递”方式传递参数时,调用者赋予被调用方法直接访问和修改调用者的原始数据的权利。在方法中对形参进行修改也就修改了对应的实参,这种方式又称双向传递。通过引用传递参数可以改善程序的性能,因为消除了对大型数据项(如对象)的复制。但是这种方式也减弱了程序的安全性,因为被调用方法可以直接修改调用者的数据。

在 C# 中要通过引用方式传递数据,需要使用关键字 ref。使用方法是在定义方法时,在按引用传递的形式参数的类型说明符前加上关键字 ref,在调用方法时,在按引用传递的实际参数之前加上关键字 ref。关键字 ref 指定了一个数值型参数应该由引用来传递,允许调用的方法修改原始变量,该关键字用在变量已经被初始化的情况中。

【例 17-3】 利用引用传递实现例 17-2 的功能。

问题分析

实现思路与例 17-2 相同。

程序代码

```
/// <summary>
///交换两个整型变量值方法
```

```
/// </summary>
/// <param name = "a">整型变量 a</param>
/// <param name = "b">整型变量 b</param>
static void exch(ref int a,ref int b)
{
    int t;
    t = a; a = b; b = t;          /* 交换形参 a 和 b 的值 */
}
static void Main(string[] args)
{
    int x,y;              /* 定义实参 */
    Console.WriteLine("请输入 x 和 y 的值:");
    x = Convert.ToInt32(Console.ReadLine());              /* 输入实参 x 的值 */
    y = Convert.ToInt32(Console.ReadLine());              /* 输入实参 y 的值 */
    exch(ref x,ref y);                                    /* 调用函数得到结果 */
    Console.WriteLine("转换后的 x 和 y 的值:{0},{1}",x,y);     /* 输出结果 */
    Console.Read();
}
```

程序运行结果如图 17-7 所示。

图 17-7　例 17-3 程序运行结果

程序分析

从结果中可以看到,x 和 y 的值已经交换过来!交换过来的原因在于"引用传递"。通过引用传递形参指向实参,即形参和实参为同一个对象,因此形参值改变了,对应的实参值也发生了改变。

参数传递小结

- 使用值方式(不用 ref 修饰)传递值类型参数时,参数在方法中的修改不会保留。
- 使用值方式(不用 ref 修饰)传递引用类型参数时,参数在方法中的修改会保留。
- 使用引用方式(不用 ref 修饰)传递值类型或引用类型参数时,参数在方法中的修改都会保留。

17.2.3　输出参数

若将引用传递中的关键字 ref 用 out 替换,则参数就变成了输出参数。也允许在被调方法中修改与输出参数相对应的实参的值。

与 ref 的不同之处在于 ref 要求变量必须在传递之前进行初始化,out 参数传递的变量不需要在传递之前进行初始化。

尽管作为 out 参数传递的变量不需要在传递之前进行初始化，但需要在调用方法初始化以便在方法返回之前赋值。

【例 17-4】 利用输出参数实现例 17-3 的功能。

问题分析

实现思路与例 17-3 相同。

程序代码

```
/// <summary>
///交换两个整型变量值方法
/// </summary>
/// <param name = "a">整型变量 a</param>
/// <param name = "b">整型变量 b</param>
static void exch(out int a,out int b)
{
    Console.WriteLine("请输入 a 和 b 的值:");
    a = Convert.ToInt32(Console.ReadLine());      /*输入实参 x 的值*/
    b = Convert.ToInt32(Console.ReadLine());      /*输入实参 y 的值*/
    int t;
    t = a; a = b; b = t; /*交换形参 a 和 b 的值*/
}

static void Main(string[] args)
{
    int x,y;              /*定义实参*/

    exch(out x,out y);               /*调用函数得到结果*/
    Console.WriteLine("转换后的 x 和 y 的值:{0},{1}",x,y);   /*输出结果*/
    Console.Read();
}
```

程序运行结果如图 17-8 所示。

图 17-8 例 17-4 程序运行结果

程序分析

可见 x 和 y 的值已经交换。输出参数通常用来指定由被调用方法对参数进行初始化。通常在方法接收到了一个未被初始化的数值时，编译器将产生错误，但使用带关键字 out 的参数，指定了被调用方法将对变量进行初始化，该错误将不会发生。本例如果用 ref 参数引用，将会出现变量未初始化的错误。

17.2.4 技能训练(实现项目经理评分)

【例 17-5】 对于 MyERM 项目,实现项目经理给员工评分功能。

问题分析

(1)创建查看评分窗体(FrmShow),添加定义员工数组,将员工数据绑定到 FrmShow 窗体的 ListView 控件上,运行结果如图 17-9 所示。

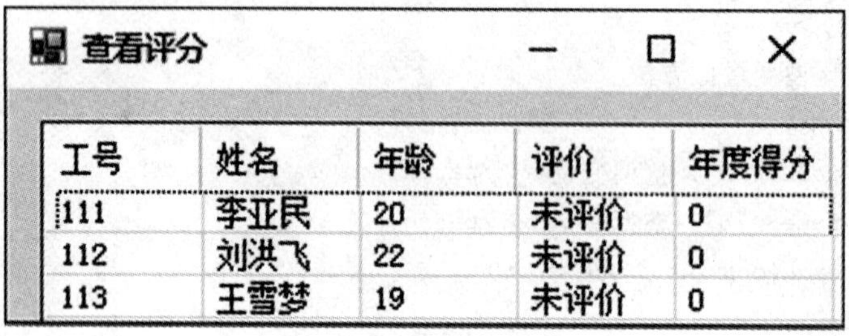

查看评分
工号
姓名
年龄
评价
年度得分
111
李亚民
20
未评价
0
112
刘洪飞
22
未评价
0
113
王雪梦
19
未评价
0

图 17-9 员工信息

(2)双击 ListView 列表,弹出评分窗体(FrmJudge),显示员工姓名、评价内容、评分值,效果如图 17-10 所示。

评分
员工姓名
王雪梦
填写评价
工作效率高
年度评分
98
评分
取消

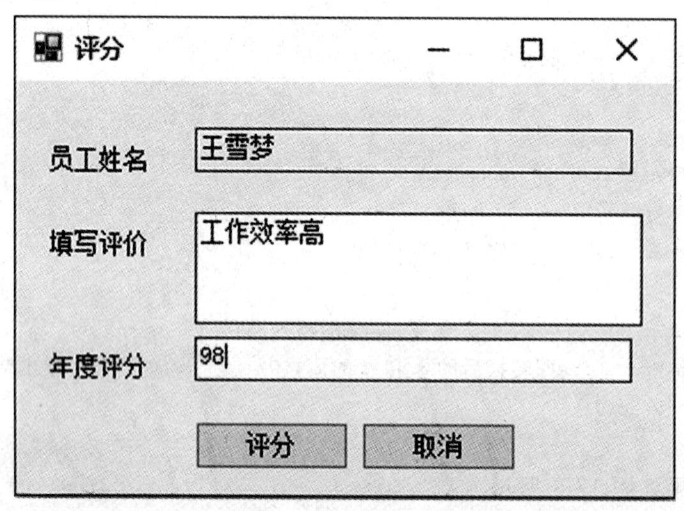

图 17-10 评价填写

(3)项目经理填写评分,评价后,弹出的 FrmJudge 窗体关闭,刷新父窗体 FrmShow 中的员工信息,运行结果如图 17-11 所示。

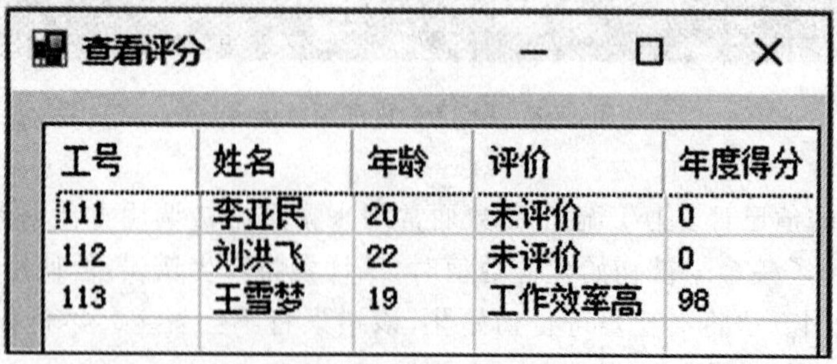

查看评分
工号
姓名
年龄
评价
年度得分
111
李亚民
20
未评价
0
112
刘洪飞
22
未评价
0
113
王雪梦
19
工作效率高
98

图 17-11 评分结果

程序代码

(1)PM. cs 文件

```
/// <summary>
///项目经理评分
/// </summary>
/// <param name="se">软件工程师对象</param>
public void Judge(SE se,String assess,int score)
{
    se.Assess = assess;
    se.Score = score;
}
```

(2)FrmShow. cs 文件

```
public SE[] engineers = new SE[3]; //员工集合信息
public FrmShow()
{
    InitializeComponent();
    this.Init();          //初始化员工集合信息
    this.UpdateView();    //刷新显示
}
//省略员工信息初始化 Init()方法
/// <summary>
///数据绑定到 ListVi 对象 lvAssess 上,刷新 ListView 显示
/// </summary>
public void UpdateView()
{
    lvAssess.Items.Clear();   //清空信息
    for (int i = 0; i < engineers.Length; i ++ )
    {
        ListViewItem item = new ListViewItem();
        item.Text = engineers[i].ID;
        item.SubItems.Add(engineers[i].Name); //设置姓名
        item.SubItems.Add(engineers[i].Age.ToString()); //设置年龄
        item.SubItems.Add(engineers[i].Score.ToString()); //设置评分
        item.SubItems.Add(engineers[i].Assess);  //设置评价
        this.lvAssess.Items.Add(item); //添加项
    }
}
/// <summary>
///双击执行评分
/// </summary>
private void lvAssess_DoubleClick(object sender,EventArgs e)
```

```
{
    //获取当前选中的员工对象
    if (this.lvAssess.SelectedItems.Count == 0)
    {
        return;
    }
    int index = 0;
    for (int i = 0; i < engineers.Length; i++)
    {
        if (engineers[i].ID == this.lvAssess.SelectedItems[0].Text.Trim())
        {
            index = i;
            break;
        }
    }
    //对选中对象评分
    FrmJudge frm = new FrmJudge(this,index);
    frm.Show();
}
```

(3)FrmJudge.cs 文件

```
private FrmShow myParent; //主窗体
private SE se;  //被评分的员工对象
public FrmJudge(FrmShow fparent,int index)
{
    InitializeComponent();
    this.myParent = fparent;
    this.se = myParent.engineers[index];
}
//加载时填充信息
private void FrmJudge_Load(object sender,EventArgs e)
{
    this.txtName.Text = se.Name;
    this.txtAssess.Text = se.Assess;
    this.txtScore.Text = se.Score.ToString();
}
//评分响应事件
private void btnOK_Click(object sender,EventArgs e)
{
    try
    {
        PM pm = new PM();
```

```
        pm.Judge(se,this.txtAssess.Text.Trim(),
            Int32.Parse(this.txtScore.Text.Trim()));
        this.myParent.UpdateView(); //刷新主窗体
        this.Close();
    }
    catch (Exception ex)
    {
        MessageBox.Show("评分失败!" + ex.ToString());
    }
}
```

本章小结

➢ 基本数据类型，如整型、浮点型、字符型、bool 型及结构属于值类型；数组、接口和类属于引用类型。

➢ 值类型转换为引用类型称为装箱，反之称为拆箱。

➢ 以值方式传递值类型数据时，其值的修改不会被保留；以值方式传递引用类型参数时，其值的修改将会保留。

➢ 以引用方式传递引用类型或值类型参数时，其值的修改都会保留。

习题 17

一、单项选择题

1. 在以下类型中，不属于值类型的是(　　)。
   A. 整数类型　　B. 布尔类型　　C. 字符类型　　D. 类类型
2. 在拆箱是关于(　　)。
   A. 值类型到引用类型的转换　　B. 引用类型到值类型的转换
   C. 引用类型到引用类型的转换　　D. 类型到值类型的转换
3. 在下面类型中，(　　)是所有类型的基类类型。
   A. 值类型　　B. 类类型　　C. 委托类型　　D. object 类型
4. 在以下类型中，不属于引用类型的是(　　)。
   A. 数组　　B. 接口类型　　C. 字符类型　　D. 类类型
5. 在 C# 中，下面关于引用传递说法正确的是(　　)。
   A. 引用传递不用加 ref 关键字　　B. 使用引用传递值不会发生改变
   C. 使用引用传递值会发生改变　　D. 引用类型和值类型传递结果一样
6. 关于值类型和引用类型，下列说法正确的是(　　)。
   A. 值类型变量存储的是变量所包含的值

B. 引用类型变量是指向要存储的值

C. 值类型转换为引用类型称为拆箱

D. 引用类型转换为值类型称为装箱

二、问答和编程题

1. 试简述装箱和拆箱。

2. 简述值类型与引用类型的主要区别。

3. 某商场正在打折促销，购物满 100 减 50，输入购买的商品的原价，编写方法计算顾客实际的付款数，要求按引用传递参数。例如输入 180，输出 130（提示：满 100 减 50 是指不足 100 的部分按原价付款。按引用传递参数，传入时是原价，方法返回后参数值变为实际的付款数）。

第 18 章
理解继承与多态

本章工作任务

- 在 MyERM 项目中使用继承重构 PM 和 SE 类
- 使用继承实现 PM 和 SE 问好功能
- 实现员工执行工作列表的功能
- 使用继承和多态实现计算器

本章知识目标

- 理解继承的概念
- 理解多态的概念
- 理解里氏替换原则
- 理解抽象类和抽象方法
- 理解虚方法和抽象方法的区别
- 理解委托与事件的关系

本章技能目标

- 熟练使用继承建立父类和子类
- 会使用虚方法实现多态
- 会使用父类类型作为参数
- 会定义和实现接口

本章重点难点

- 委托类型的定义与使用
- 类的继承与多态性的编程实现
- 里氏替换原则的应用
- 抽象方法、虚方法和接口等概念

18.1 继承概述

18.1.1 关于继承

1.什么是继承

继承是面向对象程序设计中实现代码重用的重要机制之一。

类的继承的基本格式与功能如下。

[格式]:

```
class 派生类类名:基类类名
{  成员声明列表;
}
```

[功能]:定义一个由“派生类类名”指定的派生类,该类由“基类类名”指定的类派生而来。

[说明]:C#中的派生类只能继承于一个类,派生类将继承基类的除构造函数和析构函数外的其他所有成员。

继承具有传递性,若类A派生出类B,类B又派生出类C,则类C不仅继承了类B的成员,同样也继承了类A中的成员。

派生类可以对基类的功能进行扩展,即派生类可以增加新的成员,但不能删除已继承的成员,只能不予使用。

如果派生类定义了与基类成员同名的新成员,则新定义的这个成员就会覆盖已继承的成员,所继承的那个同名成员则不能再访问。

【例18-1】 类继承的演示。在程序中,定义了一个Pen类,又定义了一个Pencil类,其中Pencil类继承自Pen类。请观察并分析下列程序的执行结果。

程序代码

```
///<summary>
///定义 Pen 类
/// </summary>
public class Pen
{
    public string Color;
    public static double Price;
    private int Length;
    protected int Width;
    public void SetWidth(int w)//设置笔的宽度
    {
        Width = w;
    }
    public int GetWidth()        //获取笔的宽度值
    {
```

```
            return Width;
        }
        public void write()          //笔的书写方法
        {
            Console.WriteLine("现在用笔在写字!");
        }
    }
    /// <summary>
    ///定义铅笔类 Pencil,继承自 Pen 类
    /// </summary>
    public class Pencil:Pen
    {
        new public void write()     //与基类同名的方法,将覆盖继承原来的基类同名方法
        {
            Console.WriteLine("现在用铅笔写字!");
        }
        public void Erase()     //在派生类中定义的方法
        {
            Console.WriteLine("现在擦除已有的文字!");
        }


    }
    /// <summary>
    ///程序入口
    /// </summary>
    /// <param name = "args"></param>
    static void Main(string[] args)
    {
        Pencil P1 = new Pencil();      //产生一个铅笔对象 P1
        P1.Color = "蓝色";
        Pencil.Price = 1;
        //P1.Length = 20;              //错误,private 成员只能在本类中访问
        //P1.Width = 1;                //错误,protected 成员只能在类或其派生类中访问
        P1.SetWidth(10);               //SetWidth 是继承来的方法
        P1.write(); P1.Erase();
        Console.Write("笔的颜色为:{0},价格为:{1}元,宽度为:{2}毫米",
            P1.Color,Pencil.Price,P1.GetWidth());//GetWidth 也是继承来的方法
        Console.Read();
    }
```

程序运行结果如图 18-1 所示。

图 18-1　例 18-1 程序运行结果

程序分析

在这个例子中，定义 Pencil 类的类名后面多出来“:Pen”，这种方式称之为类的继承。Pen 类是基类，也就是被继承的类。Pencil 是派生类，也叫子类，继承自 Pen 类。

Pencil 类有一个与其基类 Pen 类同名的 write()方法，覆盖基类的 write()方法。在 Pencil 类的 write()方法前有一个关键字 new，作用是关闭覆盖警告。如果没有 new 关键字，编译器不会报告错误，但会给出一个警告。

2. 继承的概念

生活中有很多继承的例子。例如，在马路上跑的卡车，每天都乘坐的公共汽车，都是汽车。卡车有的特征：有货舱，有额定载重，行为是可以拉货、卸货。而公共汽车的特征：有客舱，有载客量，行为有报站、停靠站等。但是两个都有汽车的公共特征和行为：有车轮，可以行驶，可以刹车。这是一种继承关系，卡车和公共汽车都继承汽车。再比如，看到在天上飞的天鹅和水里游的野鸭，都是鸟类。天鹅的特征：迁徙地、颜色，行为可以是捕食。野鸭的特征：栖息地，行为有捕鱼、凫水。但无论是天鹅还是野鸭都有共同的特征和行为：有羽毛、翅膀，可以飞翔。

在 C# 中，一个类可以继承另一个类。例如，例 18-1 中 Pencil 类继承 Pen 类。被继承的类称为父类或者基类，继承其他类的类称为子类或者派生类。从例 18-1 的代码中也可以看出，继承是使用已存在的类的定义作为基础建立新类的技术，新类的定义可以增加新的数据或新的功能，也可以用已存在的类的功能。

继承是面向对象编程中一个非常重要的特性。在有继承关系的两个类中，子类不仅具有独有的成员，还具有父类的成员。如图 18-2 所示。

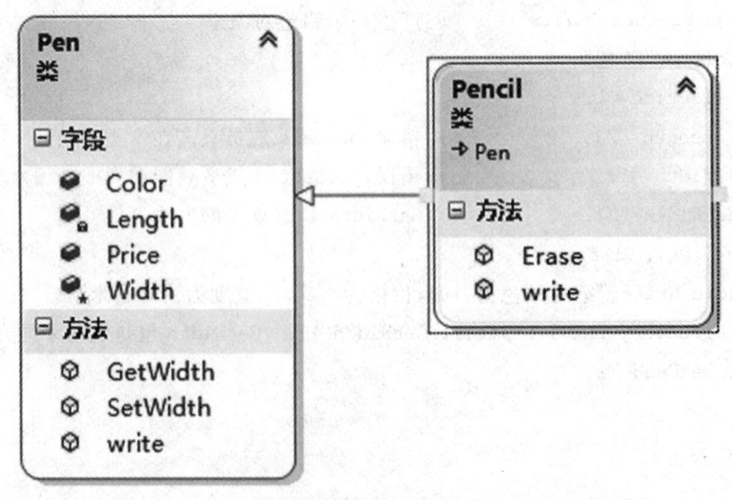

图 18-2　类的继承关系

继承关系在类图中表示为一个箭头，箭头指向的是父类。子类 Pencil 继承自父类 Pen。子类继承了父类的 Color、Length、Price 和 Width 属性，同时继承了父类的 GetWidth、SetWidth 和 write 方法。但也有 Erase 和 write 方法。

继承要符合 is a 的关系。即“子类 is a 父类”。例如，卡车是汽车，卡车 is a 汽车；Student 是 Person，Student is a person。

18.1.2　技能训练(利用继承重构 PM 类和 SE 类)

在 MyERM 项目中，有 PM 类和 SE 类，通过类图对比一下两个类之间的关系，如图 18-3 所示。

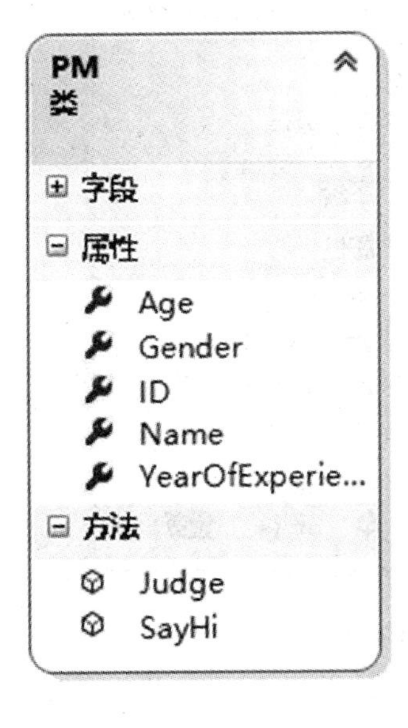

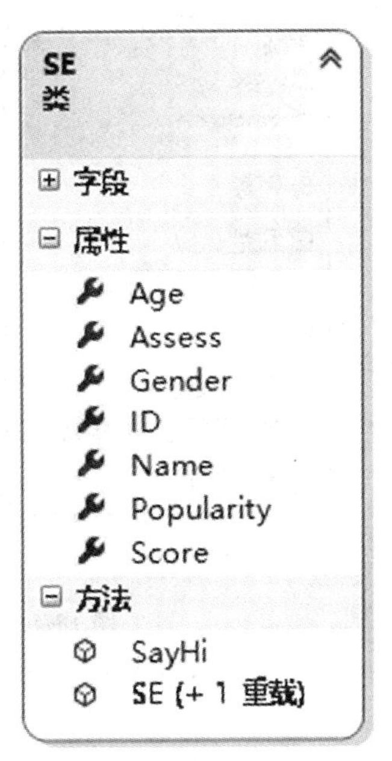

图 18-3　PM 类和 SE 类结构对比

很显然，从图 18-3 中可以看出两个类有完全相同的属性：年龄(Age)、性别(Gender)、编号(ID) 和姓名 (Name)，也就是说两个类中描述这些相同属性的代码也是相同的。如果要扩展这个程序，加入 CEO (首席执行官)、CTO (首席技术官)和 CFO (首席财务官)之类的角色，必然也有年龄、性别、编号和姓名这些属性，编码时因为岗位的不同会编写大量关于这些属性的重复代码，造成冗余。随着系统规模的扩大，冗余越来越多，从商业开发的角度考虑，这样冗余的代码是不可容忍的。如何避免这种冗余，把冗余代码集中起来重复利用呢？这里就用到了继承的方式，把公共的属性或方法来单独提取出来，形成一个父类供不同的子类继承。

【例 18-2】 在 MyERM 项目中，利用继承重构员工类(SE)和项目经理类(PM)。

参考步骤

(1)创建一个新类 Employee，将 PM 类和 SE 类中的公共属性年龄(Age)、性别(Gender)、编号(ID) 和姓名 (Name)都提取出来放在这个类中，如图 18-4 所示。

(2)删除 PM 类和 SE 类中的公共部分，保留各自独有的成员，如图 18-4 所示。

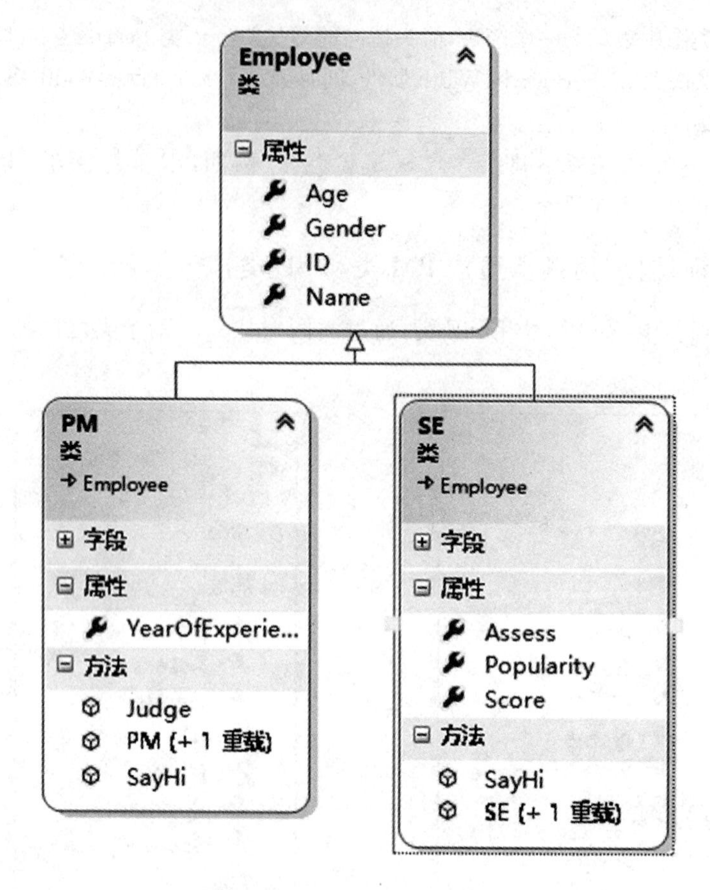

图 18-4 提取冗余代码之后

(3)编写代码验证是否成功复用代码,PM 类和 SE 类还能否使用提取出来的属性。

程序代码

```
/// <summary>
///员工类
/// </summary>
public class Employee
{
    /// <summary>
    ///工号
    /// </summary>
    public string ID { get; set; }
    /// <summary>
    ///年龄
    /// </summary>
    public int Age { get; set; }
    /// <summary>
    ///姓名
    /// </summary>
```

```
    public string Name { get; set; }
    /// <summary>
    ///性别
    /// </summary>
    public Gender Gender { get; set; }
}
/// <summary>
///项目经理类
/// </summary>
class PM : Employee
{
    public PM(string id,string name,int age,Gender gender,int yearOfExperience)
    {
        this.ID = id;
        this.Name = name;
        this.Age = age;
        this.Gender = gender;
        this.YearOfExperience = yearOfExperience;
    }
    public PM() { }
    /// <summary>
    ///资历
    /// </summary>
    private int _yearOfExperience;
    public int YearOfExperience
    {
        get { return _yearOfExperience; }
        set { _yearOfExperience = value; }
    }
    /// <summary>
    ///问好
    /// </summary>
    /// <returns>问好的内容</returns>
    public string SayHi()
    {
        string message;
        message = string.Format(
            "大家好,我是 {0} ,今年 {1} 岁,项目管理经验 {2}年。",
            this.Name,this.Age,this.YearOfExperience);
        return message;
    }
```

```
}
/// <summary>
///软件工程师类(员工类)
/// </summary>
public class SE:Employee
{
    /// <summary>
    ///带参构造函数
    /// </summary>
    /// <param name = "id">工号</param>
    /// <param name = "name">姓名</param>
    /// <param name = "age">年龄</param>
    /// <param name = "gender">性别</param>
    /// <param name = "popularity">人气值</param>
    public SE(string id,string name,int age,Gender gender,int popularity)
    {
        this.ID = id;
        this.Name = name;
        this.Age = age;
        this.Gender = gender;
        this.Popularity = popularity;
    }
    public SE() { }
    /// <summary>
    ///人气值
    /// </summary>
    private int _popularity = 0;
    public int Popularity
    {
        get { return _popularity; }
        set { _popularity = value; }
    }
    public string SayHi()
    {
        string message = string.Format("大家好,我是 {0},今年 {1}岁,工号是
        {2},我的人气值高达 {3}!",this.Name,this.Age,this.ID,this.Popularity);
        return message;
    }
}
/// <summary>
///创建 SE 和 PM 对象并测试输出
```

```
/// </summary>
private void btnTest_Click(object sender,EventArgs e)
{
    //实例化一个程序员对象
    SE engineer = new SE("110" "沈梦",20,Gender.male,100);
    //实例化一个 PM 对象
    PM pm = new PM("290" "陈良敏",40,Gender.female,20);
    MessageBox.Show(engineer.SayHi() + "\n" + pm.SayHi());
}
```

从例 18-2 中可以看出,将公共属性提取到 Employee 类以后,PM 类和 SE 类的带参构造函数仍然可以给这些属性赋值。运行结果如图 18-5 所示。

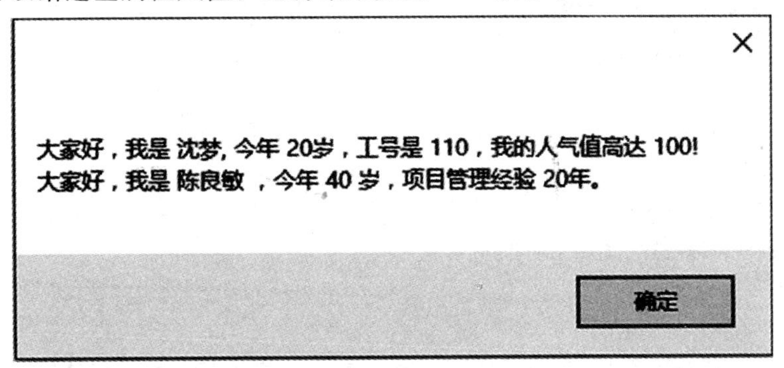

图 18-5 提取公共属性后的运行结果

18.1.3 base 关键字和 protect 修饰符

通过以上的学习已经了解了继承的概念,下面继续学习在继承关系中如何访问父类的成员。this 表示当前实例,通过访问类本身的成员。C# 中还有一个关键字 base,表示父类,可以用于访问父类的成员。例如,调用父类的属性、方法,在例 18-2 中 PM 类的 sayHi()方法中就调用父类 Employee 的成员 (base. Name、base. Age)。

```
/// <summary>
///问好
/// </summary>
/// <returns>问好的内容</returns>
public string SayHi()
{
    string message;
    message = string.Format(
        "大家好,我是 {0} ,今年 {1} 岁,项目管理经验 {2}年。",
        base.Name,base.Age,this.YearOfExperience);
    return message;
}
```

从上面的代码可以看出,在子类中可以用 base 调用父类的属性。实际上,还可以用

base 关键字调用父类的方法及父类的构造函数，这部分内容在后面的下一节“子类构造函数”部分将会详细讲解。

父类中的成员如果用 private 修饰，作为私有成员，其他任何类都无法访问。如果设置为公有(public)成员，则任何类都可以访问该成员，这不符合要求。C#中提供了另一种访问修饰符 protected，被这个访问修饰符修饰的成员允许被其子类访问，而不允许其他非子类访问。

【例 18-3】 在 MyERM 项目中，将父类 Employee 的属性都改为 protected 修饰。

程序代码

```
/// <summary>
///员工类
/// </summary>
public class Employee
{
    /// <summary>
    ///工号
    /// </summary>
    protected string ID { get; set; }
    /// <summary>
    ///年龄
    /// </summary>
    protected int Age { get; set; }
    /// <summary>
    ///姓名
    /// </summary>
    protected string Name { get; set; }
    /// <summary>
    ///性别
    /// </summary>
    protected Gender Gender { get; set; }
}
/// <summary>
///项目经理类
/// </summary>
class PM:Employee
{
    public PM(string id,string name,int age,Gender gender,int yearOfExperience)
    {
        this.ID = id;
        this.Name = name;
        this.Age = age;
        this.Gender = gender;
```

```
            this.YearOfExperience = yearOfExperience;
        }
        public PM() { }
        //省略其他属性及方法
    }
    /// <summary>
    ///创建 SE 和 PM 对象并测试输出
    /// </summary>
    private void btnTest_Click(object sender,EventArgs e)
    {
        //实例化一个 PM 对象
        PM pm = new PM("290","陈良敏",40,Gender.female,20);
        MessageBox.Show(pm.SayHi());
    }
```

程序分析

如代码所示，将父类 Employee 的属性都改为 protected 修饰，于是 Employee 的属性只能由子类访问，而其他类，如 Program 类就不可以再访问了 。

在例中展示了子类访问父类受保护成员，如果想在 program 类中声明 Employee 对象，访问其受保护的成员，就会发现此时只能提示不会显示受保护成员。

Public、private 和 protected 这三种修饰符的区别如表 18-1 所示。

表 18-1 public、private 和 protected 的区别

修饰符	类内部	子类	其他类
public	可以	可以	可以
protected	可以	可以	不可以
private	可以	不可以	不可以

从表 18-1 中可以看出，三种访问修饰符对类成员的访问限制强度：private > protected > public。

18.1.4 子类的构造函数

在 C# 中，一个子类继承父类后，两者的构造函数又有何关系呢？

1. 隐式调用父类构造函数

子类继承父类，那么子类对象在创建的过程中，父类起了什么作用呢？下面通过示例 18-4 展示子类对象的构造过程。

【例 18-4】 在 MyERM 项目中，SE 对象隐式调用父类无参构造函数。

程序代码

```
/// <summary>
///员工类
/// </summary>
public class Employee
```

```
{
    public Employee()
    {
        System.Windows.Forms.MessageBox.Show("执行父类无参构造函数!");
    }
    public Employee(string id,int age,string name,Gender gender)
    {
        this.ID = id;
        this.Age = age;
        this.Name = name;
        this.Gender = gender;
    }
//省略其他属性
}
/// <summary>
///软件工程师类(员工类)
/// </summary>
public class SE:Employee
{
    /// <summary>
    ///带参构造函数
    /// </summary>
    /// <param name = "id">工号</param>
    /// <param name = "name">姓名</param>
    /// <param name = "age">年龄</param>
    /// <param name = "gender">性别</param>
    /// <param name = "popularity">人气值</param>
    public SE(string id,string name,int age,Gender gender,int popularity)
    {
        this.ID = id;
        this.Name = name;
        this.Age = age;
        this.Gender = gender;
        this.Popularity = popularity;
    }
    public SE()
    {

    }
    /// <summary>
    ///人气值
```

```
        /// </summary>
        private int _popularity = 0;
        public int Popularity
        {
            get { return _popularity; }
            set { _popularity = value; }
        }
        public string SayHi()
        {
            string message = string.Format("大家好,我是 {0},今年 {1}岁,工号是
            {2},我的人气值高达 {3}!",this.Name,this.Age,this.ID,this.Popularity);
            return message;
        }
    }
    //测试输出
    private void btnShow_Click(object sender,EventArgs e)
    {
        //实例化一个程序员对象
        SE engineer = new SE("110","沈梦",20,Gender.male,100);
        MessageBox.Show(engineer.SayHi() );
    }
```

程序的执行结果是先输出如图 18-6 所示对话框,再输出图 18-7 所示内容。

图 18-6　调用父类无参构造函数

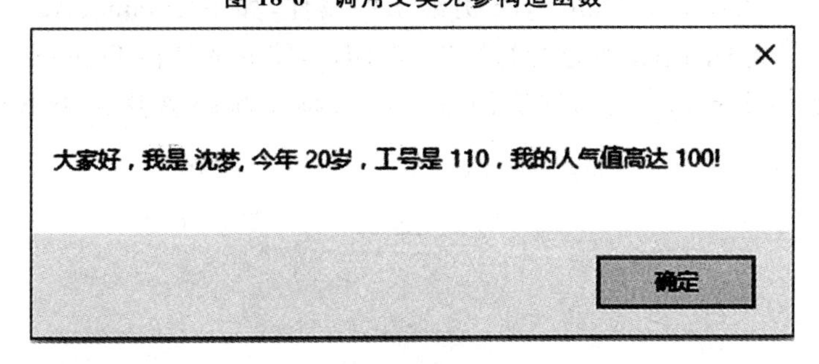

图 18-7　子类对象 SayHi 方法

从例 18-4 的执行结果可以看出,调用子类 SE 的构造函数创建 SE 对象时自动调用了父类的无参构造函数。经过单步调试会发现,创建子类对象时会首先调用父类的构造函数,然

后才会调用子类本身的构造函数。由于没有指明要调用父类的哪一个构造函数，所以系统隐式地调用了 父类的无参构造函数。

2. 显式调用父类构造函数

C＃也可以用 base 关键字调用父类的构造函数。只要在子类的构造函数后添加"：base（参数列表）"，就可以指定该子类的构造函数调用父类的哪个构造函数了。这样便可以实现继承属性的初始化，然后在子类本身的构造函数中完成对子类特有属性的初始化即可，如示例 18-5 所示。

【例 18-5】 在 MyERM 项目中，SE 对象显式调用父类无参构造函数。

问题分析

与例 18-4 比较，修改了 SE 类的构造函数。

程序代码

```
//Employee 类的构造函数
public Employee(string id,int age,string name,Gender gender)
{
    this.ID = id;
    this.Age = age;
    this.Name = name;
    this.Gender = gender;
}
//SE 类构造函数
public SE(string id,string name,int age,Gender gender,int popularity):
    base(id,age,name,gender)
{
    //this.ID = id;
    //this.Name = name;
    //this.Age = age;
    //this.Gender = gender;
    this.Popularity = popularity;
}
```

在示例 18-5 中，SE 类从 Employee 类继承的属性，如 ID、Name、Age 和 Gender 通过 base 关键字调用父类的构造函数进行初始化，而 SE 类特有的属性 Popularity 在 SE 类的构造函数中初始化。同样 PM 类的构造函数也可以通过 base 调用父类 Employee 的构造函数。

18.2　继承的应用

18.2.1　继承的主要特性

1. 继承的传递性

前面简单介绍了继承，这里再分析继承的一些主要特性。

比如在生活中，卡车和公共汽车都是汽车，都具备汽车的特性。卡车有可以分为小型卡车和重型卡车，公共汽车还可以分为单层公共汽车和双层公共汽车，如图 18-8 所示。

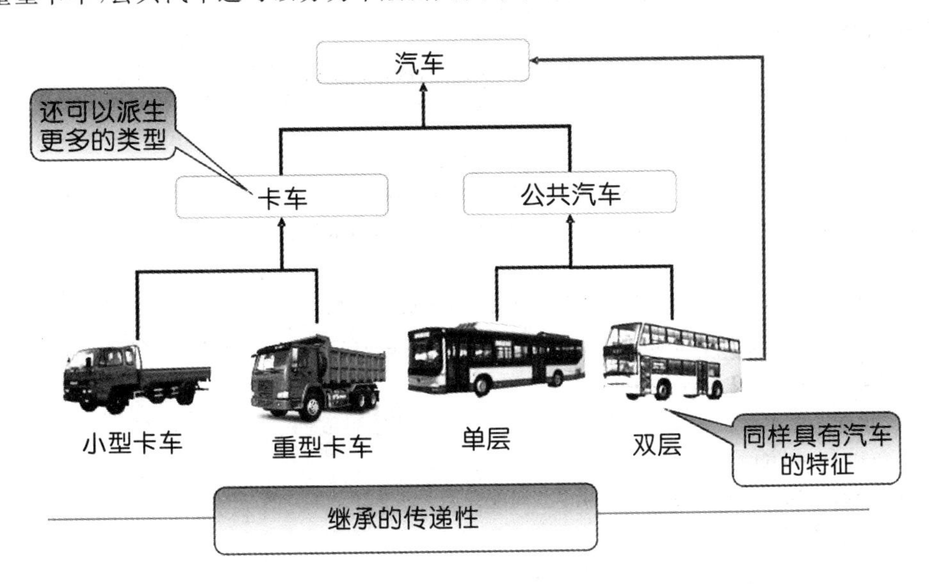

图 18-8　继承的传递性

再定义一个 Person 类，具备人类的一些基本属性，如姓名、年龄、性别、身高和体重等。那么可以定义教师类(Teacher)继承 Person 类，教师类具有人类的各种特征，同时又有教师自己的特征，如学科。以此类推，再定义教授类(Professer)继承 Teacher 类。

继承需要符合 is a 的关系，“Professer is a Teacher，Teacher is a Person，Professor is a Person ”，这就是继承的传递性。

2. 继承的单根性

假如有这样的人既是运动员(Athlete)，也是艺术家(Artist)，能否这样定义这一类人呢?

```
Pulic class SuperMan:Athlete,Artist
{
}
```

在 C# 中这种定义是不被允许的，C# 语言明确规定：一个子类不允许同时继承多个父类。

继承的单根性是指子类只能继承一个父类，不能同时继承多个父类。就好比儿子只能有一个父亲(亲生的)，派生类只能从一个类中继承，继承不支持多重继承。这样规定是为了避免代码结构的复杂性。

3. is a 的应用

【例 18-6】 在 MyERM 项目中,实现案例中所有人员,包括 SE 和 PM 的问好功能,并且要求所有对象都存储在泛型集合 List<T>中。

问题分析

已经知晓 List<T>会对类型进行约束,SE 和 PM 属于不同类型,那么怎样加入到同一个集合中呢?由于 SE 和 PM 都继承 Employee,即 SE is a Employee,PM is a Employee,所以可以定义一个 List<Employee>的集合,SE 和 PM 都可以加入到这个集合中。当要遍历集合进行问好时,只需要对每个对象的类型进行判断。

程序代码

```
private void btnSayHi_Click(object sender,EventArgs e)
{
    //实例化程序员对象
    SE ai = new SE("110","郑秋蕊",18,Gender.female,100);
    SE joe = new SE("111","周毅",19,Gender.female,200);
    //实例化 PM 对象
    PM pm = new PM("880","侯海平",30,Gender.male,10);
    List<Employee> empls = new List<Employee>();
    empls.Add(ai);
    empls.Add(joe);
    empls.Add(pm);
    StringBuilder strSayHi = new StringBuilder();
    //遍历问好
    foreach (Employee empl in empls)
    {
        if (empl is SE)
        {
            strSayHi.Append(((SE)empl).SayHi());
            strSayHi.Append("\n");
        }
        if (empl is PM)
        {
            strSayHi.Append(((PM)empl).SayHi());
            strSayHi.Append("\n");
        }
    }
    MessageBox.Show(strSayHi.ToString());
}
```

程序运行结果如图 18-9 所示。

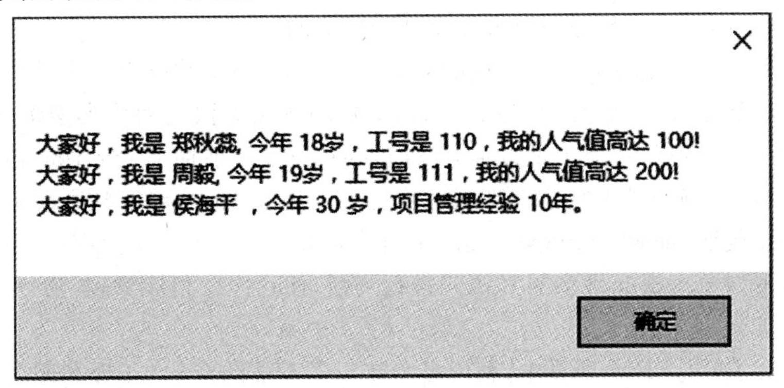

图 18-9 员工问好

程序分析

例 18-6 中遍历 empls 集合时用了 is 关键字，这个关键字用来判断对象是否属于给定的类型。如果属于则会返回 true，否则返回 false。if (empl is SE) 表示判断 empl 对象是否是 SE 类型。

18.2.2 继承的重要性

回顾在本章中学习的例子，体会一下继承的特点，将会在开发中带来很多便利。

- 继承模拟了现实世界的关系，OOP 中强调一切皆对象，这符合面向对象编程的思考方向。
- 继承实现了代码的重用，这在示例中已经有所体会，合理地使用继承，会使代码更加简洁。
- 继承使得程序结构清晰，子类和父类的层次结构清晰，最终的目的是使子类只关注子类的相关行为和状态，无须关注父类的行为与状态。例如，学员 (Student) 只需要管理学号、爱好这种属性，而公共的姓名、年龄、性别属性交给父类 (person) 管理。

18.3 多态

18.3.1 理解多态

多态性是指同一操作作用于不同类的实例，这些类进行不同的解释，从而产生不同的执行结果的现象。在 C# 中有两种多态性：编译时的多态性和运行时的多态性。

编译时的多态性是通过方法的重载实现的，由于这些同名的重载方法或者参数类型不同或者参数个数不同，所以编译系统在编译期间就可以确定用户所调用的方法是哪一个重载方法。

运行时的多态性是通过继承和虚成员来实现的。运行时的多态性是指系统在编译时不确定选用哪个重载方法，而是直到程序运行时，才根据实际情况决定采用哪个重载方法。编译时的多态性具有运行速度快的特点，而运行时的多态性则具有极大的灵活性。

方法的重载已在前面做过详细的介绍，此处只介绍通过虚方法来实现运行时的多态性。

virtual 修饰符不能与修饰符 static、abstract 和 override 一起使用。虚方法的执行方式可以被其派生类所改变,具体实现是通过方法重载来完成的。

前面介绍的普通方法重载要求重载的方法名称相同,但参数类型或参数个数不同,而虚方法重载要求方法名称、参数类型、参数个数、参数顺序及方法返回值类型都必须与基类中的虚方法完全一样。在派生类中重载虚方法时,要在方法名前加上 override 修饰符。

回顾例 18-6,在遍历员工集合实现问好功能时,需要用 is 关键字判段每个员工的类型。这时会带来一个问题,如果 Employee 类的子类非常多,SayHi()方法各不相同,那么在程序中就要对众多的对象编写非常多的 if 语句进行判断,使程序变得庞大,扩展困难。如何解决这个问题呢? 如例 18-7 所示。

【例 18-7】 在 MyERM 项目中,利用虚函数与多态性的演示,实现案例中所有人员,包括 SE 和 PM 的问好功能,并且要求所有对象都存储在泛型集合 List<T>中。

程序代码

```
//修改 Employee 类的 SayHi()方法
public virtual string SayHi()
{
    string message = string.Format("大家好!");
    return message;
}
//修改 SE 类的 SayHi()方法
public override string SayHi()
{
    string message = string.Format("大家好,我是 {0},今年 {1}岁,工号是 {2},我的人气值
高达 {3}!",this.Name,this.Age,this.ID,this.Popularity);
    return message;
}
//修改 PM 类的 SayHi()方法
public override string SayHi()
{
    string message;
    message = string.Format(
        "大家好,我是 {0} ,今年 {1} 岁,项目管理经验 {2}年。",
        this.Name,this.Age,this.YearOfExperience);
    return message;
}
//测试输出
private void btnSayHi2_Click(object sender,EventArgs e)
{
    //实例化程序员对象
    SE ai = new SE("112","闫月艳",18,Gender.female,100);
    SE joe = new SE("113","查米雪",19,Gender.female,200);
    //实例化 PM 对象
```

```
        PM pm = new PM("880","胡配祥",40,Gender.male,20);
        List<Employee> empls = new List<Employee>();
        empls.Add(ai);
        empls.Add(joe);
        empls.Add(pm);
        StringBuilder strSayHi = new StringBuilder();
        //遍历问好
        foreach (Employee empl in empls)
        {
            //不需要判断,直接调用 SayHi()方法
            strSayHi.Append(empl.SayHi());
            strSayHi.Append("\n");
        }
        MessageBox.Show(strSayHi.ToString());
    }
```

程序运行结果如图 18-10 所示。

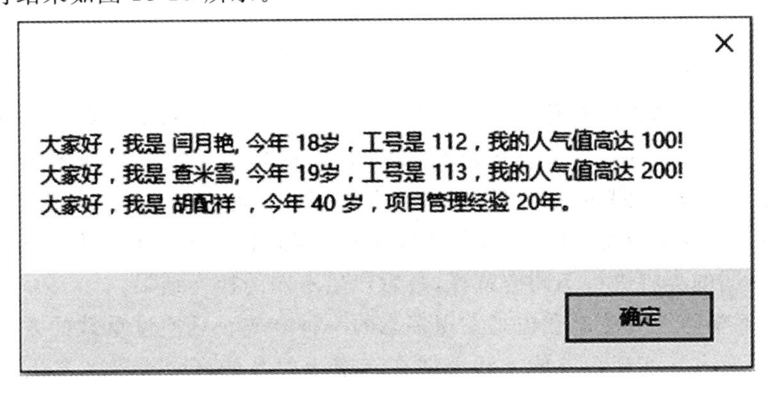

图 18-10　重写虚方法

程序分析

例 18-7 中实现问好直接调用 SayHi( )方法,代码明显比示例 18-6 简洁,无须考虑集合中的对象是何种类型,就可以实现。

观察例 18-7 中的代码,在父类中定义了下面的方法。

```
public virtual string SayHi()
{
    //省略方法体
}
```

像这种使用 virtua 关键字修饰的方法,称为虚方法。虚方法有方法体。

在子类中定义这样的方法:

```
public override string SayHi()
{
    //省略方法体
}
```

像这种通过 overide 关键字来修饰的方法，称为方法的重写。虚方法可以被重写。

经过验证，例 18-7 的结果和例 18-6 的做法结果完全一致。观察最后几段代码，当遍历父类对象并调用其 SayHi()方法时，无须考虑子类到底是什么类型，就可以正确地调用子类的相关方法。不同的对象对于同一个方法调用（如 SayHi()方法）。有着不同的执行结果，称这种特性为多态（Polymorphism），在例 18-7 中，在父类中定义了虚方法，然后在子类中重写其虚方法，从而实现面向对象的多态。

父类中定义的虚方法并非必须被子类重写。在父类中可以给出虚方法的默认实现。如果子类不重写父类的虚方法，则依然执行父类的默认实现。如果子类重写了父类的虚方法，则执行子类重写后的方法。

18.3.2 实现多态

1. 多态的概念

在生活中有许多多态的例子。例如，喜鹊（Magpie）、老鹰（Eagle）、企鹅（Penguin）都有进食（Eat）行为，但是进食行为的情形是不一样的。

- 喜鹊喜欢吃虫子。
- 老鹰喜欢吃肉。
- 企鹅喜欢吃鱼。

可以把三种不同的生物看作三个不同的子类对象，继承自鸟类（Bird）。每个对象得到同一个消息——**"Eat"**，这个命令意味着不同的含义，这是一个生活中的多态。从面向对象编程的角度思考，三种不同的对象对于同一个方法调用表现出了不同的行为。

多态按字面的意思就是"多种形态"，在 C＃ 中，多态性的定义是：同一操作作用于不同的类的实例，不同的类将进行不同的解释，最后产生不同的执行结果。

其实在前面学习的方法重载也是实现多态的一种方式。只不过重载的方法都在同一个类中，而这里用虚方法实现多态的方法分散在有继承关系的多个类中。方法重载也称为方法的多态。

2. 实现多态

例 18-7 已经告诉如何用虚方法实现多态，现总结如下。

(1)实现方法重写。

- 父类中定义 SayHi()方法，用 virtual 关键字定义为虚方法。
- 在子类中定义子类自己的 SayHi()方法，用 override 关键字修饰，就实现了对父类 SayHi()方法的重写。

(2)定义父类变量，用子类对象初始化父类变量，如代码。

```
Employee ema = new SE("210","Ema",33,Gender.female,100);
```

直接用这个父类变量就可以调用子类的 SayHi()方法，系统可以根据对象运行时的类型决定调用哪个方法，从而实现类的多态性。

18.3.3 技能训练（用多态实现计算器）

【**例 18-8**】 使用多态实现计算器，效果如图 18-11 所示。

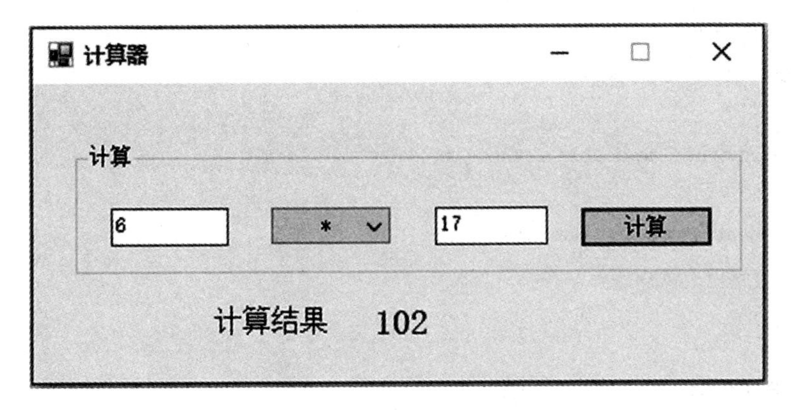

图 18-11 使用多态实现计算器

参考步骤

(1)创建父类 Operation。

- 添加属性 NumberA 和 NumberB。
- 定义虚方法 GetResult(),返回类型为 double。

(2)依次创建实现加、减、乘、除的子类,如 OperationAdd 等,继承父类并重写虚方法 GetResult()。

(3)实现计算响应事件。

(4)根据不同运算符,创建不同子类的对象。

(5)初始化操作数并执行计算。

程序代码

```
//父类 Operation
class Operation
{
    public double NumberA { get; set; }
    public double NumberB { get; set; }
    public virtual double GetResult()
    {
        double result = 0;
        return result;
    }
}
//实现加法的类
class OperationAdd:Operation
{
    public override double GetResult()
    {
        double result = NumberA + NumberB;
        return result;
    }
}
```

```
//实现乘法的类
class OperationMul:Operation
{
    public override double GetResult()
    {
        double result = NumberA * NumberB;
        return result;
    }
}
//实现除法的类
public override double GetResult()
{
    if (NumberB == 0)
    {
        throw new Exception("除数不能为0!");
    }
    double result = NumberA/NumberB;
    return result;
}
//实现减法的类
class OperationSub:Operation
{
    public override double GetResult()
    {
        double result = NumberA - NumberB;
        return result;
    }
}
//计算器窗体
public partial class FrmCalc:Form
{
    public FrmCalc()
    {
        InitializeComponent();
        this.cmdOper.SelectedIndex = 0;
    }
    private void btnCalc_Click(object sender,EventArgs e)
    {
        #region 验证
        if (string.IsNullOrEmpty(this.txtLeftOper.Text.Trim()))
        {
```

```
        MessageBox.Show("操作数不能为空!");
        this.txtLeftOper.Focus();
        return;
    }
    if (string.IsNullOrEmpty(this.txtRightOper.Text.Trim()))
    {
        MessageBox.Show("操作数不能为空!");
        this.txtRightOper.Focus();
        return;
    }
    #endregion
    //设置符号
    try
    {
        Operation opr = new Operation();
        switch (this.cmdOper.SelectedItem.ToString().Trim())
        {
            case "+":
            {
                opr = new OperationAdd();
                break;
            }
            case "-":
            {
                opr = new OperationSub();
                break;
            }
            case "*":
            {
                opr = new OperationMul();
                break;
            }
            case "/":
            {
                opr = new OperationDiv();
                break;
            }
        }
        //设置参与计算的数据
        opr.NumberA = double.Parse(this.txtLeftOper.Text.Trim());
        opr.NumberB = double.Parse(this.txtRightOper.Text.Trim());
```

```
            //计算
            this.lbResult.Text = opr.GetResult().ToString();
            this.lbInfo.Visible = true;
            this.lbResult.Visible = true;
        }
        catch (Exception ex)
        {
            MessageBox.Show("发生错误!" + ex.Message);
        }
    }
}
```

18.3.4 里氏替换原则

在例 18-6 中泛型集合 List<Employee>用于存储员工对象,包括 PM 和 SE 对象,为什么用父类类型约束的泛型集合可以存储子类对象呢? 如下面的代码。

```
//实例化程序员对象
SE ai = new SE("110","郑秋蕊",18,Gender.female,100);
//实例化 PM 对象
PM pm = new PM("880","侯海平",30,Gender.male,10);
//定义父类的泛型集合
List<Employee> empls = new List<Employee>();
//保存不同类型的子类对象
empls.Add(ai);
empls.Add(pm);
```

在代码中定义了两种不同的员工对象(PM 对象和 SE 对象),泛型集合可以保存这两种不同类型的员工对象。在之前曾经指出,原则上子类对象可以赋给父类对象,也可说子类可以替换父类并且出现在父类能够出现的任何地方,且程序的行为不会发生变化。但是反过来,父类对象是不能替换子类对象的。这种特性被称作"里氏替换原则"(Liskor Substitution Principle)。

1. 里氏替换原则的应用

里氏替换原则是软件设计应该遵守的重要原则之一。有了里氏替换原则,才使继承复用成为可能,只有当子类可以替换掉父类时,软件的功能不受影响,父类才能真正被复用,而子类也能够在父类的基础上增加新的行为。看下面一段代码,假如设计一个与鸟有关的系统,鸟类有会飞的行为,企鹅继承鸟类。

```
//父类,鸟类
public class Bird
{
    //飞行速度
    public double Speed { get;set;}
    //飞行方法
```

```
        public void Fly()
        {
        }
    }
    //企鹅类 Penguin
    public classPenguin:Bird
    {
        //……
    }
```

那么此时企鹅类是鸟类的子类，鸟类都会飞，有飞行速度的属性(speed)、飞行的行为Fly() 方法，企鹅不会飞怎么办？那就把 speed 属性设置为 0，在 Fly( )方法里什么也不做。

经过这么处理，看起来企鹅继承鸟类没有什么问题。但是如果要给鸟类定义一个计算飞跃长江时间的方法，此时能企鹅对象能代替鸟类对象吗？显然不能，因为企鹅不会飞，调用这个方法无法获得预期结果。因此，在这个场景下，企鹅类和鸟类之间的继承关系违反了里氏替换原则。在 C# 中有两个关键操作字可以体现里氏替换原则：is 和 as 操作符。

2. is 和 as 操作符的使用

is 操作符用于检查对象和指定的类型是否兼容。例如，在例 18-6 中，要判断员工集合中的一个元素是否是 SE 对象，就可以用下面一段代码。

```
    if (empls[i] is SE)
    {
        //……
    }
```

而 as 操作符主要用于两个对象之间的类型转换，如例 18-9 所示。

【例 18-9】 比较例 18-6，演示 as 操作符的使用。

程序代码

```
    private void btnSayHi_Click(object sender,EventArgs e)
    {
        //实例化程序员对象
        SE zheng = new SE("110","郑秋蕊",18,Gender.female,100);
        SE zhou = new SE("111","周毅",19,Gender.female,200);
        //实例化 PM 对象
        PM hou = new PM("880","侯海平",30,Gender.male,10);
        List<Employee> empls = new List<Employee>();
        empls.Add(zheng);
        empls.Add(zhou);
        empls.Add(hou);
        StringBuilder strSayHi = new StringBuilder();
        //遍历问好
        for (int i = 0; i < empls.Count; i++)
        {
            if (empls[i] is SE)
```

```
        {
            SE se = empls[i] as SE;
                strSayHi.Append(se.SayHi());
                strSayHi.Append("\n");
        }
        if (empls[i] is PM)
        {
                PM pm = empls[i] as PM;
                strSayHi.Append(pm.SayHi());
                strSayHi.Append("\n");
        }
    }
    MessageBox.Show(strSayHi.ToString());
}
```

例 18-9 在遍历员工列表时，先用 is 关键字判断员工属于项目经理还是程序员，判断完毕，用 as 关键字将员工对象转换成对应的 PM 对象或者 SE 对象。也可以用强制类型转换来替代 as 关键字，不同的是强制类型转换如果不成功将会报告异常，而 as 关键字如果转换失败会返回 null，不会产生异常。

用 as 操作符进行类型转换不会产生并常，但是这并不代表不需要异常处理。例如：

PM pm＝empls[i] as PM；

pm.SayHi()；

如果 empls[i]转换为 PM 失败，虽然这一句没有异常，但是下一句 pm.SayHi()就会报错了。

对于里氏转换，是建立在继承的基础之上，在有了继承以后，子类对象可以直接赋值给父类对象，即使用父类对象引用子类的对象，就好像将子类转换成了父类一样。而父类对象不能直接转换为子类对象，转换的前提是父类对象本身指向的就是要转的子类类型，因此在转换前需要使用 is 或 as 进行判断。

18.3.5 技能训练(模拟员工选择交通工具回家)

【例 18-10】 在 MyERM 项目中，模拟员工选择交通工具回家的行为。

问题分析

地铁(Tube)、小汽车(Car)和自行车(Bicycle)都有交通工具的一般特性：行驶。从中抽象出类关系，如图 18-2 所示。

根据里氏替换原则子类对象可以代替父类对象，在开发程序时可以编写父类类型作为形式参数的方法，在实际调用时传入子类对象，从而实现多态。

程序运行结果如图 18-12 所示。

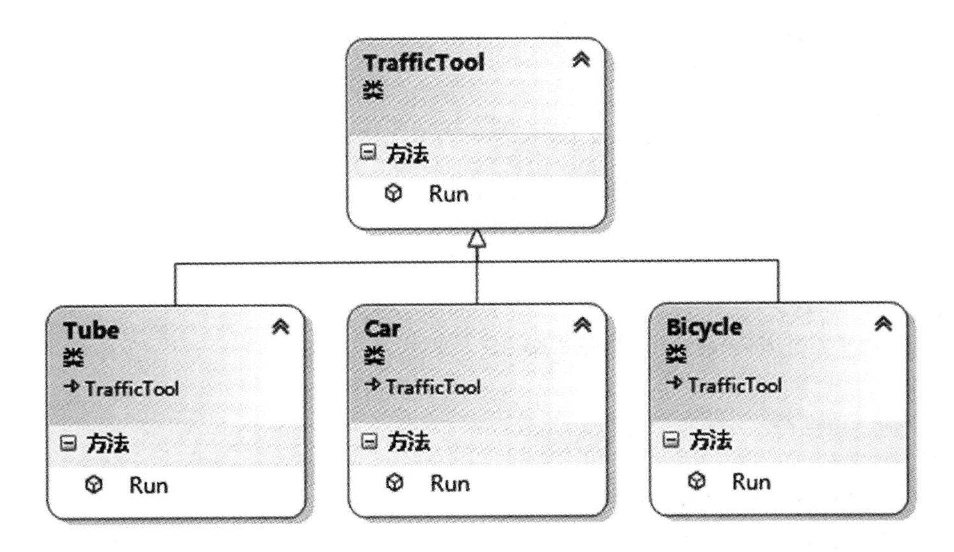

图 18-12 交通工具的类关系

程序代码

```
//交通工具基类
public class TrafficTool
{
    public virtual void Run()
    {
        Console.WriteLine("车在行驶!");
    }
}
//地铁类
class Tube:TrafficTool
{
    public override void Run()
    {
        Console.WriteLine("地铁运行中!");
    }
}
//自行车类
class Bicycle:TrafficTool
{
    public override void Run()
    {
        Console.WriteLine("自行车奔跑中!");
    }
}
//小汽车类
```

```
class Car:TrafficTool
{
    public override void Run()
    {
        Console.WriteLine("小汽车在行驶!");
    }
}
/// <summary>
///给员工类添加 GoHome()方法:搭乘交通工具回家
/// </summary>
public class Employee
{
    //Employee 类其他代码省略
    //搭乘交通工具回家
    public void GoHome(TrafficTool tool)
    {
        Console.WriteLine("员工:" + this.Name);
        tool.Run();
    }
}
/// <summary>
///测试类应用程序的主入口点。
/// </summary>
[STAThread]
static void Main()
{
    //实例化程序员对象
    SE jia = new SE("114","陈佳佳",18,Gender.female,100);
    SE yao = new SE("115","陈瑶",19,Gender.female,200);
    //实例化 PM 对象
    PM zheng = new PM("990","郑有庆",40,Gender.male,20);
    List<Employee> empls = new List<Employee>();
    empls.Add(jia);
    empls.Add(yao);
    empls.Add(zheng);
    //员工选择不同交通工具回家
    empls[0].GoHome(new Bicycle());
    empls[1].GoHome(new Tube());
    empls[2].GoHome(new Car());
    Console.ReadLine();
}
```

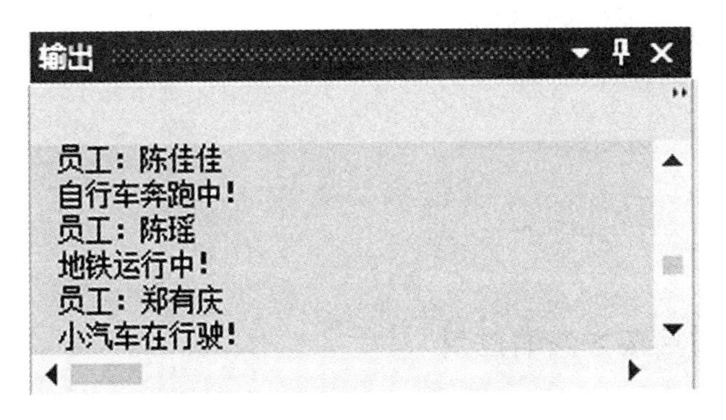

图 18-13 父类类型作为参数

例 18-10 中，Employee 类中 GoHome()方法以父类 TrafficTool 作为参数，可以接收子类类型，程序运行中自动判断实际参数属于那种子类，调用相应子类的方法，从而实现多态。

18.4 抽象类和抽象方法

18.4.1 抽象类与抽象方法

之前介绍了部分类的修饰符，但有一些还没有进一步阐述，例如密封类 sealed 修饰符和抽象类 abstract 修饰符。

密封类的声明方法是在类名前加上 sealed 修饰符，把一个类声明为密封类的原因是为了防止该类被其他类继承。如果试图将一个密封类作为其他类的基类，C#将提示出错。理所当然，密封类不能同时又是抽象类，即类的修饰符 abstract 和 sealed 不能同时使用。另外由于密封类不可能有派生类，所以，如果密封类实例中存在虚方法，则该方法将转化为非虚的，方法修饰符不再起作用。

抽象类表示一种抽象的概念，一般用于为派生类提供公共接口。在声明类时，在类名前有 abstract 修饰符则表示该类为抽象类。抽象类只能作为其他类的基类，不能被实例化，在抽象类中可以包含抽象方法和抽象访问器。

在例 18-10 中。TrafficTool 类代表交通工具。如果实例化，调用其中的 Run()方法，往往是没有意义的。因为交通工具本身是一个抽象的、宏观的概念，不是某一个具体的交通工具。假如不希望这个父类被实例化，并且只提供方法的定义，自己不去实现，而让子类实现这些方法，那么该如何做呢？在 C#中是用抽象类和抽象方法来解决这个问题。抽象方法是一个没有实现的方法，通过在定义方法时增加关键字 abstract 可以声明抽象方法，其语法格式如下。

语法：访问修饰符 abstract 返回类型方法名()；

值得注意的是抽象方法没有方法体，即没有闭合的大括号，而是直接跟了一个分号。

抽象类也可以包含有具体实现的方法，但是含有抽象方法的类必然是抽象类，语法格式如下。

语法：访问修饰符 abstract class 类名{ }

在例 18-10 中，TrafficTool 类中的 Run()方法是不能直接实现的，应该由子类实现。为了避免 TrafficTool 类被错误实例化，将 Run()方法改为抽象方法，TrafficTool 类修改为抽象类，如下所示。

```
Public abstract class TrafficTool
{
    Public abstract void Run();
}
```

18.4.2 抽象类与抽象方法的应用

1. 实现抽象方法

当从一个抽象父类派生一个子类时，子类继承父类的所有特征，包括未实现的抽象方法。抽象方法必须在子类实现，除非子类也是抽象类。与子类重新父类的虚方法一样，在子类中也是使用 override 关键字来重写抽象方法的，通过 override 关键字可以自由地重写方法。

语法：访问修饰符 override 返回类型方法名()；

2. 抽象方法应用

【例 18-11】 在 MyERM 项目中，程序员的日常工作可分为编码、测试等，要求员工在月度总结时提交基本工作内容。

问题分析

例中员工选择属于不同的工作任务。如图 18-14 所示。

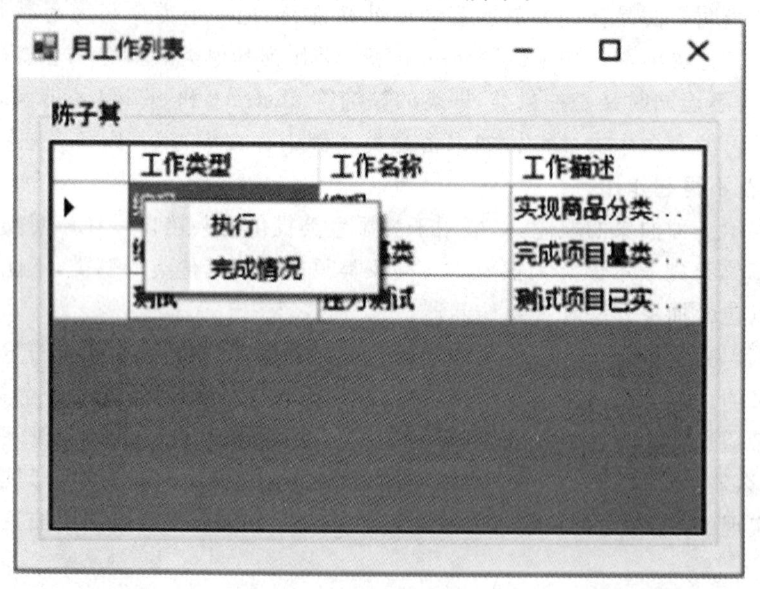

图 18-14 员工月度工作

然后选择“执行”命令显示不同的窗体，提交不同的工作。如图 18-15 和 18-16 所示。

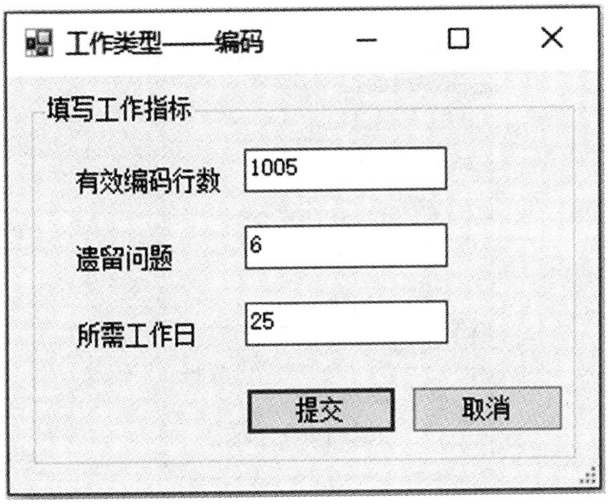

图 18-15　编码工作

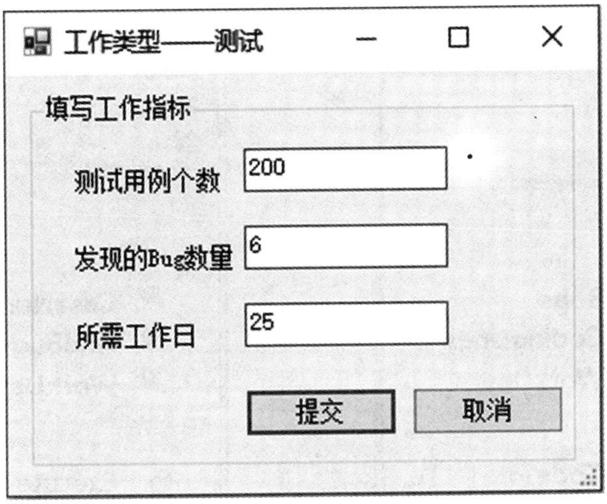

图 18-16　测试工作

如何实现这种功能？显然编码工作和测试工作同属于日常工作，只是表现形式不同，因此可以自然而然想到多态。那么，从编码工作和测试工作抽象出工作类(Job)后，为了不让Job类被实例化，因为job类是个抽象的内容而非实际中的一项工作，所以Job类可以定义为抽象类。如图18-17所示。

从类图中可以看出，测试工作类(TestJob)和编码工作类都继承自工作类(Job)，Job类提供抽象方法Execute()约束TestJob和CodeJob的行为。

程序代码

```
//父类:工作类
public abstract class Job
{
    //工作类型
    public string Type { get; set; }
    //工作名称
```

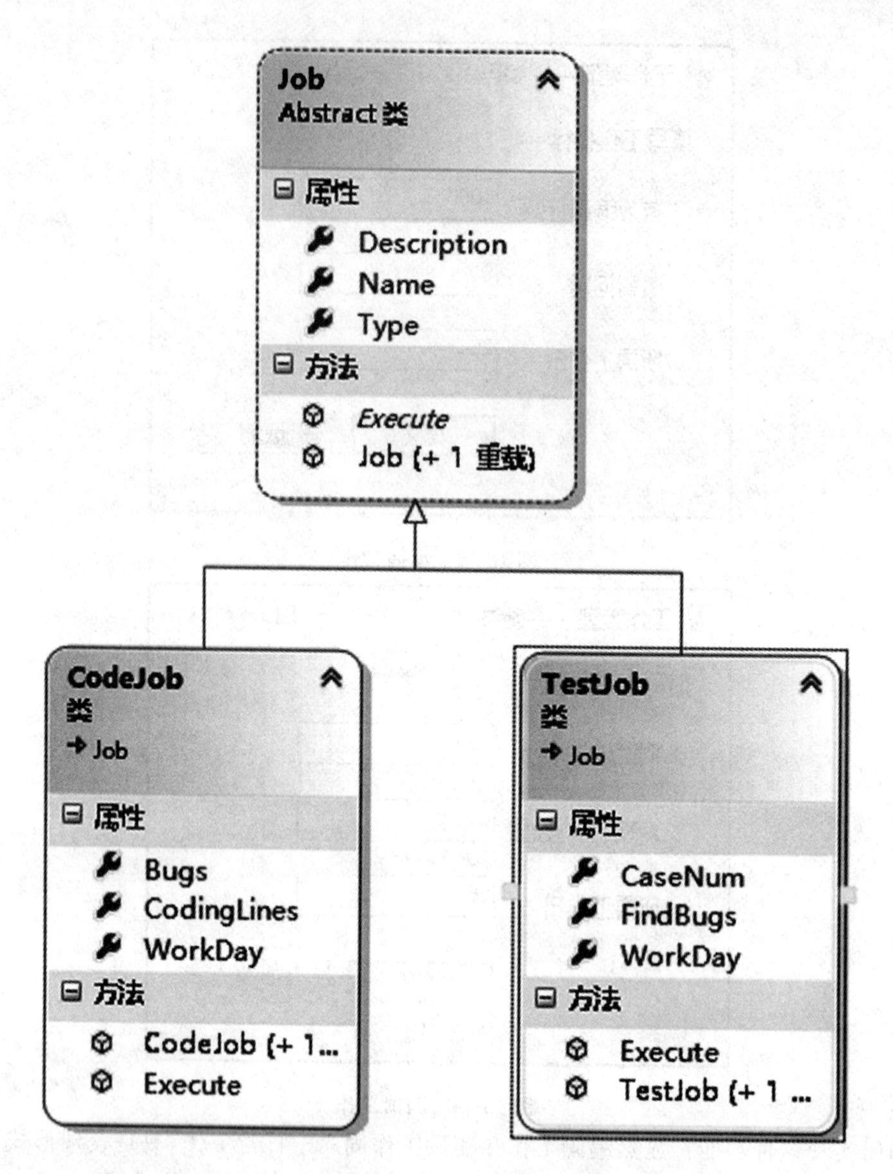

图 18-17　工作类关系图

```
public string Name { get; set; }
//描述
public string Description { get; set; }
public Job(string type,string name,string descrition )
{
    this.Type = type;
    this.Name = name;
    this.Description = descrition;
}
//执行
public abstract void Execute();
```

```
}
//编码工作类
public class CodeJob:Job
{
    public CodeJob(string type,string name,string desc):base(type,name,desc) { }
    //有效编码行数
    public int CodingLines { get; set; }
    //目前没有解决的 Bug 个数
    public int Bugs { get; set; }
    //用时-工作日
    public int WorkDay { get; set; }
    //实现抽象 Job 的 Execute 方法
    public override void Execute()
    {
        FrmCodeExe frmCodeExe = new FrmCodeExe();
        frmCodeExe.ShowDialog();
    }
}
//测试工作类
public class TestJob:Job
{
    public TestJob(string type,string name,string desc):base(type,name,desc) { }
    //编写的测试用例个数
    public int CaseNum { get; set; }
    //发现的 Bugs
    public int FindBugs { get; set; }
    //用时
    public int WorkDay { get; set; }
    //实现抽象 Job 的 Execute 方法
    public override void Execute()
    {
        FrmTestExe frmTestExe = new FrmTestExe();
        frmTestExe.ShowDialog();
    }
}
```

18.5 接口

在面向对象的编程体系中，系统的各种功能都是由许许多多的对象协作完成的。对象之间的协作关系成了系统设计的关键，尤其在团队开发过程中为了遵循一定的规范，通常需要引入接口。

18.5.1 定义接口

在前面介绍继承时，曾介绍了 C# 的继承是具有单根性的，即一个子类只能有一个父类，这样做是避免出现继承的一些问题。但有些情况下，人们希望能同时继 承两个类的特性，出现这样的情况该如何解决呢？使用接口就可以解决这样的问题。

在现实世界中，接口就是一套规范，只要满足这个规范的设备就可以组装在一起，实现设备的功能。例如，计算机上的 USB 接口可以用来传输数据，只要符合接口规范就可以使用，且不用计算机做任何设置。

接口类似于抽象基类，可以把接口视为更加抽象的抽象类，所以接口无法直接实例化。接口可以描述属于任何类的一组相关行为。不仅仅是一种标准和规范，可以约束类的行为，使不同的类能遵循统一的规范。表 18-2 所示为接口和抽象类的对比。

表 18-2 抽象类与接口对比表

抽象类	接口
可以有具有实现代码	是完全抽象的
用于为相关派生类提供公用方法签名，以及公用方法和实例变量	用于表示一组抽象行为，这些行为可以由不相关的类实现
可以包含实例变量	不能包含实例常量
可以声明常量	可以声明常量

可以按照类继承基类的类似方式实现接口，但有两点需要注意。

- 类可继承多个接口。
- 类继承接口时，仅继承方法名称和签名，因为接口本身不包含实现。

接口是使用 interface 关键字定义的，语法如下。

```
修饰符 interface 接口名称:继承的接口列表
  {
      //接口内容
  }
```

接口可以包含事件、索引器、方法和属性，但不能包含字段。同样，接口不能包含方法的实现。接口的成员自动成为公共的，且不能显式地说明访问权限，接口的名称习惯以字母“I”开头。

18.5.2 实现接口

定义好接口后，类就可以实现接口，实现接口的语法如下。

```
class 类名:接口名
```

若一个类要继承一个父类，且实现多个接口，用","分隔，如下。

```
class 子类名:父类名,接口名
```

一个类可以从多个接口继承。当类继承接口时，只继承方法名称和签名，因为接口本身不包含任何实现。接口本身也可以从多个接口继承，但继承接口的任何非抽象类型必须实现接口的所有成员。

【例 18-12】 实现上述 IPoint 接口。在测试类中完成对继承自接口 IPoint 的 Point 的使用。

问题分析

定义一个点的接口，任意一个点拥有整数属性 x 和 y。

```
interface IPoint
{
    int x { get; set; }
    int y { get; set; }
}
```

接口和接口成员均是抽象的，不提供默认实现。

程序代码

```
//定义一个点的接口 Ipoint
interface IPoint
{
    int X { get; set; }
    int Y { get; set; }
}
//实现 IPoint 接口的类
class Point:IPoint
{
    private int x;
    private int y;
    public Point(int x,int y)
    {
        this.x = x;
        this.y = y;
    }
    public int X
    {
        get
        {
            return x;
        }
        set
        {
            x = value;
        }
    }
    public int Y
    {
        get
```

```
            {
                return y;
            }
            set
            {
                y = value;
            }
        }
    }
    //测试入口类
    class Program
    {
        static void PrintPoint(IPoint p)
        {
            Console.WriteLine("x = {0},y = {1}",p.X,p.Y);
        }
        static void Main()
        {
            Point p = new Point(102,103);
            Console.Write("My Point: ");
            PrintPoint(p);
            Console.ReadKey();
        }
    }
```

18.6 委托与事件

18.6.1 委托的定义和实例化

C#的一个重要特性之一是支持委托(Delegate)和事件(Event)。委托和事件这两个概念是完全配合的。如果学习过C或C++语言,则可能对函数指针有一定的理解,但C语言中的函数指针只是一个指向存储单元的指针,具体这个指针指向何处,人们并不清楚,对于参数和返回类型就更不清楚了。由于指针可能会带来安全性隐患,在C#中取消了指针的概念,引入了一种新的类型:委托(Delegate)类型。在C#中委托类型与C和C++中的指向函数的指针比较相像,但又有不同。也就是说,通过传递地址的机制完成引用函数,但是委托类型完全是面向对象的,封装了对象实例和方法,所以委托类型是安全的。

事件借助委托的帮助,使用委托调用已订阅事件的对象中的方法。

一个委托声明定义了一个从类 System.Delegate 延伸的类。一个委托实例封装一个方法及可调用的实体。在声明委托时只需要指定委托指向的函数原型的类型,不能有返回值也不能带有输出类型的参数。委托类型的定义格式及功能如下。

[格式]：delegate 数据类型说明符委托类型名()；

[功能]：定义一个名为“委托类型名”的委托类型，该委托类型可指向由“数据类型说明符”指定类型的函数原型。例如，若要声明一个指向 double 类型函数原型的委托类型，可使用如下语句。

```
delegate double MyDelegate();
```

委托类型既可以封装一个静态方法，也可以封装一个非静态的方法。委托的使用方法，一般分为两个步骤。

定义一个委托类型的实例变量，让该实例变量指向某一个具体的方法。其一般格式及功能如下。

[格式]：委托类型名　委托变量名=new 委托类型名(方法名)；

[功能]：定义一个委托类型的变量，变量名由“委托变量名”指定，并让该变量指向由“方法名”指定的方法。

调用委托类型变量指向的方法。其一般格式与功能如下。

[格式]：委托变量名(实参列表)；

[功能]：调用由“委托变量名”指定的委托变量所指向的方法。

18.6.2　实例化委托和调用委托

1. 实例化委托

委托定义完后，就可以实例化了。实例化委托意味着引用某个方法。要实例化委托，就要调用该委托的构造函数，并将该委托关联的方法作为其参数传递。例如下面的代码示例。

```
public delegate int Max(int first.int second);
class MaxData
{
    public int IntMax(int a,int b)
    {
        if (a > b) return a;
        else return b;
    }
    public double DoubleMax(double a,double b)
    {
        if (a > b) return a;
        else return b;
    }
}
class Test
{
    static void Main()
    {
        Max max;
        MaxData md = new MaxData();
```

```
            max = new Max (md. IntMax);//实例化委托
        }
    }
```

2. 调用委托

调用委托即使用委托对方法进行实例化。调用委托与调用方法类似,唯一 的区别在于,不是调用委托的实现,而是调用委托关联的方法。例如下面的代码示例。

```
class Test
{
    static void Main()
    {
        Max max;
        Ma. xData md = new MaxData ();
        Max = new Max (md. IntMax);
        int a = max(2,3);//调用委托
        Console. WriteLine(a. ToString0);
        //max = new Max(md. DoubleMax) ;//错误代码,返回类型错误
        //double b = max (2.0,3.0); //重载与委托不匹配
        //Console. WriteLine(b. ToString0);
        Console. ReadKeyQ;
    }
}
```

在本例中,分配给委托的方法必须要与委托的签名相符合,而方法可以是静态方法,也可以是实例方法。只要知道委托的签名,就可以分配委托方法。

在 System 命名空间中,提供了一个常用的事件处理程序委托——EventHandler 委托。该委托表示将处理不包含事件数据的事件方法,其形式如下。

public delegate void EventHandler(Object sender,EventArgs e);

事件处理程序委托的标准签名定义了一个没有返回值的方法。其第一个参数的类型为 Object,引用引发事件的实例;第二个参数从 EventArgs 类型派生,保存数据。如果事件不生成事件数据,则第二个参数只是 EventArgs 的一个实例。否则,第二个参数为从 EventArgs 派生的自定义类型,提供保存事件数据所需的全部字段或属性。

3. 多播委托

在前面介绍的委托中,每个委托都只包含一个方法的调用。在这种情况下,使用委托还不如直接使用方法来得直接,其实委托也可以包念多个方法,这个委托称为多播委托。调用多播委托就可以连续调用多个方法,但委托的定义的返回类型必须是 void,而编译器在返回类型为 void 时,就会自动假定这是一个多播委托。多播委托可以识别运算符“+”和“+ =”,表示在委托中增加方法的调用:多播委托还识别运算符“-”和“- =”,表示从委托删除方法调用。

【例 18-13】 使用多播委托连续调用多个字符串方法,观察演示结果。

程序代码

```
delegate void Del(string s);
```

```
class TestClass
{
    static void Hello(string s)
    {
        System.Console.WriteLine(" Hello,{0}!",s);
    }
    static void Goodbye(string s)
    {
        System.Console.WriteLine(" Goodbye,{0}!",s);
    }
    static void Main()
    {
        Del a,b,c,d;
        a = Hello;
        b = Goodbye;
        c = a + b;
        d = c - a;
        System.Console.WriteLine("Invoking delegate a:");
        a("A");
        System.Console.WriteLine("Invoking delegate b:");
        b("B");
        System.Console.WriteLine("Invoking delegate c:");
        c("C");
        System.Console.WriteLine("lnvoking delegate d:");
        d("D");
        Console.ReadKey();
    }
}
```

运行结果如图 18-18 所示。

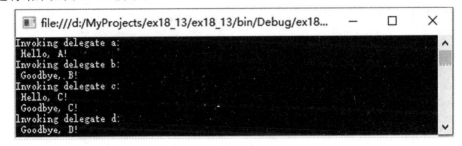

图 18-18　多播委托运行结果

18.6.3　事件

C♯使用 delegate 和 event 关键字提供了一个简洁的事件处理方案。在 C♯中,类和对象可以通过事件向其他类或对象通知发生的相关事情。将发生的事件通知给其他对象的对象称为发行者,一个对象订阅事件后,该对象成为订阅者。一个事件可以有一个或者多个订阅者,事件的发行者也可以是该事件的订阅者。

C#中的事件处理主要有以下几个步骤。

- 定义事件。
- 订阅事件。
- 引发事件。

事件的定义语法如下。

访问修饰符 event 委托名事件名

event 关键字在发行者类中声明事件。定义事件时,发行者首先定义委托,然后根据该委托定义事件,例如:

public delegate void EventHandler(Object sender,EventArgs e);

public event EventHandler NoDataEventHandler;

使用委托可以限定事件引发函数方法的类型,即方法的参数个数、类型及返回值等。

事件具有以下特点。

- 发行者确定何时引发实践,订阅者确定执行何种操作来响应该事件。
- 一个事件可以有多个订阅者,一个订阅者可以处理来自多个发行者的多个事件。
- 没有订阅者的事件永不被调用。

1. 订阅事件

订阅事件只是添加了一个委托,当引发事件时,该委托将调用一个方法。订阅事件的形式如下。

```
EventExample ex = new EventExample();
ex. NoDataEventHandler += new EventExample. EventHandler ( ex_NoDataEventHandler );
```

代码中,ex 对象订阅了事件 NoDataEventHandler。当事件 NoDataEventHandler 被引发时,则会执行名为 ex_NoDataEventHandler 的方法。

2. 引发事件

引发事件和调用方法类似。引发事件时,将调用订阅此特定事件的对象的所有委托,如果没有对象订阅事件,则事件引发时会发生异常。

【例 18-14】 比较两个数的大小。

程序代码

```
class EventExample
{
    public delegate void DelegateMax(int first,int second);
    public event DelegateMax EventMax;
    public void IntMax(int a,int b)
    {
        Console.WriteLine("判断两个数的大小{0}和{1},较大的是:",a,b);
        EventMax(a,b);
    }
}
```

```
class Test
{
    static void Main()
    {
        EventExample ee = new EventExample();
        ee.EventMax += new EventExample.DelegateMax(ee_EventMax);//订阅事件
        ee.IntMax(290,303);//引发事件
        Console.ReadKey();
    }
    static void ee_EventMax(int first,int second)
    {
        if (first > second)
        {
            Console.WriteLine(first);
        }
        else
        {
            Console.WriteLine(second);
        }
    }
}
```

运行结果如图 18-19 所示。

图 18-19　订阅事件与引发事件

本章小结

➢ 继承必须符合 is a 的关系,被继承的类称为父类或者基类,继承其他类的类称为子类或者派生类。

➢ 继承机制很好地解决了代码复用的问题。

➢ 子类继承父类的成员,并且可以拥有特有的成员。

➢ 被 protected 访问修饰符修饰的成员允许被其子类访问,而不允许其他非子类访问。

➢ base 关键字可以用于调用父类的属性、方法和构造函数。

➢ 继承具有传递性,如果 class A:B,class B:C,则 A 也可以访问 C 的成员。

➢ C# 中的继承具有单根性,一个类不能够同时继承自多个父类。

➢ 在子类中,如果不使用 base 关键字来显式调用父类构造函数,则将隐式调用父类默

认的构造函数。如果重载的构造函数有一个没有使用 base 关键字来指明调用父类的哪个构造函数，则父类必须提供一个默认的构造函数。

➢ 多态按字面的意思就是“多种形态”，指同一操作作用于不同的对象时，可以有不同的解释 产生不同的执行结果。

➢ 里氏替换原则：子类对象可以代替父类对象；反过来，父类对象不能代替子类对象。

➢ 抽象方法是一个未实现的方法，用 abstract 关键字修饰，含有抽象方法的类必然是抽象类 使用抽象方法和虚方法都可以实现多态性。

➢ 抽象类不能被实例化，不能是密封的或静态的。

➢ 抽象类的抽象方法要在其子类中通过 override 关键字重写，除非子类也是抽象类。

➢ 面向对象的三大特性是封装、继承和多态。

➢ is 操作符用于检查对象和指定的类型是否兼容。as 操作符主要用于两个对象之间的类型转换。

习题 18

一、单项选择题

1. 已知类 B 是由类 A 继承而来，类 A 中有一个名为 M 的非虚方法，现在希望在类 B 中也定义一个名为 M 的方法，若希望编译时不出现警告信息，则在类 B 中声明该方法时，应使用(　　)关键字。

   A. static　　B. new　　C. override　　D. virtual

2. 多态性可以使(　　)。

   A. 同基类的不同类的对象看成相同类型

   B. 使基类对象看成是派生类的类型

   C. 相同类型的对象看成是不同类型

   D. 一种派生类对象看成是另一种派生类对象

3. 接口(　　)。

   A. 可以看成是一种协议　　B. 可以看成是一种方法

   C. 和抽象类一样可以有方法实现　　D. 不可以多继承

4. 抽象类(　　)。

   A. 的类中必须有抽象方法

   B. 要求不仅是用关键字 abstract 修饰一个类

   C. 不允许建立类的实例

   D. 的对象可以被实例化

5. 在下列关于继承说法中，选项正确的是(　　)。

   A. 继承是指派生类可以获取其基类特征的能力

   B. 继承最主要的优点是提高代码性能

   C. 派生类可以继承多个基类的方法和属性

   D. 派生类必须通过 base 关键字调用基类的构造函数

6. 以下关于保留字 this 错误描述的语句是(　　)。

A. 在类的析构函数中出现的 this 作为一个值类型表示对正在构造的对象本身的引用

B. 在类的方法中出现的 this 作为一个值类型表示对调用该方法的对象的引用

C. 在结构的构造函数中出现的 this 作为一个变量类型表示对正在构造的结构的引用

D. 在结构的方法中出现的 this 作为一个变量类型表示对调用该方法的结构的引用

7. 下面关于引用类型的说法不正确的是(　　)。

A. 委托可以封装一个方法的引用,进行适当处理就可以执行被封装的方法

B. 结构类型是值类型,但结构中成员可以是引用类型

C. 接口中只能有方法说明,而无方法的实现

D. 类和结构的主要区别是类可以有方法,而结构不能有方法

8. 下列关于接口的说法正确的是(　　)。

A. 接口支持多继承

B. 接口中的方法都是公有的,必须有 public 关键字

C. 接口中不能有常量,可以有变量

D. 实现接口的类中如果没有接口中的方法,调用时就调接口中的方法

9. 下面关于类的继承说法错误的是(　　)。

A. 派生类只能继承于一个基类

B. 基类可以定义虚方法成员

C. 类的继承不可以传递

D. 派生类自然继承基类的成员,但不能继承基类的构造函数成员

10. 在下列各选项中,对抽象类描述不正确的是(　　)。

A. 抽象类只能作为基类使用　　B. 抽象类可以实现多态

C. 抽象类可以实例对象　　D. 抽象类不能定义对象

11. 接口中的方法是(　　)。

A. 默认为 public 且方法必须实现　　B. 默认为 public 且方法不实现

C. 可以用 private 访问修饰符修饰　　D. 可以用任意的访问修饰符修饰

12. 在定义类时,如果希望类的某个方法能够在派生类中进一步进行改进,以处理不同的派生类的需要,则应将该方法声明成(　　)。

A. sealed 方法封闭类　　B. public 方法公共类

C. visual 方法虚方法　　D. override 方法重载基类

13. 以下关于继承的说法错误的是(　　)。

A. .Net 框架类库中,object 类是所有类的基类

B. 派生类不能直接访问基类的私有成员

C. protected 修饰符既有公有成员的特点,又有私有成员的特点

D. 基类对象不能引用派生类对象

14. 关于委托,下列说法正确的是(　　)。

A. 委托是函数指针　　B. 委托是值类型

C. 委托可以封装方法　　　　　　D. 委托不能被实例化

15. 以下说法正确的是(　　)。

A. 接口可以实例化　　　　　　　B. 类只能实现一个接口

C. 接口的成员都必须是未实现的　D. 接口的成员面前可以加访问修饰符

二、问答和编程题

1. 如果在派生类中重载了基类中的方法，怎样在派生类中实现对基类方法的调用？

2. C#中的委托是什么？事件是不是一种委托？

3. 定义一个车辆(Vehicle)基类，具有Run、Stop等方法，具有Speed(速度)、MaxSpeed(最大速度)、Weight(重量)等域。然后以该类为基类，派生出bicycle、car等类。并编程对派生类的功能进行验证。

4. 设计一个Employee类，有员工号(num)、姓名(name)和工作部门(department)三个字段，显式声明默认构造函数和带有员工号、姓名和工作部门三个参数的构造函数。再定义派生类Employee_1，此类中增加工资(salary)和奖金(bonus)两个字段，并声明计算总收入的方法。创建一个属于Employee_1这个类的对象emp("2009532","张三","开发部",1080,500)，并输出emp的个人信息(员工号、姓名、工作部门)以及总收入额。

5. 编写出一个通用的人员类(Person)，该类具有姓名(Name)、年龄(Age)和性别(Sex)等域。然后通过对Person类的继承得到一个学生类(Student)，该类能够存放学生的五门课的成绩，并能求出平均成绩，要求对该类构造函数进行重载，至少给出三个形式。最后编程对Student类的功能进行验证。

第 19 章 文件操作

本章工作任务

- 实现一个简单的文本读写器
- 实现一个简单的资源管理程序

本章知识目标

- 理解文件的概念
- 理解文件流与读写器的关系
- 理解文件的读写模式
- 理解文件操作与文件夹操作
- 理解二进制文件及其读写方式

本章技能目标

- 掌握文本文件的读写
- 掌握二进制文件的读写
- 掌握常用的文件操作
- 掌握常用的文件夹操作

本章重点难点

- 文本文件的读写过程
- 二进制文件的读写过程
- 文件与文件夹操作
- 文件的读写模式

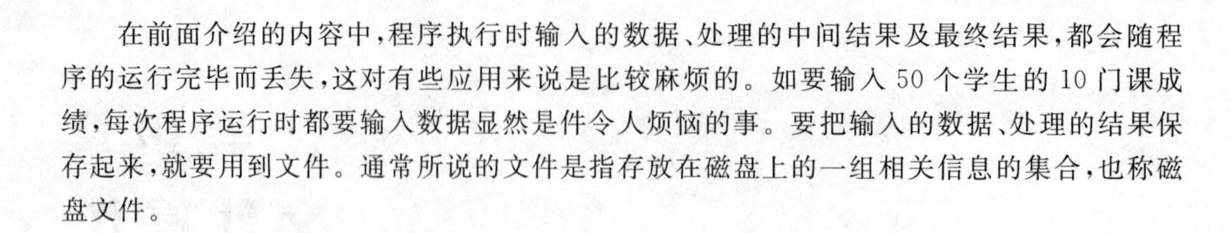

在前面介绍的内容中，程序执行时输入的数据、处理的中间结果及最终结果，都会随程序的运行完毕而丢失，这对有些应用来说是比较麻烦的。如要输入 50 个学生的 10 门课成绩，每次程序运行时都要输入数据显然是件令人烦恼的事。要把输入的数据、处理的结果保存起来，就要用到文件。通常所说的文件是指存放在磁盘上的一组相关信息的集合，也称磁盘文件。

19.1　文件的相关概念

19.1.1　文件的分类

按照不同的分类方法，文件可以分成不同的类，按读写方式来分类，文件可分成“顺序文件”和“随机文件”；另外把磁盘上的文件称为“磁盘文件”，还可把输入/输出设备看成“设备文件”。

(1)文本文件与二进制文件按文件中的数据格式分，文件可分成“二进制文件”和“文本文件”。

文本文件中存放的是与数据对应的字符的 ASCII 码，一个字符占一个字节。如有实数－1234.5，要存放在文本文件中，将以字符“-”“1”“2”“3”“4”“.”“5”的形式存放，占 7 个字节。

二进制文件中的数据都是以二进制形式存放的，数据在文件中存放的格式和内存中的格式是一样的。如－1234.567987 可看成是一个 double 型数据，在内存中占 8 个字节。

(2)按文件的读写方式来分，可以把文件分为“顺序文件”和“随机文件”。

对顺序文件来说，读取数据时，只能从第 1 个数据开始读取，直到读取到要处理的数据为止。如果要把处理后的这个数据写回顺序文件中，也必须是从第 1 个数据开始，依次把数据写到文件中，当处理的这个数据已写回到数据文件后，还必须继续读取并写回其后的所有数据。

对随机文件来说，读写的位置是任意的。只需利用系统函数将当前文件中的读写位置设置好，就可以单独对这个数据进行读写操作。

(3)磁盘文件与设备文件通常把存放在磁盘上的文件称磁盘文件。

由于计算机中的输入输出设备的作用是输入输出数据，其功能和文件的读取数据或写入数据相似，所以把输入输出设备也当成文件来处理，称为设备文件。

19.1.2　文件位置指针

可以认为磁盘文件打开后，将会产生一个指针，指向下一次要读写的数据位置，该指针称为“文件位置指针”。文件位置指针具有自动移动的功能，文件刚打开时，文件位置指针指向磁盘文件中的第 1 个数据，当读取了这个数据后，文件位置指针自动指向下一个数据。当把数据写入某个文件时，文件位置指针总是自动指向下一次要写入数据的位置。文件位置指针随文件的打开而存在，随文件的关闭而消失。

19.2　文本文件的读写

19.2.1　文件和流

1. C#的文件处理系统

目前常用的文件系统有 FAT、FAT32、NTFS 等，这些文件系统虽然实现方式不同但提供给用户的接口是一致的。在 Visual C#.NET 语言中进行文件操作时，不需要关心文件的具体存储格式，只要利用.NET Framework 所封装的对文件操作的统一外部接口，就可以保证程序在不同的文件系统上能够很好地移植。

要进行文件和数据流的操作，可使用.NET Framework 的 System. IO 命名空间中提供的类，经常使用的类有：File、Stream、FileStream、BinaryReader、BinaryWriter、StreamReader 和 SteamWriter 等。在这些类中，Stream 是抽象类，不允许直接使用该类的实例，但可以使用系统提供的 Stream 类的派生类，或者根据需要创建自己的派生类。

2. 文件和流的关系

文件(File)和流(Stream)是既有区别又有联系的两个概念。文件是指在各种存储介质上永久存储的数据的集合，进行数据读写操作的基本对象。流是字节序列的抽象概念，例如文件、输入输出设备、内部进程通信管道或者 TCP/IP 套接字等均可以看成流。流提供一种向后备存储器写入字节和从后备存储器读取字节的方式。除了和磁盘文件直接相关的文件流以外，流还有多种类型。流可以分布在网络中、内存中或者是磁带中，分别称为网络流、内存流和磁带流等。

所有表示流的类都是从抽象基类 Stream 继承的。

一般来说，对流的操作有如下三类。

- 读取：从流中读取数据到变量中。
- 写入：把变量中的数据写入到流中。
- 定位：重新设置流的当前位置，以便随机读写。

其实，C#把每个文件都当做顺序字节流处理。每个文件以文件结束标记(End Of File，EOF)结束，也可在指定的字节数处结束，这个字节数记载在由系统维护的管理数据结构中。当文件被打开时，C#会创建一个对象，然后把流和对象关联起来。在程序执行的时候，运行环境会创建 3 个流对象，可以分别通过 Console. Out、Console. In 和 Console. Error 属性去访问。使用这些对象有利于程序和特定文件或设备之间的通信。Console. In 属性返回标准输入流对象，这样程序可以从键盘输入数据。Console. Out 属性返回标准输出流对象，程序可以数据输出到屏幕上。Console. Error 属性返回标准错误流对象，程序可以把出错信息输出到屏幕上。在前面的控制台程序中使用过的 Console 类的 Write 和 WriteLine 方法就是使用 Console. Out 执行输出的，而 Read 和 ReadLine 方法则是使用 Console. In 来执行输入的。

3. 创建文件流

读写文件的第一步是创建一个文件流。流是一个用于数据传输的对象。文件流是 Filestream 类，主要用于读写文件中的数据，在创建一个文件流时，需要在构造函数中指定参数。其语法格式如下。

```
FileStream 文件流对象 = new FileStream(String filePath,FileMode fileMode);
```

其中 filePath 用于指定要操作的文件，而 fileMode 指定打开文件的模式，是一个枚举类型（FileMode）。该枚举的常用成员如下：

• Create：用指定的名称新建一个文件。如果文件存在，则改写旧文件。

• CreateNew：新建一个文件。如果文件存在会发生异常，提示文件已经存在。例如 FileStream myfs = new FileStream(path,FileMode.CreateNew)，运行时写入的文件如果存在就会抛出异常。

• Open：打开一个文件。使用这个枚举值时，指定的文件必须存在，否则会发生异常。

• OpenOrCreate：OpenOrCreate 与 Open 成员类似，只是如果文件不存在，则用指定的名称新建一个文件并打开。

• Append：打开现有文件，并在文件末尾追加内容。

FileMode 枚举还有其他成员，这里不再列举。

4. 关闭文件流

写入结束后一定要用 close 方法关闭文件流。

19.2.2 文件读写器

1. 如何读写文件

通常来讲，用 C# 程序读写一个文件需要以下五个基本步骤。

(1)创建文件流。

(2)创建阅读器或者写入器。

(3)执行读写操作。

(4)关闭阅读器或者写入器。

(5)关闭文件流。

在介绍这些概念之前，先看一段程序，通过这五个基本步骤，能体会到操作文件的简单快捷。

【例 19-1】 设计一个简单的文本读写器，如图 19-1 所示。

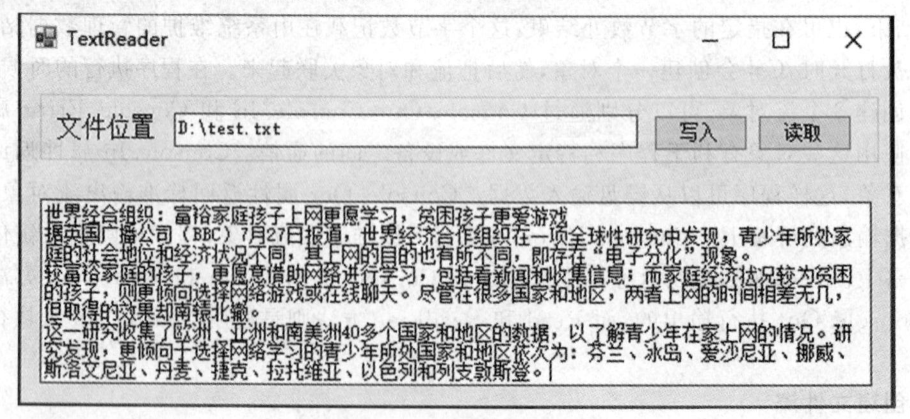

图 19-1 文本文件读写器

问题分析

图 19-1 文本文件读写器在“文件位置”文本框中输入要写入的文件路径，在文本区域输入内容，然后单击“写入”按钮就会将输入的内容写入指定的文件，这个文件是无须手动创建的。按照读写文件的五个步骤，完成文件写入功能。这里需要在类中引入 System. IO 命名空间。

程序代码

```
//写入文本文件
private void btnWrite_Click(object sender,EventArgs e)
{
    string path = txtFilePath.Text;
    string content = txtContent.Text;
    if (path.Equals(null) || path.Equals(""))
    {
        MessageBox.Show("文件路径不能为空");
        return;
    }
    try
    {
        //创建文件流
        FileStream myfs = new FileStream(path,FileMode.Create);
        //创建写入器
        StreamWriter mySw = new StreamWriter(myfs,Encoding.Default);
        //将录入的内容写入文件
        mySw.Write(content);
        //关闭写入器
        mySw.Close();
        //关闭文件流
        myfs.Close();
        MessageBox.Show("写入成功");
    }
    catch (Exception ex)
    {
        MessageBox.Show(ex.Message);
    }
}
```

检查 D 盘的 test. text，打开文件显示内容写入成功。在进行文件写的过程中，用到了 StreamWriter 类。下面将详细介绍这个类。

2. 文件写入器 StreamWrite

除可使用 FileStream 类实现文件读写之外，在 C# 中，还可以使用两个专门负责文本文件读取和写入操作的类：StreamWriter 类和 StreamReader 类。与 FileStream 类中的 Read 和 Write 方法相比，这两个类的应用更为广泛。其中 StreamWriter 类主要负责向文本文件中写入数据，StreamReader 类则负责从文本文件中读取数据。这里先分析写入器 StreamWrite。

(1)StreamWriter 类的常用属性。

• AutoFlush 属性：用来获取或设置一个值，该值指示 StreamWriter 是否在每次调用 Console. Write 或 Console. WriteLine 之后，将其缓冲区刷新到基础流。值为 true 表示刷新，值为 false 表示不刷新。

• BaseStream 属性：用来获取同后备存储区连接的基础流。例如下列程序的作用是将基础流的文件位置设置到末尾。

```
FileStream fs = new FileStream ( " log. txt", FileMode. OpenOrCreate, FileAccess.Write);
StreamWriter w = new StreamWriter(fs);
w. BaseStream. Seek(0,SeekOrigin. End);
```

(2)构造函数构造函数的格式有很多，下面介绍常用的格式及功能。

[格式 1]：public StreamWriter(Stream stream);

[功能]：用默认编码及缓冲区大小，把指定的流初始化成 StreamWriter 类的新实例。

[格式 2]：public StreamWriter(string path);

[功能]：使用默认编码和缓冲区大小，把指定路径上的指定文件初始化为 StreamWriter 类的新实例。

(3)StreamWriter 类的常用方法。

• Write 方法：用于将字符、字符数组和字符串写入流。其常用格式与功能如下。

[格式 1]：public override void Write(char value);

[功能]：将字符写入流。

[格式 2]：public override void Write(char[] buffer);

[功能]：将字符数组写入流。

[格式 3]：public override void Write(string value);

[功能]：将字符串写入流。

[格式 4]：public override void Write(char[] buffer,int index,int count);

[功能]：将字符数组的一部分写入流。写入的起始下标由参数 index 指定，写入的字符个数由参数 count 指定。

[说明]：也可以用 Write 方法来把其他类型的数据写入到流中，但不经常使用。

• WriteLine 方法：该方法的功能基本同 Write 方法，只是在写入数据的后面加上行结束符。

• StreamWriter 类也同样具有 Close 方法和 Flush 方法。

3. 文件读取器 StreamReader

该类的作用是从字节流中读取字符，下面介绍该类的构造函数和常用方法。

(1)构造函数：该类的构造函数也有很多种，下面介绍常用的构造函数及其功能。

[格式 1]：public StreamReader(Stream stream);

[功能]：把指定的流初始化为 StreamReader 类的新实例。

[格式 2]：public StreamReader(string path);

[功能]:把指定的文件名初始化为 StreamReader 类的新实例。

(2)StreamReader 类常用方法

• Read 方法:用于从输入流中读入字符。其常用格式与功能如下。

[格式]:public override int Read();

[功能]:读取输入流中的下一个字符,并使流的当前位置提升一个字符。

• ReadLine 方法:用来从输入流中读取一行数据并将数据作为字符串返回。其格式与功能如下。

[格式]:public override string ReadLine();

[功能]:从当前流中读取一行字符并将数据作为字符串返回。返回的字符串不包含回车或换行符。如果到达了输入流的末尾,返回值为空引用。

• Peek 方法:返回下一个可用的字符,但不使用。其格式与功能如下。

[格式]:public override int Peek();

[功能]:该方法返回下一个要读取的字符,若已经没有更多的可用字符或此流不支持查找,则返回值为－1。Peek 不会更改 StreamReader 的当前位置。例如:

```
StreamReader sr = new StreamReader((Stream)File.OpenRead("C:\\Temp\\Test.txt"),
              System.Text.Encoding.ASCII);
sr.BaseStream.Seek(0,SeekOrigin.Begin);
while (sr.Peek() > -1) {
      Console.Write(sr.ReadLine());
}
sr.Close();
```

• ReadToEnd 方法:从当前位置读到末尾,返回字符串。

【例 19-2】 完成例 19-1 中的读取功能,用 StreamReader 实现。

程序代码

```
private void btnRead_Click(object sender,EventArgs e)
{
    //打开
    this.ofdMain.ShowDialog();
    string path = ofdMain.FileName;
    if (path.Equals(null) || path.Equals(""))
    {
        return;
    }
    //检测是否是文本文件(以.txt 结尾)
    string fileName = path.Substring(path.LastIndexOf("."));
    if (! fileName.Equals(".txt"))
    {
        MessageBox.Show("请选择文本文件!","提示");
        return;
    }
```

```
    string content;
    try
    {
        //创建文件流
        FileStream myfs = new FileStream(path,FileMode.Open);
        //创建读取器
        StreamReader mySr = new StreamReader(myfs,Encoding.Default);
        //读取文件所有内容
        content = mySr.ReadToEnd();
        txtContent.Text = content;
        //关闭读取器
        mySr.Close();
        //关闭文件流
        myfs.Close();
    }
    catch (Exception ex)
    {
        MessageBox.Show(ex.Message);
    }
}
```

程序分析

当准备读取文件数据时，所创建的文件流的 FileMode 应该设置为 FileMode.Open，而不是 FileMode.Create。

读取文件结束时，需要关闭读取器和文件流。

用 StreamReader 读取文件中的中文文本，有时会产生乱码问题。这是因为不同的文件编码格式可能不同。需要在编程时给文件读取器对象指定对应的编码格式。代码中用 Encoding 类指定字符编码。Encoding 类位于 System.Text 命名空间，用来表示字符编码。

可以通过 Encoding 类的静态成员指定编码格式。

例如：Encoding.UTF8：获取 UTF-8 格式的编码。

Encoding.Default：获取操作系统当前编码。

也可以通过 Encoding 类的静态方法 GetEncoding(string name)指定字符编码，参数 name 必须是 C# 支持的编码名。

例如：StreamReader sr = new StreamReader(myfs,Encoding.GetEncoding("GB2312"));

19.3 文件和目录操作

19.3.1 目录管理

在 Visual C# 中，可使用命名空间 System.IO 中提供的 Directory 类来进行目录管理，该类是一个密封类，所有方法都是静态的，可以不创建实例就可直接调用。该类的常用方法如下。

(1)CreateDirectory 方法：用来创建目录。其格式与功能如下。

[格式]：public static DirectoryInfo CreateDirectory(string path)；

[功能]：按参数 path 指定的路径创建所有目录和子目录。

[说明]：参数 path 是要创建的目录路径，系统将创建在 path 中指定的所有目录，除非这些目录已存在或 path 的某一部分无效。需要注意的是，path 参数指定目录路径，而不是文件路径。在默认情况下，向所有用户授予对新目录的完全读写访问权限。

(2)Delete 方法：用来删除目录，常用格式与功能如下。

[格式 1]：public static void Delete(string path)；

[功能]：从指定路径删除空目录。

[说明]：参数 path 是要移除的空目录的完全限定名，此目录必须为可写且为空。在参数 path 中可以使用绝对路径和相对路径，相对路径信息被解释为相对于当前工作目录。若要获取当前工作目录，可使用 Directory. GetCurrentDirectory 方法。

[格式 2]：public static void Delete(string path，bool recursive)；

[功能]：删除指定的目录并(如果指示)删除该目录中的所有子目录。

[说明]：参数 path 用来指定要移除目录的目录名(包括路径)。参数 recursive 用来指出是否要移除 path 中的目录、子目录和文件，若要移除，其值为 true，不移除其值为 false。

(3)Exists 方法：用来测试磁盘上是否存在指定目录。其格式与功能如下。

[格式]：public static bool Exists(string path)；

[功能]：测试磁盘上是否有参数 path 指定的路径，如果有则返回 true，如果没有则返回 false。

(4)GetCurrentDirectory 方法：用来返回应用程序的当前目录。其格式与功能如下。

[格式]：public static string GetCurrentDirectory()；

[功能]：以字符串形式获取应用程序的当前工作目录。

(5)GetDirectories 方法：用来获取指定目录中的所有子目录的名称。其常用格式与功能如下。

[格式 1]：public static string[] GetDirectories(string path)；

[功能]：获取参数 path 指定的目录下的所有子目录的名称，并以字符串数组的形式返回。

[格式 2]：public static string[] GetDirectories(string path，string searchPattern)；

[功能]：获取参数 path 指定的目录下的与指定搜索模式匹配的全部子目录的名称，并以字符串数组的形式返回。

[说明]：参数 searchPattern 是要与 path 中的文件名匹配的搜索字符串，可以包含“*”(匹配零个或多个字符)和“?”(匹配一个字符)通配符。

(6)GetFiles 方法：用来返回指定目录下文件的名称。其常用格式与功能如下。

[格式 1]：public static string[] GetFiles(string path)；

[功能]：获取参数 path 指定的目录下的所有文件的文件名，并以字符串数组的形式返回。

[格式 2]：public static string[] GetFiles(string path，string searchPattern)；

[功能]:获取参数 path 指定的目录下的与指定搜索模式匹配的所有文件的文件名,并以字符串数组的形式返回。

另外还有一个 GetFileSystemEntries 方法,该方法返回指定目录中所有文件和子目录的名称。使用方法与 GetFiles 完全一致,此处不再赘述。

(7)Move 方法:用来移动文件或目录。其格式与功能如下。

[格式]:public static void Move(string sourceDirName,string destDirName);

[功能]:将文件或目录移到新位置。

[说明]:参数 sourceDirName 代表的是要移动的文件或目录的路径。参数 destDirName 代表的是新位置的路径。

除以上方法外,Directory 类还具有以下方法:GetCreationTime(获取目录的创建日期和时间)、GetDirectoryRoot(返回指定路径的卷信息、根信息或两者同时返回)、GetLastAccessTime(返回文件或目录的最近访问日期和时间)、GetLastWriteTime(返回文件或目录的最近修改的日期和时间)、GetLogicalDrives(检索此计算机上格式为"<驱动器号>:\"的逻辑驱动器的名称)、GetParent(检索指定路径的父目录,包括绝对路径和相对路径)、SetCreationTime(为指定的文件或目录设置创建日期和时间)、SetCurrentDirectory(将应用程序的当前工作目录设置为指定的目录)、SetLastAccessTime(设置文件或目录最近访问的日期和时间)和 SetLastWriteTime(设置文件或目录的最近写入的日期和时间)。

19.3.2 文件管理

在 System.IO 命名空间中提供了多种类,进行文件的复制、移动和删除等操作。最常用的类有 File 类,可以完成文件的创建、删除、拷贝、移动、打开等操作。

File 类提供的常用方法如下。

(1)Create 方法:用来创建文件,其一般格式及功能如下。

[格式]:public static FileStream Create(string path);

[功能]:创建一个文件,文件的路径及文件名称由参数 path 指定。

[说明]:该函数的返回值是一个 FileStream,可以对指定文件进行读/写访问。如果指定的文件不存在,则创建该文件;如果存在并且不是只读的,则将改写其内容。

创建文件还可以使用 AppendText 方法(创建一个 StreamWriter,将 UTF-8 编码的文本追加到现有文件)和 CreateText 方法(为写入 UTF-8 编码的文本创建或打开新文件),这两个方法的返回值均是 StreamWriter。

Create 方法示例代码如下。

```
private void MakeFile()
{
    FileStream NewText = File.Create(@"c:\tempuploads\newFile.txt");
    NewText.Close();
}
```

(2)Open 方法:用来打开文件,其常用格式与功能如下。

[格式 1]:public static FileStream Open(string path,FileMode mode);

[功能]:打开由参数 path 指定的文件,文件的读写权限由参数 mode 指定。

[说明]:该函数的返回值是一个文件流,进行文件的读写操作。

[格式 2]:public static FileStream Open(string path,FileMode mode,FileAccess access);

[功能]:以参数 mode 指定的模式和参数 access 指定的访问权限,打开参数 path 指定的文件。

[说明]:参数 access 是一个 FileAccess 枚举型的值,取值及含义如下。

- FileAccess. Read:打开文件,只能读取。
- FileAccess. Write:打开文件,只能向文件中写。
- FileAccess. ReadWrite:打开文件,可读可写。

[格式 3]:public static FileStream Open(string path,FileMode mode,FileAccess access,FileShare share);

[功能]:基本同格式 2,参数 share 用来指定当多个应用程序需要同时访问一个文件时,文件的共享方式。

[说明]:参数 share 是一个枚举型的值,其取值及含义如下。

FileShare. Inheritable:使文件句柄可由子进程继承。Win32 不直接支持此功能。

FileShare. None:谢绝共享当前文件。文件在关闭前,打开该文件的任何请求(由此进程或另一进程发出的请求)都将失败。

FileShare. Read:只读共享。允许随后打开文件读取。

FileShare. ReadWrite:读写共享。允许随后打开文件读取或写入。

FileShare. Write:只写共享。允许随后打开文件写入。

打开文件除可以使用 Open 方法外,还可以使用 OpenRead(读打开)、OpenText(读打开纯文本文件)、OpenWrite(读写打开)等方法,这些方法均只有一个参数 path 用来指出要打开的文件名,OpenRead 和 OpenWrite 的返回值类型是 FileStream,OpenText 的返回值类型是 StreamReader。

Open 方法示例代码如下。

```
private void OpenFile()
{
    FileStream.TextFile = File.Open(@"c:\tempuploads\newFile.txt",FileMode.Append);
    byte [] Info = {(byte)'h',(byte)'e',(byte)'l',(byte)'l',(byte)'o'};
    TextFile.Write(Info,0,Info.Length);
    TextFile.Close();
}
```

(3)Delete 方法:用来删除文件,其格式与功能如下。

[格式]:public static void Delete(string path);

[功能]:删除由参数 path 指定的文件。如果指定的文件不存在,则也不引发异常。

Delete 方法示例代码如下。

```
private void DeleteFile()
{
File.Delete(@"c:\tempuploads\newFile.txt");
}
```

(4)Copy 方法:用来进行文件复制,其常用格式与功能如下。

[格式 1]:public static void Copy(string sourceFileName,string destFileName);

[功能]:将现有的源文件复制到新文件,不允许改写同名的文件。

[说明]:参数 sourceFileName 用来指定要复制的文件,参数 destFileName 是要复制的目标文件的名称,不能是一个目录或现有文件。

[格式 2]:public static void Copy(string sourceFileName,string destFileName,bool overwrite);

[功能]:复制文件并可以选择是否覆盖同名文件。

[说明]:参数 overwrite 指定是否可以改写目标文件,为 true 时,表示可以改写,为 false 时,表示不可以改写。

Copy 方法示例代码如下。

```
private void CopyFile()
{
    File.Copy(@"c:\tempuploads\newFile.txt",@"c:\tempuploads\BackUp.txt",true);
}
```

(5)Move 方法:用来移动文件,其格式与功能如下。

[格式]:public static void Move(string sourceFileName,string destFileName);

[功能]:将指定文件移到新位置。

[说明]:参数 sourceFileName 表示要移动的文件名,参数 destFileName 表示文件的新路径。

Move 方法示例代码如下。

```
private void MoveFile()
{
    File.Move(@"c:\tempuploads\BackUp.txt",@"c:\BackUp.txt");
}
```

(6)Exists 方法:用来测试指定的文件是否存在,其格式与功能如下。

[格式]:public static bool Exists(string path);

[功能]:判断参数 path 指定的文件是否存在,如果存在则返回值为 true,否则返回值为 false。

Exists 方法示例代码如下。

```
if(File.Exists(@"c:\tempuploads\newFile.txt")) //判断文件是否存在
{
    CopyFile(); //复制文件
    DeleteFile(); //删除文件
    MoveFile(); //移动文件
}
Else
{
    MakeFile(); //生成文件
    OpenFile(); //打开文件
    SetFile(); //设置文件属性
```

```
}
```

【例 19-3】 编写一个对 C 盘根目录下的子目录和文件进行操作的程序，程序的运行界面如图 19-2 所示。程序运行时将在 listBox1 中显示 C 盘根目录下的所有子目录名称，可以从中选择一个或多个子目录，选中后单击“删除”按钮将删除选中的子目录。也可以在文本框中输入要创建的子目录名，输入后单击“创建目录”按钮将在 C 盘根目录下创建相应的子目录。程序运行时在 listBox2 中显示 C 盘根目录下的所有文件名，选择一个或多个文件后单击“删除”按钮将删除选中的文件。

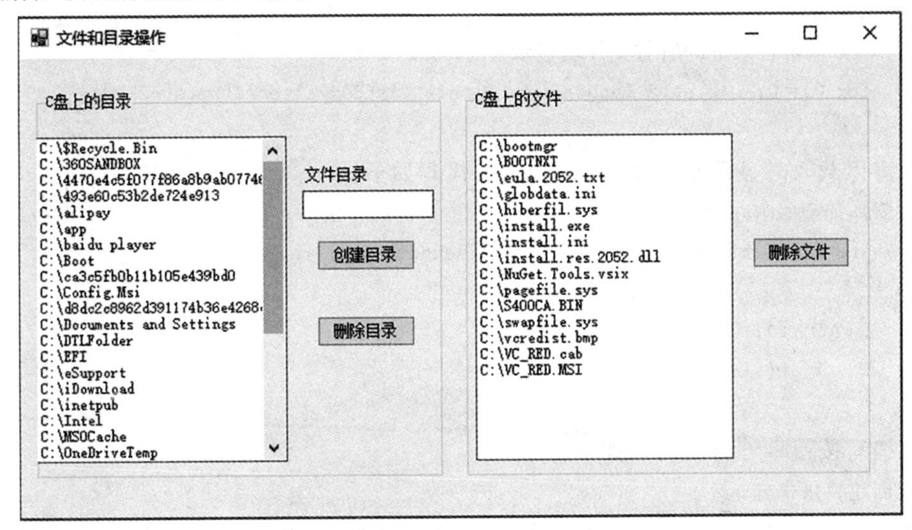

图 19-2 程序运行界面

问题分析

为了显示 C 盘根目录下的子目录名和文件名，可以先引入命名空间 System.IO，再使用 Directory 类的 GetDirectories 方法和 GetFiles 方法，在窗体的 Load 事件中调用这两个方法，获得 C 盘根目录下的所有子目录名和文件名并添加到相应的列表框中。创建子目录可使用 Directory 类的 CreateDirectory 方法，删除子目录可使用 Directory 类的 Delete 方法，删除文件可使用 File 类的 Delete 方法。

程序代码

(1)建立两个方法，分别用来在两个列表框中显示 C 盘根目录下的子目录名和文件名。

```
//该方法的作用是显示 C:\根目录下的所有子目录
private void DispDir()
{
    int i;
    string[] str1;              //存放提取的目录名
    listBox1.Items.Clear();
    //获取 C 盘根目录下的所有子目录名
    str1 = Directory.GetDirectories("C:\\");
    //C 盘根目录下的所有子目录名显示在 listBox1 中
    for (i = 0; i < str1.Length; i ++ )
        this.listBox1.Items.Add(str1[i]);
```

```
}
//该方法的作用是显示 C:\根目录下的所有文件
private void DispFile()
{
    int i;
    string[] str2;              //存放提取的文件名
    //获取 C 盘根目录下的所有文件名
    listBox2.Items.Clear(); str2 = Directory.GetFiles("C:\\");
    //C 盘根目录下的所有文件名显示在 listBox2 中
    for (i = 0; i < str2.Length; i ++ ) this.listBox2.Items.Add(str2[i]);
}
```

(2)窗体载入时显示 C 盘下目录和文件,代码如下。

```
//窗体加载时显示目录和文件
private void FrmDirAndFile_Load(object sender,EventArgs e)
{
    DispDir();
    DispFile();
}
```

(3)编写按钮事件方法代码如下。

```
//创建目录事件
private void btnCreateDir_Click(object sender,EventArgs e)
{
    int i;
    string[] str1;
    if (textBox1.Text != "")
        Directory.CreateDirectory("C:\\" + textBox1.Text);
    DispDir();
}
//删除目录事件
private void btnDeleteDir_Click(object sender,EventArgs e)
{
    int i;
    for (i = listBox1.SelectedItems.Count -1; i >= 0; i--)
        Directory.Delete(listBox1.SelectedItems[i].ToString());
    DispDir();
}
//删除文件事件
private void btnDeleteFile_Click(object sender,EventArgs e)
{
    int i;
    for (i = listBox2.SelectedItems.Count - 1; i >= 0; i--)
```

```
        File.Delete(listBox2.SelectedItems[i].ToString());
    DispFile();
}
```

19.3.3　二进制文件的读写

为了对二进制文件进行读写，可使用 BinaryWriter 类和 BinaryReader 类。BinaryWriter 类的作用是以二进制形式将基本数据类型的数据写入到流中，并支持用特定的编码写入字符串。

BinaryReader 类的作用是用特定的编码从流中读取二进制数据并存放到基本数据类型的变量或数组中。

1. BinaryWriter 类

该类的主要属性有 BaseStream，含义与 StreamWriter 类的同名属性完全一致。下面介绍该类的构造函数及常用方法。

(1)构造函数：常用的构造函数的格式与功能如下。

[格式 1]：public BinaryWriter(Stream output)；

[功能]：基于所提供的流，用 UTF-8 作为字符串编码来初始化 BinaryWriter 类的新实例。

[格式 2]：public BinaryWriter(Stream output，Encoding encoding)；

[功能]：基于所提供的流和特定的字符编码，初始化 BinaryWriter 类的新实例。

[说明]：参数 output 代表产生新实例所基于的流，参数 encoding 代表采用的编码格式。

(2)Seek 方法：用来设置流的当前位置。其格式与功能如下。

[格式]：public virtual long Seek(int offset，SeekOrigin origin)；

[功能]：对流的当前位置进行设置。参数 origin 和 offset 含义同 FileStream 类的 Seek 方法。

(3)Write 方法：把值写到流中，有多种重载格式。下面列出了该函数的常用格式及功能。

[格式 1]：public virtual void Write(数据类型 value)；

[功能]：将由“数据类型”指定的参数“value”的值写入当前流，并使流的位置提升相应数据类型所占的字节数。

[格式 2]：public virtual void Write(byte[] buffer)；

[功能]：将字节数组写入基础流。

[格式 3]：public virtual void Write(char[] chars)；

[功能]：将字符数组写入当前流，并根据所使用的 Encoding 的值向流中写入的特定字符，提升流的当前位置。

2. BinaryReader 类

该类的主要属性有 BaseStream，含义与 StreamWriter 类的同名属性完全一致。下面介绍该类的构造函数及常用方法。

(1)构造函数：常用格式和功能如下。

[格式 1]：public BinaryReader(Stream input)；

[功能]：基于所提供的流，用 UTF8 编码格式初始化 BinaryReader 类的新实例。

[格式 2]:public BinaryReader(Stream input,Encoding encoding);

[功能]:基于所提供的流和特定的字符编码,初始化 BinaryReader 类的新实例。

(2)读取基本数据类型的数据方法主要有:ReadBoolean、ReadByte、ReadChar、ReadDecimal、ReadDouble、ReadInt16、ReadInt32、ReadInt64、ReadSByte(有符号字节)、ReadSingle、ReadUInt16、ReadUInt32、ReadUInt64、ReadString 等,这类方法均从流中读取相应类型的数据并把读取的数据作为该种类型值返回,并使流的位置提升相应类型的字节数。

(3)ReadBytes 方法:用来读取字节数组。其格式与功能如下。

[格式]:public virtual byte[] ReadBytes(int count);

[功能]:从当前流中将 count 个字节读入字节数组,并使当前位置提升 count 个字节。

(4)ReadChars 方法:用来读取字符数组。其格式与功能如下。

[格式]:public virtual char[] ReadChars(int count);

[功能]:从当前流中读取 count 个字符,以字符数组的形式返回数据并提升当前位置。

【例 13-4】 编写一个读写二进制文件的程序,程序的运行界面如图 19-3 所示。程序运行时将在 D 盘根目录下自动产生一个名为 Test.DAT 的二进制文件,并向该文件中写入十个整型数(分别是 1 的平方到 10 的平方)。然后在第一个文本框中输入一个数的序号,再单击“读取”按钮,将从文件中读出相应位置的整数并显示在第二个文本框中。

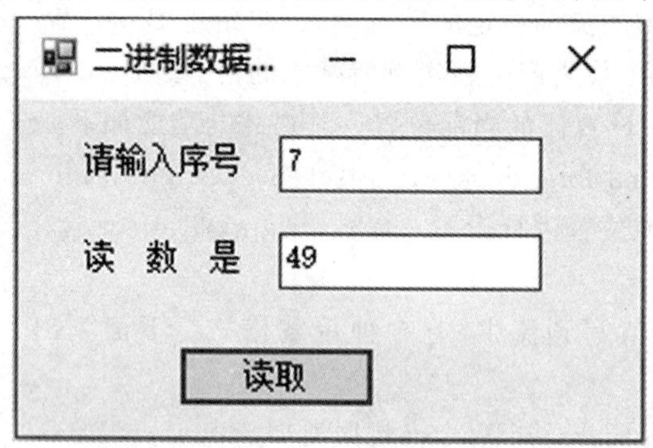

图 19-3 程序设计界面

问题分析

可在窗体的 Load 事件中根据文件名“D:\\Test.DAT”生成一个文件流,再根据该文件流生成 BinaryWriter 类的实例,通过该实例的 Write 方法向文件中写入 10 个整型数据。为读取文件中某一个整数,应生成一个 BinaryReader 的实例,调用该实例的 BaseStream 属性的 Seek 方法定位到要读取的整数的位置,再调用该实例的 Read 方法读取一个整数即可。

程序代码

```
//窗体载入时写入 10 个整数的平方
private void FrmDemo_Load(object sender,EventArgs e)
{
    int i;
    //以打开和创建,只能写的方式创建文件流 MyFile
    FileStream MyFile = new FileStream("D:\\Test.DAT",FileMode.OpenOrCreate
```

```
            ,FileAccess.Write);
        //根据 MyFile 文件流创建 BinaryWriter 流的实例 MyBWriter
        BinaryWriter MyBWriter = new
            BinaryWriter((Stream)MyFile,System.Text.Encoding.Unicode);
        for (i = 1; i <= 10; i++)       //向文件流中写入 10 个整数
            MyBWriter.Write(i * i);
        MyBWriter.Close();      //关闭文件流
    }
    //读取整数到文本框
    private void btnRead_Click(object sender,EventArgs e)
    {
        int i,num;
        //创建文件流
        FileStream MyFile = new FileStream("D:\\Test.DAT",FileMode.Open
            ,FileAccess.Read);
        //根据文件流创建 StreamReader 流的实例 MyBF
        BinaryReader MyBF = new BinaryReader((Stream)MyFile,
            System.Text.Encoding.Unicode);
        i = Convert.ToInt32(textBox1.Text);
        //定位到要读取的数据位置
        MyBF.BaseStream.Seek((i-1) * 4,SeekOrigin.Begin);
        num = MyBF.ReadInt32();           //读取一个整型数据
        textBox2.Text = num.ToString(); //显示读出的整型数据
    }
```

本章小结

➢ 读写文件的五个步骤：创建文件流、创建读写器和读写文件、关闭读写器、关闭文件流。

➢ 文件流的类是 FileStream，创建一个文件流时，需要指定操作文件的路径、文件的打开方式和文件的访问方式。

➢ StreamWriter 是一个写入器，StreamReader 是一个读取器。

➢ File 类可以完成文件的创建、删除、拷贝、移动、打开等操作，Directory 类用于对文件夹进行操作，都是静态类。

➢ 对二进制文件进行读写，可使用 BinaryWriter 类和 BinaryReader 类。

习题 19

一、单项选择题

1. 使用 Directory 类的(　　)方法可以判定磁盘上是否存在指定目录。

A. Exists　　B. GetDirectories

C. GetCurrentDirectory　　D. GetFiles

2. 打开文件或创建文件流时,经常要指定文件的打开模式,(　　)模式不会创建新文件。

A. Append　　B. Create　　C. Open　　D. OpenOrCreate

3. 下列文件流既可以写也可以读的是(　　)。

A. FileStream　　B. StreamReader

C. StreamWriter　　D. BinaryWriter

4. 在向文件流写入数据时,数据只是写入到文件缓冲区中,只有在缓冲区满时才真正写入到文件中去。所以写入数据后还应调用(　　)方法以便把缓冲区中的数据实际写入到文件中去。

A. Open　　B. Seek　　C. Flush　　D. Close

5. (　　)类用于目录管理。

A. System. IO　　B. Direatory

C. File　　D. Stream

6. 使用 FileStream 类以独占方式打开文件,FileShare 需要使用(　　)。

A. None　　B. Read　　C. ReadWrite　　D. Write

7. 以下关于 StreamReader 类的常用方法说法有误的是(　　)。

A. Close 方法关闭与 StreamReader 实例相关的文件。文件读取之后应该显式关闭

B. Read 方法返回一个整数并提升字符的位置,如果没有可用字符则返回－1

C. ReadLine 方法返回文件中的下一行,或者如果到达了文件的末尾,则为空引用

D. Peek 方法返回文件的下一个字符,并可以使用

8. (　　)类用于目录管理。

A. System. IO　　B. Direatory　　C. File　　D. Stream

9. 使用 FileStream 类以独占方式打开文件,FileShare 需要使用(　　)。

A. None　　B. Read　　C. ReadWrite　　D. Write

10. 以下不是 File 类的常用方法为(　　)。

A. File. Copy();　　B. File. Copy();

C. File. Copy();　　D. File. Paste();

二、问答和编程题

1. 试简述 System. IO 命名空间的功能,并列举三个 System. IO 命名空间成员。

2. 编写程序综合应用 Directory 类的主要方法。首先确定指定的目录是否存在,如果存在,则删除该目录;如果不存在,则创建该目录。然后,移动此目录,在其中创建一个文件,并对文件进行计数。

第 20 章
课程项目：制作简单通讯录软件

本章工作任务

- 简单通讯录相关类的设计
- 实现通讯录对联系人的管理

本章知识目标

- 理解 Windows 应用开发的过程
- 理解常用的文件数据的读写
- 理解面向对象编程的方式

本章技能目标

- 使用面向对象编程思想设计类
- 掌握文件数据的读写
- 掌握泛型的应用
- 掌握 Windows 应用程序开发的过程

本章重点难点

- 相关类的设计
- 数据文件的读写

20.1　项目需求概述

制作一个简单的通讯录软件。该软件可将联系人数据保存在二进制文件中，并且实现添加、删除联系人和清空通讯录的功能。

本项目设计目的是为了巩固前一段学习的 Windows 应用程序开发、文件读写和面向对象编程的思想，提高学生的软件设计能力和编程能力，为以后参加实际应用软件开发奠定基础。

系统的主要显示界面如图 20-1 所示。

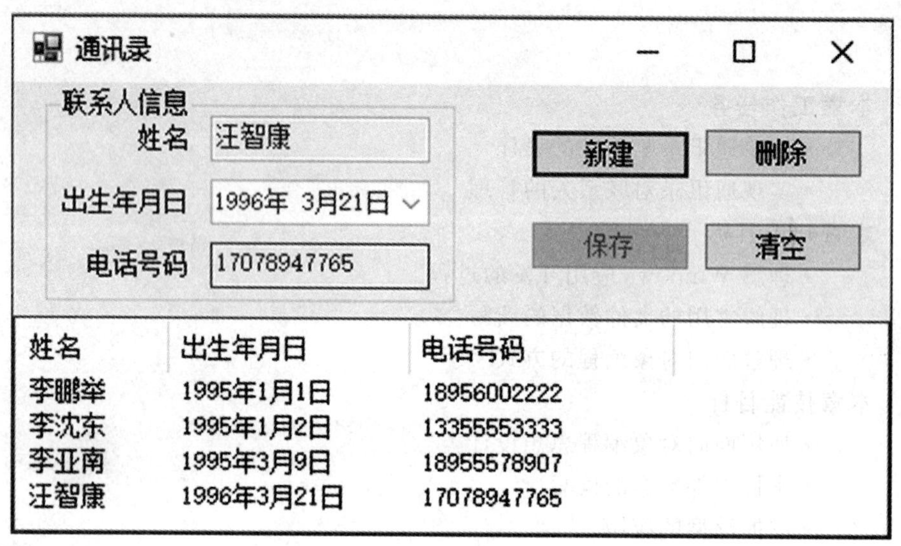

图 20-1　通讯录主窗体

20.2　系统设计

20.2.1　类的设计

在本项目中，要保存的联系人由姓名、出生年月日和电话号码三个数据项构成，因此需要定义一个类或结构，将这三个数据封装起来表示一个联系人。如图 20-2 所示，这里定义了一个 Person 类来表示联系人。为了进一步封装对通讯录数据文件的操作，添加了静态类 ContactsBook。ContactsBook 负责实现添加、删除、清空等读写文件的操作。ContactsBook 所提供的静态属性 Contacts 是一个泛型列表 List<Person>，该列表是联系人数据在内存中的缓存。在窗体中使用 ContactsBook 类来实现各个功能，在 FrmMain 的代码中并不直接访问数据文件。

图 20-2　设计类图

20.2.2　界面设计

创建 windows 窗体应用程序并命名为"MyContacts"，根据图 20-1 所示的设计界面，按照表 20-1 所示的要求设置主要控件的主要属性。

表 20-1　设置主要控件的属性

控件类型	控件名称	属性	设置值
TextBox	txtName	Enabled	False
DateTimePicker	dmDayOfBirth	Enabled	False
TextBox	txtPhone	Enabled	False
Button	btnCreate	Text	新建
Button	btnSave	Text Enabled	保存 False
Button	btnRemove	Text	删除
Button	btnClear	Text	清空
ListView	listView1	View	FullRowSelec
Form	FrmMain	Text	通讯录

选中 Listview 控件，单击右上角下三角按钮，弹出该控件的任务菜单，选择"编辑列"选项，通过弹出的"ColumnHeader 集合编辑器"对话框为 ListView 添加"姓名""出生年月日"和"电话号码"3 个列。

20.2.3　编写 ContactsBook 类和 Person 类

向项目中添加 ContactsBook. cs。在该文件中编写 ContactsBook 类和 Person 类，代码

如下。

```
using System;
using System.Collections.Generic;
using System.IO;

namespace MyContacts
{
    //联系人类
    public class Person
    {
        public string Name { get; set; }
        public DateTime DayOfBirth { get; set; }
        public string Phone { get; set; }
    }

    public static class ContactsBook
    {
        const string DATA_FILE = "contacts.dat";//文件位置
        const char EOF = '\0';//定义文件结束的标志字符
        static List<Person> _contacts;//存储联系人的列表
        static ContactsBook()//静态构造
        { _contacts = ContactsBook.Open(); }

        //对外公开 Contacts 属性
        public static List<Person> Contacts
        { get { return _contacts; } }

        //私有静态方法,读取文件数据到泛型列表中
        private static List<Person> Open()
        {
            List<Person> list = new List<Person>();
            if (! File.Exists(DATA_FILE)) return list;
            using (BinaryReader br = new
                BinaryReader(File.OpenRead(DATA_FILE)))
            {
                while (br.PeekChar() ! = EOF)
                {
                    string name = br.ReadString();//读取姓名
                    //读取表示时间的长整数,再将其转换成 DateTime
                    DateTime dayOfBirth = new DateTime(br.ReadInt64());
                    string phone = br.ReadString();//读取电话
```

```
                //将联系人对象存入列表
                Person person = new Person() { Name = name,DayOfBirth =
                    dayOfBirth,Phone = phone };
                list.Add(person);
            }
        }
        return list;
    }

    //私有静态方法,将泛型列表中的数据写入文件
    private static void Save()
    {
        FileStream fs = new FileStream(DATA_FILE,FileMode.OpenOrCreate,FileAccess.
Write);
        BinaryWriter bw = new BinaryWriter(fs);
        foreach (Person p in ContactsBook.Contacts)
        {
            bw.Write(p.Name);
            bw.Write(p.DayOfBirth.Ticks);//保存日期时间对象的 Tick 数
            bw.Write(p.Phone);
        }
        bw.Write(EOF);
        bw.Close();
    }

    //实现增加联系人功能
    public static void Add(string name,DateTime dayOfBirth,string phone)
    {
        Person person = new Person();
        person.Name = String.IsNullOrEmpty(name)?"未命名":name;
        person.DayOfBirth = dayOfBirth;
        person.Phone = phone;
        ContactsBook.Contacts.Add(person);
        ContactsBook.Save();
    }

    //实现删除联系人功能
    public static void Remove(int index)
    {
        ContactsBook.Contacts.RemoveAt(index);
        ContactsBook.Save();
```

```
        }

        //实现清空通讯录功能
        public static void RemoveAll()
        {
            ContactsBook.Contacts.Clear();
            ContactsBook.Save();
        }
    }
}
```

20.2.4 处理控件事件

```
using System;
using System.Collections.Generic;
using System.ComponentModel;
using System.Data;
using System.Drawing;
using System.Linq;
using System.Text;
using System.Windows.Forms;

namespace MyContacts
{
    public partial class Form1:Form
    {
        public Form1()
        {
            InitializeComponent();
        }
        private void Form1_Load(object sender,EventArgs e)
        {
            RefreshListView();
        }
        private void btnCreate_Click(object sender,EventArgs e)
        {
            txtName.Text = "";
            txtPhone.Text = "";
            ControlsStateOnCreatPerson();
        }

        private void btnSave_Click(object sender,EventArgs e)
```

```
{
    //创建联系人
    ContactsBook.Add(txtName.Text,dtpDayOfBirth.Value,txtPhone.Text);
    ControlsStateOnSavePerson();
    RefreshListView();
}

private void btnRemove_Click(object sender,EventArgs e)
{
    if (listView1.SelectedIndices.Count > 0)
    {
        ContactsBook.Remove(listView1.SelectedIndices[0]);
        RefreshListView();
    }
}

private void btnRemoveAll_Click(object sender,EventArgs e)
{
    ContactsBook.RemoveAll();
    RefreshListView();
}

//刷新 ListView 以显示更新后的联系人列表
void RefreshListView()
{
    listView1.Items.Clear();
    foreach (Person p in ContactsBook.Contacts)
    {
        ListViewItem item = new ListViewItem(p.Name);
            item.SubItems.Add(new ListViewItem.ListViewSubItem(item, p.
DayOfBirth.ToLongDateString()));
        item.SubItems.Add(new ListViewItem.ListViewSubItem(item,p.Phone));
        listView1.Items.Add(item);
    }
}

//在点击"新建"按钮时设置各个控件的状态
private void ControlsStateOnCreatPerson()
{
    btnCreate.Enabled = false;
    btnSave.Enabled = true;
```

```
            txtName.Enabled = true;
            txtPhone.Enabled = true;
            dtpDayOfBirth.Enabled = true;
        }

        //在点击"保存"按钮时设置各个控件的状态
        private void ControlsStateOnSavePerson()
        {
            btnCreate.Enabled = true;
            btnSave.Enabled = false;
            txtName.Enabled = false;
            txtPhone.Enabled = false;
            dtpDayOfBirth.Enabled = false;
        }

    }
}
```

本章小结

- 分析系统功能并提取对象和类。
- 使用类图理解类关系。
- 会使用属性和方法构建类。
- 使用泛型处理集合数据。
- 会进行窗体的简单UI(用户界面)设计。
- 会使用文件保存和恢复信息。

习题 20

1. 根据项目需求和设计要求,检查并完成本项目的各项功能。

2. 修改程序用户界面,给项目添加联系人分组功能,并扩展联系人信息。"分组管理"和"添加联系人"参考图20-3和20-4所示。

个人通讯录
浏览联系人
添加联系人
查找和编辑
分组管理
分组管理
删除分组
选择要删除的组
同事
删除
添加分组
家人
添加
成功添加分组！

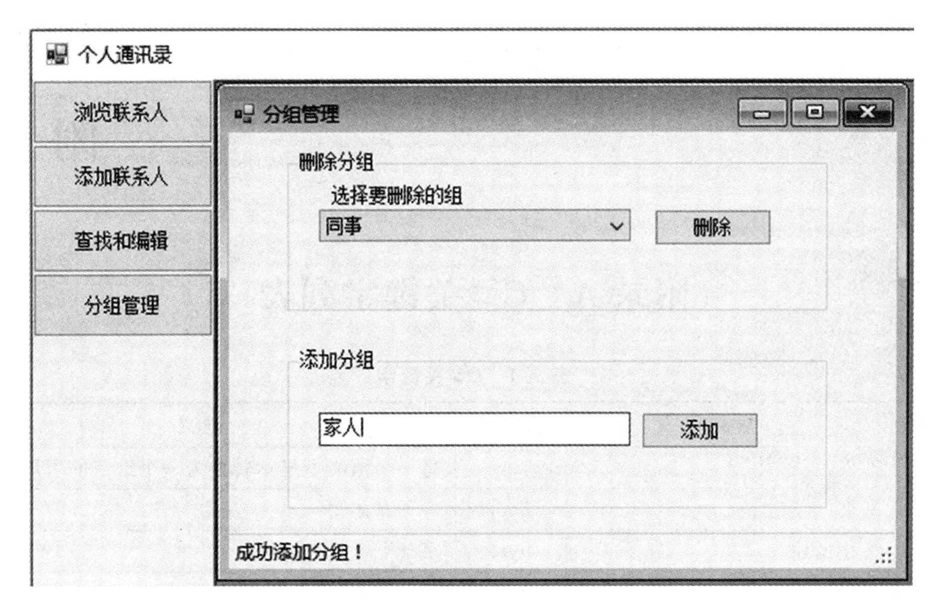

图 20-3　“分组管理”窗体

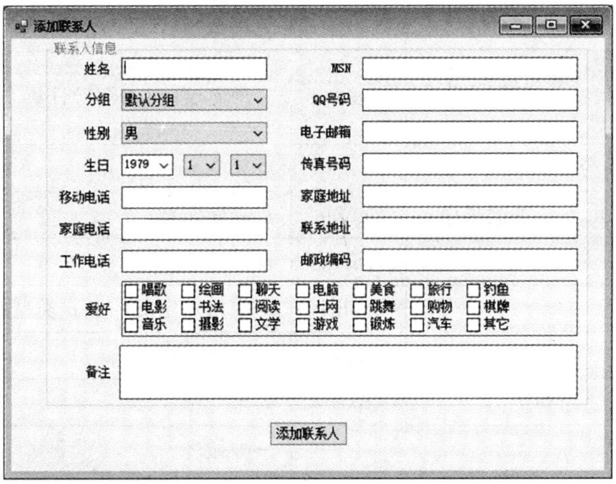

添加联系人
联系人信息
姓名
MSN
分组
默认分组
QQ号码
性别
男
电子邮箱
生日
1979
1
1
传真号码
移动电话
家庭地址
家庭电话
联系地址
工作电话
邮政编码
爱好
唱歌 绘画 聊天 电脑 美食 旅行 钓鱼
电影 书法 阅读 上网 跳舞 购物 棋牌
音乐 摄影 文学 游戏 锻炼 汽车 其它
备注
添加联系人

图 20-4　“添加联系人”窗体

附　录

附录A　C♯关键字列表

表 A-1　C♯关键字

保留字	含义	保留字	含义
abstract	抽象	as	将一个值类型显示转换为一个给定的引用类型
base	基类	bool	一种布尔型
break	终止循环	byte	字节
case	多分支语句中引导分支	catch	捕获异常
char	字符型	checked	检查整型运算溢出
class	类	const	常量
continue	结束本次循环，重新测试循环条件	decimal	一种实型，用于金融计算
default	缺省，用于多分支语句	delegate	委托
do	做，用在 while、For 等循环中	double	双精度实型
else	否则，用来分支语句	enum	枚举
event	事件	explicit	声明用户定义的显式类型转换运算符
extern	外部	false	假，逻辑值
finally	最后，用在 try 结构中	fixed	固定
float	单精度实型	for	一种循环
foreach	一种循环	goto	流程转移
if	分支语句	implicit	用于声明用户定义的隐式类型转换运算符
in	集合运算	int	整型
interface	接口	internal	内部
is	检查操作数或表达式是否为指定类型	lock	锁定
long	长整型	namespace	命名空间
new	新建对象	null	空值、空指针或空引用
object	对象	operator	操作符（主要用于算符重载）
out	输出（一种参数类型）	override	重载
params	参数数组（一种参数类型）	private	私有的

protected	保护的	public	公有的
readonly	只读的	ref	引用(引用)
return	返回	sbyte	有符号字节型
sealed	密封(密封类与密封方法)	short	短整型
sizeof	测数据的字节数	stackalloc	在堆栈上分配内存块
static	静态的(常用于类的静态成员)	string	字符串
this	当前类的引用	throw	抛出异常
true	逻辑常量	try	try 块,用于捕获异常结构
typeof	测试类型	uint	无符号整型
ulong	无符号长整型	unchecked	不检查整型运算溢出
unsafe	非安全代码	ushort	无符号短整型
using	导入命名空间	virtual	虚(如虚方法)
void	无返回值类型	volatile	指定该地址是易失地址
while	一种循环语句		

附录 B　C#运算符列表

表 B-1　C#运算符列表

类别	运算符	说明	表达式	结果
算数运算符	+	用于执行加法运算	1+2	3
	-	执行减法运算	5-3	2
	*	执行乘法运算	2*3	6
	/	执行除法运算取商	6/2	3
	%	获得除法运算的余数	7%5	2
	++	操作数加 1	i=3;　j=i++;	运算后,i 的值是 4,j 的值是 3
			i=3;　j=++i;	运算后,i 的值是 4,j 的值是 4
	--	操作数减 1	i=3;　j=i--;	运算后,i 的值是 2,j 的值是 3
			i=3;　j=--i;	运算后,i 的值是 2,j 的值是 2

<table>
<tr><td rowspan="6">比较运算符</td><td>></td><td>检查一个数是否大于另一个数</td><td>6>5</td><td>True</td></tr>
<tr><td><</td><td>检查一个数是否小于另一个数</td><td>6<5</td><td>False</td></tr>
<tr><td>>=</td><td>检查一个数是否大于等于另一个数</td><td>6>=4</td><td>True</td></tr>
<tr><td><=</td><td>检查一个数是否小于等于另一个数</td><td>6<=4</td><td>False</td></tr>
<tr><td>==</td><td>检查两个数是否相等</td><td>“ab”=“ab”</td><td>True</td></tr>
<tr><td>!=</td><td>检查两个数是否不等</td><td>5!=6</td><td>True</td></tr>
<tr><td>条件预算符</td><td>?:</td><td>检查给出的表达式是否为真。如果为真,则运算结果为操作数1,否则运算结果为操作数2</td><td>表达式?操作数1:操作数2</td><td></td></tr>
<tr><td rowspan="6">赋值运算符</td><td>=</td><td>给变量赋值</td><td>Int a,b;a=1;b=a;</td><td>运算后,b的值为1</td></tr>
<tr><td>+=</td><td>操作数1与操作数2相加后赋值给操作数1</td><td>Int a,b;a=2;b=3;
B+=a;</td><td>运算后,b的值为5</td></tr>
<tr><td>-+</td><td>操作数1与操作数2相减后赋值给操作数1</td><td>Int a,b;a=2;b=3;
B-=a;</td><td>运算后,b的值为1</td></tr>
<tr><td>*=</td><td>操作数1与操作数2相乘后赋值给操作数1</td><td>Int a,b;a=2;b=3;
B*=a;</td><td>运算后,b的值为6</td></tr>
<tr><td>/=</td><td>操作数1与操作数2相除后赋值给操作数1</td><td>Int a,b;a=2;b=6;
B/=a;</td><td>运算后,b的值为3</td></tr>
<tr><td>%=</td><td>操作数1与操作数2相除取余赋值给操作数1</td><td>Int a,b;a=2;b=7;
B%=a;</td><td>运算后,b的值为1</td></tr>
<tr><td rowspan="3">逻辑运算符</td><td>&&</td><td>执行逻辑运算,检查两个表达式是否为真</td><td>Int a=5;
(a<10&&A>5)</td><td>False</td></tr>
<tr><td>||</td><td>执行逻辑运算,检查两个表达式是否至少有一个为真</td><td>Int a=5;
(a<10||A>5)</td><td>True</td></tr>
<tr><td>!</td><td>执行逻辑运算,检查特定表达式取反后是否为真</td><td>Bool result=true;
!result;</td><td>False</td></tr>
<tr><td>类型转换</td><td>O</td><td>将一种数据类型强制转换为另一种数据类型</td><td>(数据类型)操作数</td><td></td></tr>
<tr><td>操作数类型</td><td>typeof</td><td>表示某种数据类型</td><td>Typeof(string)</td><td></td></tr>
</table>

附录 C　WinForms 控件命名规范

表 C-1　WinForms 控件命名规范

控件名称	简写
Label	lbl
TextBox	txt
Button	btn
LinkButton	lnkbtn
ImageButton	imgbtn
ListBox	lst
ListView	lv
DropDownList	ddl
DataGridView	dgv
DataList	dl
ComboBox	cmb
CheckBox	chk
CheckBoxList	chkls
RadioButton	rdo
RadioButtonList	rdolt
Image	img
Panel	pnl
Calender	cld
AdRotator	ar
Table	tbl
RequiredFieldValidator	rfv
CompareValidator	cv
RangeValidator	rv
RegularExpressionValidator	rev
ValidatorSummary	vs
CrystalReportViewer	rptvew

参考文献

[1] 李林等.C#程序设计[M].北京:高等教育出版社,2013
[2] 肖睿等.C#语言和数据库技术基础[M].北京:电子工业出版社,2013
[3] 肖睿等.深入.NET平台和C#编程[M].北京:电子工业出版社,2013
[4] 肖睿等.使用C#开发数据库应用系统[M].北京:电子工业出版社,2013
[5] 刘永志等.C#程序设计.长沙:国防科学技术大学出版社,2009
[6] 传智播客高教产品研发部.C#程序设计基础入门教程[M].北京:人民邮电出版社,2014
[7] 王平华.C#.NET程序设计项目教程[M]. 北京:中国铁道出版社,2008
[8] 耿肇英.C#应用程序设计教程[M].北京:人民邮电出版社,2007
[9] 郑阿奇.C#实用教程[M].北京:电子工业出版社,2008
[10] 王小科等.C#开发宝典[M].北京:机械工业出版社,2012
[11] 李天平..NET深入体验与实战精要[M].北京:电子工业出版社,2009
[12] 明日科技.C#典型模块精解[M].北京:清华大学出版社,2012
[13] 张成叔等.C语言程序设计[M].合肥:安徽大学出版社,2015.
[14] 张成叔.数据库设计与应用教学做一体化教程[M].合肥:安徽大学出版社,2016